지구의 대기와 기후변화

EARTH'S ATMOSPHERE AND CLIMATE CHANGE

김 범 영 著

학진북스
HAKJIN BOOKS

■ **표지 설명**

표지의 이미지는 2012년 9월 13일 현재, 극 중심의 북반구와 남반구에 대한 빙설권의 상태를 보여준다. 최근 30여 년 동안 북반구의 해빙면적은 매 10년 마다 3.5~4.1%씩 감소하는 반면, 남반구는 1.2~1.8%씩 증가하고 있다.

출처: IPCC, 2013: Climate Change 2013: The Physical Science Basis, 322 pp.

Preface

머리말

최근에 인류가 해결해야 할 주요 당면 과제 가운데 하나는 지구의 온난화이다. 지구 온난화로 인한 기후변화의 악영향은 대기 중 온실가스의 배출을 당장 멈춘다 해도 기후시스템의 관성에 의해 향후 수세기 동안 지속될 것으로 보고 있기 때문이다. 대기 중의 제 현상을 비롯해 기후변화를 대상으로 하는 대기과학을 공부하다보면 개념과 원리를 이해하기 위해 너무 많은 시간을 소비함에도 불구하고 정도에서 벗어나는 경우가 적지 않은 것이 사실이다. 이러한 경우에 마땅한 참고서를 쉽게 접하지 못했던 아쉬움이 이 책을 쓰게 된 동기이다. 집필을 시작하면서 가졌던 큰 고민 중의 하나는 어떻게 하면 수학과 물리학적 지식의 수준에 관계없이 기상학과 기후학의 본질을 심어주는가 하는 것이었다. 이를 위해 많은 그림들이 동원되었으며, 가급적이면 수식을 쓰지 않고 전문적인 내용을 최대한 평이하게 서술하려고 노력하였다.

지구의 기후변화를 정확하게 이해하기 위해서는 대기에 관한 기초지식이 선행되어야 한다. 이 책은 크게 두 부분으로 구성되어 있다. 제1부는 지구의 대기에 관하여 설명하였다. 대기권에 나타나는 기상현상을 이해하기 위하여 대기의 물리적 과정과 화학적 성질 및 역학적 운동 등을 다루었다. 제2부는 지구의 기후에 대하여 설명하였다. 기후변화의 원인과 영향 및 대응을 설명하기 위하여 좁은 의미의 기후변화인 지구 온난화와 기후변동성 등을 제시하였다. 이 책을 완성하기 위해 인터넷 온라인으로 취득한 정보들은 자료출처를 명기하였으며 참고문헌의 웹사이트에 수록하였다. 이 기회를 통해 원 저자들의 동의를 구하고자 한다. 이 책은 환경과학과 대기과학에 새로이 입문하는 학생들과 일반 독자들이 학문적 접근을 하는데 유용하도록 구성되었다. 대학의 자연과학 분야 교양과목을 비롯하여, 기상학과 기후학을 공부하는 학부생과 대학원생의 전공과목에 대한 참고서로 활용될 수 있으리라 생각한다.

이 책이 출판되기까지 여러 해를 거치면서 많은 노력을 기울였음에도 불구하고 저자의 능력 부족으로 여러 부분에서 미흡한 점과 오류가 있을 것으로 생각된다. 좋은 책으로 거듭나기 위해 독자 여러분의 끊임없는 질책과 조언을 구한다. 마지막으로 어려운 여건 속에서도 이 책의 출판을 위해 적극 협력해주신 학진북스의 사장님을 비롯한 임직원 여러분께 감사드리며, 그 동안 인내해주고 성원을 보내준 사랑하는 아내와 아들, 딸에게 고맙다는 말을 전한다.

저자

Contents

차 례

Part 1 지구의 대기

Contents

Contents

Contents

Part 1

지구의 대기

| Chapter | 01 태양과 지구

1.1 태양계

그림 1.1 태양계의 구성. 태양을 중심으로 8개의 행성(planets)과 위성, 왜행성(dwarf planets) 및 수많은 천체들로 구성되어 있다. 명왕성은 2006년 국제천문연맹에서 왜행성으로 분류되었다. 각 천체들 간의 거리는 실제척도가 아님 (NASA, 2013).

우주생성의 표준모델로 받아들여지고 있는 대폭발(Big Bang) 이론에 의하면, 약 137억 년 전 초기의 우주는 무한대에 가까운 고온도와 고밀도의 상태에서 한 점으로 응집되어 있던 물질이 엄청난 속도로 팽창을 시작하면서 탄생했다. 대폭발의 증거로는 영하 270℃의 흑체에서 방출되는 우주배경복사가 우주공간 내 어디에서나 관측되며, 우주에 존재하고 관측되는 헬륨원소의 비율, 그리고 멀어져가는 별빛 에너지의 스펙트럼 분포가 붉은색 쪽으로 편향되는 적색편이 현상 등을 든다. 대폭발 이론에서는 태양의 생성시기를 약 50억 년 전, 그림 1.1의 태양계는 약 46억 년 전, 그리고 지구에 최초의 생명이 탄생한 것은 약 35억 년 전으로 추측하고 있다.

태양계의 기원에 관한 이론은 크게 두 가지로 구분할 수 있다. 첫째는 태양과 행성이 동시에 생성되었다는 주장으로 성운설과 난류설 등이 있다. 둘째는 태양이 먼저 탄생하고 그 후에 행성이 형성되었다는 소행성설, 조석설 및 쌍성설 등이 이에 해당한다. 지금까지 태양계의 기원에 관해 제안된 이론 가운데 가장 유력하게 받아들여지고 있는 성운설은 독일의 철학자 칸트(Kant, 1755)가 주장하고 프랑스의 수학자 라플라스(Laplace, 1796)가 수정하였다. 성운설에 의한 태양계의 형성과정은 그림 1.2와 같다. 대폭발에서 생성된 수소와 헬륨 및 먼지입자들은 고온의 거대한 가스성운으로 천천히 회전운동을 하고 있었다. 가스성운은 냉각되고 중력에 의해 수축되면서 회전속도가 점점 빨라지게 되었다. 빠른 회전속도에 의해 강해진 원심력과 중력이 균형을 이루면서 중심부는 볼록하고 가장자리가 얇은 원반모양을 하게 되었다 (a). 이러한 과정이 반복되면서 중력에 의해 가장 거대하게 농축된 중심부의 성운은 원시태양이 되었고 (b), 주위에 소용돌이 모양으로 수축하는 작은 가스들의 핵은 행성이 되었다 (c, d). 원시태양의 내부는 중력수축에 의한 고온으로 핵융합반응이 일어나면서 빛을 발하게 되었지만, 행성의 내부온도는 핵융합반응을 할 만큼 높지 않았다는 것이다. 성운설은 고온의 방출가스로 행성이 형성될 수 없고, 태양의 느린 자전속도와 행성의 빠른 공전속도 사이에 각운동량 분포를 설명할 수 없다는 반론이 있다.

태양계에는 스스로 빛을 발하는 항성으로서의 태양과 스스로 빛을 내지 못하고 태양광을 흡수 및 반사하면서 태양의 주변을 돌고 있는 행성이 있다. 행성은 화성과 목성의 중간 위치에서 소형 천체들로 구성된 띠 모양의 소행성대(asteroid belt)를 기준으로, 안쪽의 내행성과 바깥쪽의 외행성으로 구분한다. 내행성은 소형의 지구형 행성으로 수성, 금성, 지구 및 화성이 있고, 외행성은 상대적으로 규모가 큰 목성형 행성으로 목성, 토성, 천왕성 및 해왕성이 포함된다. 지구형 행성과 목성형 행성의 두드러진 차이는 크기와 구성 성분 및 밀도이다. 행성의 규모를 직경으로 비교하면 목성형 행성 가운데 가장 작은 해왕성은 지구형 행성 가운데 가장 큰 지구의 4배에 달한다. 암석이 주성분인 지구형 행성의 평균 밀도는 물의 4~5배 정도이지만, 가스 위주로 구성되어 있는 목성형 행성의 평균 밀도는 물의 1~1.5배 정도에 지나지 않는다. 해왕성의 궤도 바깥에는 왜행성 천체들이 도넛모양으로 밀집되어 태양 주위를 돌고 있는 카이퍼 벨트(Kuiper belt)가 있다.

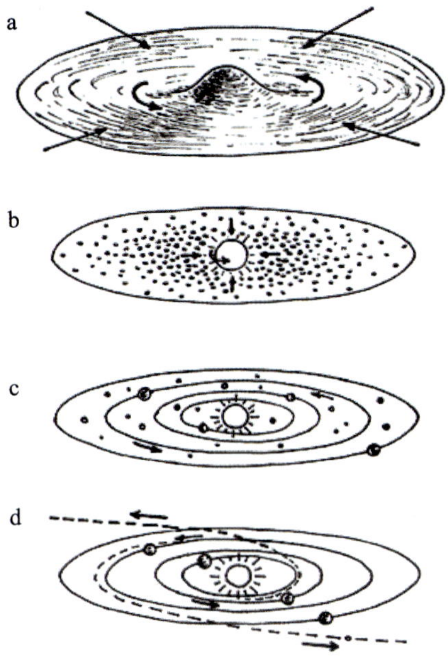

그림 1.2 성운설에 의한 태양계의 형성 단계 (Lemarchand et al., 2010).

1.1.1 태양

태양은 태양계의 중심에 위치해 있으며 열과 에너지를 방출하는 복사체로 지구에서 1억4,960만km(1AU) 떨어져 있다. 태양의 질량은 1.989×10^{30}Kg으로 지구 질량의 332,900배이고, 반경은 6.96×10^{5}km로 지구의 109배이다. 태양 표면을 구성하고 있는 성분은 수소가 70%로 대부분이며, 헬륨이 28%이고 다른 기체가 2%를 차지하고 있다. 태양 표면의 빛이 지구까지 도달하는 시간은 약 8분 19초이고, 태양 내부의 핵융합에 의해 전자기복사 형태로 우주에 방출되는 막대한 에너지 가운데 400~700나노미터의 가시광선 영역만을 사람의 눈으로 볼 수 있다.

태양의 대기(Atmosphere)는 광구 바깥에 존재하는 코로나(Corona)와 채층(Chromosphere)을 포함한다. 코로나는 태양의 가장 외곽에서 우주 공간으로 수백만km까지 확장되며 고온의 빛나는 플라즈마 대기로 알려져 있는 층이다. 태양의 표면보다 200배 정도 더 뜨거워 100만℃ 이상이다. 상대적으로 얇은 채층에 의해 광구로부터 분리되는 코로나는 태양의 표면에 일정하게 분포되어 있지 않고 태양플레어나 홍염에 의해 변란이 발생하기도 한다. 채층은 광구 위에서 2,000~15,000km까지의 두께를 갖고, 온도는 6,000℃로부터 20,000℃에 달한다. 채층은 광구보다 조금 더 투명한 대기로, 일식 때 엷은 장밋빛 색으로 보이는 층이다. 채층의 일반적인 현상은 빠른 속도로 솟아오르는 침상의 불꽃인 스피큘이다.

광구(Photosphere)는 눈에 보이는 태양의 표면으로 약 100km의 두께를 갖는다. 광구의 상층부 온도는 하층보다 낮기 때문에 가장자리가 더 어두워 보이기도 하는데 이를 주연 감광이라 한다. 약 8,000℃에서 4,500℃까지 변화하며 5,500℃를 태양표면의 대표온도로 본다. 광구의 대표적인 현상 가운데 하나가 태양흑점으로, 지름이 100,000km에 이르는 것도 있다. 흑점의 온도는 주위보다 1,000~1,500℃ 정도 낮지만 매우 강한 자기장을 갖는다.

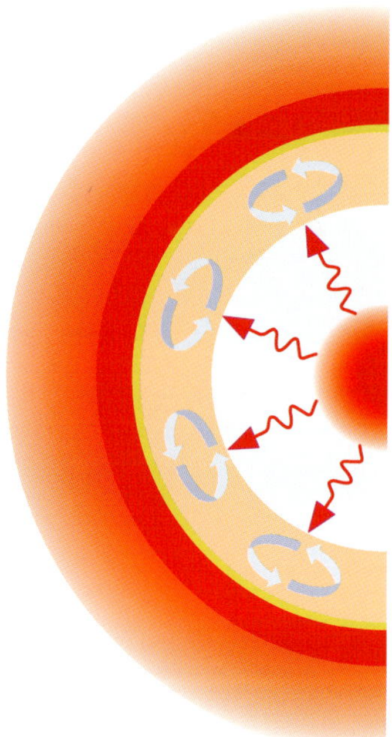

그림 1.3 태양의 구조.

태양의 내부는 대류층(Convective zone)과 복사층(Radiative zone) 및 핵(Core)으로 구분된다. 대류층은 태양 내부의 가장 바깥 영역으로 태양 표면으로부터 약 20만km의 깊이를 갖는다. 복사층 상부에서 고열이 공급되기 때문에 대류층 하부의 뜨거운 물질은 상승류가 되어 태양의 표면으로 올라가고 식어지면 하강류가 되어 대류층 바닥으로 가라앉는 열적 대류가 발생한다. 대류층 하부의 온도는 약 200만℃이나 태양 표면인 광구에 다다르면 태양표면의 대표온도까지 낮아진다. 이와 같은 대류층에서의 열적 대류활동은 유동체의 운동에너지가 전자기에너지로 변환되면서 자기장이 유도되는 다이나모(dynamo) 현상을 발생시키기 때문에, 태양의 표면에는 자기 북극과 남극이 형성된다. 복사층은 태양의 핵에서 생성된 고온의 열이 복사현상에 의해 외부 쪽으로 이동되는 층이다. 복사층 하부의 온도는 약 700만℃이나 상부의 온도는 약 200만℃까지 낮아진다. 핵은 태양의 중심부로, 수소가 헬륨으로 변하는 열핵융합반응을 통해 약 1,500만℃의 에너지원이 생성된다. 태양의 복사층과 대류층을 통과하여 광구에 도달된 핵에너지는 빛과 열의 형태로 우주에 전파된다. 핵에서의 융합속도가 빠르고 느림에 따라 온도가 상승 및 하강하며 부피가 팽창 또는 축소하기도 한다 (그림 1.3).

1.1.2 지구형 행성

수성(Mercury)은 태양과의 거리가 0.39AU로 태양계의 가장 내부에 있는 행성이다. 규모는 우리의 달보다 약간 크고 질량은 지구의 약 6%로 태양계 행성 가운데 가장 작다. 대기는 무시해도 좋을 정도로 아주 얇아 기상현상이 없다. 지구의 일일을 기준해서 수성의 자전주기는 59일, 공전주기는 88일이다. 자전주기 대 공전주기의 비는 2 : 3으로, 이는 수성이 한 바퀴 자전하는 동안 공전궤도의 2/3을 가게 되는 것이다. 여기서 하루의 의미는 수성의 동일한 지역이 태양을 향하게 되는 시간으로, 공전궤도를 두 바퀴 도는 176일 동안 세 번의 자전을 해야만 하루가 된다. 따라서 수성의 밤과 낮은 각각 약 3개월씩 지속된다. 표면의 온도는 낮 동안 430℃까지 올라가지만 밤에는 -180℃까지 내려간다.

금성(Venus)은 밤하늘에서 달 다음으로 밝게 빛나는 행성으로 태양과의 거리가 0.72AU이고, 크기와 밀도 및 질량 등 외관상으로 지구와 매우 비슷하다. 화산폭발에 의한 가스가 규칙적으로 공급되며 미풍이 있는 것으로 보이는 대기의 97%가 이산화탄소이다. 화산암이 80% 이상인 표면의 온도는 480℃ 정도로 행성 중 가장 높은데, 이는 이산환탄소의 온실효과 때문이다.

화성(Mars)은 태양과의 거리가 1.52AU이고 질량이 지구의 11% 정도이다. 화성의 대기는 대부분이 이산화탄소이고 아주 적은 양의 질소와 아르곤 및 수증기가 포함되어 있으며, 아주 얇은 층에도 불구하고 강풍과 먼지를 동반한 모래 폭풍이 몇 주일씩 지속해서 부는 경우도 있다. 화성 표면의 평균온도가 영하 50℃ 이하로 매우 낮은 이유는 대기층이 얇아 열을 유지할 수 없기 때문이다. 화성의 표면에는 수없이 많은 화산들이 있고 극지방에는 영구 얼음지대가 있다. 화성은 두 개의 조그만 자연 위성인 데이모스와 포보스를 거느리고 있다.

1.1.3 목성형 행성

목성(Jupiter)은 태양에서의 거리가 5.2AU이고 8개 행성 중 가장 크다. 목성의 질량은 지구의 약 318배로 목성을 뺀 다른 행성들을 다 합한 것보다 2.5배 더 무겁지만 태양의 1/800 정도에 불과하다. 약 10시간 정도의 빠른 자전주기로 인해 적도반경이 극반경에 비해 크다. 위도에 평행한 다양한 색의 구름 띠와 남반구에서 거대 구름의 소용돌이처럼 보이는 대적반(great red spot)이 특징적인 현상이다. 목성의 대기는 대부분이 수소와 헬륨이고 약간의 메탄과 암모니아 및 얼음상태의 구름으로 이루어져 있다. 목성은 67개의 위성을 갖고 있어 하나의 작은 태양계라 불리기도 한다.

토성(Saturn)은 태양에서의 거리가 9.54AU이고 목성보다 조금 작은 행성으로 가장 큰 특징은 거대한 고리를 갖고 있는 것이다. 지구 질량의 95배 정도인 토성은 많은 위성을 거느리고 있다. 토성의 대기는 시속 1,500km의 바람과 폭풍이 일어날 정도로 움직임이 활발하다. 토성의 고리는 표면으로부터의 거리가 7만~14만km에 이르는 범위에 분포되어 있지만, 두께는 100m 정도에 불과하다. 토성을 공전하고 있는 여러 개의 고리들 사이에는 간격이 있고 각 고리들은 다양한 규모의 얼음 입자들로 구성되어 있다.

표 1.1 태양계 행성의 특성 (NASA, 2013).

구분	수성	금성	지구	화성	목성	토성	천왕성	해왕성
태양과의 거리 (AU)	0.39	0.72	1.00	1.52	5.20	9.54	19.19	30.07
평균적도반경 (km)	2,440	6,052	6,378	3,397	71,492	60,268	25,559	24,764
상대질량 (지구=1)	0.06	0.82	1.00	0.11	317.87	95.14	14.56	17.21
상대체적 (지구=1)	0.055	0.88	1	0.15	1,318	796	50	42
평균밀도 (g/cm^3)	5.43	5.24	5.52	3.93	1.33	0.70	1.32	1.64
표면평균온도 (℃)	430(낮) -180(밤)	480	17	-53	-148	-178	-213	-213
공전주기	88일	225일	365.25일	687일	12년	29.5년	84년	165년
공전면경사도	7°00′	3°24′	0°00′	1°51′	1°18′	2°29′	0°46′	1°46′
공전속도 (km/s)	47.5	35.0	29.8	24.1	13.1	9.6	6.8	5.3
자전주기	59^d	243^d	$23^h56^m04^s$	$24^h37^m23^s$	9^h50^m	10^h14^m	17^h14^m	16^h03^m
자전축 경사 (°)	0.0352	177.4	23.44	25.19	3.13	26.73	97.77	28.32
탈출속도 (km/s)	4.4	10.4	11.2	5.0	59.5	35.5	21.3	23.5
위성의 수	0	0	1	2	67	53	27	13

천왕성(Uranus)은 태양에서의 거리가 19.19AU이고 지구 질량의 약 14.56배이다. 천왕성은 외행성 중 가장 가벼운 가스 행성으로 대기는 수소와 헬륨 및 소량의 메탄가스로 구성되어 있으며, 중심핵은 다른 가스 행성들에 비해 훨씬 차기 때문에 방출하는 열의 양도 매우 작다. 천왕성의 자전축은 90° 이상 기울어져 공전궤도와 거의 평행하기 때문에 옆으로 누워 회전을 하고 있다.

해왕성(Neptune)은 태양에서의 거리가 30.07AU이고 지구 질량의 17.2배로 천왕성보다 약간 작으나 좀 더 무거운 가스 행성이다. 천왕성보다 많은 내부 열을 발산하나 그 양은 목성이나 토성에 비해 작다. 태양계에서 가장 동적인 해왕성의 대기는 시속 1,000km 이상의 바람이 분다. 대암반(great dark spot)으로 불리는 곳에서는 지구의 태풍과 같은 소용돌이가 있는 것으로 보고 있다. 13개의 위성 가운데 가장 큰 트리톤은 나머지 12개 위성의 공전방향과 반대로 역행하는 유일한 위성이다 (표 1.1).

1.1.4 왜행성

왜행성(dwarf planets)은 행성과 소행성(asteroid)의 중간규모로 다른 행성의 위성이 아닌 천체이다. 왜행성은 안정한 궤도를 유지할 수 있는 질량을 갖고 있지만 자신만의 공전궤도를 보유하지 못한 천체를 말한다. 소행성대에서 가장 거대한 천체인 세레스(Ceres)는 태양으로부터의 거리가 2.77AU이고 직경이 약 1,000km에 달한다. 세레스는 1850년대에 소행성으로 분류되었다가 2006년에 왜행성으로 재분류되었다. 카이퍼 벨트의 왜행성에는 명왕성(Pluto), 하우메아(Haumea), 마케마케(Makemake) 및 에리스(Eris)가 있다. 명왕성은 태양에서의 평균 거리가 39AU이고 카이퍼 벨트에서 가장 거대한 천체이다. 명왕성의 궤도는 황도면에 대해 17° 기울어져 있고 다른 행성들에 비해 이심률이 크다. 카론은 명왕성의 가장 큰 위성이다. 태양에서의 평균 거리가 43.34AU인 하우메아 및 45.79AU인 마케마케는 카이퍼 벨트에서 큰 규모의 천체들이다. 하우메아는 달걀 모양으로 생겼으며 두 개의 위성을 거느리고 있다. 마케마케는 카이퍼 벨트 천체들 중 명왕성 다음으로 밝다. 두 천체는 2008년 왜행성으로 분류되었고 궤도경사각은 각각 28°와 29°로 명왕성보다 더 크게 기울어져 있다. 태양에서의 평균 거리가 68AU인 에리스는 왜행성 가운데 가장 큰 천체이며 궤도 이심률이 커서 태양에 가까워질 때는 38.2AU에 위치하고 멀어질 때는 97.6AU까지 물러난다.

1.2 지구

지구는 약 46억 년 전에 태양계 행성 가운데 5번째로 큰 행성으로 탄생하였으며,

인간을 포함하여 수백만 종에 달하는 생물들이 살고 있다. 태양으로부터 3번째에 위치한 지구는 태양과 달을 포함하는 우주의 많은 천체들과 상호작용을 한다. 지구는 궤도면에 23.45° 기울어진 축으로 자전을 하면서 유일한 자연위성인 달과 함께 태양 주위를 365.26일에 한 번씩 공전하고 있다.

태양과 함께 조석현상을 발생시키는 달의 직경은 지구의 1/4, 질량은 1/81, 표면중력은 1/6 정도이다. 달은 자전주기와 공전주기가 같기 때문에 지구에서 한쪽면만 관측된다. 하늘에 보이는 달과 해의 크기가 거의 같은 이유는 달의 궤도 반지름 즉, 지구와 달의 거리가 지구 직경의 약 30배 정도이기 때문이다 (표 1.2).

표 1.2 지구와 달의 특성.

구분		지구	달
궤도	공전주기	365.256363일	27일 7시간 43.1분
	평균공전속도(km/s)	29.783	1.022
	이심률	0.01671123	0.0549
물리	평균반경(km)	6,371.0	1,737.10
	적도반경(km)	6,378.137	1,738.14
	극반경(km)	6,356.752	1,735.97
	적도원주(km)	40,075.017	10,921
	편평률	0.0033528	0.00125
	질량(kg)	5.9736×10^{24}	7.3477×10^{22}
	평균밀도(g/cm^3)	5.515	3.3464
	체적(km^3)	1.08321×10^{12}	2.1958×10^{10}
	표면적(km^2)	5.1×10^8	3.793×10^7
	적도표면중력(m/s^2)	9.780327	1.622
	탈출속도(km/s)	11.186	2.38
	자전주기	23시간 56분 4.1초	27일 7시간 43.1분
	적도회전속도(m/s)	465.1	4.627
	자전축 기울기(o)	23.45	6.687
	알베도	0.367	0.136
	평균표면온도(K)	288	220(적도), 130(85°N)
대기	기압(Pa)	1.01325×10^5(표준)	10^{-7}(낮), 10^{-10}(밤)
	주성분	N_2, O_2, Ar, CO_2, H_2O	Ar, He, Na, K, H, Rn

1.2.1 물리·화학적 구조

지구의 내부는 중심으로 갈수록 온도, 압력 및 밀도가 높아진다. 지하 100km의 온도는 약 1,300℃이고, 중심의 온도는 5,000℃를 넘는다. 지구 내부의 압력은 중심으로 가면서 거의 일정한 비율로 증가하는데, 맨틀과 핵의 경계에서 약 120GPa, 내핵에서 약 350GPa에 달한다.

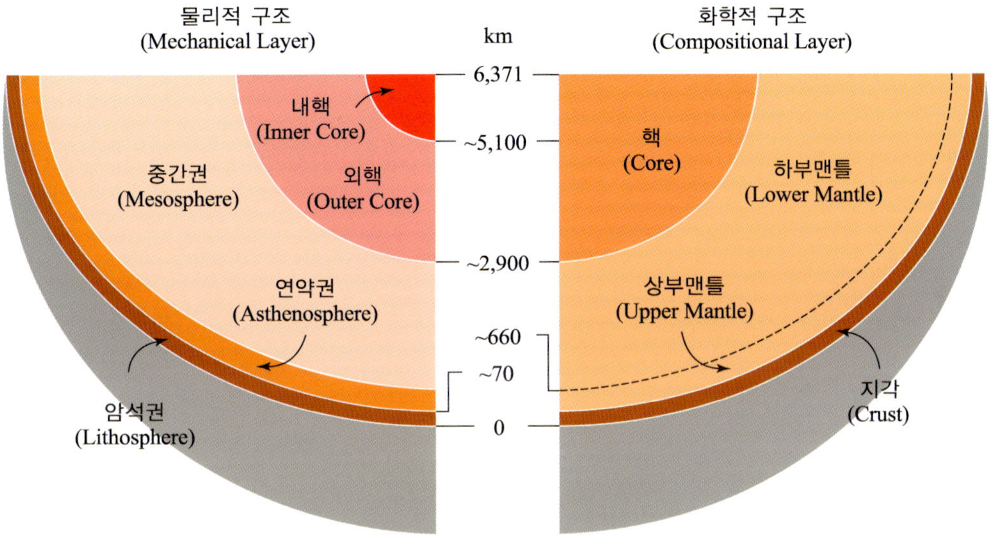

그림 1.4 지구의 층상구조. 지구내부는 물리적 성질에 따라 5개의 층으로, 화학적 구성성분에 따라 3개의 층으로 구분된다.

지구의 물리적 구조는 암석권(lithosphere), 연약권(asthenosphere), 중간권(mesosphere), 외핵(outer core) 및 내핵(inner core)로 구분된다. 암석권은 지각을 포함하여 약 70km의 두께를 갖는 고체로 매우 딱딱하고 강하게 밀면 부서진다. 지표면으로 열을 발산하기 때문에 고체의 용융점까지는 가열되지 않는다. 연약권 위에서 상대적인 판 운동을 하는 암석권은 몇 개의 지각 판으로 분열되어 있으며, 내부의 열은 판의 경계를 통해 지표로 배출될 수 있다. 연약권은 암석권 아래 약 660km까지로 고온이면서 유동성의 층이다. 방사성 물질의 붕괴에너지에 의해 가열된 지구 내부의 열은 대류 순환에 의해 지표면으로 배출되기도 한다. 대부분의 열은 지구 내부의 물질을 연성으로 부드럽게 만들어 점성액과 같이 유동성을 갖게 한다. 중간권은 연약권 아래 약 2,900km까지로 지구의 중심에 가까워질수록 견고해지지만 유동성 성질을 갖고 있다. 외핵은 중간권 아래 약 5,100km까지로 철과 니켈의 합금으로 구성된 유동성 액체이다. 외핵의 대류 유동은 지구 자기장의 대부분을 생성한다. 지구 내부의 중심에 위치한 내핵은 철과 니켈의 합금으로 구성된 고체이다. 외핵보다 고온이지만 강한 압력에 의해 고체를 유지한다. 지구는 화학적 성분에 의해 지각(crust)과 맨틀(mantle) 및 핵(core)의 3가지 주요 영역으로 나뉠 수 있다. 지구의 표피에 해당하는 지각은 전체 질량의 1/250

을 차지한다. 규산염 성분의 화강암질과 현무암질로 구성되어 있으며, 3~15km 두께의 해양지각과 약 70km의 두께의 대륙지각으로 구분된다. 지각 아래 약 2,900km 두께의 맨틀은 규산염 성분의 감람암질로 플라스틱과 같이 아주 느린 속도의 흐름을 가질 수 있다. 맨틀은 지구 체적의 약 5/6, 지구 질량의 약 2/3를 차지하고 지각과의 경계는 모호로비치치 불연속면에 의해 정의된다. 철과 니켈 및 황화합물로 구성된 핵은 약 3,500km의 두께로 지구의 중심부에 위치해 있다 (그림 1.4).

1.2.2 자전과 공전

지구의 자전은 황도면의 수직축에서 23.5° 기울어져 있는 자전축을 중심으로 하여 서에서 동으로, 북극에서 보면 반시계방향으로 회전하는 현상을 말하며, 자전에 의한 적도의 이동속도는 약 465m/s로 최대이고 고위도로 갈수록 느려져 극에서는 제자리 운동을 한다. 지구의 자전으로 낮과 밤이 한 번씩 발생하는 평균 태양일은 23시간 56분 4.1초이다.

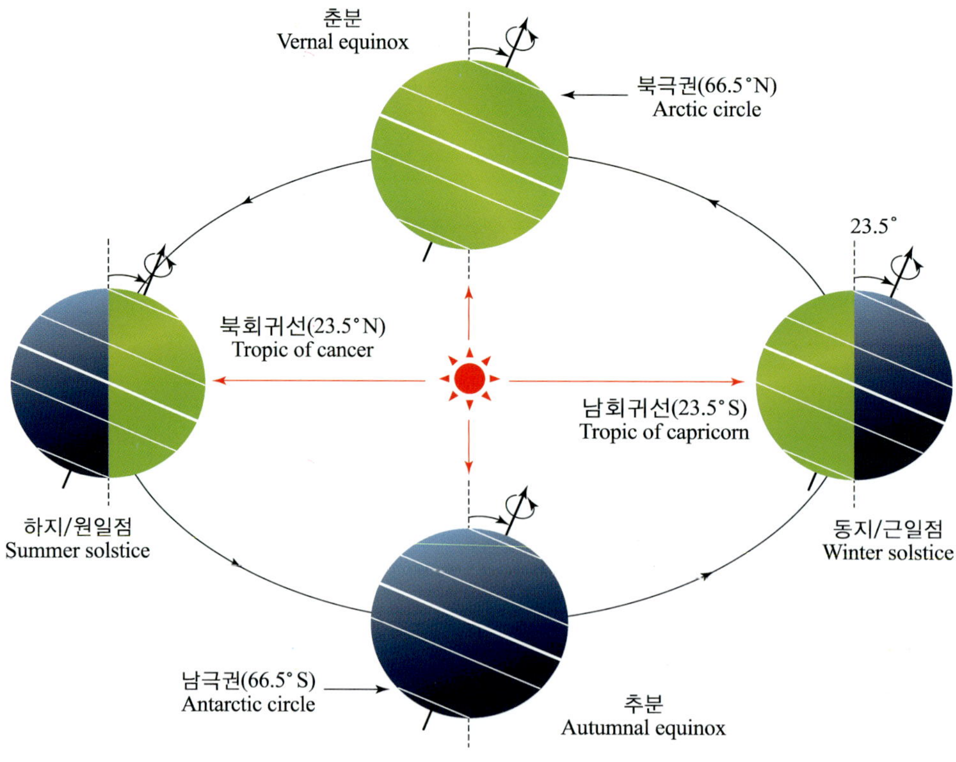

그림 1.5 지구의 자전과 공전.

지구의 공전은 태양을 중심으로 타원형체의 공전궤도인 황도를 따라 평균 29.783 km/s의 속도로 회전하는 현상을 말한다. 공전주기인 365.256일 동안 태양과 가장 가까운 근일점은 동지로 1.473×10^8km이고, 원일점은 하지로 1.521×10^8km이다.

계절이 생기는 원인은 자전축이 공전궤도면에 대하여 66.5°기울어져 있어 태양의 고도에 변화가 생기고 밤과 낮의 길이가 달라지기 때문이다. 동지점에 있을 때 북반구는 겨울이고 남반구는 여름이다. 66.5°N 이북의 북극권에서는 하루 종일 밤만 지속되고, 66.5°S 이남의 남극권에서는 하루 종일 낮만 지속된다. 하지점에 있을 때는 동지점에서와 정반대이다. 춘분점에 있을 때 북반구는 봄이고 남반구는 가을이며, 추분점에 있을 때는 춘분점에서와 정반대이다. 춘분 및 추분점에 있을 때 태양은 지평선 상에서 360° 회전한다. 북극에서는 태양이 춘분에 계속 떠있고, 추분에 계속 져있는 상태가 된다. 남극에서는 정반대의 현상이 발생한다 (그림 1.5).

1.2.3 계절과 기온의 변화

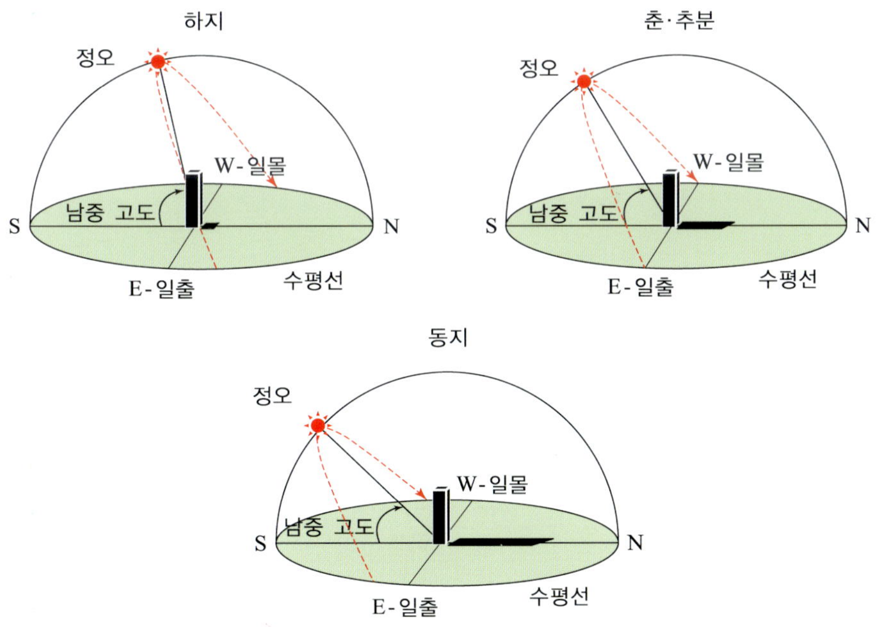

그림 1.6 북반구에서 계절별 태양의 남중고도 변화.

태양의 고도는 지평선으로부터 측정되며 정오에 머리 위에 똑바로 있을 때가 90°이고 이를 태양 직하점(subsolar point)이라 한다. 적도에서의 태양 직하점은 춘분과 추분 날에, 북회귀선에서는 하짓날에 그리고 남회귀선에서는 동짓날에 발생한다. 지구의 자전축이 23.5° 기울어져 있기 때문에 태양 고도의 최대 변화는 47°이다. 예를 들어 적도의 경우, 하짓날에 113.5°이고 춘분 및 추분 날에 90° 그리고 동짓날 66.5°이기 때문이다. 태양의 고도가 높고 낮의 길이가 길수록 일정한 면적에 유입되는 태양복사 에너지의 양은 많다. 따라서 태양의 고도가 높고 낮이 긴 여름이 태양의 고도가 낮고 낮이 짧은 겨울보다 더운 이유이다 (그림 1.6).

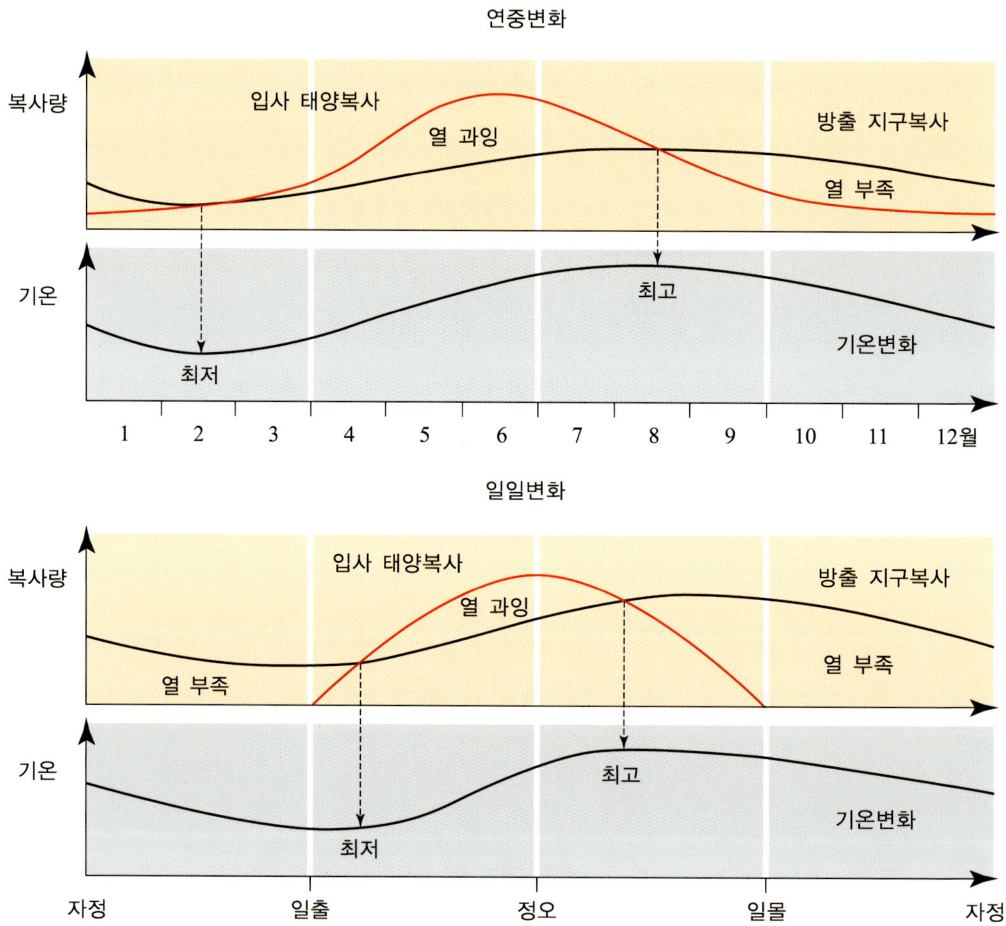

그림 1.7 기온의 연중 및 일일 변화. 연중 최고기온은 하지가 지난 후 8월 초에 나타나고, 일일 최고기온은 정오가 지난 후 2~3시경에 나타난다 (Miller et al., 1980).

계절이 바뀌는 이유는 태양의 고도인 천정각의 변화에 따라 지구에 입사되는 태양복사 에너지의 양이 다르기 때문이다. 기온의 변화와 태양복사 및 지구복사의 관계는 그림 1.7에서 보는 바와 같다. 연중 또는 일일의 기온이 가장 높고 낮은 때는 입사 태양복사량이 최대 및 최저인 때와 일치하지 않는다. 이러한 시차는 입사 태양복사량과 방출 지구복사량이 균형을 이룰 때까지 지속적으로 가열되거나 냉각되기 때문이다. 연중 입사 태양복사량이 최대인 달은 6월이고 최저인 달은 12월이지만, 가장 더운 시기는 일반적으로 8월 초이고 가장 추운 때는 2월이다.

일일의 입사 태양복사량이 최대인 시각은 정오이지만, 기온이 가장 높은 시각은 통상 오후 2~3이다. 기온의 상승은 입사 태양복사량이 방출 지구복사량보다 커서 대기의 열이 과잉 현상을 보이는 동안 지속되고, 최대기온은 입사 태양복사량과 방출 지구복사량이 균형을 이룰 때 발생한다. 이후 기온의 하강은 방출 지구복사량이 입사 태양복사량보다 커서 대기의 열 부족현상이 발생하는 동안 지속되고, 최저기온은 입사 태양복사량과 방출 지구복사량이 다시 균형을 이룰 때 발생한다.

1.3 참고문헌

김경렬 외, 2009: 「지구시스템의 이해」. 박학사, pp. 538-566.

김봉균 외, 1972: 「지구과학개론」. 교학사, 435 pp.

김수봉, 2009: 우주와 물질의 기원을 찾아서: 137억년 한 점에서 폭발, 우주공간으로 급속히 확산. *과학과 기술, 진화론 탄생 150년 특집*, pp. 58-59.

Blondel P., and J.W. Mason, 2006: *Solar System Update*. Springer, Chapter 1, 11.

Lemarchand, G.A., and G. Tancredi (eds.), 2010: Astrobiología: del Big Bang a las Civilizaciones. *Tópicos especiales en ciencias básicas e ingeniería*, **1**, 127 pp. UNESCO, ISBN 978-92-9089-163-5. www.unesco.org.uy

Miller, A., and R.A. Anthes, 1980: Meteorology. Charles E. Merrill Publishing Company, Chapter 3.

WMO, 2011: Implications of using the world geodetic system 1984 (WGS 84). ET-SAT-6/Doc. 16(1), 2 pp.

웹사이트

천문우주지식정보:
http://astro.kasi.re.kr/Main/MainPage.aspx

IAU(International Astronomical Union):
http://www.iau.org/public/themes/pluto/

NASA:
http://solarsystem.nasa.gov/planets/
http://solarscience.msfc.nasa.gov/

| Chapter |

02 지구의 대기권

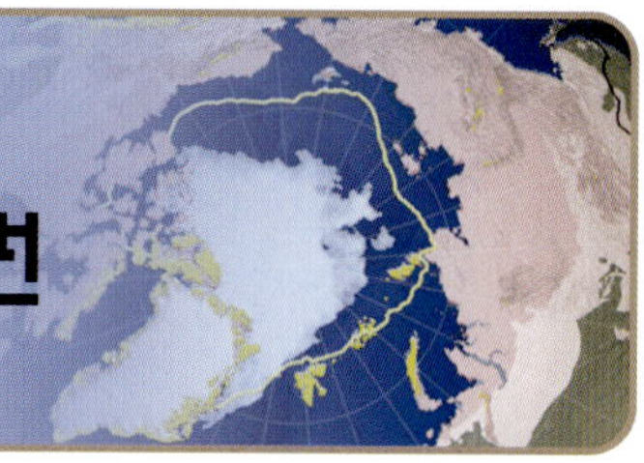

2.1 개요

공기의 바다인 대기는 자체의 무게를 갖고 구형의 지표면을 얇은 막처럼 에워싸고 있는 여러 기체의 혼합물이다. 사람의 경우 음식을 먹지 않고 약 5주를 견딜 수 있고 물 없이 5일 정도를 생존할 수 있지만, 공기로 호흡을 하지 않으면 5분밖에 견디지 못한다. 이처럼 대기는 지구상의 모든 생명체에 필수불가결하지만 실체가 없이 무색 무취로 존재한다.

지구 탄생 후 최초 약 백만 년에 걸쳐 암석권으로부터 분출된 가스가 태양풍에 의해 휩쓸려 외계로 탈출되고 안정화 상태에 이른 것이 최초의 원시 대기이다. 원시 지구의 중력은 가벼운 기체를 잡아둘 정도로 강하지 못했다. 현대의 화산 증거에 의하면, 원시 대기는 60%의 수소와 대부분이 수증기 형태인 20%의 산소, 10%의 이산화탄소, 5~7%의 황화수소 이외에 소량의 질소, 일산화탄소, 메탄가스 및 비활성가스로 구성되어 있었다.

대기 중의 수증기는 지구의 냉각으로 응결되어 거대한 강수를 형성하였다. 이는 대륙의 담수와 함께 광활한 바다를 이루었으며 기후변화의 동인이 되었다. 최초의 생명체가 지구상에 출현한 이후 약 1억년이 지난 34억 년 전의 안정화된 대기를 2차 대기라 하는데 주요 성분은 질소가스였다. 대기 중에 산소가 축적되기 시작한 것은 원생대에 해조류와 같은 식물이 광합성작용을 한 결과로 여겨진다. 고생대 이후의 대륙이동은 대기 중 이산화탄소와 산소의 조성 비율을 변화시키는 주요 요인으로 작용했으며, 지구의 기후도 빙하기와 간빙기를 거듭하면서 장기간 진화해 왔다. 이와 함께 성층권의 오존이 지구 생명체를 자외선으로부터 보호할 수 있을 정도로 풍부해짐에 따라 지구의 생명체가 오늘날과 같이 번성할 수 있었다.

2.2 표준대기

대기의 밀도는 지표면 바로 위에서 최대이고 고도가 상승하면서 점점 희박해지기 때문에 우주공간에 다다르면 타 행성의 대기와 분간할 수 없는 상태가 된다. 따라서 대기의 정상이나 상부한계에 대한 명확한 정의는 없지만, 열권계면의 최대고도인 지상 약 1,000km로 보고 있다. 지구의 대기는 자전과 중력 및 지표면의 차등가열 등에 의해 시간과 공간에 따라 물리적, 화학적 성질이 변화한다. 따라서 항공우주 등 다양한 분야에 적용할 목적으로 실제대기와 근사하도록 고도별 기압, 온도, 밀도 및 음속 등을 설정한 가상의 기준대기가 표준대기이다. 표준대기에서는 지구의 대기를 구성성분이 일정한 하나의 기단으로 보고, 지구의 자전속도와 동일하게 회전하기 때문에 바람이나 난류가 없음을 가정한다. 국제표준대기는 중위도의 연평균 대기요소에 근거하며, 해면기압은 1013.25hPa, 지표면의 기온은 15℃, 밀도는 1.225kg/m^3, 음속은 340.294m/s, 중력가속도는 9.80665m/s^{2}이다.

1976년에 발표된 미국 표준대기(U.S. Standard Atmosphere)의 경우, 지상으로부터 고도 32km에 이르는 대기의 특성은 국제민간항공기구(ICAO)의 표준과 동일하고, 50 km까지는 국제표준화기구(ISO)의 규격과 같다. 50km 이상의 고도에 대한 표준은 위성과 로켓 자료 이외에 많은 이론을 기초로 하고 있다 (그림 2.1). 고도 약 11km에 이르는 대류권의 기온감률은 -6.5℃/km이고, 대류권계면(11~20km) 내의 기온은 -56.5℃를 유지한다. 성층권(20~47km) 내 상부의 기온상승률은 하부보다 크고, 성층권계면(47~51km) 내의 기온은 -2.5℃이다. 중간권(51~86km) 내 하부의 기온감률은 상부보다 약간 크고, 중간권계면(86~91km)의 기온은 -86.28℃이다. 중간권계면 위에서 열권으로 고도가 높아지면서 기온도 상승한다.

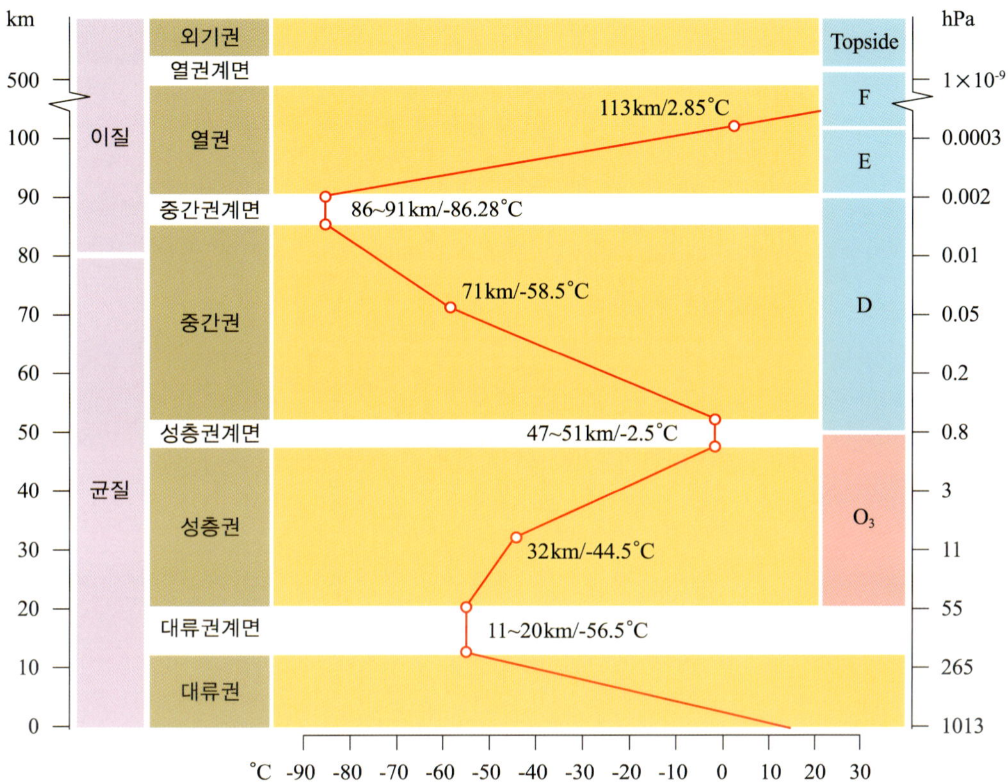

그림 2.1 지구대기의 수직구조 (NASA, 1976).

지오포텐셜(Φ)은 중력이 작용하는 단위 질량의 공기를 해면으로부터 임의 고도(z)까지 끌어올리는데 소요되는 위치에너지이다.

$$\Phi(z) = \int_0^z g dz \tag{2.1}$$

여기서 중력가속도(g)는 고도가 높아질수록 감소하며, 해면에서의 표준 중력가속도(g_0)는 9.80665m/s^{2}로 상수이다. 표 2.1에서, 지오포텐셜 고도(geopotential height, H)는 임의 고도에서의 지오포텐셜(Φ)을 표준 중력가속도로 나눈 값이다.

$$H \equiv \frac{\Phi(z)}{g_0} = \frac{1}{g_0}\int_0^z g dz \tag{2.2}$$

지오포텐셜 고도(H)가 기하학적 고도(geometric height, z)보다 적은 이유는 중력가속도가 고도 상승에 따라 감소하기 때문이다.

표 2.1 미국 표준대기 (NASA, 1976).

구분	지오포텐셜 고도 (H : km)	기하학적 고도 (z : km)	기온 (℃)	대기압 (hPa)
지표면	0.0	0.0	+15.0	1,013.25
대류권계면 하단	11.000	11.019	-56.5	226.32
대류권계면 상단	20.000	20.063	-56.5	54.749
성층권	32.000	32.162	-44.5	8.6802
성층권계면 하단	47.000	47.350	-2.5	1.1091
성층권계면 상단	51.000	51.413	-2.5	0.6694
중간권	71.000	71.802	-58.5	0.0396
중간권계면 하단	84.852	86.000	-86.28	0.0037
중간권계면 상단	89.716	91.000	-86.28	0.0015
열권	111.026	113.000	+2.85	0.00005

2.3 대기의 수직구조

지구의 대기는 넓은 의미에서 지상 약 50km까지의 성층권을 저층으로 그 이상을 고층으로 구분하고 있으며, 저층으로부터 고층까지의 대기는 물리·화학적 특성인 기온의 수직구조, 대기의 구성 성분 및 기능 등에 의해 몇 개의 층으로 분류할 수 있다.

2.3.1 기온 체감률 기준

지구의 대기는 고도가 상승하면서 기온이 높아지거나 낮아지는 온도의 체감률에 의해 대류권, 성층권, 중간권, 열권 및 외기권으로 분류된다. 지구의 대기는 독특한 온도구조를 가진 여러 층들로 구성되어 있는데, 이러한 층들을 권(sphere)이라 한다. 각 권들은 기온의 변화가 거의 없는 경계층에 의해 구분되는데, 이를 계면(pause)이라 한다.

가. 대류권

대류권(troposphere)은 수직혼합이 활발하여 대부분의 기상현상이 발생하는 층으로 지구 대기 질량의 약 80%를 차지한다. 대류권 층의 두께는 지구대기의 아주 적은 부분으로 지표면으로부터 대류권계면까지이다. 표 2.2에서 보는 바와 같이, 연중 시기와 위도에 따라 층의 높이가 변화하며 적도에서 극지방으로 갈수록 점점 낮아진다. 고도가 높아지면서 기온이 직선 형태로 꾸준하게 감소하는 주요 원인은 태양복사로 따뜻해진 지표면으로부터의 거리가 멀어지기 때문이다.

표 2.2 대류권의 온도구조 (Diston, 2009).

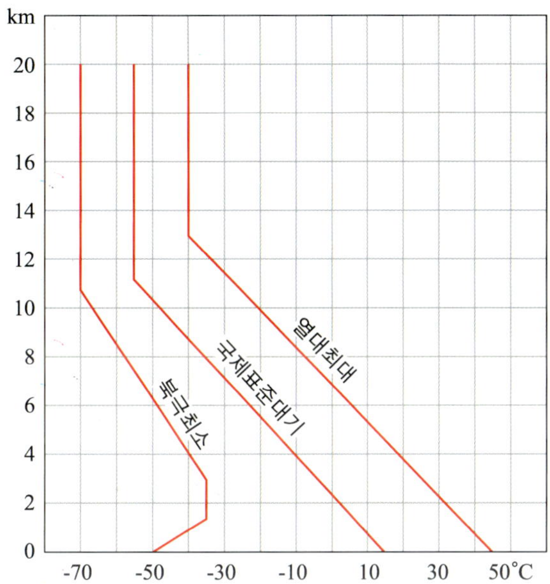

대기	고도 (km)	온도 (℃)
국제 표준대기	0	+15
	11	-56.5
	20	-56.5
열대 최대	0	+45
	13	-40
	20	-40
북극 최소	0	-50
	1.5	-35
	3.0	-35
	10.7	-70
	20.0	-70

대류권계면(tropopause)은 대류권의 상부한계로, WMO의 정의는 다음과 같다. 제1권계면은 대류권에서 임의 기층의 평균기온감률이 2℃/km보다 크고, 임의 기층 위에서 두께가 2km 되는 기층의 평균기온감률이 2℃/km보다 작을 때, 이 기층의 하단고도를 말한다. 제2권계면은 제1권계면 위에서, 두께가 1km 되는 기층의 평균기온감률이 3℃/km보다 클 때, 제1권계면의 기준을 만족하는 기층의 하단고도를 말한다. 대류권계면의 고도는 열대지방에서 16km, 중위도에서 11km 및 기온이 낮은 극지방에서는 9km 정도로 변화하기 때문에, 열대지방이 극지방보다 2배 가까이 높다. 대류권에서 수증기가 포함되어 있는 실제대기의 기온감률은 -6.49℃/km이고, 건조공기의 경우는 -9.8℃/km이다. 대류권은 지표면의 마찰효과가 큰 지상으로부터 약 1km까지의 행성경계층(PBL)과 그 위로 대류권계면까지의 자유대류권(free troposphere)으로 구분할 수 있다.

나. 성층권

성층권(stratosphere)은 기온 역전층으로 매우 안정적이기 때문에 기상현상은 거의 없으나, 크게 발달한 적란운의 상부가 성층권에 도달하는 경우가 있고 성층권의 하부는 제트기류의 영향을 받는다. 지구 대기 질량의 약 19.9%를 차지하는 성층권의 기온은 고도가 높아질수록 상승하여 상부에서 최고를 보이고 성층권계면에서는 일정하게 유지된다. 성층권계면 하부에서 최고 온도를 보이는 이유는 고도가 높아지면서 증가하는 태양복사의 강도와 이를 흡수하는 오존 밀도의 효과가 최대이기 때문이다.

표 2.3 오존의 생성 및 파괴 과정.

오존 생성	오존 파괴
$O_2 + UV(C) \rightarrow 2O$	$O_3 + O \rightarrow 2O_2$
$O_2 + O + M \rightarrow O_3 + M$	$O_3 + UV(B) \rightarrow O_2 + O$

표 2.3은 오존의 화학적 과정을 보여는 'Chapman Cycle'이다. 자외선 UV(C)의 파장은 280~100nm, UV(B)는 315~280nm, M은 공기의 분자이다. 400~315nm의 장파장을 갖는 UV(A)는 대기성분에 의해 거의 흡수되지 않고 지표면에 도달하지만 생화학적인 측면에서 UV(B)와 UV(C)에 비해 덜 해롭다. UV(B)는 중간 정도의 해로운 자외선으로 피부암을 유발하고 식물의 성장도를 낮춘다. 단파장인 UV(C)는 DNA를 파괴할 정도로 가장 해롭지만 성층권에서 차단되어 지표면에 거의 도달하지 않는다. 오존이 형성되려면 광화학 작용을 하는 자외선과 산소가 풍부하여야 한다. 성층권의 고도가 높아지면서 자외선의 강도는 증가하지만 산소의 양은 감소한다. 두 조건의 최대 고도인 약 20~25km 부근에서 오존이 가장 많이 형성되어 고밀도를 보인다. 이보다 높은 고도와 낮은 고도에서는 오존의 형성효과가 감소한다.

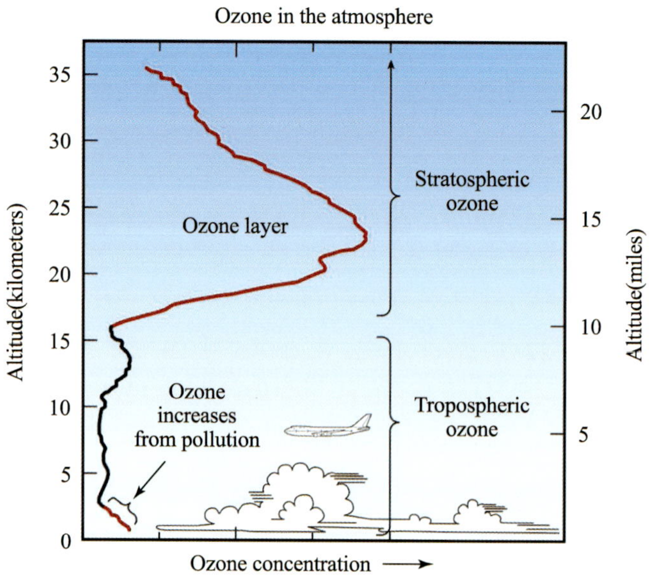

그림 2.2 오존의 수직분포 (WMO, 1998).

대기 중의 오존은 평균 1천만 개 공기분자 가운데 3개일 정도로 희박하지만 인체에 유해한 자외선을 흡수하는 등 중요한 역할을 한다. 그림 2.2에서 보는 바와 같이, 오존은 지구 대기권의 2개 영역에 주로 분포되어 있으며, 약 90%는 지상 8~18km부터 약 50km까지의 성층권에 존재하고, 나머지 약 10%가 대류권 하부에 위치한다. 성층권 오존의 농도는 3~5ppm이고 밀집고도에서 약 10ppm 정도이다. 대류권 하부의 농도는 40~100ppb이다. 광화학 스모그의 주요 성분으로 도시와 시골 모두에서 증가하고 있는 대류권 오존은 지표면의 생물체와 직접 접촉하는 동시에, 다른 기체와 강하게 반응하기 때문에 파괴적이고 유독하다. 반면, 성층권 오존의 감소는 인간이 생산해서 사용하는 화학제품과 관련이 있으며 UV(B) 자외선의 지표면 증가로 이어진다. 남극의 오존홀은 봄철에 주로 발생하며 총량의 약 60%까지 소실되기도 한다. 북극의 오존도 유사한 과정이 발생하고 있으며, 1월부터 3월 사이에 일반적으로 20~25% 소실된다.

다. 중간권

중간권(mesosphere)은 지구 대기권의 중간 고도에 위치한 층으로 하부에서 상부로 올라가면서 기온감률이 약간 감소한다. 중간권계면 하단의 기온은 대기권에서 가장 낮으며 영하 90℃ 가까이 내려간다. 중간권은 고고도 기상관측용 풍선이나 저고도 위성이 접근하기 어렵기 때문에 연구가 덜 된 대기권이다.

라. 열권

열권(thermosphere)은 중간권 위에서 태양복사 에너지의 양에 따라 팽창하거나 축소하는 층이다. 기온이 고도에 따라 급상승하는 이유는 기체들이 단파장의 고에너지 자외선을 흡수하여 열로 전환하기 때문이다. 열권에서의 온도 개념은 빠르게 움직이는 N_2와 O_2의 운동에너지로, 온도(T)는 기체분자의 평균 운동에너지에 이상기체방정식을 적용한 식, $KE=\frac{1}{2}mv_{ave}^2=\frac{3}{2}kT$에서 다음과 같이 구할 수 있다.

$$T=\frac{1}{3}\frac{mv_{ave}^2}{k} \tag{2.3}$$

위에서 m은 기체분자의 질량, 평균운동속도(v_{ave})는 제곱평균제곱근의 값이고 볼츠만상수(k)는 1.38×10^{-23}J/K이다. 열권에는 기체들이 아주 희박하게 분포되어 있기 때문에 실제 가지고 있는 열은 아주 적을 수밖에 없다. 따라서 피부로는 따뜻함을 느끼지 못한다.

마. 외기권

외기권(exosphere)은 지구 대기권의 가장 외곽에 위치한 층으로, 지구대기에서 타행성대기로 전이되는 영역이다. 외기권 하단의 고도는 태양의 활동이 활발한 경우에 약 1,000km까지 상승하고, 비활동적이면 약 500km까지 낮아진다. 수소와 헬륨이 극히 희귀하게 분포되어 있는 외기권은 우주공간의 진공상태와 거의 같다. 따라서 지구의 대기권을 어디까지로 볼 것인가에 대해서는 다양한 의견들이 있다. 지구의 대기권을 기체가 존재해 있는 외기권까지로 봐야 한다는 견해가 있는 반면에, 열권까지를 지구의 대기권으로 보는 견해도 있다. 이는 우주공간으로 서서히 사라지는 외기권의 상부한계를 명확하게 정의할 수 없기 때문이다.

2.3.2 기체 조성비 기준

지구의 대기는 기체 조성비에 의해 균질 대기권과 이질 대기권으로 분류된다. 균질 대기권은 기체들이 고르게 혼합되어 있는 영역으로 지상으로부터 약 80km까지이다. 이질 대기권은 고도 80km 이상으로 지구 대기 질량의 0.001% 정도를 차지하며, 지구 중력에 의해 상대적으로 무거운 질소와 산소는 하부에 위치하고 가벼운 수소와 헬륨은 상부에 분포되어 있다.

2.3.3 전자나 이온의 수밀도 기준

이온층(ionospheric layer)은 태양복사에 의해 기체의 분자나 원자가 이온화된 층으로, 전자나 이온의 수밀도에 따라 D, E, F 및 상위층(Topside)으로 구분한다 (표 2.4). 전리층으로도 불리는 이온층은 중간권과 열권에 위치해 있으며 우주선, 감마선, X선 및 약간의 자외선을 흡수한다. 기체 원자들이 양전하를 띤 이온으로 되어 빛을 발산하기 때문에 오로라를 생성하기도 한다.

표 2.4 이온층의 구분 (Anderson et al., 1999).

층	고도(km)	주요이온	특성
D	50~90	NO^+, O_2^+	야간 : 소실
E	90~150	O_2^+, NO^+	야간 : 소실
F	150~600	O^+, NO^+	주간 : F1, F2 분리
Topside	600~1,000	O^+, H^+	전이고도 : 주간 > 야간

D층은 고도 약 50~90km에 위치하고 주로 고주파 라디오파를 흡수한다. 이온화는 비교적 약하며 야간에는 소멸된다. E층은 고도 약 90~150km에 위치하고 주간 중에 정기적으로 형성된다. E층 안에서 이온의 밀도가 높고 두터운 층은 E2, 얇고 변화가 심한 층은 산발성(sporadic) Es층으로 세부 분류된다. F층은 고도 약 150km 위의 무선

통신과 밀접하게 관련되어 있는 층이다. 중위도 온대지방에서 정기적으로 형성되는 F1층과 저위도에서 반정기적으로 형성되는 F1.5층 및 전파 반사에 가장 중요한 F2층으로 세분된다. 야간에는 F1과 F2의 경계가 없어지고 F층으로 합쳐진다. F층 하부의 주요 이온은 NO^+이고 상부에서는 O^+가 우세하다. 상위층(topside)은 F2층 위로부터 O^+이온이 H^+와 He^+이온의 밀도보다 점점 적어지는 전이고도까지를 말한다. 전이고도보다 높은 영역에서는 이온화가 약해서 라디오 신호에 거의 영향이 없다.

2.3.4 열전도 방식 기준

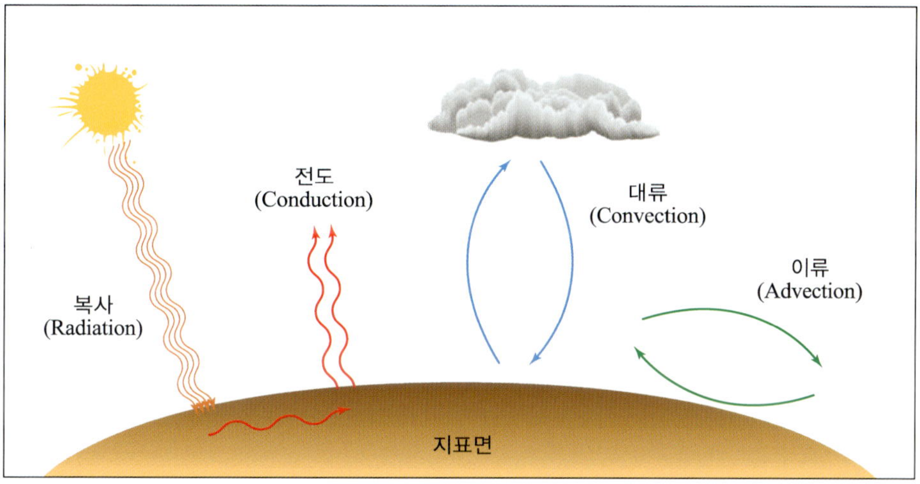

그림 2.3 열의 전달 형태.

열에너지의 전달형태에는 전도(conduction), 대류(convection) 및 복사(radiation)가 있다 (그림 2.3). 지구의 대기는 열전도 방식에 의해 전도층(conductive layer)과 대류층(convective layer) 및 복사층(radiative layer)으로 분류할 수 있다.

전도는 분자운동에 의해 물질의 한 입자에서 인접해있는 다른 입자로 열이 전달되는 현상을 말하며 고온에서 저온으로 이동한다. 입자가 견고하게 구성되어 있는 고체에서 주로 발생하기 때문에 공기 자체는 좋은 열전도체가 못된다. 대기 중에서 전도의 형태로 열전달이 가능한 영역은 지표면과 접해있는 공기뿐이다. 따라서 대기권 내에서 열에너지를 전달하는 전도의 역할은 미미하다고 할 수 있다.

대류는 열을 띤 입자가 한 장소에서 다른 장소로 이동하는 형태로, 물질의 운동 속(bulk movement)을 통해 열이 전달된다. 액체나 기체의 유체에서 발생하며 흐름(currents)을 형성하고, 압력의 차이나 온도의 변화에 따른 밀도 차이 때문에 발생한다. 대류는 대기권 내의 많은 열전달을 담당하고 있으며, 저위도와 고위도 사이에 열의 재분배를 통해 평형을 이루는 대기대순환의 주요 과정이다. 일반적으로 대류는 수직운동과 관련이 있고 수평운동을 논할 때는 이류(advection)를 주로 사용한다.

복사는 전도나 대류와는 다르게 중간 매체를 필요로 하지 않고, 에너지원에서 모든 방향으로 열이 전달되는 현상을 말한다. 태양의 에너지는 전자기파 형태로 열복사를 통해 지구에 열을 전달한다. 복사는 3가지의 열전달 형태 가운데 속도가 가장 빠르고 진공상태에서 빛의 속도로 진행하지만 대기를 통과할 때는 약간 늦어진다.

2.3.5 대기오염 기준

지구의 대기는 대기오염의 정도에 따라 지구 생물이 호흡하며 생활하는 수km 이하의 환경권 대기(ambient air)와 환경권역 내에서 비 오염 대기권인 배경대기(background air)로 구분한다.

2.4 기체법칙

2.4.1 보일의 법칙

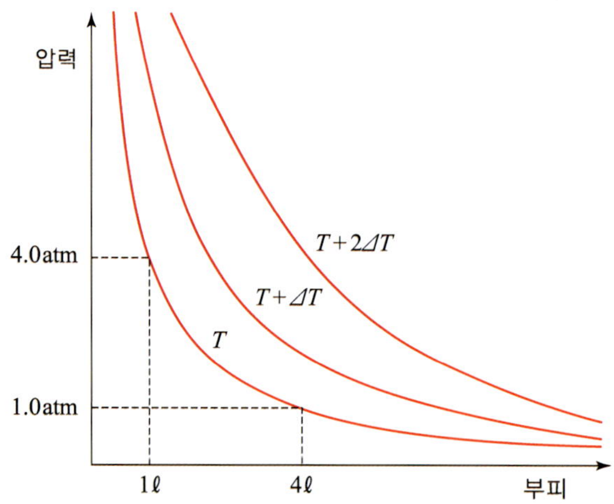

그림 2.4 보일의 법칙. 일정 온도에서 압력과 부피의 관계.

보일의 법칙(Boyle's Law)은 1662년 보일이 발견하였으며, 일정 질량의 기체에서 온도가 일정할 때 압력과 부피가 반비례한다는 이론이다.

$$P_1 V_1 = P_2 V_2, \quad PV = C \tag{2.4}$$

위 식에서 C는 상수이고, 온도 T와 몰수 n은 일정하다.

2.4.2 샤를의 법칙

샤를의 법칙(Charles' Law)은 1787년 샤를이 발견하였으며, 일정 질량의 기체에서 압력이 일정할 때 온도가 상승하면 부피가 커진다는 이론이다.

$$V_1/T_1 = V_2/T_2, \quad V_2 = V_1 \times (T_2/T_1), \quad V = CT \tag{2.5}$$

위 식에서 C는 상수이고, 압력 P와 몰수 n은 일정하다.

기체의 종류와 관계없이 일정 압력 하에서 온도가 1℃ 상승함에 따라 부피는 1/273씩 증가하는데, 0℃에서 어떤 기체의 부피를 V_0, 온도가 t℃ 상승했을 때의 부피를 V_t라 하면 다음의 관계식이 성립된다.

$$V_t = V_o + (V_o/273) \times t = V_o(1 + t/273) \tag{2.6}$$

위 식을 게이뤼삭의 법칙(Law of Gay-Lussac)이라 한다.

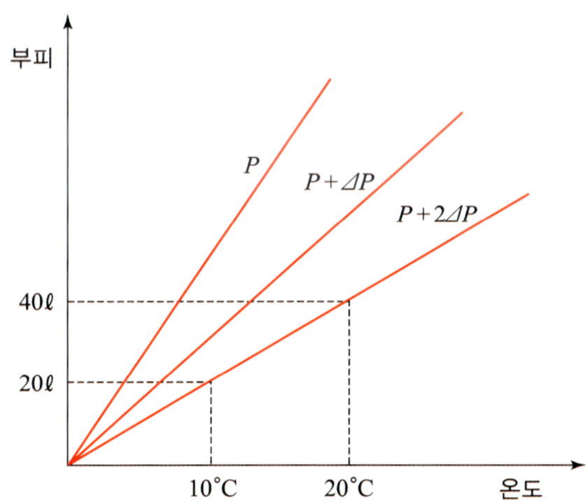

그림 2.5 샤를의 법칙. 일정 압력에서 온도와 부피의 관계.

2.4.3 보일-샤를의 법칙

보일-샤를의 법칙(Boyle-Charles' Law)은 보일의 법칙, 샤를의 법칙 및 게이뤼삭의 법칙을 종합한 것으로, 기체의 부피 V는 절대온도 T에 정비례하고, 압력 P에 반비례한다는 법칙이다. 이를 수식으로 표현하면 다음과 같다. 여기서 k는 상수이다.

$$V = k(T/P), \quad PV/T = k, \quad P_1 V_1/T_1 = P_2 V_2/T_2 = k \tag{2.7}$$

2.4.4 아보가드로의 법칙

아보가드로의 법칙(Avogadro's Law)은 기체의 종류와 상관없이 온도와 압력이 같다면 일정 부피 안에 들어 있는 입자의 수가 동일하다는 법칙이다. 즉, 0℃, 1기압에서 22.414l 부피의 기체는 6.022×10^{23}개의 분자 수를 갖는다.

2.4.5 이상기체의 법칙

이상기체는 분자 사이의 인력이나 반발력이 작용하지 않고, 온도 0K가 되면 기체의 부피는 0이 되어야 하며, 평균 운동에너지가 절대온도에 비례하는 기체이다. 실제기체가 이상기체에 가까워지려면 고온, 저압이어야 한다. 이러한 상태에서는 기체의 부피가 커지고 분자 사이의 거리가 멀어져 상호작용이 미미해지기 때문이다. 보일-샤를의 법칙에, 표준상태(0℃, 1기압)에서 모든 기체 1몰의 부피는 22.414l라는 아보가드로의 법칙을 적용하여, 기체상수 k의 값을 구하면 다음과 같다.

$$\begin{aligned} k = PV/T &= (1\,\text{atm} \times 22.414\,l)/(273.15\,\text{K} \times 1\,\text{mol}) \\ &= 0.082057\,\text{atm} \cdot l \cdot \text{mol}^{-1} \cdot \text{K}^{-1} = 8.314\,\text{J} \cdot \text{mol}^{-1} \cdot \text{K}^{-1} \\ &= 1.987\,\text{cal} \cdot \text{mol}^{-1} \cdot \text{K}^{-1} = R \end{aligned}$$

위 기체 1몰에 대한 기체상수 R을 일반기체상수(universal gas constant)라 한다. 따라서 기체 n몰의 경우 $k = nR$이 된다.

$$PV/T = nR, \quad PV = nRT \tag{2.8}$$

위 식을 이상기체 상태방정식(equation of ideal gas)이라 한다.

2.5 대기의 화학적 조성

지구의 대기는 (i) 기체의 혼합물인 건조공기와 (ii) 수증기, 물 및 얼음의 삼상 형태를 취하는 H_2O, 그리고 (iii) 고체 또는 액체의 입자로 대기 중에 부유되어 있는 에어로졸로 구성되어 있다.

2.5.1 건조공기

건조공기를 구성하는 다양한 기체들의 체적비가 30ppm(0.003%) 이상이면 주요성분(main component), 그 미만이면 소수성분(minor component)으로 구분할 수 있다. 건조공기는 평균수명에 따라 영구, 반영구 및 가변 기체로 분류할 수 있다. 영구기체는 수백만 년까지, 반영구기체는 수백 년까지, 그리고 가변기체는 수일에서 수주일 정도 대기 중에 체류한다.

표 2.5 건조공기의 화학적 조성 (Iribarne et al, 1980).

구분	성분	분자량 (g/mol)	체적비	수명
주요 (Main)	질소(N_2)	28.01	78.08 %	영구
	산소(O_2)	32.00	20.95 %	
	아르곤(Ar)	39.95	0.93 %	
	이산화탄소(CO_2)	44.01	390.9 ppm*	
소수 (Minor)	네온(Ne)	20.18	18 ppm	
	헬륨(He)	4.00	5 ppm	
	크립톤(Kr)	83.80	1 ppm	
	크세논(Xe)	131.30	0.09 ppm	
	메탄(CH4)	16.04	1.813 ppm*	반영구
	아산화질소(N_2O)	44.01	0.324 ppm*	
	일산화탄소(CO)	28.01	0.1 ppm	
	수소(H_2)	2.02	0.5 ppm	
	오존(O_3)	48.00	~10 ppm (성층권)	가변
			5~50 ppb (비오염공기)	
			~500 ppb (지상오염공기)	
	황화수소(H_2S)	34.08	0.2 ppb (지상)	
	이산화황(SO_2)	64.06	0.2 ppb (지상)	
	암모니아(NH_3)	17.03	6 ppb (지상)	
	이산화질소(NO_2)	46.01	1 ppb (지상)	
			100 ppb (오염공기)	
	포름알데히드(CH_2O)	30.03	0~10 ppb	

* WMO GHG Bulletin 2012, ppm: part per million, ppb: part per billion

주요성분 가운데 질소와 산소가 차지하는 비율은 건조공기 전체의 99%, 아르곤을 더하면 99.97% 그리고 이산화탄소까지 합하면 99.997% 이상이 된다. 균질대기층 전체에 대한 건조공기의 조성 비율은 혼합과정을 통해 거의 일정하게 유지된다. 질소와 산소는 지구 생명체의 삶에 매우 중요하다. 대기 가운데 질소가 가장 많은 이유는 활성이 강하고 대부분의 고체와 반응하지 않으며 태양복사에 안정적이기 때문이다. 그 다음으로 풍부한 산소는 주로 녹색식물의 광합성작용에 의해 발생되고 호흡작용으로 소멸된다. 아르곤은 주로 암반으로부터 생성되며, 대기 중에서 차지하는 비율이 높은 이유는 다른 기체와의 반응이 잘 이루어지지 않고 장기간 체류하기 때문이다. 이산화탄소의 양이 적은 이유는 수용성 기체로 물에 잘 용해되고 광합성작용을 하는 식물에 사용되기 때문이다. 그러나 이산화탄소의 농도는 산업화혁명 이후 지속적으로 상승하고 있으며 최근에는 그 속도가 빠르게 진행되고 있다. 그 주된 이유는 화석연료의 사용과 산림 벌채 및 토지이용의 변화이다. 이와 같은 이산화탄소의 증가는 지구온난화에 가장 중요한 인위적 요인이 되고 있다.

소수성분은 환경오염 등의 화학작용에 중요한 역할을 하며 일반적으로 대기 중의 물순환과 밀접하게 연관되어 있다. 소수성분의 수명이 짧고 체적비가 작은 이유는 다른 기체와의 반응도가 매우 높기 때문이다. 메탄가스는 매우 강한 온실기체로 산업화 이후 지속적으로 증가하고 있으며, 쌀 경작지, 가축, 매립 쓰레기, 석탄광 및 흰개미 등으로부터 주로 발생된다. 아산화질소는 온실가스로서 다른 기체에 비해 영향이 적지만 매년 증가하고 있으며, 각종 산업 활동과 농업, 임업 및 축산업 등이 주요 발생원이다. 인간의 삶에 중요한 역할을 하는 오존의 대부분은 성층권에 존재하고 일부가 도시를 중심으로 하는 지표면 부근에 밀집되어 있다.

2.5.2 물

물은 수증기나 수용액의 형태로 대기의 화학작용에 직접 반응하는 것 이외에 대기 중에서 발생하는 여러 과정과 연관되어 있다. 물의 증발과 수증기의 응결은 대기의 열역학적 과정과 수직 안정도를 결정하며, 구름 형성과 강수발달의 필수요인이다. 물은 구름 내에서 소규모 입자를 흡착하는 응결세정 과정(rainout)과 빗방울이 떨어지면서 대기 중의 에어로졸을 제거하는 강하세정 과정(washout)을 통해 대기를 정화시키는 역할을 한다. 수증기로서의 물은 대기 중에 기체로 존재하며 시간과 공간에 따라 가변성이 크다. 고온다습한 열대 해양과 우림지역에서 수증기의 체적비는 4%에 달하지만, 한랭 건조한 극지방과 아열대 사막지역에서는 거의 존재하지 않는다. 수증기는 잠열의 형태로 지구의 열에너지를 재분배하는 동시에 온실효과를 통해 지구의 기온을 상승시키는 역할을 한다.

가. 물의 상변화

물은 고체인 얼음과 액체인 물 및 기체인 수증기의 3상 가운데 하나의 형태로 존재하며 상변화(phase change) 하는 물질이다. 상변화란 물질의 화학조성에 변화가 없이 고체, 액체 및 기체 가운데 하나의 상태가 다른 상태로 전환되는 현상을 말한다. 물은 저온일수록 분자의 배열이 규칙적이고 분자간의 거리가 짧아 상호 결합력이 커지는 반면, 온도가 상승할수록 분자의 배열이 불규칙해지고 분자간의 거리가 멀어져 상호간의 결합력이 작아진다. 그림 2.6에서, 얼음과 물 및 수증기의 3상이 평형을 이루며 공존할 수 있는 상태가 물의 삼중점(triple point)으로 온도는 0.01℃이고 압력은 0.006atm에 위치한다. 임계온도는 특정 온도 이하의 기체가 압력을 받으면 밀도가 커져 액체로 변화하지만, 그 이상일 경우 상변화가 일어나지 않는 온도를 말한다. 임계압력은 기체와 액체가 공존하는 증기압력곡선의 한계점으로 임계온도에서 기체를 액화시키는데 필요한 최저 압력을 말한다. 임계점(critical point)은 증기압력곡선을 경계로 기체와 액체의 상변화가 일어나다가 더 이상 상변화가 일어나지 않는 한계로, 물의 임계온도는 374.2℃이고 임계압력은 218.3atm이다. 임계온도와 임계압력 이상에 존재하며 기체도 액체도 아닌 유체의 형태를 지닌 물질을 초임계 유체(supercritical fluid)라 한다. 초임계 유체는 고온, 고압이므로 분자간의 거리가 아주 가깝고 밀도가 높다.

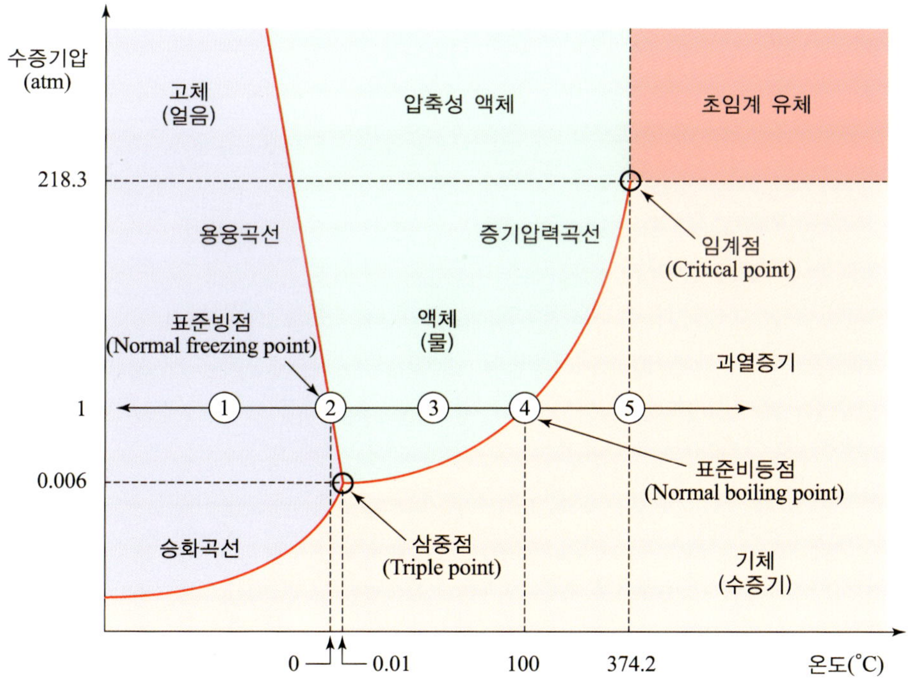

그림 2.6 물의 상전이 도표 (Phase diagram of water).

나. 상변화와 관련된 열

열(heat)은 고온의 물체로부터 저온의 다른 물체로 이동하는 온도에너지(thermal energy)를 말한다. 비열(specific heat)은 1kg의 물체를 1℃ 상승시키는데 소요되는 열량으로, 단위는 kcal/kg·℃이다. 열용량(heat capacity), Q는 임의 질량의 물체를 1℃

상승시키는 데 필요한 열량으로, 단위는 kcal/℃이다.

$$\text{열용량} = \text{비열} \times \text{질량}, \quad \text{비열} = \text{열용량}/\text{질량}$$

정적비열(specific heat at constant volume), $C(v)$는 체적이 일정한 상태에서 기체 1kg의 온도를 1℃올리는 데 필요한 열량을 말한다. 열을 가할 때 체적을 일정하게 하면 압력이 높아지고 분자간의 충돌에 의해 열이 발생하게 된다. 정압비열(specific heat at constant pressure), $C(p)$는 일정한 압력 하에서 기체 1kg의 온도를 1℃ 올리는 데 필요한 열량을 말한다. 비열비(specific heat ratio), k는 정적비열에 대한 정압비열의 비로 항상 1보다 크다. 이는 정압비열이 정적비열보다 많은 열을 필요로 하기 때문이다.

$$k = C(p)/C(v) > 1, \quad C(p) > C(v)$$

현열(sensible heat)은 물체에 열을 가감할 때 감각으로 인지할 수 있으며, 상태의 변화 없이 온도를 변화시키는데 소요되는 열량을 말한다. 현열과 비열의 관계는 다음과 같다.

$$\text{현열(kcal)} = \text{물질의 질량} \times \text{비열} \times \text{온도차}$$

잠열(latent heat)은 물체에 열을 가감할 때 온도의 변화 없이 상태를 변화시키는데 소요되는 열량을 말한다. 잠열에는 융해열, 응고열, 증발열, 응결열 및 승화열이 있다. 0℃ 얼음이 0℃ 물로 융해(melting)하기 위해서는 79.7kcal/kg의 열을 흡수해야 하고, 물이 얼음으로 응고(freezing)하기 위해서는 동일한 열을 방출해야 한다. 물이 증발(evaporation)하는데 필요한 열은 0℃에서 597kcal/kg, 100℃에서 539kcal/kg으로 변화하며 평균값은 568kcal/kg이다. 역으로 응결(condensation) 시에는 동일한 열량을 방출해야 한다. 액체의 중간 상태를 거치지 않는 과정에는 얼음에서 수증기로 변화하는 승화(sublimation)와 수증기에서 얼음으로 변화하는 증착(deposition) 과정이 있다. 승화와 증착은 삼중점 압력인 0.006 기압보다 낮은 압력에서 온도를 높이거나 낮출 때 발생하며, 물의 승화열은 676.7kcal/kg이다.

그림 2.7에서, 가열과정은 열이 가해지면서 물의 온도와 상이 어떻게 변화하는 지를 보여준다. 그림 2.6과 연계된, 과정 ①은 융해점인 0℃에 도달할 때까지로 열이 가열되면서 얼음의 온도도 상승한다. 과정 ②는 융해점에서 얼음이 물로 상변화를 하는 단계로 평형상태를 유지한다. 얼음이 물로 완전하게 상변화를 할 때까지는 열을 계속 가해도 온도는 일정하게 유지된다. 이는 액체에 비해 물 분자의 결합력이 강한 고체를 붕괴시키는데 열이 필요하기 때문이다. 얼음이 물로 상변화 하기 위해 소요되는 열을 융해열(heat of fusion)이라 한다. 과정 ③은 얼음에서 물로 상변화가 완료된 이후로, 가해진 열은 물의 온도를 상승시키는데 사용된다. 과정 ④는 비등점인 100℃에서 물

이 끓기 시작하는 단계로 액체와 기체는 평형상태에 있다. 과정 ②와 같은 이유로, 물이 완전하게 수증기로 상변화 과정 동안에는 일정온도가 유지되며, 이 때 소요되는 열을 증발열(heat of vaporization)이라 한다. 과정 ⑤는 액체에서 기체로의 상변화가 완료된 이후로, 가해진 열은 수증기의 온도를 상승시키는데 사용된다. 냉각과정은 가열과정의 역으로, 물의 온도 변화와 상변화에 대해 열이 어떻게 제거되는지를 보여준다. 기체에서 액체로의 응결과정과 액체에서 고체로의 응고과정과 같이, 물이 상변화하는 동안에는 평형상태를 유지하며 온도가 일정하게 유지된다.

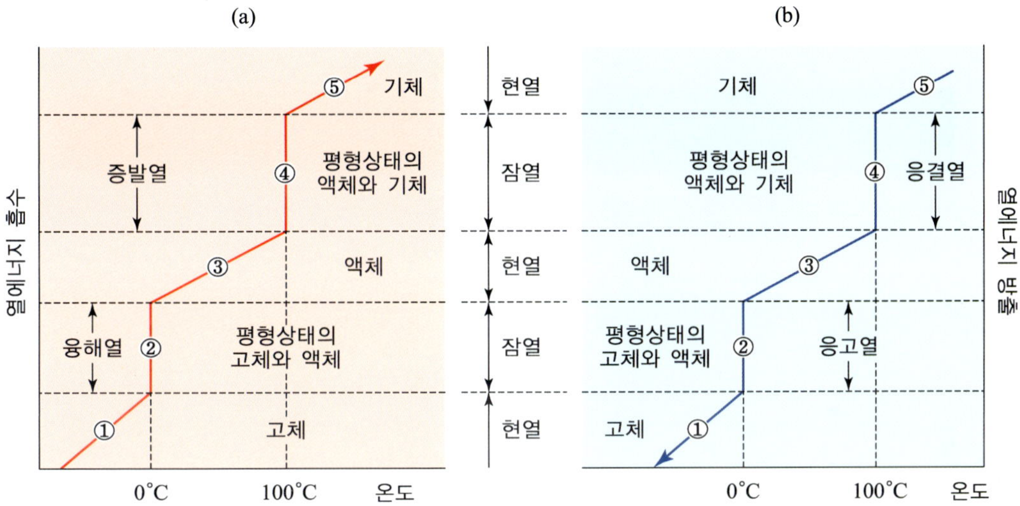

그림 2.7 물의 가열과정(a)과 냉각과정(b).

2.5.3 에어로졸

에어로졸은 대기 중에 부유하고 있는 고체나 액체의 미립자로 지구의 기후와 시정 및 건강에 영향을 미친다. 에어로졸에는 먼지, 검댕, 탄소, 해염, 황산염과 질산염 형태의 화합물 및 광물성 미립자 등이 있다. 에어로졸의 생성원은 자연과 인간의 활동이다. 자연적인 생성원에는 산불, 광화학작용, 토양침식, 풍화작용, 사막의 모래바람, 해상의 물보라와 거품 및 화산활동 등이 있다. 인위적인 생성원에는 가정, 교통수단, 발전소와 산업시설의 연소 등이 있다.

에어로졸은 출처에 따라 해양과 육지 및 도시와 관련된 3개의 유형을 갖는다. 해양과 육지형의 에어로졸은 출처가 다른 입자들이 합쳐져서 변형이 일어나는 반면, 도시형의 에어로졸은 인간과 산업 활동에 의한 것이기 때문에 화학적 조성과 입자의 크기가 다양하다.

에어로졸은 입자의 크기에 따라서 0.01μm 미만의 핵모드(nucleation mode), 0.01~0.1μm까지의 에이트켄모드(Aitken mode), 0.1~2.5μm까지의 축적모드(accumulation mode) 및 2.5μm 이상의 조대모드(coarse mode)로 구분된다. 핵모드의 에어로졸은 대기 중의 기체가 입자로 변환되어 발생하는 것과 연소과정에 발생하는 것이 있다. 에이트켄모드와 축적모드의 에어로졸은 구름응결핵의 주요 공급원이다. 조대모드의 에어로졸은 먼지바람과 물보라 이외에 농업과 광산 등에서 기계적으로 발생된 인위적인 입자이다. 대기 중 에어로졸의 수명은 수 시간에서 수일 정도이다. 에이트켄모드와 축적모드의 에오로졸은 핵모드에 비해 긴 수명을 갖지만, 조대모드의 에어로졸은 중력의 영향으로 대기 중에서 쉽게 사라진다.

고도 (km)	에어로졸
	유성 활동
80	
	우주먼지, 층상구조 형성
30	
	융게층, 고밀도의 에어로졸, 대부분 황산 입자, 층의 고도는 위도에 따라 변화
15	
	성층권 하부 기온역전, 에어로졸의 밀도가 일정 또는 증가하며 혼합 가능
7	
	자유 대류권층, 미세 에어로졸 위주 존재, 에어로졸의 밀도가 고도 상승에 따라 지수 함수적으로 감소
2.5	
	에어로졸 혼합층, 지표면과 기상 및 기후의 영향으로 에어로졸의 밀도 변화 최대
0	

그림 2.8 에어로졸의 수직 분포 특성 (Zilberman, 2003).

에어로졸 입자의 시·공간적인 분포는 대기의 수직대류와 수평이류의 영향을 크게 받는다. 에어로졸의 수직 분포 특성은 그림 2.8에서와 같이, 여러 층으로 구분해 볼 수 있다. 각 층들의 물리적 과정은 에어로졸의 크기와 밀도 분포를 결정한다. (i) 지상으로부터 2~2.5km까지의 경계층 내에서는 혼합이 잘 이루어지며, 에어로졸의 밀도는 지표면의 조건과 기상 및 기후의 상태에 의존한다. (ii) 2.5~7km까지의 자유 대류권 영역에는 규모가 큰 입자들이 거의 없고, 미세 에어로졸의 밀도는 고도가 상승하면서 지수 함수적으로 감소한다. (iii) 자유대류권보다 높은 고도로부터 30km까지 성층권 영역에 존재하는 에어로졸의 주요 성분은 황산 입자로, 화산에 의해 성층권으로 분출된 화산재 등에 기인한다. 성층권의 융게층(Junge layer)은 대류권계면과 30km 사이에 미세 황산의 에어로졸 입자가 다수 분포되는 층으로, 성층권 에어로졸 층(stratospheric aerosol layer)라고도 한다. 30km보다 높은 고도에 존재하는 에어로졸은 유성의 활동으로부터 생성된 우주먼지(cosmic dust)가 주를 이룬다.

2.6 대기의 물리적 특성

2.6.1 기압

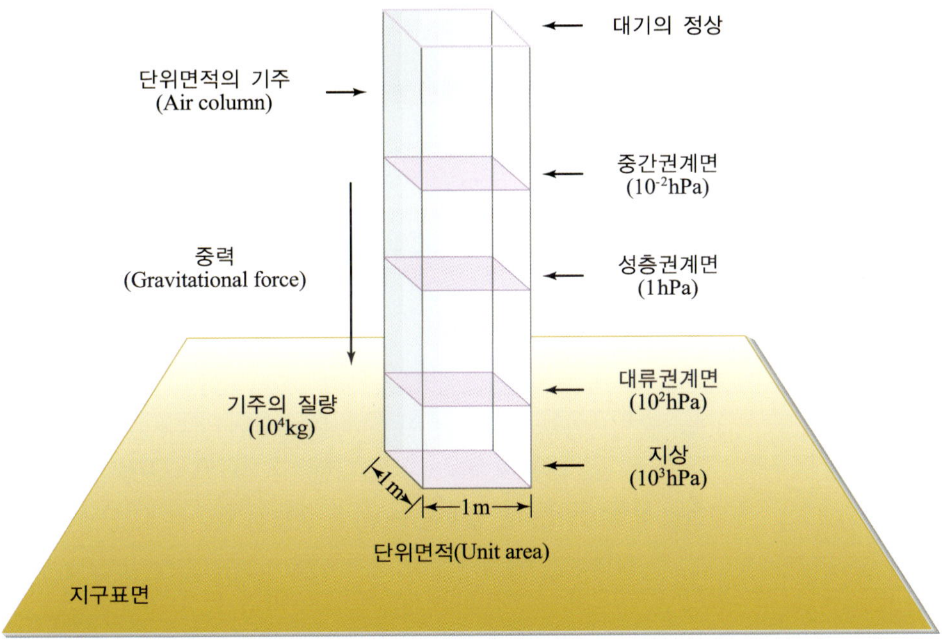

그림 2.9 대기의 압력.

대기를 구성하고 있는 기체 분자들은 자체의 질량을 갖고 있기 때문에 지구의 중심 방향으로 중력이 작용한다. 이 때 지구 표면에 작용하는 힘을 대기에 의한 압력 즉, 대기압 또는 기압(atmospheric pressure)이라 한다. 임의 고도에서의 기압은 그 고도를 중심으로 한 단위면적 위의 공기 기주(air column) 안에 들어있는 공기 무게를 말한다. 기압은 공기의 밀도에 좌우되기 때문에 밀도가 클수록 높아진다. 고도가 상승하면서 기압이 낮아지는 이유는 대기 중 기체의 밀도가 감소하기 때문이다 (그림 2.9). 기압의 기본단위는 파스칼(Pa, N/m^2)이다. 기상학적 목적으로 접두사인 "hecto"를 붙여 hPa(100Pa)을 사용하는데, 이전에 활용되던 mbar와 동일한 단위이다. 표준대기 1기압은 1013.25hPa이며 수은주 760mm의 높이에 해당하는 기압이다.

기압계가 발달하고 쇠퇴하는 것을 예측하는 데 중요한 기압경향(pressure tendency)은 기압변화(pressure change)와 기압특성(pressure characteristic)을 말한다. 기압변화는 특정 간격의 시작과 종료 시간에 관측한 기압의 순 차이를 말한다. 기압특성은 관측 시간 간격 동안 기압이 어떻게 변화했는지를 뜻하는데, 감소 후 증가 또는 증가 후 급속하게 감소 등과 같은 것이다. 기압의 변화는 장기 평균값을 기초로 하며 일일주기와 반일주기의 성분을 갖는다. 고·저기압 및 전선 등과 같은 기압계가 존재하는 경우를 제외한 기압의 일변화는 하루 24시간 동안 각 두 번씩의 최대와 최소치가 나타난다. 최대치는 지역표준시로 10시와 22시에, 최소치는 04시와 16시에 발생하며 6시간 주기로 최대치와 최소치가 바뀐다. 최대치는 최대 냉각 후 및 12시간 뒤, 최소치는 최대 가열 후 및 12시간 뒤에 나타난다 (그림 2.10). 기압의 일변화는 기온의 변화와 연관되어 공기가 수평발산한 결과로 나타난다. 일일 온도변화가 큰 곳에서 기압의 변화도 크기 때문에 야간보다 주간에, 고위도보다 저위도에서 그리고 해양보다 대륙에서 크게 나타난다. 일반적으로 2hpa을 넘지 않지만, 사막지역에서의 변화는 거의 5hPa에 달한다.

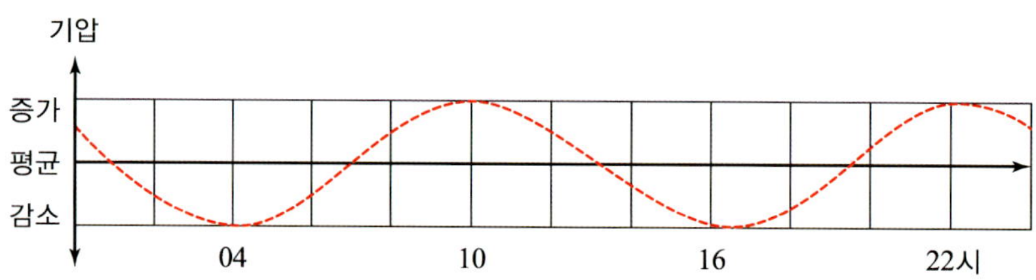

그림 2.10 기압의 일변화 (Harris, 1954).

대기의 압력은 정역학적 압력(hydrostatic pressure)과 동역학적 압력(dynamic pressure)으로 구분할 수 있다. 정역학적 압력은 공기덩이에 작용하는 중력과 부력이 평형을 이룬 상태 하에서의 압력을 말하고, 동역학적 압력은 공기의 흐름에 기인하는 압력을 말한다. 기상학에서는 일반적으로 동역학적 압력이 매우 적기 때문에 대기를 정역학적 상태로 간주한다.

고도와 기압의 관계는 이상기체방정식($p = \rho R_d T$)과 미소의 연직거리(dz) 상승에 따라 기압의 감소(dp)를 표시하는 정역학방정식($dp = -\rho g dz$)을 사용하여 알아볼 수 있다. 여기서 ρ는 공기의 밀도, g는 중력가속도이다. 위 두 방정식에서 밀도를 제거하면 다음과 같은 식을 구할 수 있다.

$$\frac{1}{p}\frac{dp}{dz} = -\frac{g}{R_d T}$$

위 식을 지표면($z=0$)으로부터 임의 고도(z)까지 적분하면 다음과 같다.

$$p(z) = p_0 \exp\left(-\frac{g}{R_d}\int_0^z \frac{1}{T}dz\right)$$

위 식을 고도(z)에서의 기압에 관한 식으로 간단하게 표현하면 아래와 같다.

$$p(z) = p_0 \exp\left(-\frac{z}{H}\right) \tag{2.9}$$

위 식(2.9)은 고도가 상승하면서 기압이 지수 함수적으로 감소함을 보여준다. 여기서 규모고도(scale height), $H = R_d T(z)/g$는 등온층의 특성길이를 나타낸다. 지표면의 평균온도가 15℃일 때 지구의 규모고도는 8.4km이다. 규모고도에서의 대기압은 e^{-1} =0.37배로 감소하고, 규모고도 이하의 대기질량은 전체의 2/3 정도이다.

2.6.2 기온

기온(atmospheric temperature)은 대기의 온도를 말한다. 세계기상기구에서 정의하는 기온은 태양복사가 직접 도달하지 않는 곳에서 대기에 접해있는 온도계가 가리키는 온도를 말하고, 지상기온은 지표면 위 1.5m 높이에서의 온도를 말한다. 기온의 상승과 하강은 다른 기상요소를 변화시키는 동시에 대류순환과 기후변화를 야기하는 근본적인 원인이다.

온도는 물체의 열역학적 상태를 의미하며, 그 물체를 구성하는 분자의 평균운동으로 정의된다. 절대온도(Kelvin temperature)는 절대영도를 기준으로 하는 척도로 켈빈온도(K)와 랭킨온도(°R)가 있다. 절대온도의 척도에서는 영하의 눈금이 없다. 켈빈온도는 국제표준의 과학적 온도척도로 사용되고 있으며, 절대영도인 -273.15℃를 0K로 하고 섭씨온도의 눈금과 같은 간격을 쓰는 절대섭씨이다. 양의 숫자로 열과 에너지를 계산하는 열역학에서 주로 이 온도척도를 사용한다. 절대온도의 눈금(Kelvin scale), 즉 1K는 절대영도(-273.15℃)와 물의 삼중점 온도(0.01℃) 사이를 273.16 등분한 것으로 정의한다. 절대영도(0K)는 모든 분자활동이 정지되고 어떤 열도 제거할 수 없는 상태로, 자연계 내의 시스템이 도달할 수 있는 가장 낮은 온도이다. 랭킨온도(Rankine temperature)는 특정 공학 분야에서 선호되고 있으며, 절대 화씨로 화씨온도의 눈금 간격과 같다. 랭킨온도는 절대온도에 1.8을 곱한 값이다.

섭씨온도(Celsius temperature)는 1742년 스웨덴 천문학자 A. Celsius가 제안한 것으로 기호는 ℃로 표시한다. 미터법을 채택하고 있는 거의 모든 국가에서 사용되고 있고 과학 분야에서도 광범위하게 쓰인다. 표준기압 1atm에서 빙점을 0℃, 비등점을 100℃로 하여 그 사이를 100등분한 것으로 한 눈금의 온도차는 1℃이다. 100℃ 이상이나

0℃ 이하의 경우도 동일한 눈금 간격을 사용한다. 화씨온도(Fahrenheit temperature)는 1714년 독일의 물리학자 G. D. Fahrenheit가 창안한 것으로 기호는 °F로 표시한다. 미국을 비롯한 몇몇 영어권 국가들에서 사용되고 있다. 화씨온도의 눈금은 빙점을 32°F, 비등점을 212°F로 하여 그 사이를 180등분한 것이다 (그림 2.11).

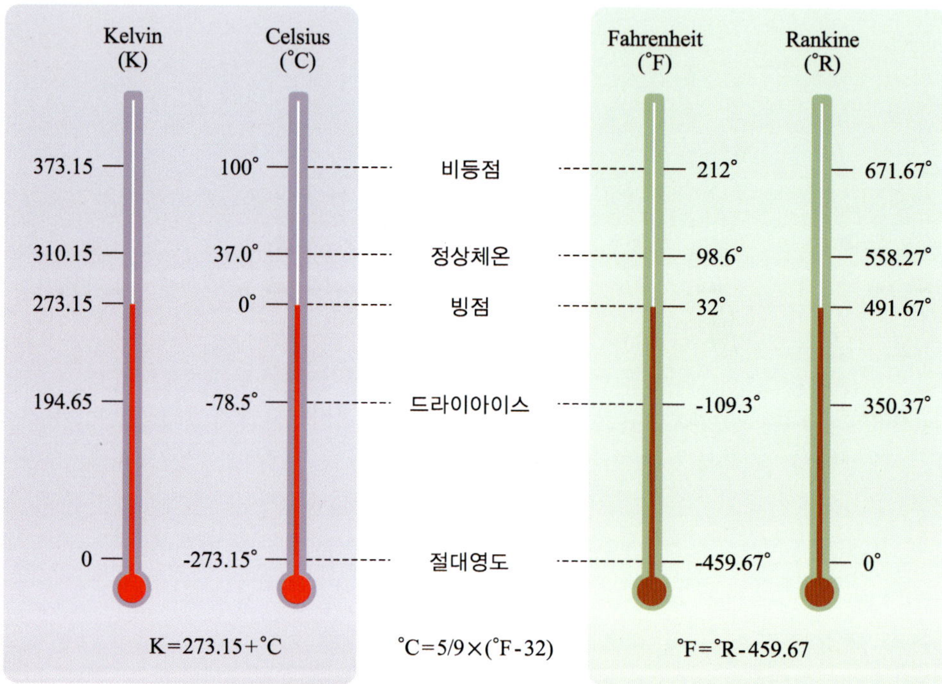

그림 2.11 온도 척도의 종류와 관계.

2.6.3 밀도

밀도(density)는 물체 내의 분자들이 얼마나 조밀하게 구성되어 있는가에 대한 척도이다. 그리스어 ρ로 표현하는 밀도는 물체의 질량(mass)을 부피(volume)로 나눈 값(m/v)이다. 밀도의 단위는 kg/m^3 또는 g/cm^{3}이다. 일반적인 밀도의 크기는 고체, 액체 그리고 기체의 순으로 작아지지만, 물의 경우는 액체(물), 고체(얼음) 그리고 기체(수증기)의 순이다. 해면 고도에서 건조공기의 밀도는 약 1.23kg/m^{3}이다. 대부분의 기체가 지구의 중력에 의해 지상 가까이 위치해 있기 때문에 밀도는 고도가 상승하면서 지수 함수적으로 급격하게 감소한다.

$$\rho(z) = \rho_0 \exp\left(-\frac{z}{H}\right) \tag{2.10}$$

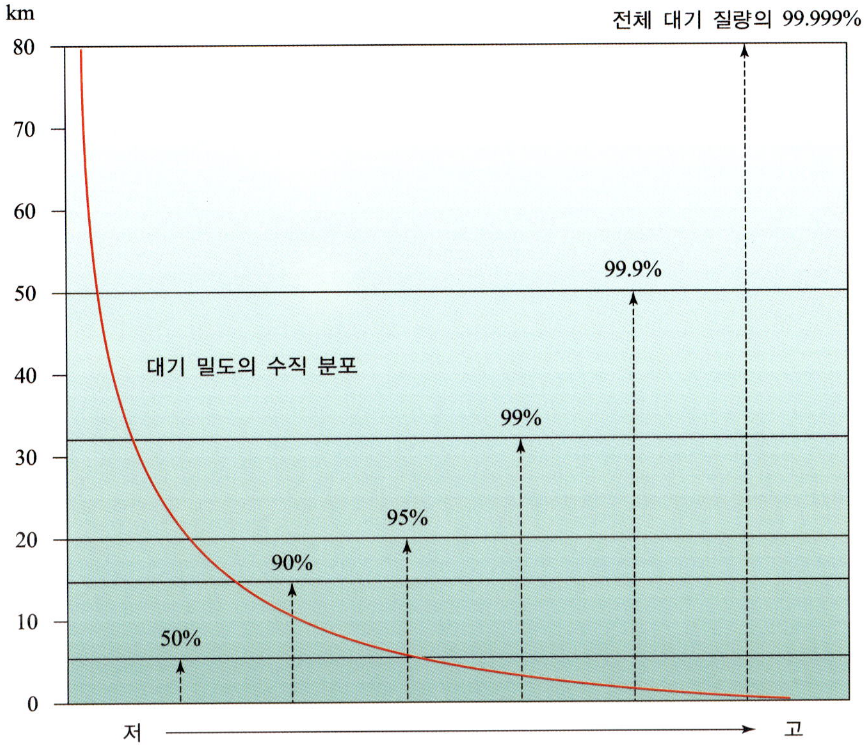

그림 2.12 대기의 수직 밀도 분포.

지구를 둘러싸고 있는 대기의 질량은 약 5.148×10^{18}kg으로 수증기의 양에 따라 변화한다. 건조공기의 질량이 약 5.135×10^{18}kg이고, 지상의 기압 배치 등에 따라 변화하는 수증기의 질량은 약 1.3×10^{16}kg이다. 그림 2.12에서 보는 바와 같이, 지구의 대기가 갖는 총질량의 50% 가량이 고도 6km 이하에 위치하고, 8~12km까지의 대류권에 약 80%가 분포되어 있다. 고도 15km 이하에 90%, 20km 이하에 95%, 32km이하에 99%, 그리고 성층권계면 고도인 50km 이하에 99.9%가 존재한다. 중간권계면 고도인 80km까지는 대기의 조성이 비교적 균일하게 혼합되어 있는 균질권으로, 전체대기의 99.999%를 차지한다. 전 대기 질량의 0.001%는 공기가 매우 희박하고 고도에 따라 대기의 조성이 변화하는 약 80km 이상의 이질 대기권에 존재한다.

대기는 압축성이 있기 때문에 기압과 온도의 변화에 따라 밀도도 변화한다. 밀도의 변화는 대기의 수직운동 즉, 저밀도의 공기는 상승하고 고밀도의 공기는 하강하는 순환을 발생시킨다. 임의의 공기덩이가 주위 공기의 밀도보다 작아서 가벼우면 양의 부력이 작용해서 상승한다.

$$T_{parcel} > T_{env} \Rightarrow \rho_{parcel} < \rho_{env}$$

반대로, 주위 공기보다 밀도가 커서 무거우면 음의 부력으로 하강하게 된다.

$$T_{parcel} < T_{env} \Rightarrow \rho_{parcel} > \rho_{env}$$

2.6.4 습도

습도(humidity)는 대기 가운데 포함되어 있는 수증기의 양으로 증발과 응결에 의해 결정된다. 대기 중의 수증기는 태양복사로 가열된 바다와 지표면의 물이 증발할 때 증가하고, 대기가 냉각하면 수증기의 응결로 구름과 비가 되어 지상으로 빠져나가기 때문에 감소하게 된다. 대기의 습도를 측정하기 위한 건습구온도계의 기본 원리는 대기 중의 액체가 기체로 기화하면서 열을 흡수하는 이론을 적용한 것이다. 건습구온도계는 건구온도계와 온도계 아래쪽의 구형 부분에 젖은 헝겊이 붙어있는 습구온도계로 이루어진다. 습구온도가 건구온도보다 항상 낮은 이유는 젖은 헝겊의 물이 수증기로 증발할 때 기화열을 흡수하여 습구온도계 하부 구형 주변의 온도를 내려주기 때문이다. 헝겊의 물은 주위의 공기가 포화될 때까지 계속 증발한다. 대기가 건조하면 할수록 물이 증발하는 양이 많아지고 열을 많이 흡수하기 때문에 습구온도는 더 많이 내려간다. 따라서 건구와 습구의 온도 차이는 커지게 된다. 반대로 대기가 습하면 습할수록 주위의 포화상태가 빨라지고 물의 증발량은 작아지기 때문에 습구온도가 덜 내려가 건구와 습구의 온도 차이는 적어진다. 대기 중의 습도를 알고 싶을 때는 습구온도와 건습구 온도 차이를 이용해 습도표 상의 습도를 읽으면 된다. 대기 중의 수증기량을 표현하는 용어와 정의 다음과 같다.

가. 비습

비습(specific humidity, q)은 수증기를 포함하고 있는 습윤공기의 질량($m_v + m_a$) 대비 수증기 질량(m_v)의 비율로, 단위는 g/kg이다.

$$q = \frac{m_v}{m_v + m_a} \tag{2.11}$$

나. 혼합비

혼합비(mixing ratio, r)는 단위 부피에 포함되어 있는 선소공기의 실량(m_a)과 수증기 질량(m_v)의 비율로, 단위는 g/kg이다.

$$r = \frac{m_v}{m_a} \tag{2.12}$$

다. 상대습도

상대습도(relative humidity, U)는 임의 온도에서 관측된 수증기압을 그 온도의 포화수증기압으로 나눈 값으로, 단위는 %이다. 상대습도는 동일한 수증기를 갖고 있어도 온도에 따라 변한다. 이는 수증기압이 일정해도 온도가 상승하면 포화수증기압이 커지기 때문이다.

$$U = \text{수증기압} / \text{포화수증기압} \quad (2.13)$$

라. 절대습도

절대습도(absolute humidity, ρ_v)는 건조공기와 수증기의 혼합물이 차지하는 체적(V)에 대한 수증기 질량(m_v)의 비율로, 단위는 g/m^3 또는 mgH_2O/m^{3}이다.

$$\rho_v = \frac{m_v}{V} \quad (2.14)$$

마. 수증기압

수증기압(vapour pressure, e_w 또는 e_i)은 대기의 전체 압력인 대기압 가운데 수증기가 차지하는 분압(hPa)을 말한다.

바. 포화수증기압

포화수증기압(saturation vapour pressure, E_w 또는 E_i)은 포화상태인 공기의 대기압 가운데 수증기가 차지하는 분압을 말한다. 그림 2.13에서, 수적(water)이나 얼음(ice)의 표면 위에서 외부로 증발되어 나가는 물 분자의 수가 응축되는 물 분자의 수보다 많으면 증기압은 낮아지고 포화상태에서 점점 멀어진다. 반면에 증발하는 물 분자의 수가 응축되는 물 분자의 수와 동일해지면, 역학적 평형상태에서 상대습도가 100%인 포화상태에 이른 것이다. 이때의 증기압이 포화수증기압이다.

$$E_w = E_w(T) \text{ 또는 } E_i = E_i(T) \quad (2.15)$$

포화수증기압은 온도의 함수로, 온도가 상승하면 포화수증기량도 증가하지만 다른 기체의 유무와는 무관하다.

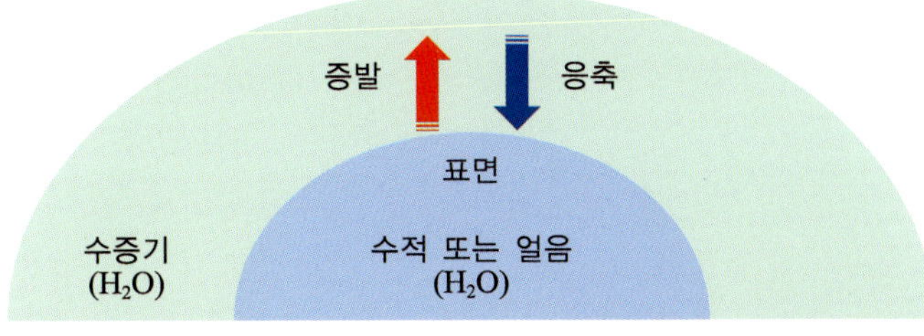

그림 2.13 수적 또는 얼음 표면위의 수증기압.

2.7 대기 중의 물 현상

대기 중의 물 현상(hydrometeor)은 대기 중에 존재하는 수증기가 응결 또는 증착 과정을 거쳐 액체나 고체의 입자로 변환된 후, 대기 중에 떠있는 현상, 지상으로 낙하하는 현상, 지상풍에 의해 날리는 현상 및 지상의 물체에 부착되어 있는 현상을 말한다. 대표적인 현상에는 구름과 안개 및 강수가 있다.

2.7.1 구름

구름은 수증기가 응결된 작은 물방울이나 얼음알갱이 또는 이 두 가지의 혼합물이 지상의 대기 중에 떠있어 눈으로 인지할 수 있는 자연 현상이다. 대부분의 구름은 대류권에 존재하지만, 진주운과 야광운 및 권운 등은 가끔 성층권 또는 그 이상의 고도에 나타난다. 구름은 주로 저기압과 전선에 관련된 대기의 수직운동의 결과로 형성된다. 구름입자는 보통 0℃ 이하에서 과냉각 수적으로 존재하는데, 층운의 경우에는 -10℃ 그리고 대류운의 경우에는 -25℃ 정도로 과냉각된다. -40℃ 정도의 구름은 대부분 빙정으로 구성되어 있다.

구름이 형성되기 위해서는 수증기, 구름응결핵 및 기온 냉각의 3가지 조건이 구비되어야 한다. 구름응결핵(CCN)과 빙정핵(IN) 역할을 하는 에어로졸은 지표면에서 날린 토양의 분진, 해상의 물보라에 의한 해염, 화산재에서 기인된 부유물질 및 인위적으로 발생한 오염입자 등이다. 또한 광이온화와 같은 광화학적 작용에 의해 이온화된 입자가 구름응결핵 역할을 수행하기도 한다. 전형적인 구름응결핵의 크기가 0.2μm인데 반해, 구름 물방울(cloud droplet)의 크기는 0.01mm이고 빗방울(rain drop)의 크기는 2mm 정도이다. 기온이 냉각되는 과정은 직접 냉각 이외에, 전선 등의 영향으로 기단이 상승하는 경우와 부력 또는 지형의 영향으로 바람이 상승하는 경우에 발생한다.

구름의 기본형은 권운(卷雲, Cirrus), 층운(層雲, Stratus), 적운(積雲, Cumulus) 및 난운(亂雲, Nimbus)이다. 또한 구름은 운저고도의 범위에 따라 상층운, 중층운 및 하층운으로 구별한다 (부록 1. 참조). 온대지역의 상층운은 6~12km, 중층운은 지표면으로부터 6km까지 그리고 하층운은 지표면으로부터 1.5km까지의 범위에 속한다. 상층운에 속하는 권운은 보통 적란운이 소멸 시 형성되는 구름으로, 겨울에는 6km이하에서 잘 나타난다. 권층운은 권운과 층운에서 파생된 상층운으로 햇무리나 달무리를 나타내는 것이 특징이다. 중층운에 속하는 고층운은 난층운의 운저고도까지 아래로 발달할 가능성이 있다. 난층운은 발달하여 다른 고도로 확장이 가능하지만, 종관목적에 의해 중층운으로 고려한다. 수직 발달운으로 하층운에 속하는 적운과 적란운의 키는 대류권계면의 정상까지 도달하는 경우가 있다 (표 2.6). 일반적으로 구름의 상한은 대류권계면까지이다. 대류권 내에서는 구름의 기온이 주위의 기온보다 높기 때문에 상승할 수 있지만, 대류권계면보다 높은 성층권에서는 주위의 기온이 높기 때문에 구름의 상승은 제한을 받게 된다.

표 2.6 온대지역에서 운저고도에 의한 구름 분류 (WMO, 2008).

<table>
<tr><th>분류</th><th>운형</th><th>운저 범위</th></tr>
<tr><td rowspan="3">상층운</td><td>권운(Ci)</td><td rowspan="3">6~12km</td></tr>
<tr><td>권층운(Cs)</td></tr>
<tr><td>권적운(Cc)</td></tr>
<tr><td rowspan="3">중층운</td><td>난층운(Ns)</td><td rowspan="2">지표면~3km</td></tr>
<tr><td>고층운(As)</td></tr>
<tr><td>고적운(Ac)</td><td>2~6km</td></tr>
<tr><td rowspan="4">하층운</td><td>층운(St)</td><td>지표면~600m</td></tr>
<tr><td>층적운(Sc)</td><td>300~1,350m</td></tr>
<tr><td>적운(Cu)</td><td>300~1,500m</td></tr>
<tr><td>적란운(Cb)</td><td>600~1,500m</td></tr>
</table>

2.7.2 안개

안개가 형성되는 기본원리는 기온이 노점온도 이하로 떨어져 대기 중의 수증기가 응결되는 구름 현상과 동일하다. 그러나 안개는 지표면 가까이 위치해 있는 층운의 구름층으로 정의할 수 있는 반면, 구름은 수평시정을 기준으로 높은 고도에 위치해 있다. 안개의 발생메커니즘은 수증기의 증발과정과 기온의 냉각과정으로 대분할 수 있다. 수증기의 증발과정은 호수와 같은 물의 표면이나 빗방울에서 발생할 수 있다. 기온에 비해 물의 표면이나 빗방울의 온도가 낮으면, 공기가 포화되기 이전에 물의 표면이나 빗방울에서 증발이 멈추기 때문에 안개는 생성되지 않는다. 그러나 기온에 비해 물의 표면이나 빗방울의 온도가 높으면, 공기가 포화상태에 도달한 이후에도 물의 표면이나 빗방울에서 증발이 계속되기 때문에, 과포화된 공기 중의 수증기가 응결되어 안개가 발생하게 된다. 반면에 기온의 냉각과정은 증발과정에 의한 수증기의 공급이 없이 기온이 노점온도 이하로 떨어져 안개가 발생하는 메커니즘이다. 수증기의 증발에 의한 안개에는 증기무와 전선무가 있고, 기온의 냉각에 의한 안개에는 복사무, 이류무 및 활승무가 있다.

가. 증기무

증기무(steam fog)는 따뜻한 수면 위에 찬 공기가 흐를 때 발생한다. 따듯한 물에서 증발된 수증기가 수면 위 찬 공기와 접촉하면 냉각되고 응결한다. 증기무는 물과 공기의 온도차가 적으면 바람이 약해야 발생하지만, 온도차가 아주 크면 바람이 세게 불어도 형성된다. 늦가을에 호수나 강에서 잘 발생하며, 온천이나 목욕탕에서 생기는 증기도 같은 원리이다.

나. 전선무

전선무(frontal fog)는 전선 부근에서 발생하는 안개이다. 전선무에는 온난전선무(warm front fog, pre-frontal fog), 한냉전선무(cold front fog, post-frontal fog) 및 전선통과무(front-passage fog)가 있다. 지상의 온난전선이 접근하기 이전에 따뜻한 기단은 찬 기단 위에 위치하는데, 전선면 위의 따뜻한 빗방울이 찬 기단으로 떨어질 때 증발한 수증기가 응결되면서 형성되는 안개가 온난전선무이다. 기압경도와 바람이 약할 때는 농무가 형성되기도 하며, 기온이 상승해도 안개가 지속되는 이유는 강수로 인해 충분한 수증기가 공급되기 때문이다. 습한 지면 위를 이동하는 한랭전선 후면에서 찬바람은 수직적으로 하강하고 수평적으로 발산하게 되는데, 이러한 영향으로 기온역전층이 형성되는 동시에 강수의 효과로 형성되는 안개가 한냉전선무이다. 전선통과무는 전선이 통과하는 동안에 운저고도가 낮아지면서 매우 습한 상황에서 형성되는 안개를 말한다.

다. 복사무

복사무(radiation fog)는 야간에 지표면이 장파복사를 방출하면서 냉각되면 지표면에 접해있는 저층의 공기도 냉각되는데, 이 때 노점온도 이하로 떨어지면서 형성되는 안개를 말한다. 날씨가 맑고 바람이 약한 가을과 겨울에 잘 발생한다. 지무 또는 땅안개(ground fog)는 여름철 식물의 영향으로 대기의 습도가 높고 야간복사를 위한 밤 시간이 비교적 긴 초가을에 흔히 나타나는 안개로, 안개의 층이 얇기 때문에 일출 후 쉽게 소멸된다. 높은 역전무(high inversion fog)는 겨울철 고기압이 장기간 위치하고 있을 때 복사냉각에 의해 형성되는 안개이다. 꽤 두터운 기온역전층이 지표면과 접해 있거나 상공에 있을 때 발생하고 안개가 수일 동안 지속되기도 한다. 이류복사무(advection radiation fog)는 육상으로 불어온 온난하고 다습한 바닷바람이 야간의 복사냉각에 의해 발생하는 안개이다.

라. 이류무

이류무(advection fog)는 따뜻하고 습한 바람이 상대적으로 찬 지면 위로 이동할 때 노점온도 이하로 냉각되어 형성되는 안개이다. 해무(sea fog)의 대부분이 이류무로, 수평 및 수직 범위가 크고 오래 지속되는 경향이 있다. 해무는 찬 해면 위에 상대적으로 따뜻한 바람이 불 때 형성되는 안개를 말한다. 연안무(land and sea breeze fog)는 해무와 유사하지만 발생과정은 다르다. 해상에 형성된 안개는 보통 육지가 가열된 오후에 해풍에 의해 내륙으로 이동하게 되는데, 이를 말한다. 열대기단무(tropical air fog)는 주로 겨울철 열대 해상에 고기압이 자리 잡고 있을 때, 따뜻한 바람이 고위도의 상대적으로 찬 해면이나 내륙에 진출하는 경우에 강한 기온역전이 형성되면서 발생하는 안개이다.

마. 활승무

활승무(up-slope fog)는 수분이 많은 공기가 경사면을 타고 올라가면서 팽창할 때 노점온도 이하로 냉각되어 형성되는 안개이다. 활승무는 평지에서 거의 발생하지 않고 대부분 산 중턱에 걸려있기 때문에 지상에서 층운으로 관측되는 경우가 많다. 산안개(mountain fog)의 대부분이 활승무이며 강풍에도 형성될 수 있다.

2.7.3 강수

강수(precipitation)는 대기 중의 수증기가 응결 또는 승화하여 빗방울이나 얼음알갱이 형태로 지면에 떨어지는 현상으로, 비와 눈의 형태를 모두 포함한다. 액체형 강수에는 비(rain)와 이슬비(drizzle)가 있고, 고체형 강수에는 눈(snow)과 싸락눈(soft hail) 및 우박(hail) 등이 있다. 액체와 고체가 혼합된 강수에는 눈과 비가 섞여서 내리는 진눈개비(sleet)가 있다. 이외에 지표면의 수증기가 직접 응결 또는 승화한 이슬(dew)과 서리(frost)가 있다 (표 2.7).

강수의 발생 유형(type)은 지형성(orographic), 대류성(convective), 전선성(frontal) 및 저기압성(cyclonic)으로 구분할 수 있다. (ⅰ) 지형성 강수는 온난 다습한 공기가 경사면을 따라 상승하는 경우에 발생한다. 상승하는 공기덩이가 노점온도 이하로 냉각하면 응결되어 구름이 형성되는데, 이때의 고도를 상승응결고도(LCL)라 한다. 액체나 고체 형태의 지형성 강수는 대부분 풍상 측의 경사면에 내리고 풍하 측에서는 대체로 건조한 공기덩이의 흐름이 존재한다. (ⅱ) 대류성 강수는 지표면의 차등가열에 기인한다. 주위에 비해 따뜻해진 공기덩이가 저밀도로 상승하는 경우에 수증기가 응결되어 구름이 형성되는 고도를 대류응결고도(CCL)라 한다. 대류성 강수는 소나기와 같이 수평 수렴과 수직 상승하는 기류의 순환으로 이루진다. (ⅲ) 전선성 강수는 따뜻한 기단과 찬 기단이 조우하는 경우에 발생한다. 전선대를 경계로 따듯한 기단이 찬 기단 위로 상승하면서 수증기가 응결되고 구름이 형성되어 내리는 비를 말한다. (ⅳ) 저기압성 강수는 저기압 중심부의 상승기류에 의해 발생하는 강수를 말한다. 전선을 동반하지 않는 열대성 저기압의 경우가 이에 해당한다. 온대성 저기압의 전선에서 발생하는 전선성 강수를 저기압성 강수에 포함시키기도 한다.

표 2.7 강수의 형태 (Mason, 2009).

구분		직경	특징
액체	박무	0.005~0.05mm	• 층운에서 내림 • 풍속이 $1ms^{-1}$일 때 얼굴에 느낌이 옴
	이슬비	0.5mm 미만	• 층운에서 내림 • 작고 균일한 물방울이 수 시간 동안 지속
	비	0.5~5mm	• 난층운이나 적란운에서 내림 • 강수 강도의 공간적 변동성이 큼
고체	동우	0.5~5mm	• 빗방울이 영하의 대기층을 통과할 때 형성 • 구형 또는 울퉁불퉁한 얼음입자
	비얼음	1mm~2cm(두께)	• 과냉각 수적이 고체표면에 부딪쳐 얼 때 형성
	눈	1mm~2cm	• 빙정핵 주위에 수증기가 승화된 결정체 • 육각형, 판 및 바늘 등의 모양
	우박	5mm~10cm	• 대류가 활발한 적운이나 적란운에서 발생 • 눈 결정 주위에 과냉각수적이 얼어붙은 것
	싸락눈	2~5mm	• 눈 결정 위에 상고대가 모여서 형성 • 가는 우박으로 잘 부서짐
	상고대	불균일	• 수증기의 승화 또는 과냉각 수적이나 안개가 물체의 표면에 부착 동결된 얼음 층

가. 구름수적의 성장

구름입자의 형성과 성장에는 용질효과(solute effect)와 곡률효과(curvature effect)가 작용한다. 흡습성의 구름응결핵과 수증기가 결합한 작은 수적은 순수한 물이 아니고 용질로서의 구름응결핵이 포함된 용액이다. 일반적으로 용액의 포화수증기압은 순수한 물의 포화수증기압보다 낮다. 따라서 순수한 물에 대하여 포화인 대기는 구름응결핵의 용액에 대해서는 과포화 상태가 된다. 이와 같이 작은 용액의 수적이 쉽게 성장할 수 있는 효과를 용질효과라 한다. 수적의 표면 위에서 포화상태가 되기 위해서는 수적에서 증발하는 물 분자와 수적으로 응축되는 물 분자의 양이 동일하여야 한다. 수적의 반경이 작고 곡률이 클수록 물 분자의 증발은 쉽게 이루어지기 때문에, 구름 내에서 작은 수적과 큰 수직이 혼합되어 있을 경우, 작은 수적에 대해 주위 대기가 포화상태이면 큰 수적은 이미 과포화 상태에 있게 된다. 따라서 큰 수적의 성장은 촉진되는 반면 작은 수적의 성장은 기대하기 어렵다. 이러한 효과를 곡률효과라 한다.

대기 중에서 구름응결핵과 수증기가 결합하여 작은 수적으로 성장하는 초기단계에서는 수적의 미세한 크기 변화에도 용액의 농도와 활성화 정도가 크게 좌우되는 용질효과가 우세하다. 수적이 어느 정도 자라면 수적의 미세한 크기 변화는 용액의 활성화 정도에 크게 영향을 받지 않는 반면에 곡률효과가 우세해진다. 그림 2.14에서, 임계 과포화도는 Köhler curve를 따르지 않고 수적이 지속적으로 성장을 시작할 때의 과포화도이다. 임계반경은 Köhler curve가 정점에 있을 때의 수적반경으로 활성화 반경이라고도 한다.

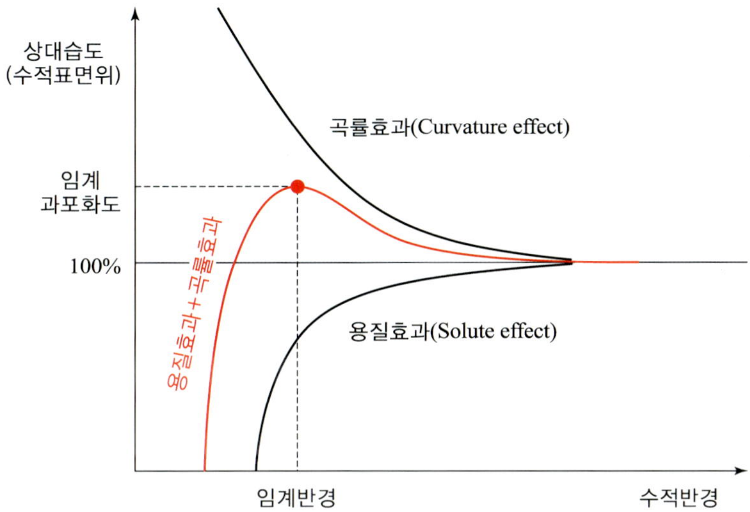

그림 2.14 구름입자의 형성과 성장. Köhler curve는 곡률효과와 용질효과의 종합 작용에 의해 수적이 성장하는 경로이다 (Rogers, 1979).

나. 강수과정

구름 내 미세수적이 성장하여 강수입자로 지상에 낙하하기까지 일련의 활동을 강수과정(precipitation process)이라 한다. 강수과정에는 온난우 또는 따뜻한 비(warm rain)와 동우 또는 찬비(cold rain)가 있다. 따듯한 비는 빙정핵(IN)이 없는 구름에서 내리는 강수를 말하며, 충돌병합설(collision-coalescence process) 또는 Bowen-Ludlam process로 설명된다. 찬비는 빙정핵이 있는 구름에서 내리는 강수를 말하며, 빙정설로 알려진 Bergeron-Findeisen process로 설명된다 (그림 2.15).

따뜻한 비는 구름의 최상부 온도가 0℃ 이상일 때 수적이 빗방울로 성장하는 강수 메커니즘이다. 강수입자는 응결과정만으로 성장하지 않는다. 구름수적이 수증기의 응결로 커지면서 성장속도는 늦어진다. 강수는 구름수적이 충돌과 병합과정을 통해 성장하면서 이루어진다. 구름수적의 직경이 0.02mm 이하이면 수증기의 응결(condensation)에 의해 성장하고, 그 이상이 되면 수적 사이의 충돌(collision)과 병합(coalescence)에 의해 성장하게 된다 (그림 2.16). 이러한 과정을 Bowen-Ludlam process라 한다. 충돌은 수적들 간의 사이즈 차이가 너무 크거나 비슷한 경우보다 적당하게 차이가 날 때 잘 이루어진다. 영상의 온난한 구름에는 다양한 사이즈의 수적이 존재하기 때문에 충돌과 병합이 쉽고 수적이 빗방울로 성장하는 속도도 빠르다. 구름의 키가 크고 상승기류가 빠르면 빠를수록 더 그러하다. 과포화된 구름 내의 수적들은 수증기의 응결에 의해 더 커지기도 한다. 구름수적이 0.02mm 크기로 성장하면 종단속도가 커져서 낙하하기 시작하고 다른 수적과 충돌이 발생한다. 이러한 과정에서 수적들이 달라붙어 하나의 큰 수적으로 성장하게 되는데, 보통 빗방울의 사이즈가 5mm 이상이 되면 작은 수적으로 붕괴된다.

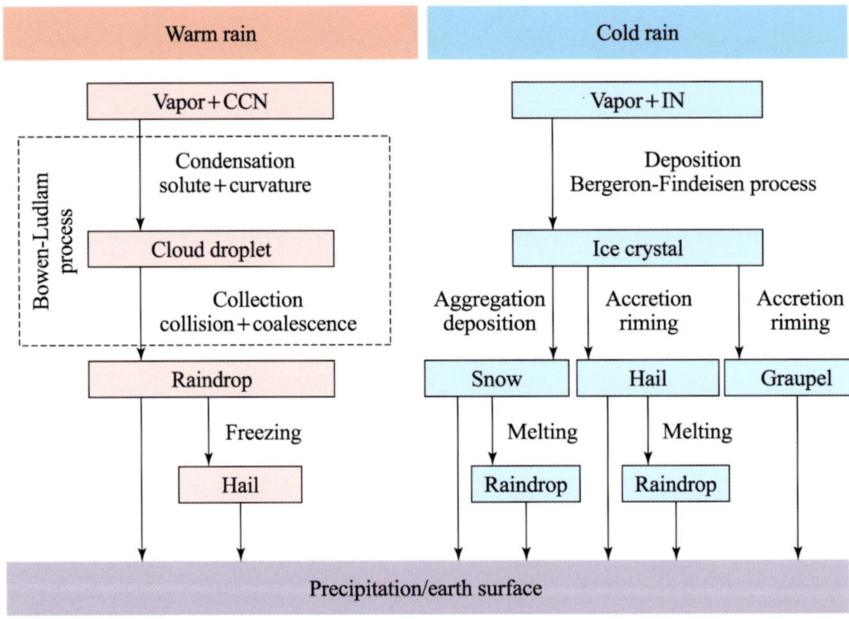

그림 2.15 강수과정.

찬비는 영하의 구름에서 형성된 빙정이 강수형태로 내리는 현상을 말한다. 과냉각(0℃~-40℃)된 구름층은 빙정(ice crystal)과 과냉각수적(supercooled liquid water droplet)으로 혼합되어 있다. 이 혼합층의 과냉각수적에서 증발된 수증기가 빙정핵에 증착(deposition)되어 강수입자인 빙정을 형성하는데, 이를 Bergeron-Findeisen process라 한다. 영하의 온도에서 얼음의 포화수증기압(E_i)은 과냉각수적의 포화수증기압(E_w)보다 낮다 (그림 2.17). 따라서 빙정에 대해 포화인 대기는 물에 대해 불포화상태에 있기 때문에, 과냉각수적의 표면 위에서는 포화될 때까지 지속적으로 증발이 일어나고 빙정은 성장하게 된다. 이와 같은 과정에 의해 크게 성장한 빙정은 빠른 속도로 낙하하면서 충돌하는 동안 과냉각 수적들이 빙정에 얼어붙어 싸락눈(graupel)이나 우박(hail)이 형성되는데, 빙정의 표면이 어는 과정을 rimming, 빙정들이 부착되어 하나로 성장하는 과정을 accretion이라 한다. 눈(snow)은 증착과정에 의해 성장한 여러 개의 빙정들이 집적(aggregation)하여 형성된 강수 현상이다.

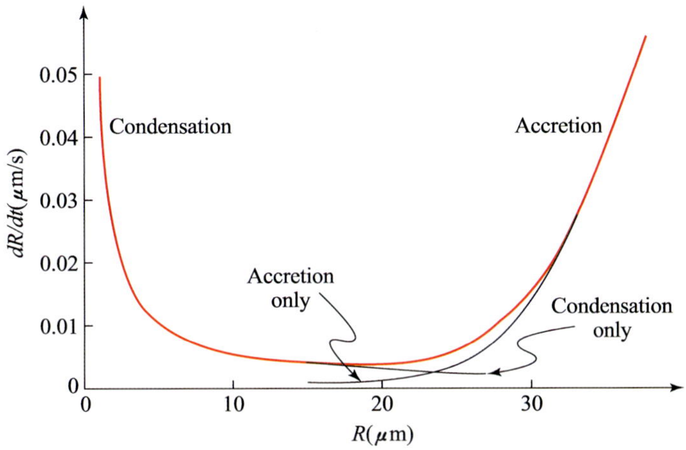

그림 2.16 구름수적의 복합성장률. 적색 선은 응결과 부착에 의한 수적의 복합성장률, 흑색 선은 응결 단독 그리고 부착 단독에 의한 성장률을 나타낸다 (Iribarne et al., 1980).

수적이 대기 중을 자유낙하 할 때 항력과 부력은 위로 향하고 무게는 중력이 작용하는 아래로 향한다. 항력과 부력의 합이 입자의 무게와 균형을 이룰 때 가속화되지 않고 일정하게 유지되는 최종속도를 종단속도(terminal velocity)라 한다. 종단속도(V_t)는 수적의 크기(r)에 따라 결정되며 크면 클수록 빨리 낙하한다 (표 2.8).

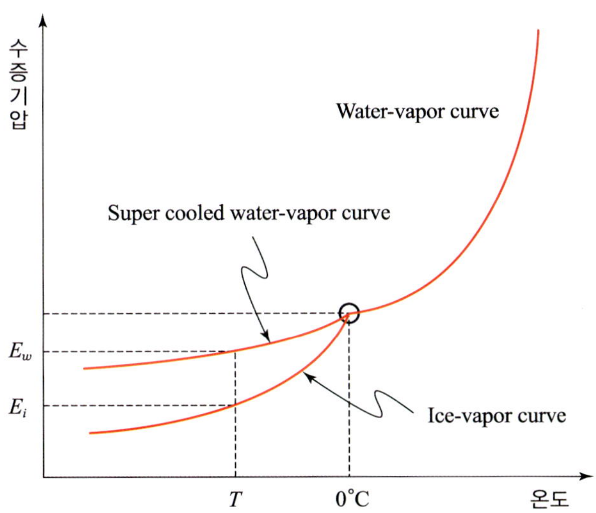

그림 2.17 상변화와 수증기압.

표 2.8 1기압, 20℃의 정지 중인 대기에서 수적별 종단속도 (Mason, 1971).

구분	대표직경 (mm)	종단속도 (m/s)
큰 빗방울 (Large raindrop)	5	9.09
보통 빗방울 (Typical raindrop)	2	6.49
작은 빗방울 (Small raindrop)	1	4.03
이슬비 (Drizzle)	0.2	0.71
큰 구름입자 (Large cloud droplet)	0.1	0.256
보통 구름입자 (Typical cloud droplet)	0.05	0.072
작은 구름입자 (Small cloud droplet)	0.01	0.003

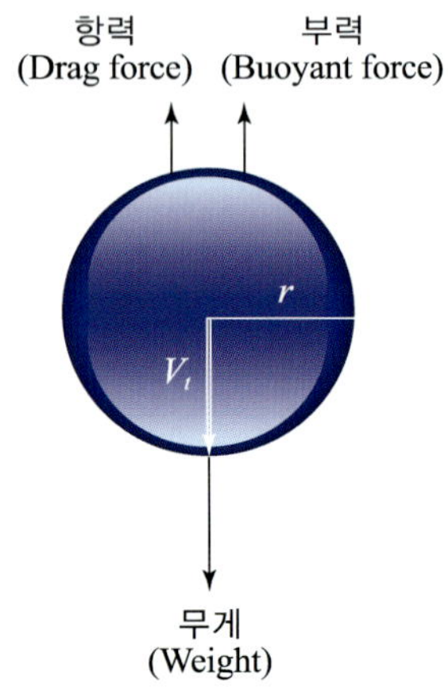

2.8 참고문헌

김경렬, 김동희, 박창법, 전종갑, 조문선, 2009: 「지구시스템의 이해」. 박학사, 455 pp.

민병언, 1980: 「해양기상학」. 한국해양대학교 해사도서출판부, 183 pp.

AMS (American Meteorological Society), 2000: *Glossary of Meteorology*. Allen Press, Inc.

Anderson D., and T. Fuller-Rowell, 1999: Space environment topics. Space environment center, NOAA.

Canadian Council of Ministers of the Environment, 2003: *Atmospheric Science of Particulate Matter, Update in Support of the Canada-Wide Standards for Particulate Matter and Ozone*. Canadian Council of Ministers of the Environment.

Dominic, J.D., 2009: *Computational modelling and simulation of aircraft and the environment, 1; Platform kinematics and synthetic environment*. John Wiley & Sons, Ltd., Chapter 6.

Eagleman J.R., 1980: *Meteorology, The atmosphere in action*. Litton Educational Publishing, Inc., Chapter 5.

Frederic, K.L., and J.T. Edward, 1989: *The atmosphere, An introduction to meteorology*. 4th ed., Chapter 1.

Harris, M.F., 1954: Pressure-change theory and the daily barometric wave. *J. of Met.*, **12**, 394-404.

Iribarne J.V., 1981: *Atmospheric thermodynamics*. D. Reidel publishing company, pp. 197-200.

Iribarne J.V., and H.R. Cho, 1980: *Atmospheric physics*. D. Reidel publishing company, Chapter 2, 4.

Mason, B.J., 1971: *The Physics of Clouds*. 2nd ed., Oxford University Press, 594 pp.

NASA, 1976: *U.S. Standard Atmosphere, 1976: NASA-TM-X-74335.*, U.S. Government Printing Office, Washington, D.C. http://www.everyspec.com

Rogers, R.R., 1979: *A short course in cloud physics*. 2nd ed., International series in natural philosophy, Pergamon press, Chapter 5.

Sogacheva, L., 2008: Aerosol Particle Formation: Meteorological and Synoptic Processes behind the Event, Academic dissertation. University of Helsinki, Helsinki, Finland.

WMO, 1998: Scientific assesment of ozone depletion, Global ozone research and monitoring project-report No. 44, Frequently asked questions about ozone.

WMO, 2008: Guide to Meteorological Instruments and Methods of Observation. WMO-No. 8, 7th ed., I15-4.

WMO, 2009: Manual on Codes, International Codes, Vol. I.1, PART A-Alphanumeric Codes, WMO-No. 306, 16 pp.

WMO, 2012: WMO GHG Bulletin No. 8, The state of greenhouse gases in the atmosphere based on global observations through 2011. http://www.wmo.int/gaw

Zilberman, A., 2003: Aerosols. *Encyclopedia of Optical Engineering*, DOI: 10.1081/E-EOE 120009502, Marcel Dekker, Inc. New York, 55 pp. http://w3.pppl.gov/~szweben/PlasmaLens/papers%20and%20catalogs/Aerosol%20review.pdf

웹사이트

Australian Government/Bureau of Meteorology:
http://www.bom.gov.au/info/climate/change/gallery/

NOAA:
http://www.ngdc.noaa.gov/stp/iono/ionostru.html

University Corporation for Atmospheric Research:
http://eo.ucar.edu/webweather/cloud3.html

Wikipedia:
http://en.wikipedia.org/wiki/International_Standard_Atmosphere

| Chapter |

03 대기복사

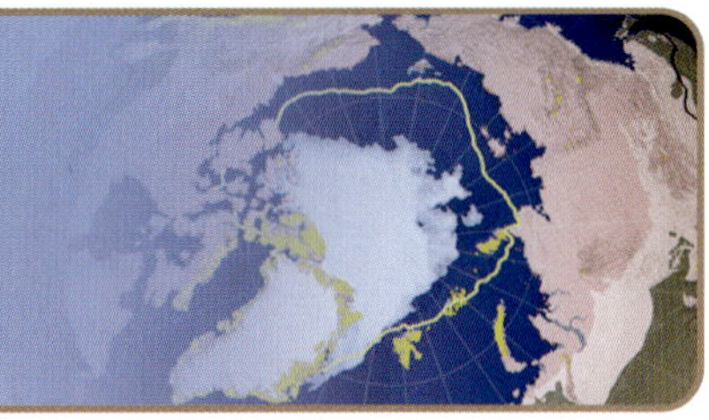

3.1 개요

대기복사(atmospheric radiation)는 지구의 대기에 영향을 주는 모든 종류의 복사과정을 말한다. 대기의 정상에 입사하는 태양복사의 특성과 분포, 대기 중에서 이루어지는 전자기복사의 흡수와 방출 및 산란, 그리고 지표면 부근의 대기에서 발생하는 태양복사의 반사와 지구복사의 방출과정 등이 포함된다. 대기복사의 주요 연구 분야는 복사가열과 냉각효과에 의한 기후시스템의 변화과정을 이해하고 관측된 복사자료를 이용하여 대기나 지표면의 특성을 분석하는 것이다.

3.1.1 태양복사

태양복사(solar radiation)는 전기장과 자기장이 서로 직각으로 진동하는 전자기복사(electro-magnetic radiation)의 파동(wave)인 동시에 광양자(photon) 입자의 흐름이다(그림 3.1). 지구의 대기권에 입사되는 태양복사량 가운데 흡수 및 반사되고 남은 70%

가 지표면에 도달하기 때문에, 대기권 밖과 대기 중 그리고 지표면 부근에서의 태양복사에너지 분포는 다르게 나타난다. 지구 대기의 정상에 도달하는 태양복사 에너지의 분포는 자외선 영역(0.4μm 이하)이 약 8%, 가시광선 영역이 약 39%이고, 적외선 영역(0.7μm 이상)에서 약 53%로 가장 크다. 반면에 지표면에 도달하는 태양복사 에너지의 분포는 자외선 영역이 약 6%, 적외선 영역이 약 42%이고, 우리가 눈으로 볼 수 있는 가시광선 영역(visible light: 0.4~0.7μm)이 약 52%로 가장 크다.

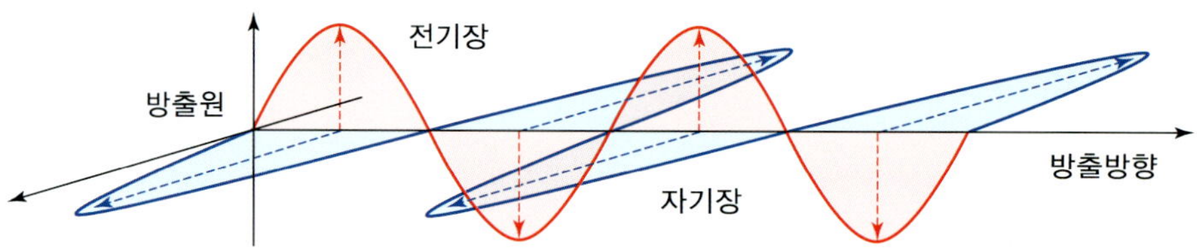

그림 3.1 빛의 이중성. 파동과 입자의 특성을 갖는 에너지의 흐름.

태양복사 에너지는 γ선, X선, 자외선, 적외선, 전파와 같은 여러 파장대가 연속된 전자기복사 스펙트럼이다 (그림 3.2). 지구의 대기와 지표면은 태양복사 에너지를 흡수하고 지구복사 에너지를 우주 공간으로 방출한다. 약 5,000~6,000K의 고온인 태양의 표면에서 방출되는 태양복사는 고에너지의 단파로, 중심파장은 0.25~2.5μm이고 에너지를 최대로 방출하는 파장은 0.47μm이다. 반면, 약 288K의 저온인 지구의 표면에서 방출되는 지구복사는 저에너지의 장파로, 중심파장은 2.5~25μm이고 최대에너지 방출파장은 10μm이다.

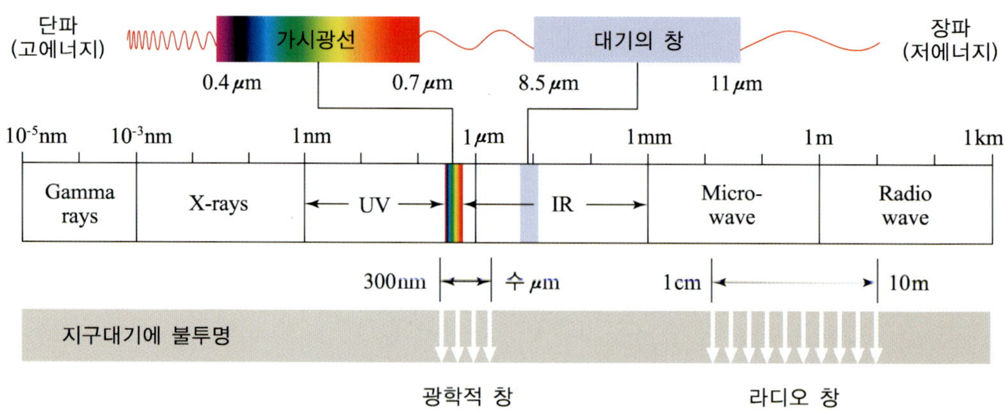

그림 3.2 전자기복사 스펙트럼.

지구의 대기는 전자기복사 스펙트럼의 많은 부분에 대해 불투명하여, 자외선보다 짧은 파장, 적외선과 마이크로파 및 라디오파의 장파장 영역에 대해 대부분을 흡수한다. 전자기파 가운데 파장이 가장 짧은 영역은 전리층에 반사되어 우주공간으로 되돌아가고, 파장이 가장 긴 라디오파는 대기 중의 이산화탄소와 수증기에 의해 대부분 흡수된다. 따라서 전자기파 가운데 지상에 도달하는 영역은 광학적 창(optical window)과 라디오 창(radio window)에 해당하는 부분이다. 300nm~수μm의 광학적 창을 통해 들어오는 광선은 광학천문학에 이용되고, 1cm~10m의 라디오 창을 통해 들어오는 전파는 전파천문학에 활용된다.

3.1.2 복사계측량

빛(visible light)은 대기 공간 내에서 복사형태로 진행하면서 에너지를 전달한다. 복사(radiation)는 빛의 물리적 에너지양으로 힘과 밀도 및 강도 등으로 정의할 수 있다(표 3.1).

표 3.1 복사계측량의 단위와 관계식 (WMO, 2008).

종류		단위	관계식
에너지 (Energy)	복사에너지 (Radiant Energy)	J(joule) = Ws = $kg \cdot m^2 \cdot sec^{-2}$	Q, (W)
속/힘 (Flux/Power)	복사속/복사선속 (Radiant Flux)	W(watt) = $joule \cdot sec^{-1}$	$\Phi = \frac{dQ}{dt}$
속밀도 (Flux Density)	복사발산도 (Radiant Exitance / Radiosity)	$W \cdot m^{-2}$	$M = \frac{d\Phi}{dA}$
	복사조도 (Irradiance)	$W \cdot m^{-2}$	$E = \frac{d\Phi}{dA}$
조사량 (Exposure)	복사조사량 (Radiant Exposure)	$J \cdot m^{-2}$	$H = \frac{dQ}{dA} = \int_{t_1}^{t_2} E dt$
각속밀도 (Angular Flux Density)	복사휘도 (Radiance)	$W \cdot m^{-2} \cdot sr^{-1}$	$L = \frac{d^2\Phi}{d\Omega \circ dA \circ \cos\theta}$
강도 (Intensity)	복사도/복사강도 (Radiant Intensity)	$W \cdot sr^{-1}$	$I = \frac{d\Phi}{d\Omega}$

복사에너지가 물체에 흡수되면 열과 같은 다른 형태의 에너지로 전환된다. 복사속(radiant flux) 또는 복사선속은 단위 시간당 전파되는 복사에너지의 양이다. 복사속밀도(radiant flux density)는 단위면적 당 복사속으로, 점 중심의 미소면적 dA로 출입하

는 복사속을 dA로 나눈 양을 말한다. 복사발산도(radiant exitance)는 면에서 방출되는 복사속이고, 복사조도(irradiance)는 면으로 입사되는 복사속이다. 복사조사량(radiant exposure)은 단위면적에 입사된 총 복사에너지로, 복사조도의 조사시간에 의한 적분치에 해당하며, 전구복사의 일일 총량 등을 계산하는데 사용된다.

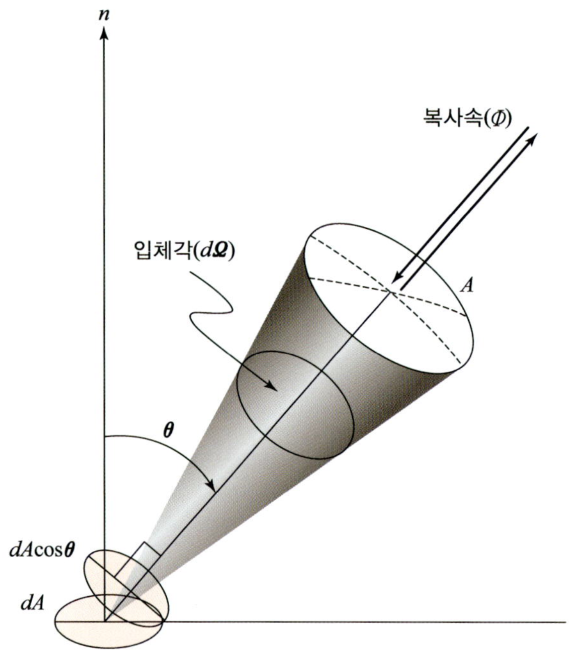

그림 3.3 복사휘도.

복사휘도(radiance)는 복사방향과 수직인 단위면적에서 단위 입체각으로 방출 또는 입사되는 복사속으로, 단위 입체각 당 복사발산도 또는 복사조도이다. 그림 3.3에서, 지면의 미소 횡단면적 dA는 미소 입체각($d\Omega$)을 갖고 원뿔 형태로 투사되는 복사가 지면에 교차될 때의 면적이다. 복사의 수직 투사면적 $dA\cos\theta$는 복사방향과 지면에 수직인 방향(n)이 이루는 각(θ)에 의해 결정된다. 위 정의에 따라 복사조도(E)와 복사휘도(L)의 관계식은 다음과 같이 쓸 수 있다.

$$E = \int_0^{2\pi} L\cos\theta d\Omega \tag{3.1}$$

그림 3.4에서 $dA = r\sin\theta d\phi \circ rd\theta$이고, 위 식의 입체각 $d\Omega = \frac{dA}{r^2} = \sin\theta d\theta d\phi$이다. 복사휘도($L$)는 등방성(isotropic)으로 각($\theta$)에 독립적이기 때문에, 반구에 대한 복사조도와 복사휘도의 관계는 다음과 같다.

$$E = L\int_0^{2\pi} d\phi \int_0^{\frac{\pi}{2}} \cos\theta \sin\theta d\theta = 2\pi L \left| \frac{(\sin\theta)^2}{2} \right|_0^{\frac{\pi}{2}} = \pi L \quad (3.2)$$

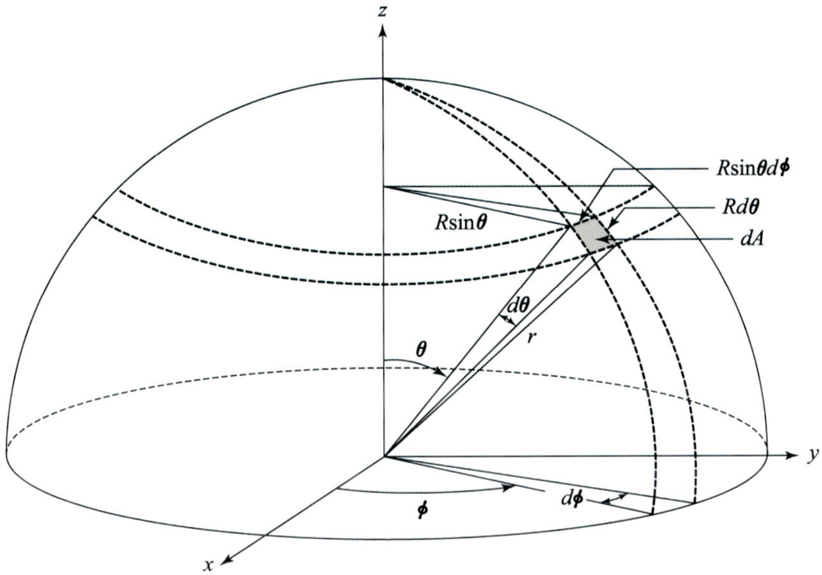

그림 3.4 반구면 좌표계에서 입체각의 증가.

복사강도(I)는 단위 입체각 당 특정 방향으로 방출되는 복사속(Φ)으로, 그림 3.3의 복사휘도와 같이 점원으로부터의 거리변화와 무관하게 일정하게 유지된다. 복사조도는 그림 3.5에서 보는 바와 같이, 점원과 측정지점 간 거리의 제곱에 반비례하는데, 이를 역제곱 법칙(inverse square law)이라 한다. 복사강도의 관계식($I = \frac{d\Phi}{d\Omega}$)과 미소 입체각의 정의($d\Omega = dA/r^2$)로부터, 복사조도 $E = \frac{d\Phi}{dA} = \frac{I}{r^2}$이 됨을 알 수 있다.

3.2 복사법칙

흑체(black body)는 모든 파장의 에너지를 완전하게 흡수하고 방사하는 물체로, 흡수율과 방사율이 1인 가설체이다. 흑체복사는 흑체에 의한 복사이다. 즉 어느 파장의 복사가 어떤 강도로 방출되느냐가 온도만으로 결정되며 모든 방향에서 같은 강도를 갖는 등엔트로피 복사(isentropic radiation)이다. 회색체(gray body)는 복사에너지의 일부를 흡수하거나 반사하는 물체로, 흡수율과 방사율이 0과 1 사이에 있다. 흑체복사 이론은 복사에너지의 양을 흑체의 온도와 파장에 관한 함수로 설명한다.

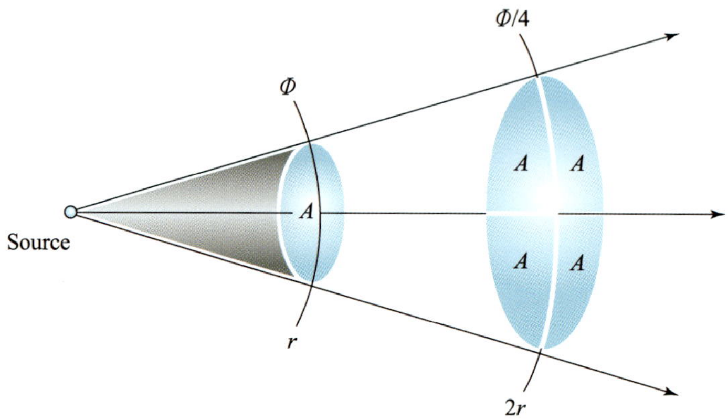

그림 3.5 복사조도(E)와 거리(r)의 관계.

3.2.1 플랑크 법칙

플랑크 곡선은 흑체의 표면에서 방출되는 복사 에너지의 강도를 파장에 따라 나타낸 그래프로, 방출하는 파장영역에 따라 에너지의 세기가 달라진다. 흑체복사 곡선의 모양은 플랑크 방정식(Planck's equation)으로 설명된다.

$$I_{B_\lambda} = \frac{(2hc^2)}{\lambda^5}\left[\frac{1}{e^{\frac{hc}{\lambda kT}} - 1}\right] \tag{3.3}$$

여기서, h(플랑크 상수)$=6.625\times10^{-27}$erg · sec
k(볼츠만 상수)$=1.38\times10^{-16}$erg · K^{-1}
c(빛의 속도)$=3\times10^{10}$cm · sec^{-1}
I_B=흑체복사조도

플랑크 법칙(Planck's law)은 흑체복사 에너지의 강도가 그 물체의 온도와 파장에 따라 결정된다는 법칙으로, 온도가 높을수록 짧은 파장에서 최대 에너지를 방출한다. 만약, 흑체의 온도(T)가 6,000K이면 최대 에너지를 방출하는 파장(λ_{max})은 0.5μm 정도의 가시광선이고, 1,500K이면 최대 에너지를 방출하는 파장(λ_{max})은 2μm 정도의 적외선, 300K이면 최대 에너지를 방출하는 파장(λ_{max})은 대기의 창(atmospheric window) 영역에 포함되는 10μm 정도의 적외선이다 (그림 3.6).

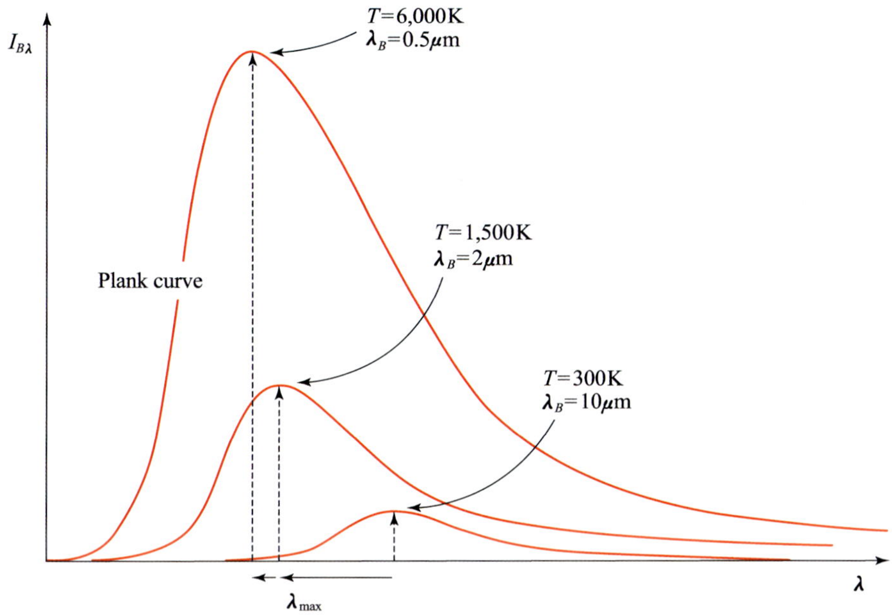

그림 3.6 플랑크 곡선과 빈의 변위법칙. 흑체 복사에너지와 온도 및 파장의 관계.

3.2.2 빈의 변위법칙

빈의 변위법칙(Wien's displacement law)은 플랑크 방정식의 1차 미분 즉, $\frac{\partial I_{B_\lambda}}{\partial \lambda}=0$ 으로 구해진다.

$$\lambda_{max} = \frac{2897(\mu K)}{T_B} \tag{3.4}$$

그림 3.6의 플랑크 곡선에서 볼 수 있듯이, 흑체의 온도가 높을수록 최대 에너지를 방출하는 파장은 짧아지기 때문에 최대에너지 방출 파장은 온도와 반비례한다. 따라서 최대 에너지를 내는 파장과 흑체의 표면 온도를 곱한 값은 항상 일정한 상수 값이 된다.

$$\lambda_{max} \cdot T_B = 2897(\mu K) \text{ 또는 } T_B = \frac{2897(\mu K)}{\lambda_{max}} \tag{3.5}$$

색온도(color temperature), T_B는 흑체가 가열될 때 방출하는 빛의 색을 온도로 표시한 것이다.

3.2.3 슈테판-볼츠만의 법칙

흑체의 단위 면적에서 단위 시간에 방사되는 복사속 밀도(F_B)는 표면온도(T)의 4제곱에 비례한다. 전 파장의 흑체복사강도(I_{B_λ})를 얻기 위하여 플랑크 방정식을 전 파장으로 적분한 다음, 반구의 입체각으로 적분하면 다음과 같다.

$$I_B = \int_0^\infty I_{B_\lambda} d\lambda$$

위 식은

$$I_B = Const \cdot T^4$$

위 식에서 $Const = \left(\frac{2\pi^4 k^4}{15c^2h^3}\right)T^4$이고, 등방성으로 반구 상에 방사된 흑체 복사체의 복사속 밀도, $F_B = \pi \cdot I_B$이기 때문에 위 식은 다음과 같다.

$$F_B = \pi \cdot Const \cdot T^4$$

여기서, $\pi \cdot Const = \sigma = 5.67 \times 10^{-12} W\text{cm}^{-2}\text{K}^{-4}$(슈테판-볼츠만 상수)이고, 슈테판-볼츠만의 법칙(Stefan-Boltzmann law)은 다음과 같다.

$$F_B = \sigma T^4 \tag{3.6}$$

회색체의 경우, 넓은 파장대의 평균 방사율을 ε라 하면,

$$I = \varepsilon \int_0^\infty I_{B_\lambda} d\lambda = \varepsilon I_B$$

앞에서 $F = \pi I = \pi\varepsilon I_B = \varepsilon F_B$이기 때문에, 회색체에 대한 슈테판-볼츠만의 법칙은 다음과 같다.

$$F = \varepsilon\sigma T^4 \tag{3.7}$$

3.2.4 키르히호프의 법칙

키르히호프의 법칙(Kirchhoff's law)은 열복사를 잘 흡수하는 물체일수록 열방사도 잘 한다는 이론으로, 일정한 온도의 물체가 임의 파장으로 입사하는 열복사를 흡수하는 비율(absorptivity: a_λ)과 임의 파장으로 단위시간 동안 단위면적에서 열복사를 방사하는 비율(emissivity: ε_λ)이 동일함을 의미한다. 흑체의 경우는 $a_\lambda = \varepsilon_\lambda = 1$이 되고, 회색체의 경우는 $a_\lambda = \varepsilon_\lambda < 1$이 된다.

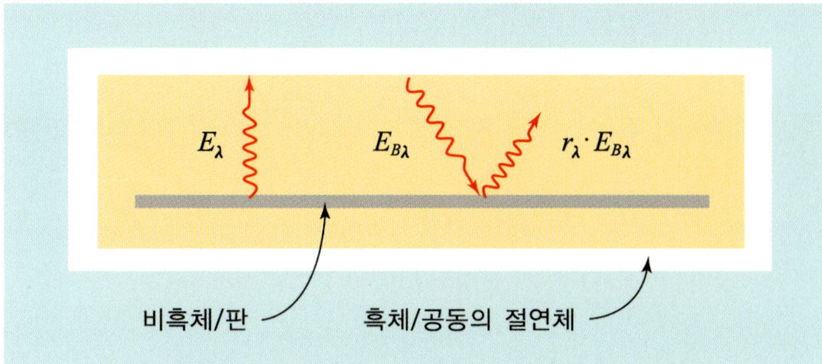

그림 3.7 열복사 평형상태의 시스템.

키르히호프의 법칙을 증명하기 위해, 그림 3.7은 공동으로 비어있는 상자형태의 흑체 중간부분에 비흑체 판이 위치하고 열복사의 평형상태를 유지하는 시스템을 고려한 경우이다. 비흑체 판의 투과율(τ_λ)은 0이기 때문에, 흡수율(a_λ)과 반사율(r_λ)의 합은 1.0이 된다. 따라서 $r_\lambda \cdot E_{B_\lambda} = (1 - a_\lambda) \cdot E_{B_\lambda}$이고, 흑체 공동 벽의 단위면적에서 흡수한 복사에너지는 벽에서 방출한 복사에너지의 양과 같아야 한다.

$$E_\lambda + (1 - a_\lambda) \cdot E_{B_\lambda} = E_{B_\lambda}$$

위 식을 E_{B_λ}로 나누면, $a_\lambda = \dfrac{E_\lambda}{E_{B_\lambda}}$가 되기 때문에 흡수율과 방사율($\varepsilon_\lambda$)이 같아진다.

여기서 $\varepsilon_\lambda = \dfrac{E_\lambda}{E_{B_\lambda}}$이다.

일반적으로 복사에너지의 방사율과 흡수율은 동일하지 않으며, 모든 파장에 걸친 총 방사율과 총 흡수율이 동일한 열복사 평형의 경우에만 키르히호프의 법칙이 성립한다. 이러한 이유는 각 파장별 복사에너지의 방출이 방사율과 온도에 따라 결정되고, 흡수 또한 흡수율과 입사 복사의 강도에 따라 결정되기 때문이다.

3.3 대기복사의 과정

3.3.1 태양상수

태양으로부터 약 1억 5,000만 km 떨어진 지구가 받고 있는 태양복사에너지는 전 복사량의 약 20억분의 1에 불과하다. 태양상수(S, Solar constant)는 대기의 정상에서 태양복사의 입사방향과 수직한 단위면적($1cm^2$)에서 단위시간(1min) 동안 태양으로부터 받는 총 복사 에너지를 말한다. 태양상수는 태양과 지구 사이의 거리가 계절에 따라 변화하기 때문에 거리가 짧은 겨울에 가장 큰 반면 여름에 가장 작다. 따라서 태양상수는 그 평균에 해당하는 약 1,367W/m^2(1.96cal/cm^{-2}·min 또는 1.96langley/min)이고, 입사 태양복사의 자외선 영역이 변화하는 정도에 따라 평균값에서 ±1.5% 차이가 발생할 수 있다.

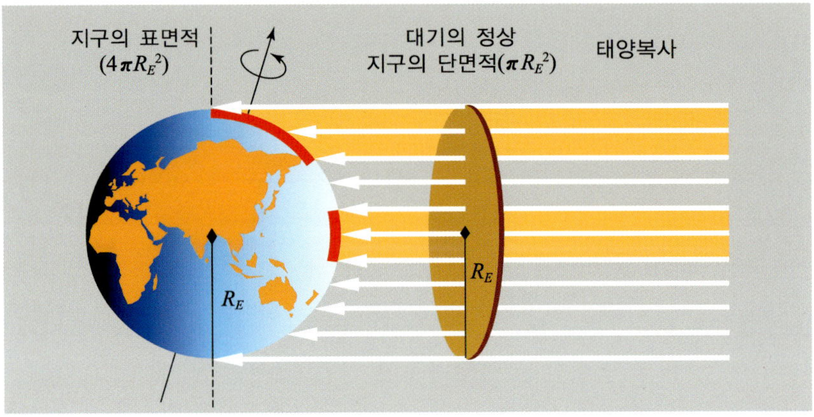

그림 3.8 태양복사 에너지의 지구 입사.

지구가 받는 태양복사 에너지의 총량은 지구의 단면적(πR^2)에 태양상수(S)를 곱한 값이다. 그러나 이 양은 지구의 자전에 의해 지표면 전체($4\pi R^2$)로 분산되기 때문에, 지표면 단위면적에 대한 평균 에너지는 태양상수의 1/4에 해당하는 약 342W/m^{2}이다. 구(球)의 지구에 평행하게 입사되는 태양광선과 지표면이 이루는 각은 적도지방에서 크고 극지방으로 갈수록 작아지기 때문에, 동일한 양의 일사량이 대기권에 입사되더라도 단위면적의 지표면에서 받는 태양복사 에너지의 양은 저위도에서 많고 고위도로 갈수록 적어진다 (그림 3.8). 저위도와 고위도간 열의 남북 불균형 상태는 뒷장에서 설명된 대기대순환에 의해 해소되고 평형상태가 이루어진다. 대기대순환 이외에 저위도에서 고위도로 향하는 남북 열 수송 과정은 해류에 의해서도 이루어지지만 그 양은 크지 않다.

3.3.2 대기의 복사전달

3.3.2.1 비어의 법칙

비어의 법칙(Beer's law)은 빛이 매질을 통과할 때 흡수되어 지수 함수적으로 감쇠하는 강도 변화를 매질의 밀도, 흡수도 및 통과 거리로 표현한 관계식을 말한다.

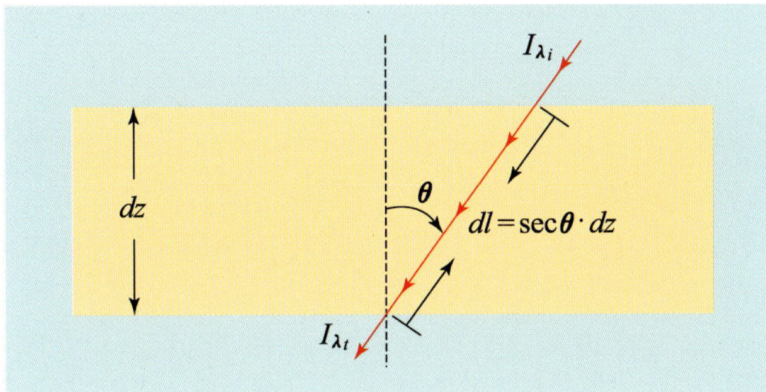

그림 3.9 입사복사의 기층 투과.

그림 3.9는 기하학적으로 얇은 층(dz)의 흡수매질(ρ_{abs})에 입사(θ)한 태양복사(I_{λ_i})가 매질을 이동(dl)하여 투과(I_{λ_t})한 경우를 고려한 경우이다. 빛이 통과하는 횡단면적의 기주 내에 포함된 흡수매질의 질량은 다음과 같다.

$$dm = \rho_{abs} \sec\theta dz$$

흡수물질의 단위질량 당 복사강도의 부분 감소량인 흡수계수, K_λ는 다음과 같다.

$$K_\lambda = -\frac{dI_\lambda}{I_\lambda}\frac{1}{dm} \quad \text{또는} \quad \frac{dI_\lambda}{I_\lambda} = -K_\lambda \cdot \rho_{abs} \sec\theta dz$$

위 식을 입사 태양복사로부터 투과 태양복사까지에 해당하는 층의 두께 z로 적분하면 다음과 같다.

$$\int_{I_{\lambda_i}}^{I_{\lambda_t}} \frac{dI_\lambda}{I_\lambda} = -K_\lambda \cdot \sec\theta \int_0^z \rho_{abs}\, dz$$

위 식을 일반적인 비어의 법칙으로 표현하면 다음과 같다.

$$I_{\lambda_t} = I_{\lambda_i} \exp\left(-K_\lambda \cdot \sec\theta \int_0^z \rho_{abs} dz\right) \tag{3.8}$$

3.3.2.2 슈바르츠실트의 방정식

슈바르츠실트의 방정식(Schwarzschild's Equation)은 흡수매질을 통과하는 특정 파장의 복사전달식이다. 그림 3.10은 광학적 두께(du)를 갖는 기층 내에서 입사복사(I_λ)를 흡수하고, 동일 파장의 복사 에너지를 방사하는 경우이다.

기층 내에서 흡수된 복사량은 $\left(\frac{a_\lambda}{du}\right) I_\lambda du = k_\lambda I_\lambda du$가 되고, 기층이 방사한 복사량

은 $\left(\frac{\varepsilon_\lambda}{du}\right) I_{B_\lambda} du = k_\lambda I_{B_\lambda} du$가 된다. 여기서 $k_\lambda = \frac{a_\lambda}{du} = \frac{\varepsilon_\lambda}{du}$이고, I_{B_λ}는 흑체복사의 방사강도로 기층의 온도(T^4)에 따라 결정된다. 이와 같이 $dI_\lambda = -K_\lambda (I_\lambda - I_{B_\lambda}) du$가 되고, 슈바르츠실트의 방정식은 다음과 같다.

$$\frac{dI_\lambda}{du} = -K_\lambda (I_\lambda - I_{B_\lambda}) \tag{3.9}$$

위 식에서 흡수-방사 물질의 수직밀도와 온도분포 및 흡수-방사 계수를 알면 기층 전체를 적분할 수 있다.

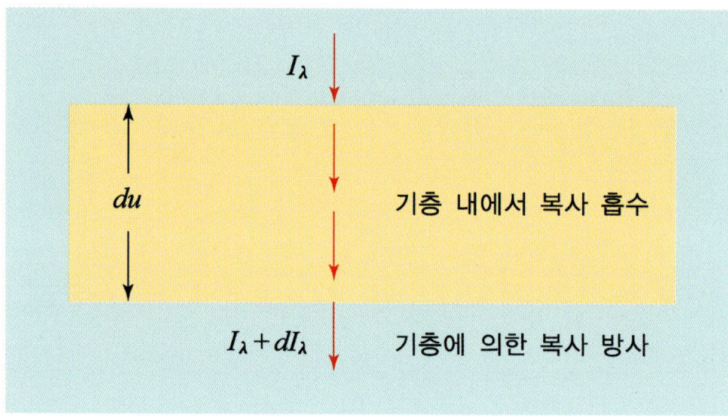

그림 3.10 입사복사의 기층 내 흡수 및 기층 외 방사.

3.3.3 복사의 물리적 현상

대기의 정상에 도달한 태양복사에너지 가운데 지구의 알베도에 의해 우주공간으로 반사되고 남은 열은 지구의 대기 및 지표면에 흡수된다. 지구복사(terrestial radiation)는 지구의 대기에 의해 방사된 대기복사(atmospheric radiation)와 지표면에 의해 방사된 지표면복사(terrestrial surface radiation)를 통칭한다. 장파복사(long wave radiation) 또는 적외선복사(infrared radiation)로도 불리는 지구복사는 4.0μm를 경계로 장파장에 속하지만, 단파복사인 태양복사와 적외선(infra radiation) 영역에서 약간 중복된다.

태양복사인 전자기파는 대기를 통과할 때 대기분자나 에어로졸에 의해 흡수, 산란, 굴절 등의 과정을 거치게 되며, 전파의 속도, 파장, 강도 및 분광 특성에 변화가 발생한다 (그림 3.11). 대기분자는 이산화탄소, 오존, 질소, 수증기 등의 기체요소를 총칭하며, 에어로졸(aerosol)은 박무, 스모그, 먼지 등과 같이 반경이 큰 입자로 온도나 습도에 의해 시·공간적으로 크게 변화한다.

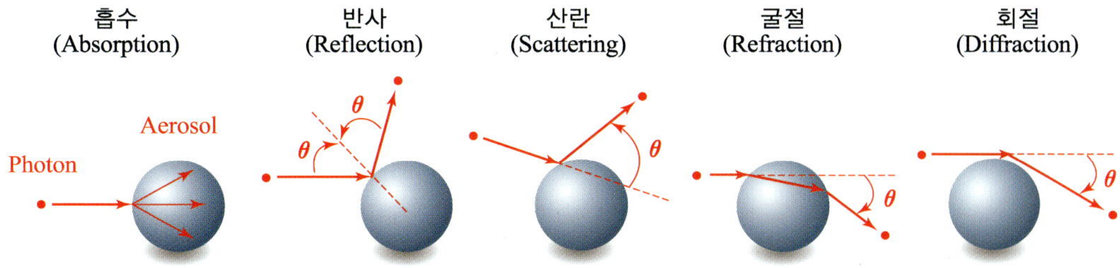

그림 3.11 복사의 물리적 현상.

가. 흡수

태양복사 에너지가 입사하여 진행하는 동안 물질입자인 원자, 이온 또는 분자가 에너지를 받아들이고 여기상태로 되는 물리적 현상을 흡수(absorption)라 한다. 태양복사에너지는 물질의 흡수현상에 의해 열에너지나 빛에너지로 전환된다. 입사 태양복사에너지는 대기에 투명한 특성이 있지만, 고에너지의 단파장일수록 대기에 잘 흡수되고 저에너지의 장파장일수록 흡수가 덜되어 더 깊게 침투할 수 있다. 깊게 침투하는 특정 파장의 태양복사는 지표면에 가까워질수록 흡수기체의 밀도가 증가하기 때문에 빨리 소진된다.

나. 반사

반사(reflection)는 입사하는 태양복사가 임의 물질의 경계면에 도달했을 때 진행 방향을 바꾸어 입사해 온 매질 속의 다른 방향으로 진행하는 현상이다. 물질에 입사된 태양복사 에너지 가운데 반사된 에너지의 부분을 반사율(reflectivity) 또는 알베도(albedo)라 한다 (표 3.2). 반사율은 입사각에 영향을 받으며 일반적으로 수직입사인 경우를 가정한다. 지구의 평균 알베도는 30%이고, 달은 12%이다.

다. 산란

산란(scattering)은 태양복사가 대기 중의 기체분자나 에어로졸 또는 먼지와 같은 입자에 충돌하여 진행방향이 바뀌거나 흩어지는 현상이다. 산란과 반사는 복사의 진행방향을 예측하는 측면에서 난이도 차이가 있지만, 반사와 굴절 및 회절 현상 모두를 산란의 유형에 포함시키기도 한다. 산란의 종류는 무차원 크기 파라미터(non-dimension size parameter)인 $\alpha = \dfrac{2\pi r}{\lambda}$에 따라 레일리 산란(Rayleigh scattering), 미 산란(Mie scattering) 및 기하광학(geometrical optics)로 분류된다. 여기서 λ는 복사의 파장, r는 산란입자의 반경이다 (그림 3.12).

레일리 산란은 산란입자의 크기가 태양복사 파장보다 아주 적을 때($\alpha \ll 1$) 발생하며, 산란되는 빛의 양은 파장이 짧아질수록 급격하게 증가한다. 레일리 산란은 공기입자에 의해 주로 발생되며 전방산란과 후방산란이 대칭되도록 빛을 산란시킨다. 푸른 하늘과 붉은 저녁노을이 대표적인 현상이다.

표 3.2 지표면의 피복 상태별 알베도 (Oke, 1987).

지표면의 상태		알베도
물	태양 천정각이 작을 때	0.03~0.10
	태양 천정각이 클 때	0.10~1.00
눈	구적설	0.40~0.70
	신적설	0.75~0.95
얼음	해빙	0.30~0.45
	빙하	0.20~0.40
모래	건조	0.35~0.45
	습윤	0.20~0.30
벽	콘크리트	0.10~0.35
	벽돌	0.20~0.40
지붕	타르 및 자갈	0.08~0.18
	타일	0.10~0.35
숲	낙엽림	0.15~0.20
	침엽림	0.05~0.15
페인트	백색도료	0.50~0.90
	검정	0.02~0.15
길	아스팔트	0.05~0.20
사막		0.20~0.45
토양		0.05~0.40
풀		0.16~0.26
농작물, 툰드라		0.18~0.25
과수원		0.15~0.20

미 산란은 산란입자의 크기가 태양복사의 파장과 비슷할 때($\alpha \sim 1$) 발생하며, 전방산란이 후방산란에 비해 강하게 나타난다. 대기 중의 미립자인 수증기나 먼지에 의한 미 산란은 태양복사가 장파장일수록 효과가 크고 흐린 날씨나 안개 낀 날 또는 오염이 심한 날에 우세하게 나타난다. 미 산란의 대표적인 현상은 흰 구름으로, 구름속의 미세수적에 의한 효과이다.

산란입자의 크기가 태양복사의 파장보다 아주 클 때($\alpha \gg 1$)는 빛의 전파를 기하학적으로 다루는 기하광학으로 분류한다. 대표적인 기하 광학적 현상은 대기 중의 강수

입자에 의한 무지개이다.

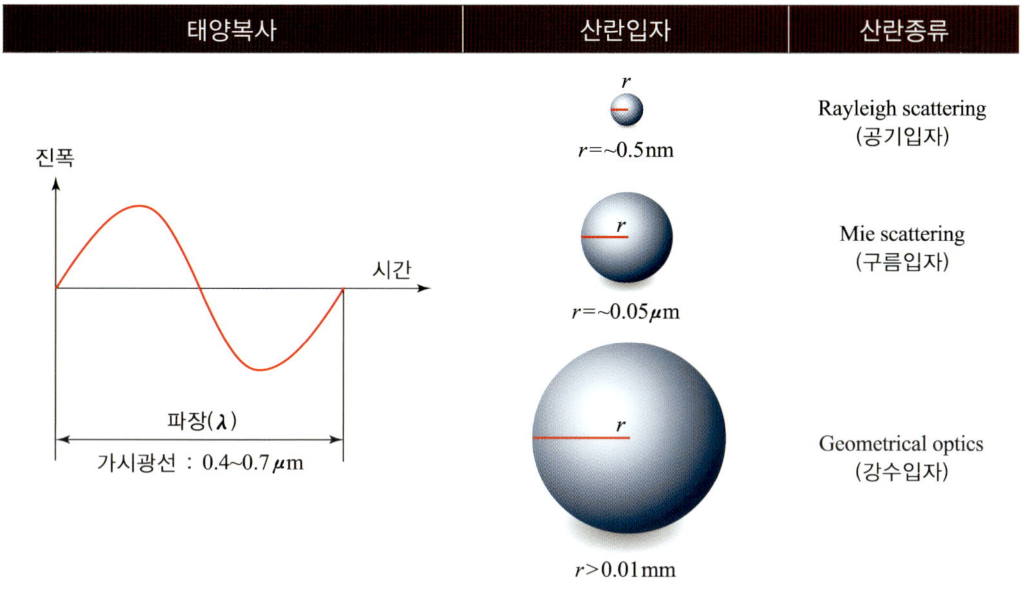

그림 3.12 빛의 산란. 입사복사의 파장과 산란입자의 규모에 의해 결정된다.

라. 굴절

굴절(refraction)은 태양복사가 투명한 매질로 통과할 때 진행 방향이 변화하는 현상을 말한다. 두 매질의 밀도가 다르면 진행 속도가 다르기 때문에 발생한다. 굴절률(refractive index), n은 진공 중에서의 광속(c)에 대한 매질을 통과할 때의 광속(c_n)의 비율이다. 물질 내에서의 광속은 진공에서의 속도보다 항상 느리기 때문에 굴절률은 항상 1.0보다 크다.

$$n = \frac{c}{c_n} \tag{3.10}$$

스넬의 법칙(Snell's law)은 굴절률과 굴절각의 관계를 설명한다. 빛이 굴절률 n_1인 매질1에서 굴절률 n_2인 매질2로 진행할 때 굴절각과 입사각의 sine값의 비는 항상 일정하며, 이 값을 매질1에 대한 매질2의 굴절률이라 한다.

$$\frac{\sin\theta_1}{\sin\theta_2} = \frac{n_2}{n_1} \quad \text{또는} \quad n_1 \sin\theta_1 = n_2 \sin\theta_2 \tag{3.11}$$

여기서, θ_1과 θ_2는 두 매질 경계면에서의 입사각과 굴절각이다 (그림 3.13).

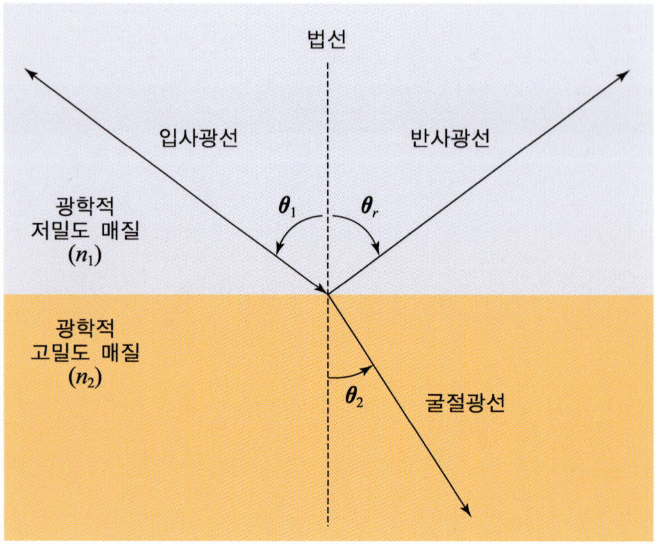

그림 3.13 매질에 따른 굴절 현상.

마. 회절

회절(diffraction)은 빛이 물체의 모서리나 파동의 파장 정도에 해당하는 크기의 구멍을 통과할 때 진행방향으로 파동들이 퍼지거나 간섭을 일으키는 현상을 말한다. 회절 현상은 빛의 파동성을 증명해주는 자연현상의 하나이다.

3.3.4 대기의 복사흡수

지표면은 단파장의 태양복사를 흡수한 후 장파장의 지구복사를 방출한다. 지구의 대기는 지구복사를 대체로 잘 흡수하는 기체로 구성되어 있으며, 수증기와 이산화탄소가 주요 흡수원이다. 수증기가 흡수하는 지구복사의 양은 다른 모든 기체가 흡수하는 양의 약 5배 정도이다. 이는 수증기의 대부분이 밀집되어 있는 대류권 저층의 온도가 따뜻한 이유이기도 하다. 대류권 내 기온의 수직분포가 지표면에서 높고 고도가 상승하면서 낮아지는 것은 지구의 대기가 단파의 태양복사에 대해서는 아주 투명하지만 지표면에서 방출되는 장파의 지구복사에 대해서는 강한 흡수력을 갖고 있기 때문이다.

그림 3.14의 윗부분은 지구대기의 기체들에 흡수되지 않고 투과하여 지표면에 도달한 입사 태양복사와 우주공간으로 방사된 지구복사의 파장대별 스펙트럼이다. 중간부분은 태양복사와 지구복사에 대한 지구대기의 전체 흡수 및 산란 영역이다. 아래부분은 주요 온실기체 각각의 복사 흡수 스펙트럼과 레일레이 산란 영역이다. 흑체인

태양의 표면온도는 약 5,500K이고, 태양복사의 최대방출은 가시광선 영역에서 이루어진다. 지구의 표면온도는 지리적 위치에 따라 변화하며, 이에 따라 결정되는 지구복사의 최대방출은 적외선 영역에서 이루어진다. 지구에 입사되는 태양복사에너지는 주로 산소와 오존에 의해 흡수되는데, 가시광선 영역에서 이루어진다. 지표면에서 방출되는 지구복사에너지는 주로 온실기체들에 의해 흡수되는데, 수증기의 영향이 가장 크고 이산화탄소를 비롯한 소수의 온실기체들이 그 다음을 차지한다.

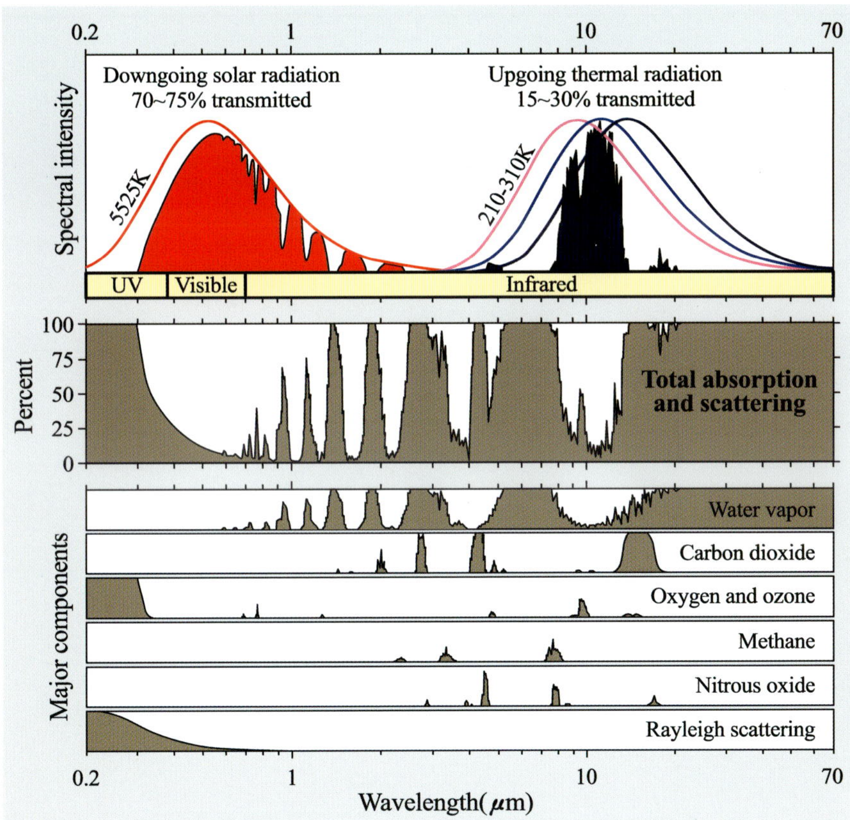

그림 3.14 태양복사와 지구복사의 대기 중 흡수 및 투과 (Wikipedia, 2013).

수증기는 5.5~7μm와 20μm보다 큰 파장역의 지구복사를 강하게 흡수하고, 4~5.5 μm와 7~8μm의 파장역은 중간정도로 흡수하며, 3μm 이하의 파장역에서도 몇 개의 좁은 흡수대를 가지고 있다. CO_2의 지구복사 흡수는 15μm을 중심으로 13~17.5μm 파장역에서 강하게 이루어지고, 4.3μm 주위의 흡수대를 가지고 있다. O_3이 9.4~9.8 μm 파장역에서 흡수하는 지구복사의 양은 미미한 편이지만, 성층권의 열수지에 중요한 역할을 한다. 이외에도 메탄가스나 아산화질소 등도 다양한 영역의 지구복사를 흡수한다 (표 3.3). 그림 3.14에서 지구복사의 방출 에너지가 최대가 되는 8.5~11μm의 파장역은 거의 흡수되지 않고 외기권으로 투과되는데, 이 부분이 지구복사에 대한 대기의 창(Atmospheric window)으로 적외선 창 또는 열의 창이라고도 한다.

표 3.3 주요 기체별 지구복사 흡수파장.

기체	수증기	CO_2	O_3	CH_4	N_2O
주요흡수(μm)	5.5~7, >20	4.3, 13~17.5	9.4~9.8	3.3, 7.7	4.5, 7.8, 17.0

3.3.5 지표면 입사

지구의 표면에 입사된 태양복사는 에너지 보존법칙에 따라 흡수, 반사 또는 투과되거나 이들 현상이 복합적으로 발생한다.

단색 파장의 흡수율(monochromatic absorptivity)은

$$a_\lambda = \frac{(\text{흡수 복사 밀도})_\lambda}{(\text{입사 복사 밀도})_\lambda} = \frac{F_{\text{흡수}_\lambda}}{F_{\text{입사}_\lambda}} = 0.0 \sim 1.0 \tag{3.12}$$

위 식(3.12)에서, a_λ는 특정 물체 고유의 성질이다. a_λ가 1.0이면 흑체에 의한 흡수이다.

단색 파장의 반사율(monochromatic reflectivity)은

$$r_\lambda = \frac{(\text{반사 복사 밀도})_\lambda}{(\text{입사 복사 밀도})_\lambda} = \frac{F_{\text{반사}_\lambda}}{F_{\text{입사}_\lambda}} = 0.0 \sim 1.0 \tag{3.13}$$

위 식(3.13)에서, r_λ가 1.0이면 거울에 의한 반사이다.

단색 파장의 투과율(monochromatic transmissivity)은

$$\tau_\lambda = \frac{(\text{투과 복사 밀도})_\lambda}{(\text{입사 복사 밀도})_\lambda} = \frac{F_{\text{투과}_\lambda}}{F_{\text{입사}_\lambda}} = 0.0 \sim 1.0 \tag{3.14}$$

위 식(3.14)에서, τ_λ가 0.0이면 불투명한 물질이고, 1.0이면 투명한 물질이다.

태양복사 에너지의 보존법칙에 따라,

$$F_{\text{입사}_\lambda} = F_{\text{흡수}_\lambda} + F_{\text{반사}_\lambda} + F_{\text{투과}_\lambda} \tag{3.15}$$

또는

$$a_\lambda + r_\lambda + \tau_\lambda = 1.0 \tag{3.16}$$

위 식(3.16)에서, 불투명한 물질(τ_λ=0.0)의 흡수율과 반사율의 합은 1.0이 된다.

단색 파장의 방사율(monochromatic emissivity)은

$$\varepsilon_\lambda = \frac{(\text{방사 복사 밀도})_\lambda}{(\text{흑체 방사})_\lambda} = \frac{E_\lambda}{E_{\text{흑체}_\lambda}} = 0.0 \sim 1.0 \tag{3.17}$$

또는

$$E_\lambda = \varepsilon_\lambda \cdot E_{\text{흑체}_\lambda} \tag{3.18}$$

위 식(3.18)에서, ε_λ는 측정값이고, $E_{\text{흑체}_\lambda}$는 플랑크 법칙으로 계산한 값이다.

3.4 대기복사와 지구의 기후

3.4.1 복사에너지 수지

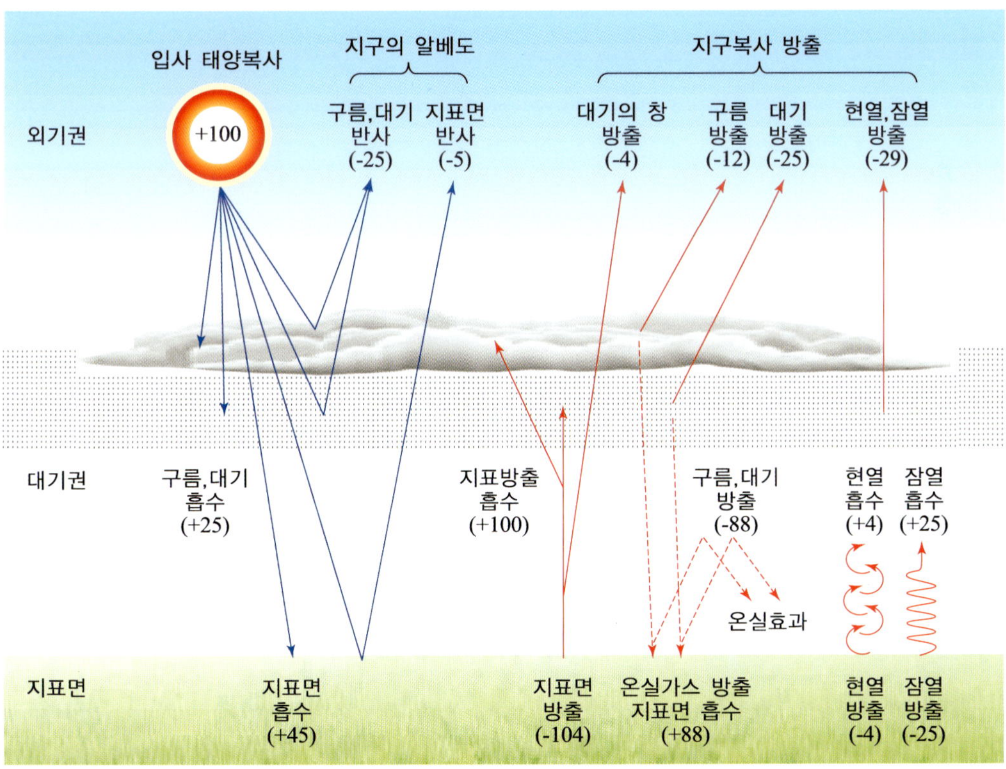

그림 3.15 지구의 복사에너지 수지. 외기권, 대기권 및 지표면에서 복사에너지의 흡수량과 방출량은 평형을 이룬다 (Darkow, 1992).

지구의 대기에 입사되는 태양복사에너지의 절반 정도는 지표면에 흡수되고, 일부가 지표면에 도달되기 이전에 구름과 대기의 에어로졸에 흡수, 반사 및 산란된다. 입사 태양복사에너지의 약 30%는 우주공간으로 반사되는데, 이를 지구의 알베도라 한다. 지표면에 흡수된 태양복사에너지는 지구복사에너지로 대기에 방출된다. 이 가운데 많은 양이 대기권의 수증기, 에어로졸 및 온실가스 등에 흡수된 후 전 방향으로 재 방출되는데, 지표면 쪽으로 향하는 부분이 온실효과를 발생시킨다. 지구복사에너지의 일부는 잠열과 현열의 형태로 대기권에 흡수되고, 일부는 곧바로 대기의 창을 통해 우주공간으로 투과된다 (그림 3.15). 전 지구적으로 그리고 장기적으로 볼 때, 대기의 정상을 통해 지구로 입사하는 태양복사에너지와 외기권으로 투과하는 지구복사에너지의 양은 동일하게 유지되고, 지구의 외기권과 대기권 및 지표면에서 평형상태를 이룬다 (표 3.4).

표 3.4 복사에너지의 권역별 평형.

구분	내용
외기권	• 입사 태양복사는 알베도와 지구복사 방출의 합에 의해 평형 • 입사 태양복사(+100)=지구의 알베도(-30)+지구복사 방출(-70)
대기권	• 입사 태양복사, 방출 지구복사, 현열 및 잠열의 대기권 흡수량 합은 지표면으로 방출된 양과 외기권으로 방출된 양의 합에 의해 평형 • 태양복사 흡수(+25)+지표방출 흡수(+100)+현열/잠열 흡수(+29) =구름/대기의 지표면 방출(-88)+구름/대기의 외기권 방출(-37) +현열/잠열의 외기권 방출(-29)
지표면	• 태양복사의 지표면 흡수량과 대기권에서 지표면으로의 방출량 합은 지구복사와 현열 및 잠열 방출량의 합에 의해 평형 • 태양복사의 지표면 흡수(+45)+대기권에서 지표면으로 방출(+88) =지구복사 방출(-104)+현열 방출(-4)+잠열 방출(-25)

3.4.2 복사에너지 평형모델

가. 지구의 대기가 없는 경우

지구의 기후시스템에 입사되는 에너지의 대부분은 전자기복사 형태의 태양복사이다. 그림 3.16에서, 지구의 복사에너지가 평형을 이루기 위해서는 태양으로부터 지구에 입사되는 양만큼 손실이 있어야 한다. 즉 지구가 흡수하는 태양복사 에너지의 총량은 지구의 전 표면에서 방출하는 지구복사 에너지의 총량과 동일하여야 한다.

$$\pi r^2(1-A)S = 4\pi r^2 \sigma T_e^4 \tag{3.19}$$

위 식에서, A(지구의 알베도)=0.3
r(지구의 반경)=6371km
S(태양상수)=1,367W·m^{-2}
σ(슈테판-볼츠만 상수)=5.67×10^{-8}W·m^{-2}·K^{-4}

위 식(3.19)은 다음과 같다.

$$\frac{S}{4}-\left(\frac{S}{4}\right)A=\sigma T_e^4 \tag{3.20}$$

따라서, 지구의 복사평형 온도는 다음과 같다.

$$T_e=\left\{\frac{(1-A)S}{4\sigma}\right\}^{1/4} \tag{3.21}$$

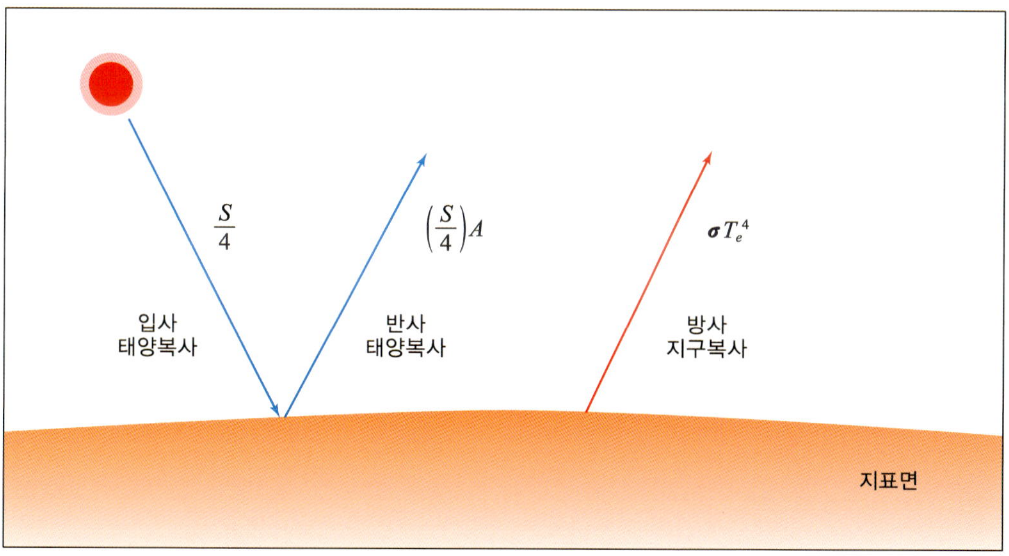

그림 3.16 지구 대기가 없는 경우의 복사에너지 평형.

위 식(3.21)에서, 구하고자 하는 지구의 복사평형온도 T_e는 255K(-18℃)이다. 이는 대기가 없는 지구에 입사되는 태양복사에너지와 평형을 이루기 위해 지구를 완전한 흑체로 간주한 경우이다. 실제 관측되고 있는 지표면의 평균온도는 약 288K(+15℃)로, 복사평형온도와 관측온도 사이에는 33℃ 차이가 있다. 이러한 이유는 지구복사에 대한 대기의 흡수 및 방출효과와 온실가스에 의한 온실효과를 고려하지 않았기 때문이다.

나. 흑체 지구대기의 온실효과를 고려한 경우

지구의 대기는 입사 태양복사에 대해서 거의 투명하기 때문에 많은 부분이 지표면에 흡수되지만, 지구복사에 대해서 거의 불투명하다. 특히 이산화탄소, 메탄가스, 오존 및 수증기 등은 지구복사의 상당부분을 흡수하고 재 방사하기 때문에 지표면의 기온을 상승시키는 요인으로 작용한다. 온실효과는 대기의 온도(T_a)가 균일한 단층의 간단한 모델로 설명될 수 있다. 여기서 기층은 태양복사에 대해서 완전히 투명하고 지구복사에 대해서는 완전히 불투명한 경우이다. 따라서 우주공간으로 방사된 복사는 모두 대기에서 나온 것이다 (그림 3.17).

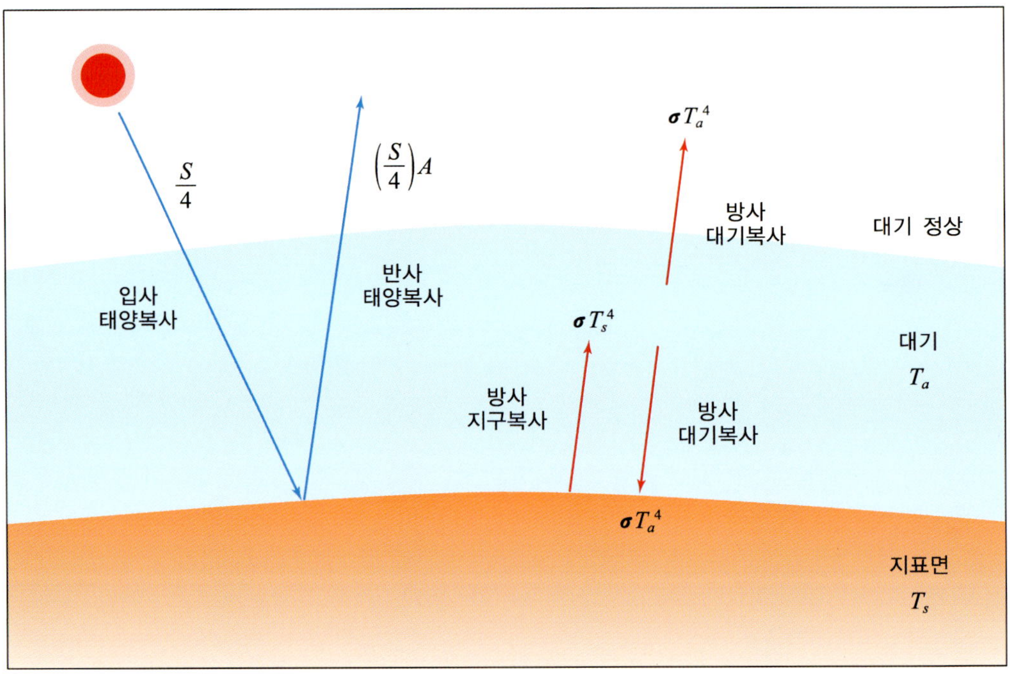

그림 3.17 흑체 단일기층 모델의 복사에너지 평형.

대기의 정상에서 지구의 복사평형온도와 대기의 온도는 동일하기 때문에, 위 식(3.20)은 다음과 같이 쓸 수 있다.

$$\sigma T_a^4 = \frac{(1-A)}{4} S = \sigma T_e^4 \tag{3.22}$$

지표면에서, 지구복사 방사에너지와 태양복사 입사에너지 및 대기복사 방사에너지 사이의 평형은 다음과 같다.

$$\sigma T_s^4 = \frac{(1-A)}{4} S + \sigma T_a^4 \tag{3.23}$$

위 식(3.22)와 (3.23)으로부터,

$$\sigma T_s^4 = 2\sigma T_e^4 \tag{3.24}$$

따라서 온실효과에 의한 지표면의 온도는 다음과 같다.

$$T_s = 2^{1/4} T_e \tag{3.25}$$

위 식(3.25)에서, 단일기층 모델에 의한 지표면의 온도는 303K(30℃)로 관측평균온도인 288K보다 15℃ 높다. 이는 불완전한 가정을 적용했기 때문이다.

다. 회색체 지구대기의 온실효과를 고려한 경우

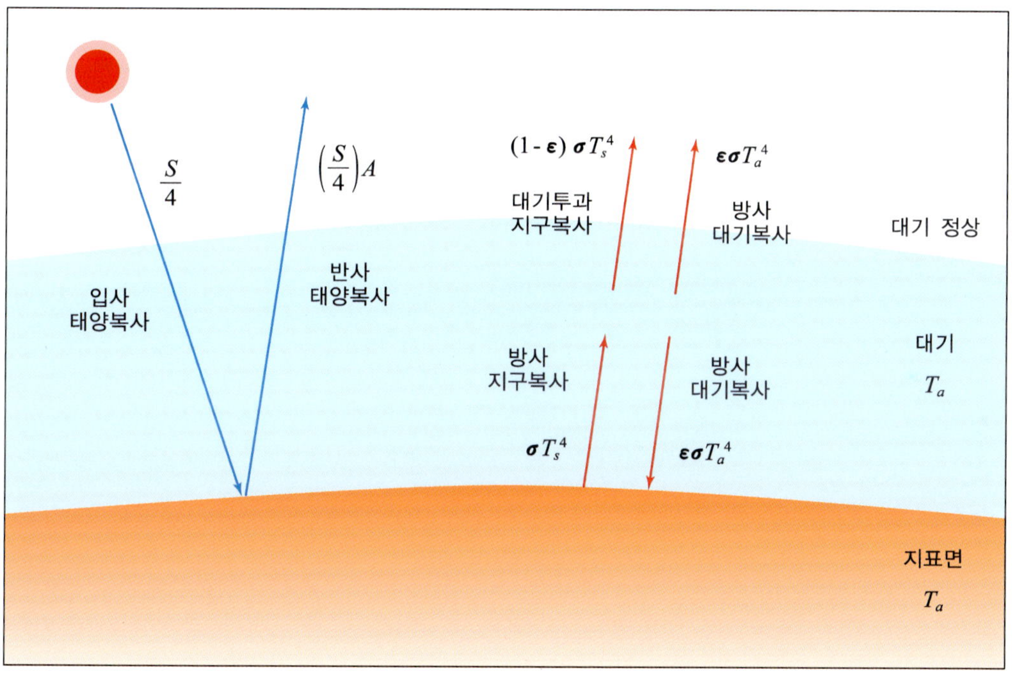

그림 3.18 회색체 단일기층 모델의 복사에너지 평형.

그림 3.18에서와 같이, 지구의 대기를 회색체로 보고 방사율(ε)를 적용하면, 지표면에서의 복사에너지 평형 식(3.23)은 다음과 같다.

$$\sigma T_s^4 = \frac{(1-A)}{4} S + \varepsilon\sigma T_a^4 \tag{3.26}$$

키르히호프의 법칙에 의해 온도가 동일한 기층의 흡수율과 방사율은 같고, 방사율이 ε인 기층의 투과율은 $1-\varepsilon$이다. 따라서 대기의 정상에서 복사에너지 평형은 다음과 같다.

$$\frac{(1-A)}{4}S = (1-\varepsilon)\sigma T_s^4 + \varepsilon\sigma T_a^4 = \sigma T_e^4 \tag{3.27}$$

위 식(3.26)과 (3.27)로부터, 지표면의 복사평형온도(T_s)는

$$T_s = \left\{\frac{(1-A)S}{4\sigma(1-\varepsilon/2)}\right\}^{1/4} \tag{3.28}$$

대기의 방사율(ε)은

$$\varepsilon = 2\left\{1 - \frac{(1-A)S/4}{\sigma T_s^4}\right\} \tag{3.29}$$

위 식(3.29)의 지구복사에 대한 대기의 방사율($\varepsilon = a = 0.77$)을 식(3.28)에 대입하면 지표면의 복사평형온도(T_s)는 288K(15℃)가 된다. 이는 회색체 지구대기의 온실효과로 인해 지표면의 온도가 288K로 유지되는 동시에, 23%의 지구복사가 대기를 통해 우주공간으로 방사된다는 것을 설명해주고 있다.

위 식(3.26)과 (3.27)에서, T_s와 T_e의 관계는 다음과 같다.

$$T_s = \left(\frac{2}{2-\varepsilon}\right)^{1/4} T_e \tag{3.30}$$

위 식(3.29)에서, $\varepsilon = 0$(대기가 없는 경우)이면 대기가 지구복사에 대하여 완전히 투명하여 $T_s = T_e$가 되고, $\varepsilon = 1$(대기가 완전 흑체)이면 식(3.25)와 동일해지기 때문에 앞의 두 가지 경우를 모두 만족한다.

또한, 식(3.26)과 (3.27)로부터 T_a와 T_s의 관계는 다음과 같다.

$$T_a = \left(\frac{1}{2}\right)^{1/4} T_s \tag{3.31}$$

3.5 참고문헌

김봉균 외, 1972: 「지구과학개론」. 교학사, 제5장.

민병언, 1980: 「해양기상학」. 한국해양대학교 해사도서출판부, 93 pp.

AMS, 2000: *AMS Glossary of Meteorology*. 2nd Ed. American Meteorological Society, Boston, MA.

Ashdown, I., 2002: *Helios 32, Radiosity rendering for architecture and lighting design*. pp. 27-34.

Darkow, G.L., 1992: Radiation in the Atmosphere, Winter Semester 1992 Lecture Notes. Department of Atmospheric Science, Univ. of Missouri-Columbia.

Forster, P., V. Ramaswamy, P. Artaxo, T. Berntsen, R. Betts, D.W. Fahey, J. Haywood, J. Lean, D.C. Lowe, G. Myhre, J. Nganga, R. Prinn, G. Raga, M. Schulz and R. Van Dorland, 2007: Changes in Atmospheric Constituents and in Radiative Forcing. *In: Climate Change 2007: The Physical Science Basis. Contribution of Working Group I to the Fourth Assessment Report of the Intergovernmental Panel on Climate Change* [Solomon, S., D. Qin, M. Manning, Z. Chen, M. Marquis, K.B. Averyt, M.Tignor and H.L. Miller(eds.)]. Cambridge University Press, Cambridge, United Kingdom and New York, NY, USA. 196 pp.

Fowler, A., 2011: *Mathematical Geoscience*. Springer, Chapter 2.

Hess, S.L., 1979: *Introduction to theoretical meteorology*. Robert E. Krieger publishing Co., Inc. Huntington. New york, Chapter 9.

Iribarne J.V., and H.R. Cho, 1980: *Atmospheric physics*. D. Reidel publishing company, Chapter 3.

Lutgens, F.K., and E.J. Tarbuck, 1989: *The atmosphere, An introduction to meteorology*. 4th ed., Chapter 2.

MacCracken, M.C., et al., 1991: Energy and climate change, Report of the DOE multi-laboratory climate change committee. Lewis publishers, Inc., Chapter 1.

Miller, A., and R.A. Anthes, 1980: *Meteorology*. 4th Ed., Charles E. Merrill Publishing Company, Chapter 3.

Oke, T.R., 1987: *Boundary Layer Climates*. 2nd ed., Methuen, London, England and New York, NY, USA, 452 pp.

Wallace, J.M., and P.V. Hobbs, 2006: *Atmospheric Science, An Introductory Survey*. 2nd ed., Academic Press, 123 pp.

WMO, 2008: *Guide to Meteorological Instruments and Methods of Observation*. WMO-No. 8, 7th ed., World Meteorological Organization, 1.7-31 pp.

웹사이트

Wikipedia:

http://en.wikipedia.org/wiki/File:Atmospheric_Transmission.png

http://ko.wikipedia.org/wiki/%EC%98%A4%EC%A1%B4%EC%B8%B5

| Chapter |

04 대기의 안정도

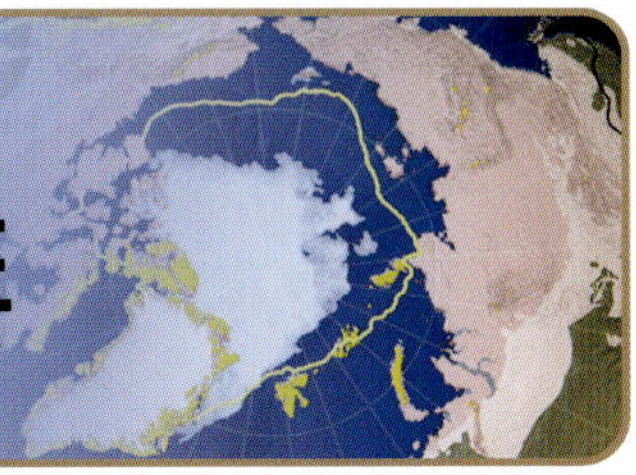

4.1 안정도의 개념

안정도(stability)는 임의의 시스템에 동요가 있을 때 반응하는 경향을 말한다. 안정(stable) 상태는 동요 후 이동한 위치에서 복원력이 작용하여 원래의 위치로 돌아가는 경우이고, 불안정(unstable) 상태는 동요 후 이동한 위치에서 힘이 작용한 방향으로 점점 더 멀어지는 경우이다. 조건부불안정(conditional instability) 상태는 동요 후 이동한 위치의 조건에 따라서, 원래의 위치로 돌아가는 안정한 상태가 되거나 원래의 위치에서 점점 멀어지는 불안정한 상태가 되는 경우이다. 중립(neutral) 상태는 동요 후 이동한 위치에서 회귀하지도 않고 더 멀어지지도 않는 경우이다 (그림 4.1).

기층의 안정도는 기온의 수직분포에 따라 결정되며 대기의 수직운동에 영향을 미친다. 즉 고도에 따른 기온의 감률이 크면 클수록 기층은 더 불안정해지고 대기의 수직운동이 활발해진다. 일반적으로 대류권에서는 고도가 상승하면서 온도가 낮아지기 때문에 활발한 수직대류와 이에 따른 기상현상이 늘 존재한다. 이와는 반대로 고도 상승에 따라 기온이 높아지는 기온역전층의 경우에는 대기의 수직운동이 억제되어 매우 안정한 상태를 유지한다. 대기의 안정도에는 정역학적(정적) 안정도와 동역학적(동적) 안정도가 있다. 정역학적 안정도는 성층대기의 안정도로 대류발생의 가능성을 판단하는 데 사용된다. 동역학적 안정도는 운동중인 대기의 안정도로 풍속의 수평, 수직 경도가 요인이 되는 고기압이나 저기압의 발달여부를 판단하는 데 사용된다.

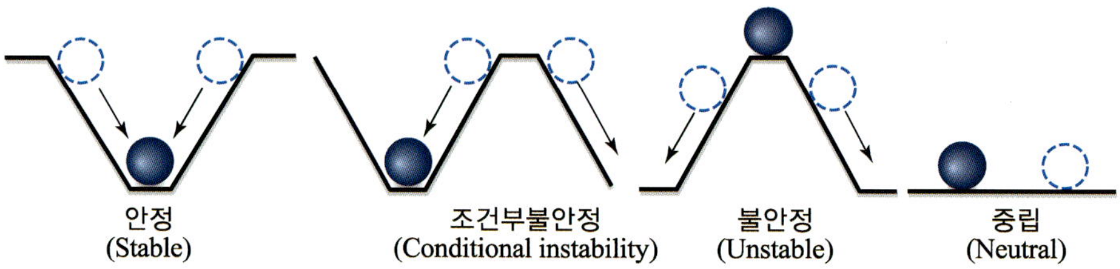

그림 4.1 안정도의 기준. 청색공은 원래 위치, 점선공은 이동한 위치, 화살표는 동요 시 가해졌던 힘이 제거되었을 때 이동된 위치에서 공이 움직이는 방향을 나타낸다.

4.2 기온체감률

기온체감률(lapse rate)은 대기권 내에서 공기덩이의 고도가 상승하면서 온도가 내려가는 변화의 정도를 말한다. 고도가 상승하면서 기온이 내려가면 체감률은 양(+)이 되고, 기온이 올라가면 체감률은 음(-)이 된다. 고도에 따라 기온이 변화하는 이유는 기압의 차이에 의해 공기덩이가 팽창 및 수축하기 때문이다.

건조단열변화(Γ_d)는 상대습도 100% 이하의 불포화 공기덩이가 외부와의 열 교환이 없는 단열상태에서 상승하거나 하강할 때의 온도 변화를 말한다. 열역학 제1법칙인 에너지 보존법칙은 에너지의 형태가 어떻게 변화하여도 우주의 총에너지는 항상 일정하다는 이론이다. 외부에서 어떤 계에 가해진 열량은 내부에너지의 변화량에다 그 시스템이 외부에 행한 일의 양을 합한 것과 같다.

$$dQ = dU + dW \tag{4.1}$$

위 식(4.1)에서 단열 팽창과 수축을 가정하면 다음과 같다.

$$0 = c_p dT - \alpha dP \tag{4.2}$$

위 식(4.2)에서, c_p는 정압비열이고 α는 비체적이다. 상승 또는 하강하는 대기가 정역학적 평형상태에 있다고 가정하면, 건조공기의 단열감율(Γ_d)은 다음과 같다.

$$\Gamma_d = -\frac{dT}{dz} = \frac{g}{c_p} = 0.98℃/100\text{m} \tag{4.3}$$

습윤단열변화(Γ_s)는 포화 수증기의 공기덩이가 단열상태에서 상승 또는 하강할 때의 기온변화로 포화단열 변화로 불리기도 한다. 100m 상승할 때마다 0.5℃씩 감소하고, 반대로 100m 하강할 때마다 0.5℃씩 증가한다. 습윤단열 변화가 건조단열 변화에 비해 작은 이유는 수증기가 응결할 때 잠열이 방출 되는 때문이다. 잠열 방출은 공기덩이 자체의 온도를 높이는 동시에, 부력으로 소나기구름을 발달시키는 주공급원으로 작용한다.

4.3 정적 안정도

4.3.1 공기덩이의 수직변위 기준

대기 중의 공기덩이에 작용하는 힘은 기압경도력과 중력이다. 기압경도력은 고도가 높아질수록 기압이 낮아지기 때문에 위로 향하고 중력은 항상 지구의 중심 방향으로 작용한다. 이와 같이 방향이 정반대인 기압경도력과 중력의 크기가 같을 때 안정을 유지하는데 이를 정역학적 평형(hydrostatic equilibrium)상태라 하고, 정역학적으로 평형상태에 있는 대기의 안정도를 정역학적 안정도 또는 정적 안정도(static stability)라 한다.

공기덩이의 수직변위 기준(parcel method)은 대기의 정적 안정도를 판단하는 방법 가운데 하나이며, 정역학적으로 평형상태에 있는 대기 중에서 수직 방향으로 이동하는 공기덩이의 온도와 주위 기온을 비교하여 대기의 안정도를 결정한다. 이러한 방법을 쓸 때는 다음과 같은 몇 가지 가정이 필요하다. (ⅰ) 주위 대기와 수직 이동하는 공기덩이는 최초에 공히 평형상태에 있고, 동일한 기압과 온도 및 밀도를 갖는다. (ⅱ) 공기덩이와 주위대기의 기압은 항상 동일하다. 만약 이러한 가정이 성립하지 않으면 수평기압경도가 작용하여 공기의 수평이동이 발생하고 정역학적 안정도를 판단할 수 없게 된다. (ⅲ) 공기덩이는 주위대기와 혼합되지 않고 주위대기 또한 공기덩이에 의해 교란되지 않는다. (ⅳ) 공기덩이가 건조한 경우의 온도변화는 건조단열변화를 하고, 습윤공기로 포화되지 않은 공기덩이의 온도는 가온도(virtual temperature)를 쓴다. 가온도는 습윤공기에서 수증기를 다 제거하고 동일 체적의 건조공기를 채웠을 때의 온도를 말한다. 이럴 경우 밀도가 증가하기 때문에 가온도는 습윤공기의 온도보다 높다. 온도 T, 비습 q인 습윤공기의 가온도 $T_v = T(1+0.61q)$이다.

그림 4.2에서 보는 바와 같이, 수직변위를 일으킨 소규모 공기덩이의 온도가 주위 대기의 온도보다 낮으면 고밀도로 중력이 부력보다 커서 하강하고, 주위대기의 온도보다 높으면 저밀도로 부력이 중력보다 커서 상승하려는 경향을 보인다. 한편 주위대기의 온도와 같으면 외부의 힘이 작용하지 않은 채 중력과 부력의 힘이 평형을 이루어 상승이나 하강을 하지 않는다. 이러한 원리로 상승 또는 하강한 공기덩이가 원래

위치로 돌아가면 안정한 상태이고, 최초 움직인 방향으로 계속해서 이동하면 불안정한 상태이다. 한편 원래 위치로 회복하지 않은 채 그대로 머물러 있으면 중립상태이다.

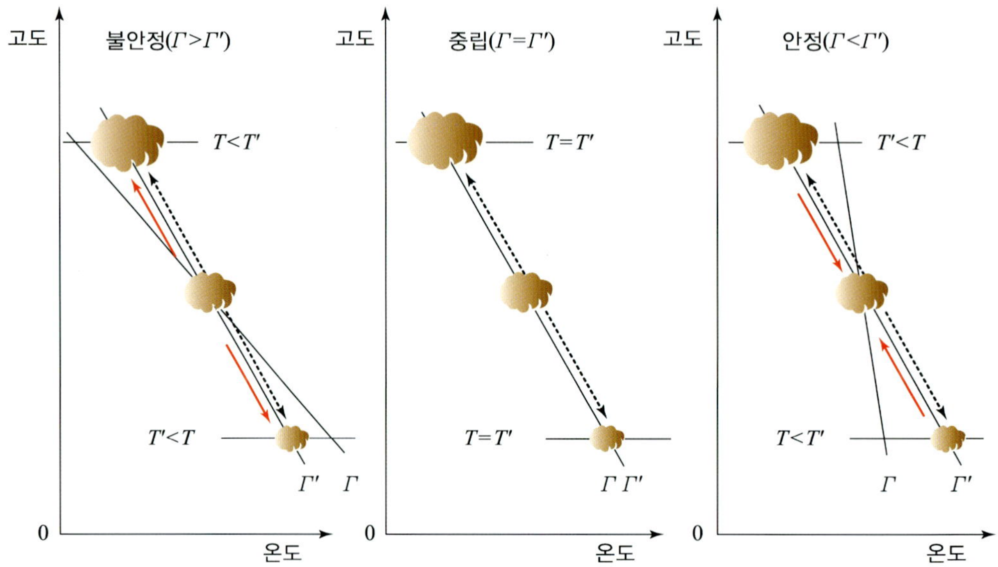

그림 4.2 공기덩이 수직변위 기준의 안정도. Γ와 T는 주위대기의 기온감률과 온도, Γ'와 T'은 공기덩이의 기온감률과 온도이다.

4.3.2 기온체감률 기준

기온체감률 기준에 의한 안정도는 불포화 건조단열감률 또는 습윤단열감률로 이동하는 공기덩이와 주위 환경대기의 기온감률을 비교하여 판단하며, 절대불안정, 조건부불안정, 건조중립, 습윤중립 및 절대안정 상태로 구분된다 (그림 4.3).

가. 절대불안정

절대불안정(absolute instability)은 주위대기의 기온감률(Γ)이 건조단열감률(Γ_d)보다 크고 습윤단열감률(Γ_s)보다는 더더욱 큰 경우이다. 이럴 때 상승하는 공기는 건조한 경우와 습윤한 경우 모두 불안정하기 때문에 절대 불안정한 상태가 된다. 절대 불안정한 대기는 기층의 하부나 지표면이 따뜻할 때 형성되는데, 이러한 상황은 얇은 층에 국한되는 경우가 대부분이고 대기의 수직운동이 활발하기 때문에 혼합작용에 의해 오래 지속되지 못한다. 대기의 불안정한 상태를 강화시키는 상황에는 기층의 상부가 냉각되는 경우와 지표면 부근의 공기가 따뜻해지는 경우 및 기층 전체가 상승하는 경우로 나누어 볼 수 있다. 기층의 상부가 냉각되는 경우는 복사냉각 되는 경우와 찬 공기가 상부로 이류 되는 경우이다. 지표면 부근의 공기가 따뜻해지는 경우는 복사가열과 따뜻한 기류가 지표면으로 유입되는 경우이다. 건조한 상부와 상대적으로 습윤한 하부로 이루어진 기층의 전체가 상승하는 경우에는 상부의 냉각이 하부보다 많이 되어 불안정한 상태를 강화시킨다.

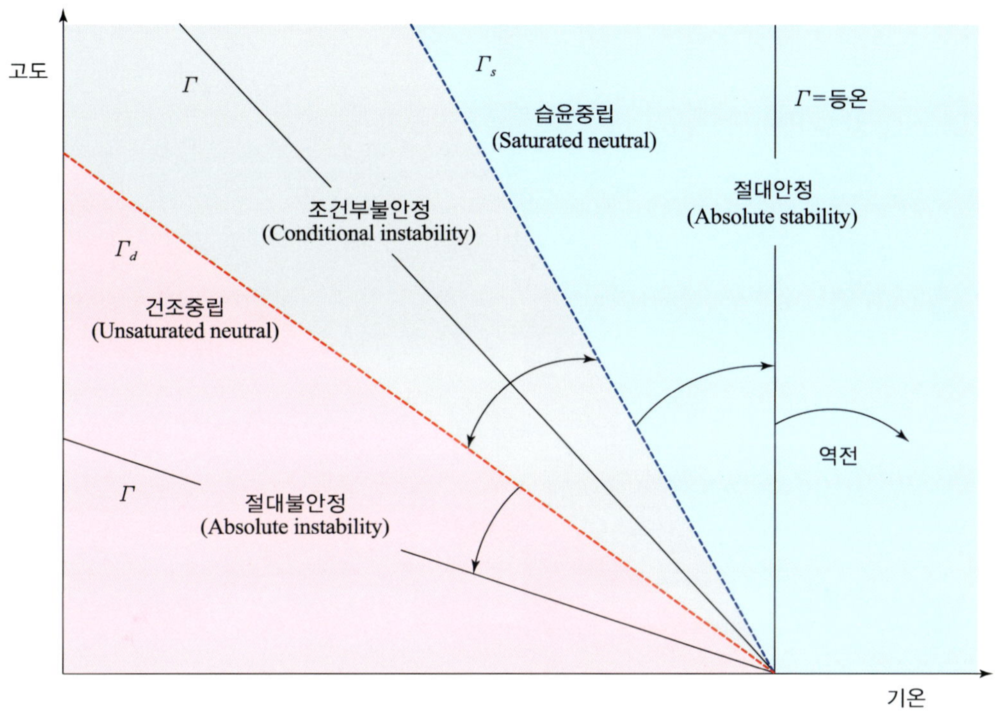

그림 4.3 기온체감률 기준의 안정도.

나. 조건부불안정

조건부불안정(conditional instability)은 주위 대기의 기온감률이 습윤단열감률보다 크지만 건조단열감률보다 작은 경우이다. 이럴 때 상승하는 공기덩이가 불포화로 건조하면 주위 대기보다 온도가 낮아 원래 위치로 복귀하려는 안정한 상태이고, 포화상태로 습윤하면 주위 대기보다 온도가 높아 계속 상승하려는 불안정한 상태이다. 이러한 경우가 대기의 일반적인 상황이다. 건조중립(unsaturated neutral)은 주위대기의 기온감률이 건조단열감률과 같은 경우로 공기덩이의 상승이나 하강 운동이 일어나지 않는다. 습윤중립(saturated neutral)은 주위대기의 기온감률이 습윤단열감률과 같은 경우로 공기덩이의 상승이나 하강 운동이 일어나지 않는다.

다. 절대안정

절대안정(absolute stability)은 주위 대기의 기온감률이 습윤단열감률보다 작고 건조단열감률보다는 더더욱 작은 경우이다. 이럴 때 상승하는 공기는 건조한 경우와 습윤한 경우 모두 안정하기 때문에 절대 안정한 상태가 된다. 대기를 안정하게 하는 상황으로는 야간의 지표면 냉각현상과 지표 근처로 유입되는 찬 공기의 이류현상 및 공기의 하강작용에 의해 기층의 상부 온도가 단열압축으로 상승하는 현상을 들 수 있다. 가장 안정한 상황은 고도가 상승하면서 기온이 상승하는 기온 역전층이다.

4.3.3 온위 기준

온위(potential temperature)는 특정고도(기압 P, 기온 T)의 공기덩이를 1000hPa 고도(P_0)까지 단열 이동시켰을 때의 온도, θ이다.

$$\theta = T\left(\frac{P_0}{P}\right)^{R/c_p} \tag{4.4}$$

위 식(4.4), Poisson's equation에서 T는 절대온도(K), R은 기체상수, c_p는 정압비열이다. 온위는 공기덩이가 포화되지 않고 건조단열과정으로 상승 또는 하강하는 동안 일정하게 유지되기 때문에, 기단의 이동경로나 대기의 안정도를 분석하는데 유용하다. 고도가 상승하면 실제 기온은 증가 또는 감소할 수 있는 반면, 대기의 성층이 안정할 경우에 온위는 증가한다. 상층으로 갈수록 온위가 증가하고, 주위 대기의 기온감률이 등온위선인 건조단열감률보다 작으면 대기의 상태가 안정적이기 때문에 수직운동은 억제된다. 이와 반대로 온위가 감소하면 대기는 불안정하고 수직운동이 활발해진다.

$$\frac{\partial \theta}{\partial z} > 0 \leftrightarrow \Gamma < \Gamma_d \ : \text{안정}$$

$$\frac{\partial \theta}{\partial z} = 0 \leftrightarrow \Gamma = \Gamma_d \ : \text{중립}$$

$$\frac{\partial \theta}{\partial z} < 0 \leftrightarrow \Gamma > \Gamma_d \ : \text{불안정}$$

4.4 잠재 불안정도

만약 바람(air parcel)이 산비탈을 향해 불어올라가는 경우 또는 외부의 힘이 가해져서 상승하는 경우를 생각해 볼 수 있다. 불포화 공기덩이는 건조단열팽창 과정을 거치면서 상승응결고도(LCL)까지 상승하여 포화된 후 습윤단열변화를 하게 된다. 습윤단열선을 따라 조건부불안정 상태로 상승하다가 주위공기의 온도보다 높아지는 고도가 자유

대류고도(LFC)이다. 자유대류고도 이상에서는 양(+)의 부력이 작용하고 상승하는 공기에 가속이 주어지는데, 이러한 영역을 잠재 불안정(latent instability) 영역이라 한다. 잠재 불안정 영역이 클수록 수직운동이 활발해져 적운이나 적란운이 쉽게 발달한다.

공기덩이가 상승하는 동안 양(+)의 부력이 형성되지 않는 경우를 비잠재 불안정, 상층에 형성되는 양(+)의 영역이 하층에 형성되는 음(-)의 영역보다 큰 경우를 진잠재 불안정이라 하고, 반대의 경우를 위잠재 불안정이라 한다 (그림 4.4).

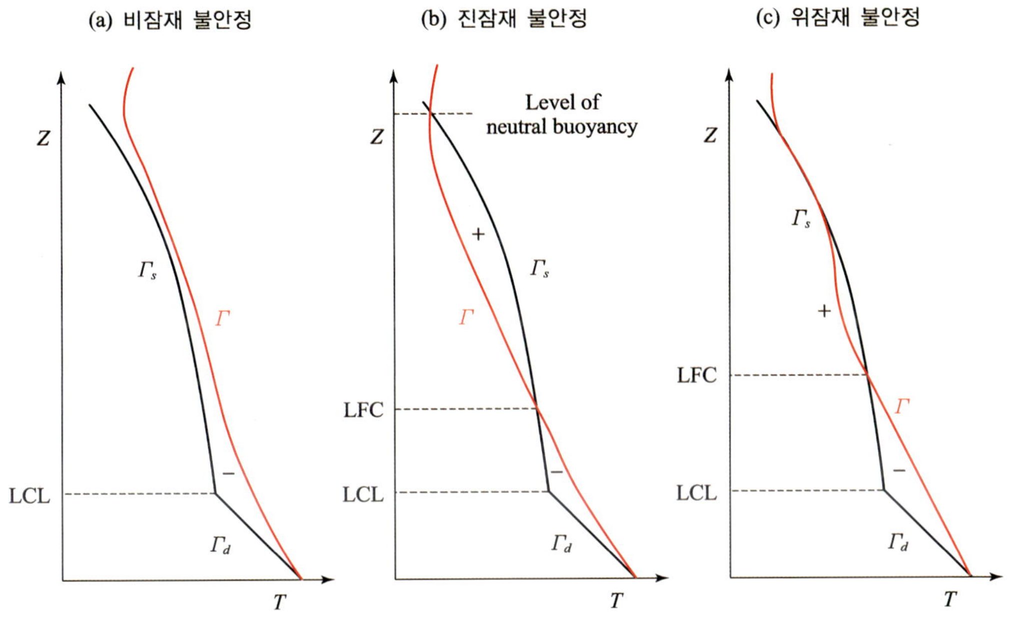

그림 4.4 잠재 불안정의 종류 (홍성길, 2006).

4.5 위치 불안정도

상승 또는 하강하는 공기덩이의 온도를 주위공기의 온도변화와 비교하여 안정도를 분석하는 것과는 달리, 전선이 접근하는 경우와 같이 기층 전체가 상승하는 경우의 안정도를 생각해 볼 수 있다. 이런 경우 상승하는 기층의 전체 또는 상·하층의 습한 정도에 따라서 포화속도가 다르게 나타나기 때문에 안정도가 변화한다.

4.5.1 건조단열의 경우

그림 4.5에서 보는바와 같이, ΔZ 만큼의 두께를 갖는 기층 AB가 불포화 단열과

정으로 상승하는 경우, 기압이 감소하기 때문에 $\Delta Z'$ 두께의 기층 $A'B'$로 두터워 진다. 따라서 상승 후의 기온감율 Γ'은 상승 이전의 기온감율 Γ보다 커지고, Γ'의 Γ_d에 대한 안정도는 Γ의 Γ_d에 대한 안정도보다 감소됨을 알 수 있다. 일반적으로 기층의 수직상승과 수평수렴은 안정도를 감소시키는 반면, 수직하강과 수평발산은 안정도를 증가시킨다.

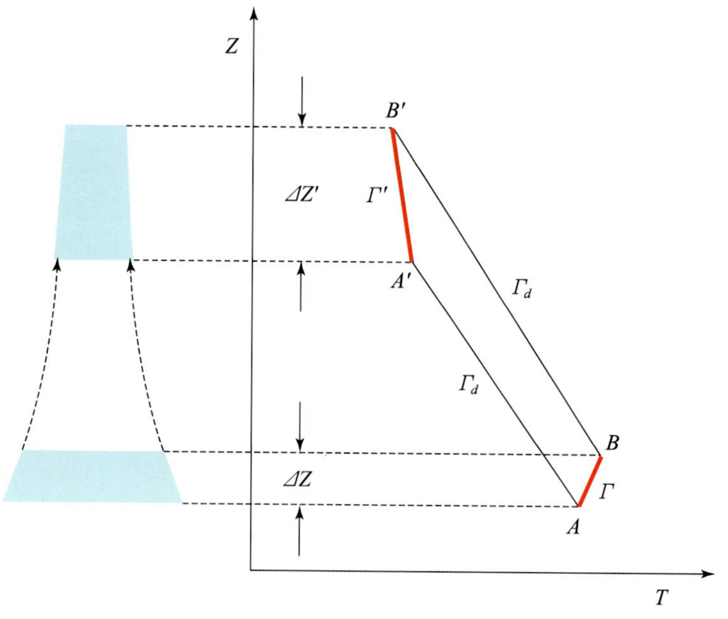

그림 4.5 건조단열 상승.

4.5.2 포화단열의 경우

그림 4.6의 (a)는 기층의 상부가 건조하고 하부가 습한 경우로, 기층이 상승하게 되면 하부에서 먼저 포화되어 습윤단열변화를 하고 상부는 건조하기 때문에 불포화되거나 나중에 포화가 된다. 따라서 기층이 상승한 후의 기온감률은 건조단열감율(Γ_d)이나 습윤단열감률(Γ_s)보다 커져서 안정도를 잃고 절대불안정한 상태가 된다. 이를 대류불안정(potential or convective instability)이라 한다.

그림 4.6의 (b)는 기층의 상부가 습하고 하부가 건조한 경우로, 기층이 상승하게 되면 상부에서 먼저 포화되어 습윤단열변화를 하고 하부는 건조하기 때문에 불포화되거나 나중에 포화가 된다. 따라서 기층이 상승한 후의 기온감률은 건조단열감율(Γ_d)이나 습윤단열감률(Γ_s)보다 작아져서 더욱 안정한 상태가 된다. 이를 대류안정(potential or convective stability)이라 한다.

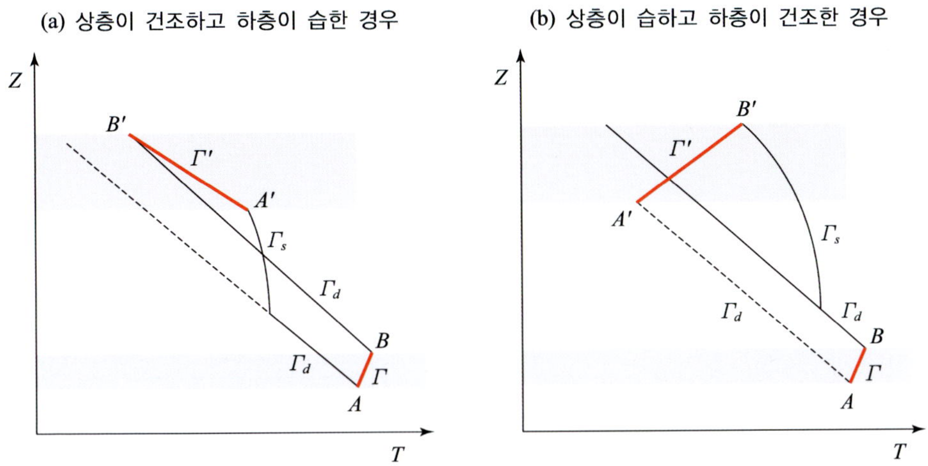

그림 4.6 포화단열 상승.

4.6 기온역전층

대류권 내의 기온은 일반적으로 고도가 증가하면서 기온이 하강하는 것이 일반적이다. 그러나 고도가 증가하면서 기온이 상승하는 경우가 있는데, 이를 기온역전이라 하고 역전이 일어나는 기층을 역전층이라 한다. 역전층은 발생위치에 따라 지표면에 접해있는 접지역전(surface inversion)과 대기 중의 공중역전(elevated inversion)으로 구분되며, 생성고도에 따라 오염물질이나 연기의 확산형태가 달라진다.

4.6.1 복사역전

복사역전(radiation inversion)은 바람이 거의 없는 맑은 날 밤에 주로 발생한다. 낮 동안 태양복사에 의해 가열되었던 지표면의 열이 일몰 후 대기 중으로 방사됨으로써, 상층의 기온이 지표면 부근의 냉각된 기온보다 높아서 생기는 현상이다. 고기압권내 지상 수백 미터 이하에서 흔히 발생하는 복사역전의 경우, 대기가 안정하기 때문에 오염물질이 확산되지 않고 하층에서 정체되기 쉽다. 일반적으로 복사에 의한 기온역전층은 일출 후 태양복사열에 의해 지표면이 가열되면서 소멸된다 (그림 4.7).

4.6.2 침강역전

고기압 영역의 하강기류는 공기덩이를 단열 압축시켜 기온이 상승하게 된다. 이 때

임의고도를 기준으로 하층의 기온보다 높은 온도의 기층이 형성되는 동시에 공중역전을 발생시킨다 (그림 4.7). 이를 침강역전(subsidence inversion)이라 한다. 침강역전은 안정한 기층이기 때문에 하층대기에 대하여 덮게 역할을 하며 오염물질 등의 수직순환을 억제한다.

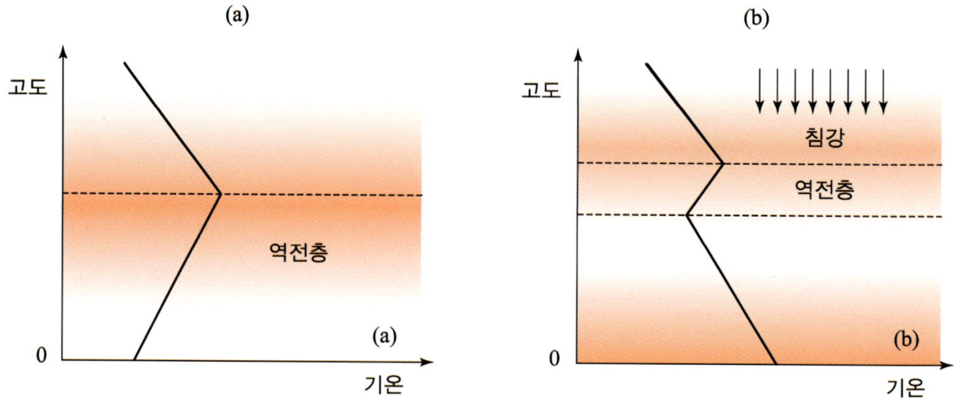

그림 4.7 (a)복사역전과 (b)침강역전.

4.6.3 전선역전

한랭전선은 찬 공기가 더운 공기의 하부를 파고들면서 형성되고, 온난전선은 따뜻한 바람이 찬 공기의 상부를 타고 올라가면서 형성된다. 한랭전선과 온난전선 모두 상층의 기온이 하층의 기온보다 높다. 전선역전(frontal inversion)은 이들 전선이 한 곳에 오래 동안 정체해 있을 경우 전선의 경계면에서 형성되는데, 한랭형 전선역전은 한랭전선에서, 온난형 전선역전은 온난전선에서 형성되는 기온의 역전현상이다 (그림 4.8).

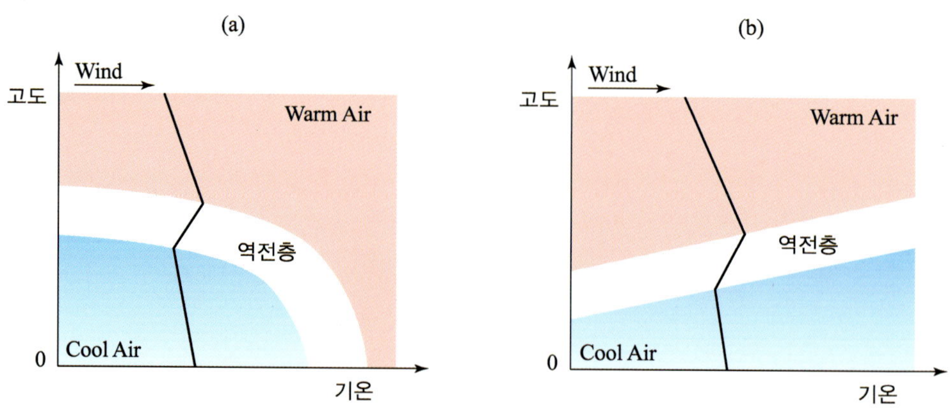

그림 4.8 (a)한랭형 전선역전, (b)온난형 전선역전.

4.6.4 이류역전

이류역전(advection inversion)은 따뜻한 공기가 하층의 찬 공기 위를 이동할 때 생성된다 (그림 4.9a). 따뜻한 공기와 찬 공기의 경계 영역을 중심으로 고도가 높아지면서 기온이 상승하는 현상이며, 산등성이를 넘어오면서 따뜻해진 바람이 풍하측의 상대적으로 찬 대기 위를 불어나갈 때 잘 형성된다.

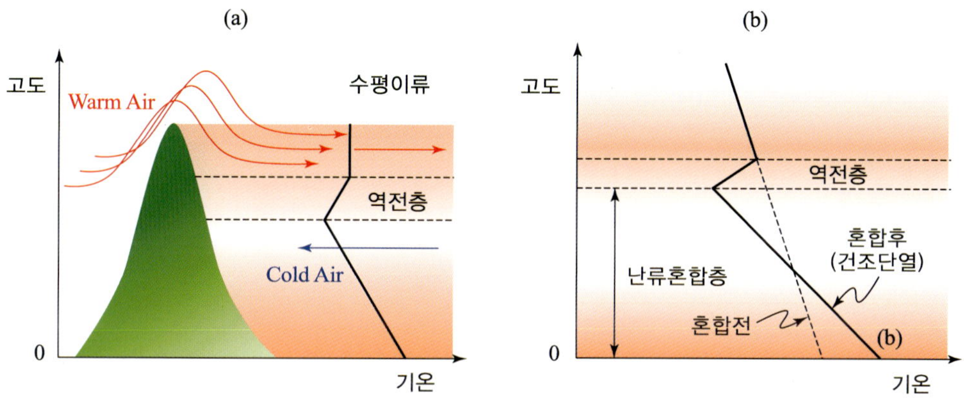

그림 4.9 (a)이류역전과 (b)난류역전.

4.6.5 난류역전

지상의 난류는 풍속과 지표면의 거칠기 및 가열상태 등에 따라 결정된다. 난류가 강하면 강할수록 지상 대기의 혼합이 잘 이뤄지고 혼합층의 높이도 성장한다. 난류혼합층 내에서는 수증기의 함유량이 균일해지 때문에 혼합 전과 후의 수직 기온분포는 다르게 나타난다. 즉 하부의 기온은 이전보다 상승하고 상부의 기온은 이전보다 하강하여 건조단열감률에 가까워진다. 이 때 난류혼합층의 상단과 인접된 전이층에서 발생되는 기온역전이 난류역전(turbulence inversion)이다 (그림 4.9b).

4.7 대기의 안정도와 연기 확산

공장의 연돌에서 지속적으로 배출되는 연기의 확산형태는 대기의 안정도와 바람의 수직분포에 의해 결정된다. 역으로 연기의 확산형태를 보고 기온과 바람의 수직분포를 판단할 수 있다.

4.7.1 전층 안정 대기

고기압으로 맑은 날 야간에 복사역전층이 형성될 때 발생한다. 주위 대기의 기온감률이 건조단열감률보다 적은 경우 대기의 상태는 안정적이고, 전 기층에서 매우 약한 바람이 분다. 이러한 상태에서 연기는 부채형(fanning type)으로 확산하고, 오염원의 수직 확산 폭은 미미하다 (그림 4.10).

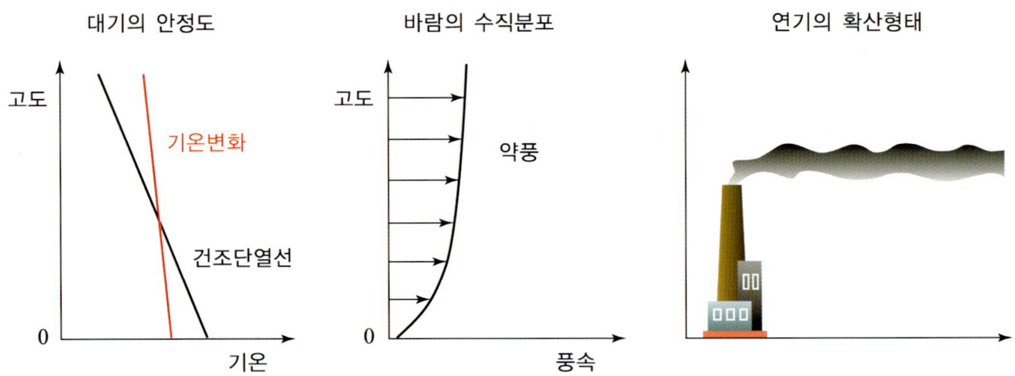

그림 4.10 전층 안정 대기의 풍속분포와 연기확산.

4.7.2 전층 불안정 대기

주위 대기의 기온감률이 건조단열감률보다 큰 경우 대기의 상태는 불안정하고, 고도가 상승함에 따라 풍속이 증가하여 강풍이 분다. 이러한 상태에서 연기는 파상형 또는 환상형(looping type)으로 확산하고, 수직혼합이 활발하기 때문에 풍하 측의 지상을 포함한 전층에서 오염농도가 증가하게 된다 (그림 4.11).

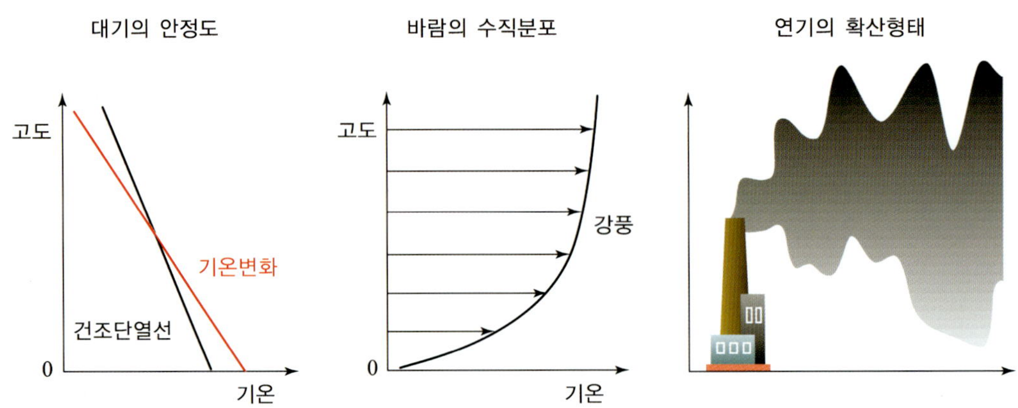

그림 4.11 전층 불안정 대기의 풍속분포와 연기확산.

4.7.3 중립 대기

주위 대기의 기온감률이 건조단열감률과 같은 경우 대기의 상태는 중립적이고, 바람은 강풍과 약풍의 중간 정도로 분다. 이러한 상태에서 연기는 원추형(coning type)으로 확산하고, 오염의 확산은 약한 난류 상태에서 원추상태로 균일하게 이루어지나 지표 가까이 도달하지는 않는다 (그림 4.12).

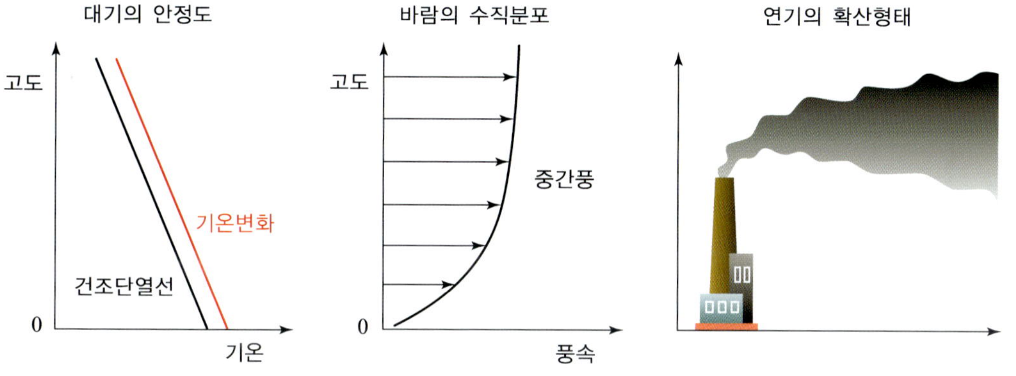

그림 4.12 중립 대기의 풍속분포와 연기확산.

4.7.4 하층 불안정 대기

아침에 야간복사역전층의 하층부터 점차 소멸되어가는 과정에서 발생한다. 지표면의 가열로 기온감률이 건조단열감률보다 큰 경우 하층 대기의 상태는 불안정하고 상층 대기는 안정한 경우이다. 바람은 하층에서 강풍, 상층에서 약풍이 분다. 이러한 상태에서 연기의 확산은 훈증형(fumigation type)으로 역전층 하부에 제한되고, 오염물질의 경우 지표면에서 일시적으로 농도가 증가하는 경우가 있다 (그림 4.13).

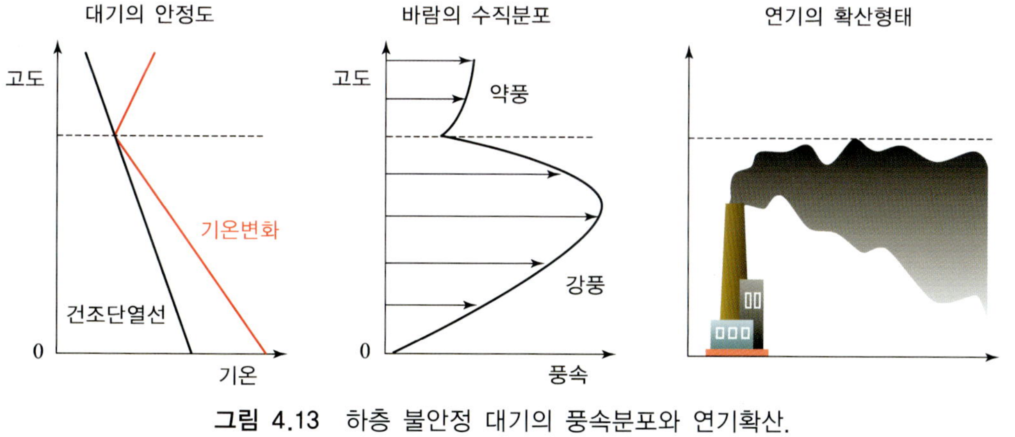

그림 4.13 하층 불안정 대기의 풍속분포와 연기확산.

4.7.5 상층 불안정 대기

하층은 역전층으로 안정하고 상층은 불안정한 경우이다. 바람은 하층에서 약풍, 상층에서 강풍이 분다. 이러한 상태에서 연기의 확산은 상승형 또는 지붕형(lofting type)으로 역전층 고도 위로 제한되기 때문에 오염의 확산도 이에 따른다 (그림 4.14).

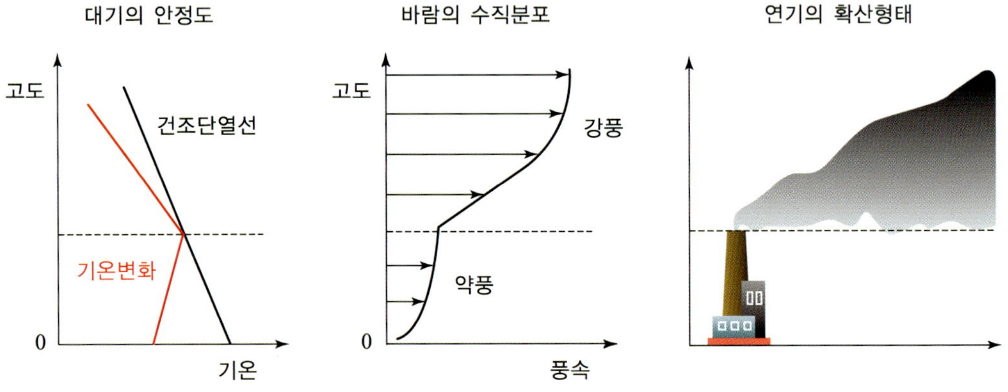

그림 4.14 상층 불안정 대기의 풍속분포와 연기확산.

4.7.6 중간층 불안정 대기

침강역전 또는 전선역전이 상층에 위치하고 하층에 복사역전이 있을 때 발생한다. 상층과 하층은 역전층으로 안정하고 두 역전층 사이에 불안정한 층이 존재하는 경우이다. 바람은 상층과 하층에서 약풍, 중간층에서 강풍이 분다. 이러한 상태에서 연기는 구속형(trapping type)으로 두 역전층 사이로만 확산된다 (그림 4.15).

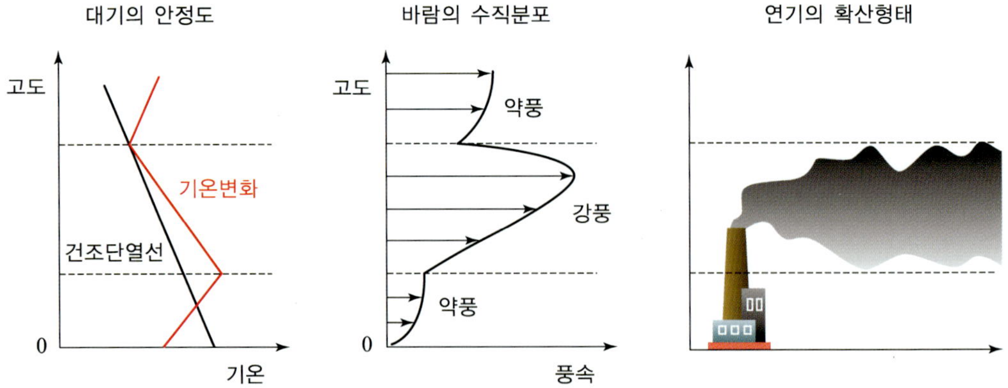

그림 4.15 중간층 불안정 대기의 풍속분포와 연기확산.

4.8 참고문헌

홍성길, 2006: 「기상분석과 일기예보」. 교학연구사, 제4장.

홍성길, 최희승, 1989: 「대기오염문제해결을 위한 미기상학」. 신광출판사, 제7장.

AMS(American Meteorological Society), 2000: *Glossary of Meteorology*. Allen Press, Inc.,

Anderson, D., and T. Fuller-Rowell, 1999: *Space environment topics*. Space environment center, NOAA.

Darkow, G.L., 1990: Atmospheric Statics and Thermodynamics, Fall Semester 1990 Lecture Notes. Department of Atmospheric Science, Univ. of Missouri-Columbia.

Diston, D.J., 2009: *Computational modelling and simulation of aircraft and the environment Vol. 1, Platform kinematics and synthetic environment*. John Wiley & Sons, Ltd. Chapter 6.

Eagleman, J.R., 1980: *Meteorology, The atmosphere in action*. Litton Educational Publishing, Inc. Chapter 5.

Harris, M.F., 1955: Pressure-change theory and the daily barometric wave. *J. of Met.*, **12**, 394-404.

Iribarne J.V., and H.R. Cho, 1980: *Atmospheric physics*. D. Reidel publishing company, Chapter 2, 4.

Iribarne, J.V. and W.L. Godson, 1981: *Atmospheric thermodynamics*. 2nd ed., D. Reidel publishing company, Chapter 4.

Lutgens, F.K., and E.J. Tarbuck, 1989: *The atmosphere, An introduction to meteorology*. 4th ed., Chapter 1.

Sogacheva, L., 2008: Aerosol particle formation, meteorological and synoptic processes behind the event, Report series in aerosol science N:o 100(2008). Helsinki, pp. 13-16.

WMO, 1998: Scientific assesment of ozone depletion, Global ozone research and monitoring project-report No. 44. Frequently asked questions about ozone.

웹사이트

Australian Government/Bureau of Meteorology:
http://www.bom.gov.au/info/climate/change/gallery/

NOAA:
http://www.ngdc.noaa.gov/stp/iono/ionostru.html

Wikipedia:
http://en.wikipedia.org/wiki/International_Standard_Atmosphere

| Chapter |

05 대기의 운동

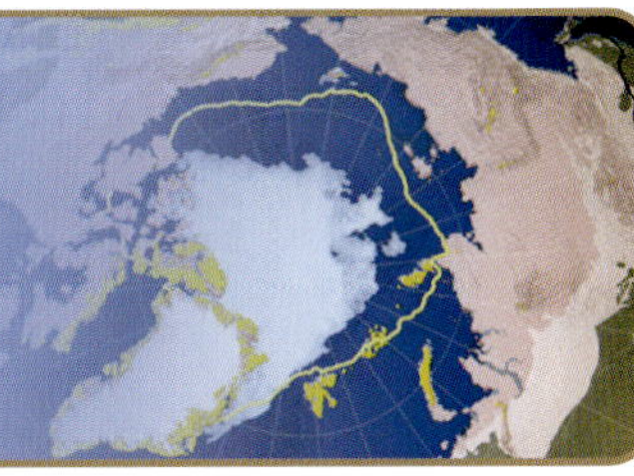

5.1 바람에 작용하는 힘

바람은 지표면에 대한 공기의 상대적인 흐름으로, 수평방향의 이동인 이류(horizontal advection)를 지칭하며, 수직방향의 이동은 특별히 대류(vertical convection)를 가리킨다. 지구가 서쪽에서 동쪽으로 자전하고 있기 때문에, 서풍이 분다는 것은 바람이 지구의 자전속도보다 빠르게 동쪽으로 이동하는 경우이고, 동풍은 지구의 자전속도보다 느리게 동쪽으로 이동하는 경우이다. 따라서 무풍 상태는 바람의 이동속도와 지구의 자전속도가 동일한 경우이다. 바람은 소규모 돌풍으로부터 대기대순환에 이르기까지 지구대기의 불균형을 해소시키기 위한 자연현상이다. 동일한 태양복사에도 불구하고 지표면의 구성에 따라 상이한 기온이 나타난다. 이에 따라 지역적으로 대기의 밀도차이가 발생하고 고기압과 저기압이 형성된다. 고기압에서 저기압으로 부는 바람의 세기는 지역적인 대기의 밀도차이에 비례한다. 이는 지역적인 불균형을 보다 빨리 해소시켜 균형을 이루기 위한 하나의 과정이다.

대기의 운동에 영향을 주어 바람의 속도와 방향을 변화시키는 힘에는 여러 종류가 있다. 기본력에는 기압경도력과 만유인력 및 마찰력이 있고, 지구의 자전효과 때문에 나타나는 외견력에는 원심력과 전향력 및 중력이 있다 (표 5.1).

표 5.1 바람에 작용하는 힘.

구분		수학적 표현
기본력 (Fundamental force)	기압경도력	$PGF = -\frac{1}{\rho}\nabla p$
	만유인력	$g^* = G\frac{m_1 m_2}{r^2}$
	마찰력	$F_r = \mu \cdot R$
외견력 (Apparent force)	원심력	$CFF = m\frac{V^2}{r}$
	전향력	$CF = m(2\Omega \cdot \sin\Phi)v$
	중력	$g = g^* + CFF$

가. 기압경도력

기압경도력(PGF)은 고기압에서 저기압으로 향하려는 힘으로 두 지점간의 기압구배인 기압차에 의해 나타난다.

$$PGF = -\frac{1}{\rho}\nabla p \tag{5.1}$$

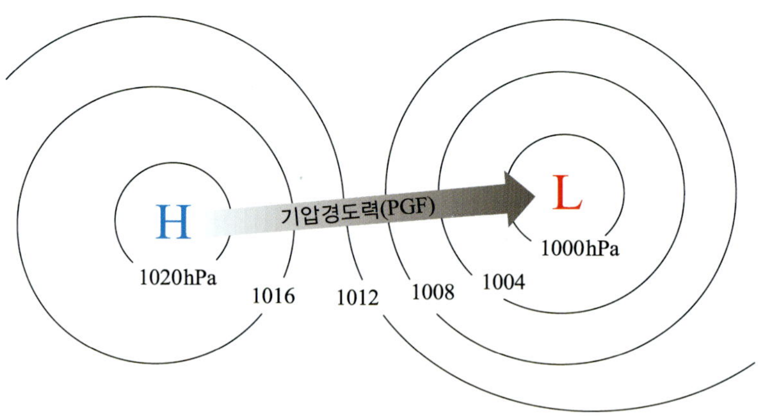

그림 5.1 기압경도력. 두 지점의 기압차에 의해 발생하는 기압경도력은 등압선에 직각방향으로 작용한다. 등압선이 조밀할수록 기압경도력이 커지고 바람은 강해진다.

여기서 ρ는 공기의 밀도, $\nabla = i\frac{\partial}{\partial x} + j\frac{\partial}{\partial y} + k\frac{\partial}{\partial z}$, 음의 부호는 기압경도력이 고기압에서 저기압으로 향함을 의미한다. 위 식(5.1) 기압경도력의 공식에, 고기압과 저기

압 중심 사이의 거리는 500Km, 고도 3Km에서의 기압차는 20hPa, 공기의 밀도가 $0.8kgm^{-3}$인 경우 (그림 5.1)를 적용하면 다음과 같다.

$$PGF = \frac{1}{0.80} \times \frac{2000}{500,000} = 0.5\,\mathrm{cm\,sec^{-2}}$$

여기서 기압경도력은 단위 질량당 힘으로 가속도가 된다.

공기의 수평이동인 바람을 형성시키는 주요 원인은 지표면의 차등가열이다. 지표면이 불균일하게 가열되면 고밀도의 고기압과 저밀도의 저기압 사이에 수평기압경도력이 형성되기 때문이다. 대기의 밀도는 고도가 상승할수록 작아지기 때문에 연직기압경도력이 작용한다. 위로 작용하는 기압경도력이 아래로 작용하는 중력보다 클 때는 대기는 상승하게 되고, 반대의 경우에는 하강운동이 발생한다. 연직기압경도력과 중력이 균형을 이루는 상태를 정역학적 평형(hydrostatic equilibrium)이라고 한다 (그림 5.2). 일반적인 대기는 정역학적으로 거의 평형한 상태에 있기 때문에 수직운동의 크기는 수평운동에 비해 훨씬 작다.

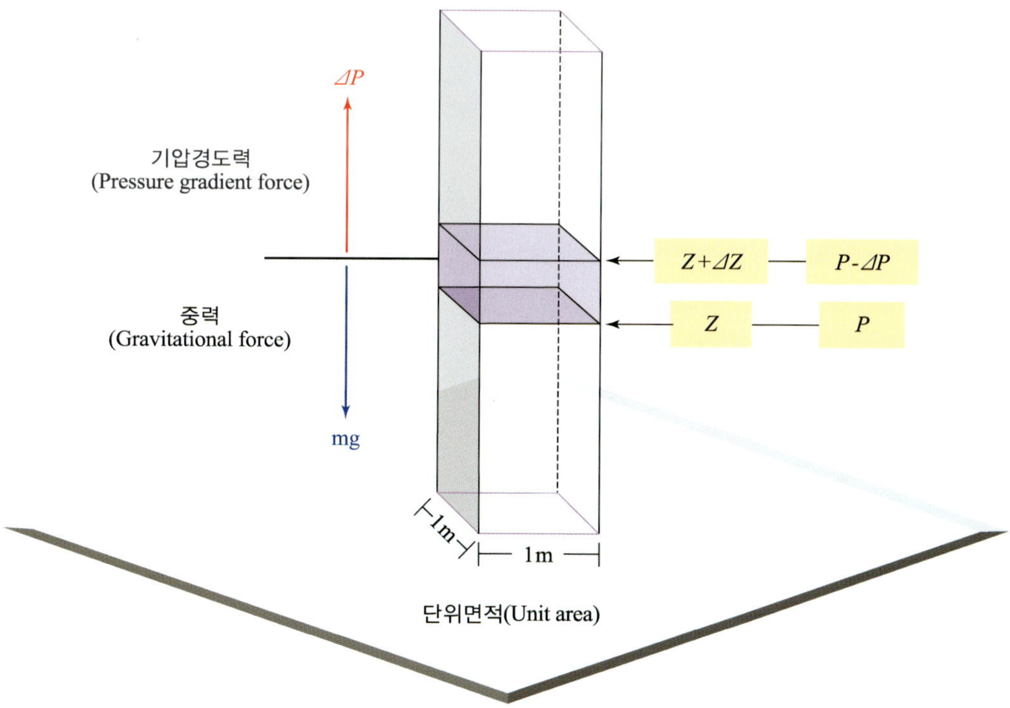

그림 5.2 정역학적 평형상태.

연직기압경도력은 ΔP의 힘을 갖고 단위면적에 수직방향인 위로 작용한다. 반면에 단위면적과 ΔZ의 두께를 갖는 공기덩이에 작용하는 중력은 $\rho\Delta Z \cdot g$의 힘을 갖고 아래로 향한다. 정역학적 평형상태를 나타내는 정역학방정식은 다음과 같다.

$$\Delta P = -\rho g \Delta Z \text{ 또는 } \frac{\Delta P}{\Delta Z} = -\rho g \tag{5.2}$$

나. 만유인력

뉴턴의 만유인력의 법칙은 두 물체간의 인력이 두 물체 질량의 곱에 비례하고 거리의 제곱에 반비례하는 것이다.

$$g^* = G\frac{m_1 m_2}{r^2} \tag{5.3}$$

여기서 G는 만유인력 상수이고, m_1과 m_2는 두 물체의 질량, r은 두 물체의 거리이다. 만유인력(gravitational force, g^*)의 방향은 지구의 중심을 향한다.

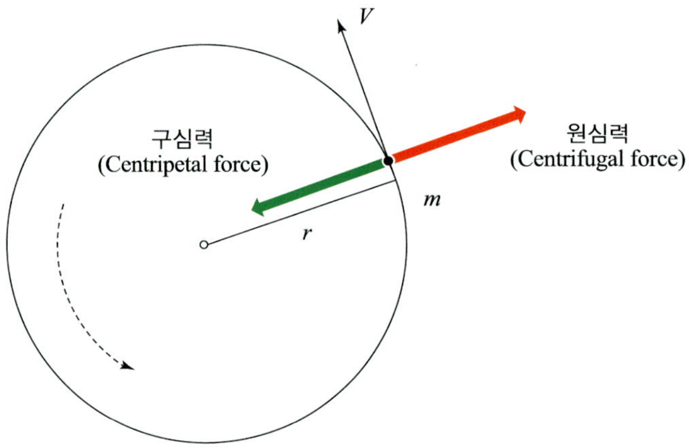

그림 5.3 원심력과 구심력.

다. 마찰력

일반적으로 마찰력(frictional force, F_r)은 표면의 거칠기에 의해 작용하는 힘으로 운동방향의 정반대로 작용한다.

$$F_r = \mu \cdot R \tag{5.4}$$

여기서 μ는 경계면에서의 마찰계수, R은 경계면 위에 놓인 물체의 무게이다. 지구의 대기권은 지표면의 마찰정도를 기준으로 대기 경계층과 자유대기로 구분할 수 있다. 지구 대기권의 하층으로 지표면 거칠기에 의해 마찰효과를 갖는 고도 1km 이하의 층을 대기 경계층 또는 행성 경계층이라 한다. 대기 경계층은 대기와 지구의 표면인 육지 또는 바다 사이에 이루어지는 상호작용의 결과로 형성된다. 대기 경계층 위의 자유대기는 지표면의 영향이 거의 미치지 않는 범위로 대부분의 기상현상이 이 영역에서 발생한다.

라. 원심력

원심력(CFF)은 회전운동의 직각이 되는 방향에서 중심 밖을 향하는 힘인 반면에, 구심력(centripetal force)은 원심력과 반대 방향인 중심으로 향한다 (그림 5.3). 원심력의 크기는 운동하는 물체의 질량과 반경 및 속도에 의존한다.

$$CFF = m\frac{V^2}{r} \tag{5.5}$$

위 식(5.3)에서 m은 운동하는 물체의 질량, r은 운동반경, V는 접선속도이다.

마. 전향력

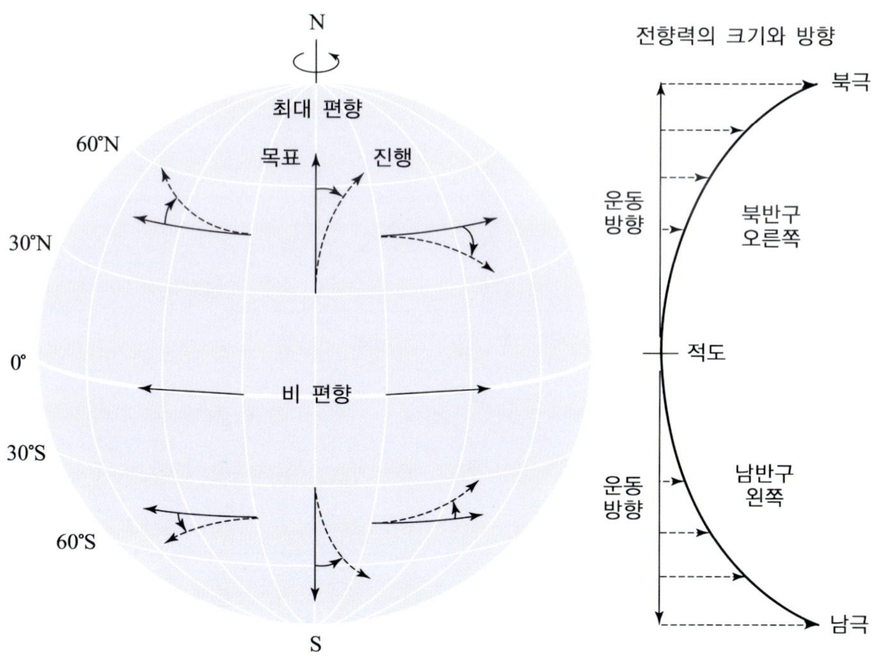

그림 5.4 자전하는 지구에서의 전향력.

전향력(CF)은 지구 자전에 의해서 생기는 수평방향의 힘으로 운동의 방향만 바꾸어주고 속도에는 아무런 영향이 없다. 북반구에서는 오른쪽 90° 방향으로 남반구에서는 왼쪽 90° 방향으로 작용하여 운동하는 물체가 휘어져 보이는데, 이는 지구의 자전으로 지표면의 기하학적인 위치가 변화하기 때문이다.

$$CF = mfv = m(2\Omega \cdot \sin\Phi)v \tag{5.6}$$

위 식(5.6)에서, m은 운동체의 질량, Ω는 지구의 자전각속도(7.292×10^{-5}), Φ는 위도, v는 풍속을 나타낸다. $2\Omega \cdot \sin\Phi$는 전향력에 나타나는 비례상수로 코리올리 파라미터이다. 전향력은 적도에서 작용하지 않고 고위도일수록 커져서 극에서 최대가 된다. 또한 바람이 강할수록 커지는데 이는 이동한 거리가 그만큼 커지기 때문이다 (그림 5.4).

바. 중력

중력(gravity, g)은 만유인력과 원심력의 합력이다. 지구의 자전에 따른 원심력의 크기는 적도에서 최대이고 고위도일수록 작아져서 극에서 최소가 된다. 따라서 만유인력과 원심력의 합인 중력의 크기는 그림 5.5에서 보는 바와 같이, 적도지방에서 최소이고 고위도로 갈수록 커져 극지방에서 최대가 된다.

$$g = g^{*} + CFF \tag{5.7}$$

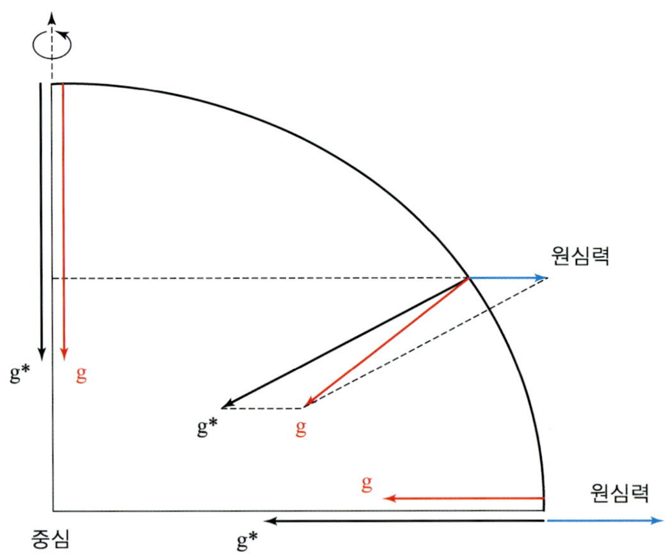

그림 5.5 중력의 방향과 크기.

5.2 바람의 종류

바람은 일반적으로 운동의 시간과 공간규모, 풍속 및 운동에 영향을 주는 힘의 종류에 따라 구분된다. 표 5.2는 앞에서 설명된 바람에 작용하는 힘을 기준으로 바람의 종류를 구분한 것이다.

표 5.2 바람의 종류와 작용하는 힘.

바람	작용력	수식
지균풍 (Geostrophic Wind. V_g)	기압경도력, 전향력	$V_g =- \frac{1}{\rho f} \nabla_h P$
지상풍 (Frictional Surface Wind, V_{fr})	기압경도력, 마찰력, 전향력	$0 =- \frac{1}{\rho} \frac{\partial p}{\partial s} \vec{s} - \frac{1}{\rho} \frac{\partial p}{\partial n} \vec{n} - f \overrightarrow{V_{fr}} \vec{n} - \overrightarrow{F_r} \vec{s}$
경도풍 (Gradient Flow, V_{gr})	기압경도력, 원심력, 전향력	$V_{gr} = \frac{-R_I f}{2} \left(1 \pm \sqrt{1 - \frac{4}{R_I f^2} \frac{1}{\rho} \nabla_h P} \right)$
선형풍 (Cyclostrophic Flow, V_{cy})	기압경도력, 원심력	$V_{cy} = \sqrt{- \frac{R_I}{\rho} \frac{\partial p}{\partial n}}$
관성풍 (Inertial Flow, V_i)	전향력	$V_i =- R_C \cdot f$

5.2.1 지균풍

지균풍(geostrophic wind. V_g)은 수 킬로미터 이상의 대기 상층부에서 고기압을 우측에 그리고 저기압을 왼쪽에 두고 직선의 등압선과 평행하게 부는 바람으로 등압선의 간격이 조밀할수록 강하다 (그림 5.6). 지균풍이 형성되는 과정은 다음과 같다. 초기의 정지 상태에 있는 공기는 등압선과 수직되는 방향으로 기압경도력만이 작용한다. 기압경도력에 의해 저기압 쪽으로 움직이기 시작한 바람이 가속화되면서 운동하는 공기덩이의 오른쪽 90° 방향으로 영향을 미치는 전향력의 세기도 증가한다. 기압경도력의 크기는 일정한 반면 전향력의 세기가 증가함에 따라 바람의 흐름은 점점 더 오른쪽으로 휘는데, 이러한 휨 현상은 기압경도력과 반대 방향으로 작용하는 전향력의 크기가 같을 때까지 계속된다. 결국 기압경도력과 전향력의 방향이 반대이면서 크기가 같은 상태에 이르게 되며, 이를 지균 균형(geostrophic balance)이라 한다. 대규모 운동의 하나인 제트기류(jet flow)는 지균풍의 예이다. 바람은 고기압에서 저기압으로 부는 것이 일반적인 원칙이지만, 자연현상 중에는 원칙에 벗어나면서도 실존하는 이론이 있다. 이와 같이 참된 명제와 상반되는 이론을 지구역학적 역설(geodynamic paradox)이라 한다. 지균 균형이 성립되기 위해서는 다음과 같은 가정이 필요하다. 바람은 수평흐름으로 수직성분은 없다. 가속이 되지 않고 곡률 효과가 없는 직선의 흐름이다. 마찰력의 영향이 없으며, 기압경도력과 전향력의 크기가 같고 방향은 반대이다.

$$-\frac{1}{\rho}\nabla_h P = f V_g \text{ 또는 } V_g = -\frac{1}{\rho f}\nabla_h P \qquad (5.8)$$

위 식(5.8)에서 알 수 있듯이, 지균풍의 크기와 속도는 공기의 밀도가 작을수록 그리고 저위도일수록 증가하는 성질이 있다.

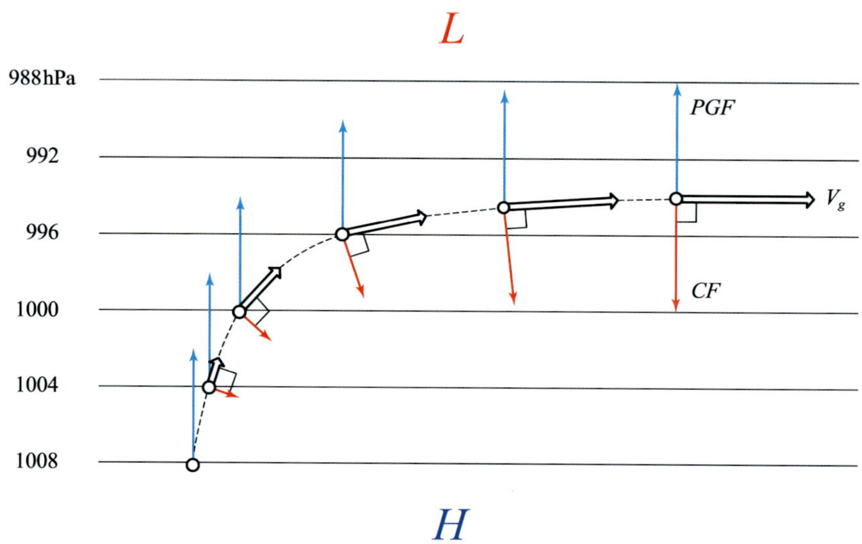

그림 5.6 북반구에서 지균풍 형성과정.

5.2.2 지상풍

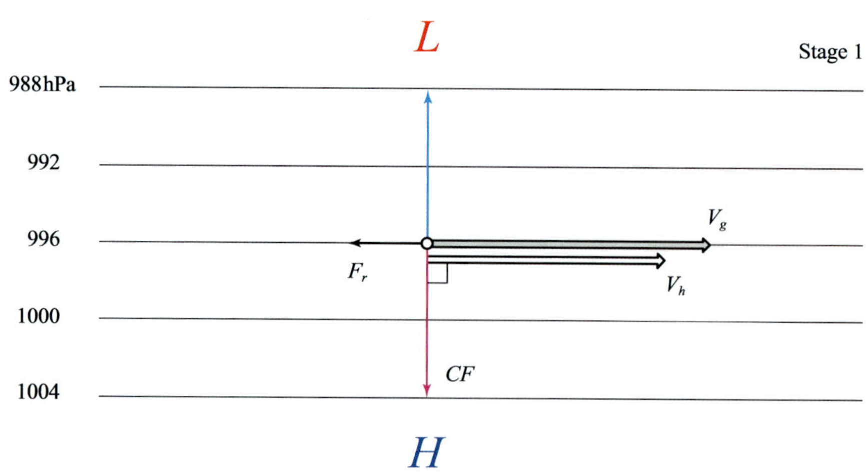

그림 5.7 북반구에서 지상풍 형성 과정-1단계.

지상풍(frictional surface wind, V_{fr})은 지표면 부근의 마찰층(friction layer) 내에서 마찰력(F_r)과 전향력(CF) 및 기압경도력(PGF)이 작용할 때 부는 바람(balanced friction layer flow)이다. 지상풍 형성의 최초 1단계는 기압경도력(PGF)과 전향력(CF)이 균형을 이루는 지균균형 상태에서 지균풍의 반대 방향으로 바람의 크기를 감소시키는 마찰력(F_r)이 작용함으로서 지균풍(V_g)보다 크기가 작은 수평류(V_h)가 형성된다 (그림 5.7).

다음 2단계에서, 수평류의 오른쪽 90°로 작용하는 전향력은 지균풍에 작용하는 전향력의 크기보다 작아지고, 기압경도력과 전향력의 균형 상태는 사라진다. 따라서 벡터 합인 순 힘(net force)은 등압선의 왼쪽 90°인 기압경도력의 방향으로 작용하기 때문에, 바람이 등압선을 가로질러 저기압 쪽으로 불면서 방향을 바꾸게 된다. 지상풍 형성 과정중의 마찰력은 수평류의 정반대 방향이 아니다. 마찰력은 기압경도력과 전향력의 크기 및 방향에 의해 결정된다. 수평류의 방향과 마찰력의 방향 사이에 형성되는 각(α)은 30°~50°로 육지에서 작고 바다에서 크다. 반대로 수평류와 등압선이 이루는 각(θ) 육지에서 크고 바다에서 작다 (그림 5.8).

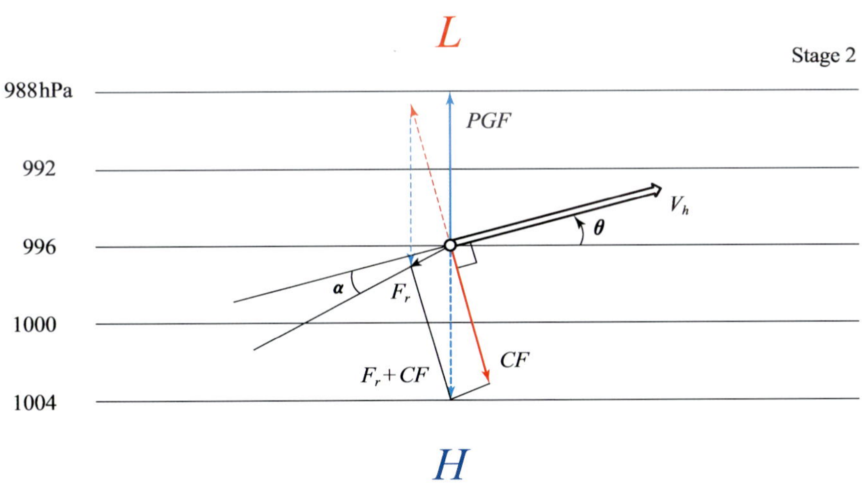

그림 5.8 북반구에서 지상풍 형성 과정-2단계.

마지막 3단계의 지상풍이 형성되기 위해서는 다음과 같은 가정이 필요하다. 흐름이 수평적이어야 하고 가속이 되지 않아야 한다. 기압경도력의 크기는 전향력과 마찰력의 합과 같아야 한다. 마찰에 의한 감소력은 바람의 진행 방향과 정반대이어야 한다. 그림 5.9에서, 마찰력($-\overrightarrow{F_r}\,\vec{s}$)은 기압경도력의 흐름성분($-\frac{1}{\rho}\frac{\partial p}{\partial s}\vec{s}$)과 크기가 같고 방향은 정반대이다. 전향력($-f\,V_{fr}\,\vec{n}$)은 기압경도력의 수직성분($-\frac{1}{\rho}\frac{\partial p}{\partial n}\vec{n}$)과 크기가 같고 방향은 정반대이다. 따라서 지상풍의 운동방정식은 다음과 같다.

$$\frac{d\vec{V}}{dt} = 0 = \text{기압경도력} + \text{전향력} + \text{마찰력}$$

또는

$$0 = -\frac{1}{\rho}\frac{\partial p}{\partial s}\vec{s} - \frac{1}{\rho}\frac{\partial p}{\partial n}\vec{n} - f\overrightarrow{V_{fr}}\vec{n} - \overrightarrow{F_r}\vec{s} \tag{5.9}$$

위와 같은 조건하에서, 마찰력과 전향력의 합이 기압경도력의 크기와 같고 방향이 정반대일 때 등압선과 일정한 각도를 유지하면서 저기압 쪽으로 부는 바람이 지상풍이다. 이러한 지상풍은 지균풍의 크기보다 작고, 마찰력이 클수록 저기압을 향해 등압선을 가로지르는 성분이 증가하는 성질을 갖고 있다. 지상풍의 반대 방향으로 작용하는 지표면의 마찰력이 크면 클수록 등압선과 이루는 각(θ)은 증가한다. 따라서 해상에서 표층풍이 등압선과 이루는 각(θ)이 15°~30°인 반면에 지상에서는 30°~45°의 각을 이룬다. 또한 고위도일수록 전향력의 크기가 증가하기 때문에 각 θ는 작아진다.

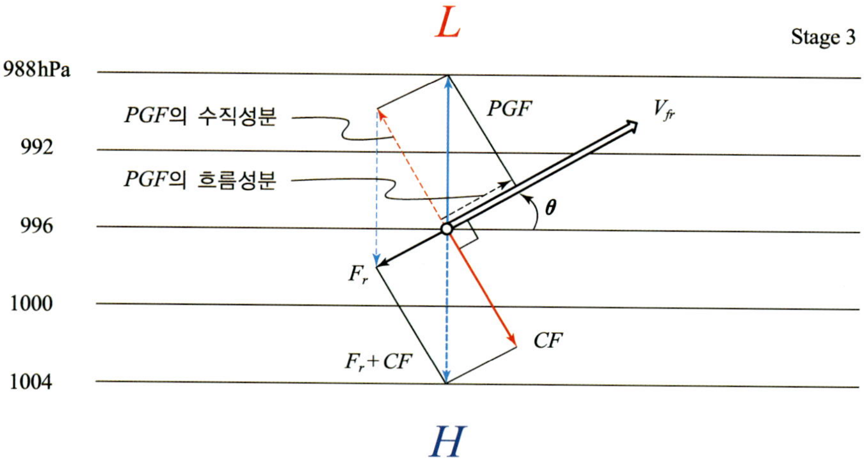

그림 5.9 북반구에서 지상풍 형성 과정-3단계.

5.2.3 경도풍

경도풍(gradient flow, V_{gr})은 바람이 이동한 궤적의 곡률(곡선의 굽은 정도)과 등압선의 곡률이 동일한 경우에 일정한 속도로 등압선에 평행하게 부는 바람이다. 경도풍이 형성되기 위해서는 다음과 같은 가정이 필요하다. 바람은 수평 흐름으로 수직성분은 없다. 마찰력은 없다. 바람이 이동하면서 그리는 궤적의 곡률반경(R_C : trajectory radius of curvature)은 지역적인 등압선의 곡률반경(R_I : isobaric radius of curvature)

과 같다. 기압경도력과 전향력의 크기 차와 동일한 원심력이 발생하고, 이들 힘은 바람의 이동방향에 수직으로 작용한다. 따라서 경도풍의 식은 다음과 같이 쓸 수 있다.

$$\frac{V_{gr}^2}{R_I} = -\frac{1}{\rho}\nabla_h P - fV_{gr} \tag{5.10}$$

위 경도풍의 2차방정식을 다시 쓰고 해를 구하면 다음과 같다.

$$\frac{V_{gr}^2}{R_I} + fV_{gr} + \frac{1}{\rho}\nabla_h P = 0$$

$$V_{gr} = \frac{-R_I f}{2}\left(1 \pm \sqrt{1 - \frac{4}{R_I f^2}\frac{1}{\rho}\nabla_h P}\right) \tag{5.11}$$

여기서 $R_I > 0$ 이면 저기압성 흐름, $R_I < 0$이면 고기압성 흐름이다.

가. 저기압성 경도풍

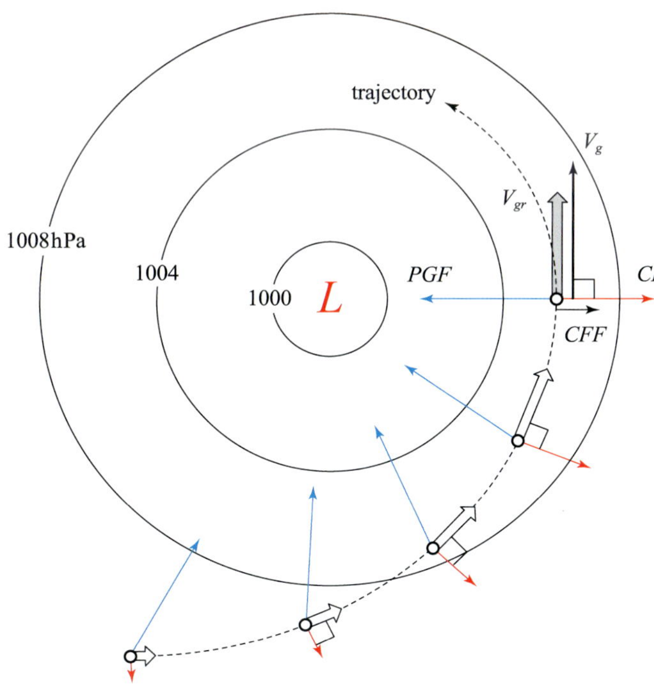

그림 5.10 북반구의 저기압성 경도풍.

저기압성 경도풍(cyclonic gradient flow)은 기압경도력이 전향력보다 큰 경우로, 전향력과 원심력의 합이 기압경도력의 크기와 같고 방향이 정반대일 때 등압선과 평행한 반시계 방향의 흐름이다 (그림 5.10). 위 식(5.10)으로부터 저기압성 경도풍의 식은 다음과 같다.

$$V_{gr} = -\frac{1}{\rho f}\nabla_h P - \frac{V_{gr}^2}{fR_I} \text{ 또는 } V_{gr} = V_g - \frac{V_{gr}^{\ 2}}{fR_I} \tag{5.12}$$

여기서 지균풍, $V_g = -\frac{1}{\rho f}\nabla_h P$이다.

저기압성 경도풍은 지균풍의 크기보다 작은 흐름(sub-geostrophic flow)이다. 왜냐하면, $-\frac{V_{gr}^{\ 2}}{fR_I} < 0$이기 때문이다. 저기압성 경도풍은 어떠한 곡률반경에서도 가능한 흐름이다.

나. 고기압성 경도풍

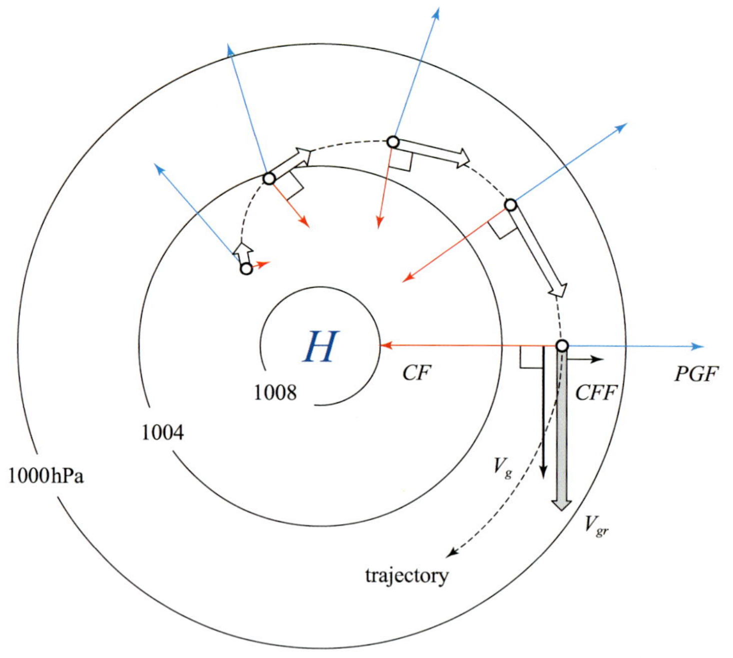

그림 5.11 북반구의 고기압성 경도풍.

고기압성 경도풍(anticyclonic gradient flow)은 전향력이 기압경도력보다 큰 경우로, 기압경도력과 원심력의 합이 전향력의 크기와 같고 방향이 정반대일 때 등압선과 평행한 시계 방향의 흐름이다 (그림 5.11). 위와 같이, 고기압성 경도풍의 식은 다음과 같다.

$$V_{gr} = V_g - \frac{V_{gr}^{\ 2}}{fR_I} \tag{5.13}$$

고기압성 경도풍은 지균풍의 크기보다 큰 흐름(super-geostrophic flow)이다. 왜냐하면, $-\frac{V_{gr}^{\ 2}}{fR_I} > 0$이기 때문이다. 중위도의 경우, 고기압성 경도풍은 고기압의 반경이 400Km보다 작을 때 가능한 흐름이다.

다. 상층의 경도풍과 지상의 기압패턴

상층의 편서풍이 진행하면서 나타나는 기압능과 기압골의 위치에 따른 수렴(convergence)과 발산(divergence)은 지상의 기압패턴과 두 층 사이의 수직순환을 결정한다. 상층 편서풍의 수렴은 기압능의 전방인 동쪽에서 발생하고 지상의 발산을 유도하기 때문에 지상과 상층 사이에는 하강기류가 존재한다. 반면에, 상층 편서풍의 발산은 기압골의 전방인 동쪽에서 발생하고 지상의 수렴을 유도하기 때문에 지상과 상층 사이에는 상승기류가 존재한다.

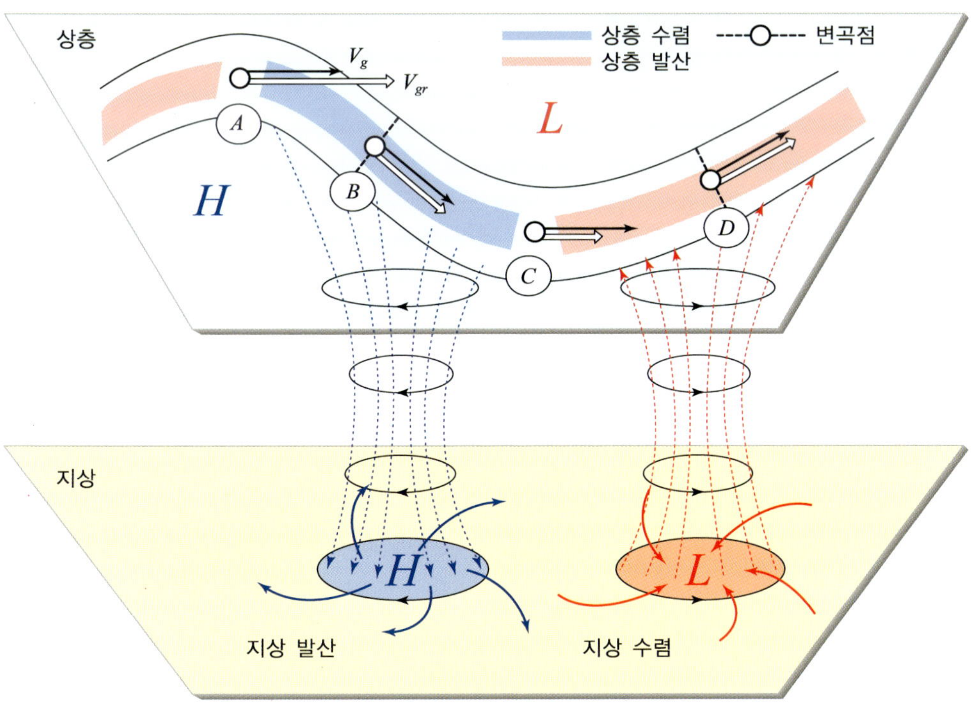

그림 5.12 상층 경도풍과 지상의 기압패턴 (Darkow, 1991).

그림 5.12에서 보는 바와 같이, 점 Ⓐ에 위치한 기압능(ridge)에서의 바람은 고기

압성 경도풍으로 지균풍에 비해 경도풍의 풍속이 크다. 고기압성 곡률에서 저기압성 곡률로 바뀌는 변곡점 Ⓑ에서의 바람은 지균풍과 경도풍의 속도가 동일하다. 지균풍의 속도가 일정한 반면에 경도풍의 풍속이 감소하기 때문이다. 점 Ⓐ로부터 Ⓑ를 거쳐 Ⓒ의 기압골(trough)까지는 경도풍의 속도가 감소하는 수렴구역이다. 따라서 점 Ⓒ에서 경도풍의 속도는 최소가 되고, 지균풍에 비해 크기가 작은 저기압성 경도풍이다. 점 Ⓒ로부터 Ⓓ를 거쳐 Ⓐ까지는 경도풍의 속도가 증가하는 발산구역이다. 점 Ⓓ에 이르면 저기압성 곡률이 다시 고기압성 곡률로 바뀌는 변곡점으로 지균풍과 경도풍의 속도가 동일해진다. 상층의 기압배치에 따른 경도풍의 발산과 수렴은 지상의 기압배치 및 바람의 흐름과 연관되어 있다. 점 Ⓐ로부터 Ⓑ를 거쳐 Ⓒ까지 상층 공기의 수렴은 하강기류를 생성하는 동시에 지상 고기압의 발산을 강화시켜 맑은 날씨가 되게 한다. 반면에 점 Ⓒ로부터 Ⓓ를 거쳐 Ⓐ까지 상층 공기의 발산은 상승기류와 함께 지상 저기압의 수렴을 강화시켜 악기상이 발달하도록 하는 역할을 한다.

5.2.4 선형풍

선형풍(cyclostrophic flow, V_{cy})은 기압경도력과 원심력이 평형을 이루며 부는 바람이다 (그림 5.13). 선형풍이 불기 위해서는 흐름이 수평적이고 등압선에 평행하여야 한다. 또한 마찰력이 없어야 하고, 전향력의 크기는 기압경도력의 크기에 비해 무시할 정도로 작아야 하기 때문에 저위도 지방에서 발생하기가 쉽다. 전향력의 효과가 무시되기 때문에 저기압 내에서의 바람이면서도 고기압성 흐름이 형성될 수 있다. 선형풍의 기상현상에는 회오리바람이나 용오름현상(waterspout)이 있다.

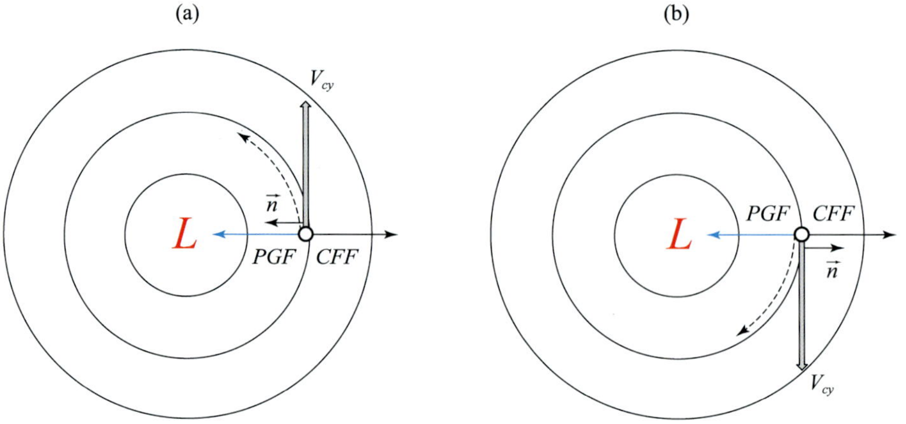

그림 5.13 (a) 저기압성 선형풍, (b) 고기압성 선형풍.

그림 5.13(a)에서, 저기압성 선형풍(V_{cy})에 수직으로 작용하는 수평기압구배는 음($\frac{\partial p}{\partial n} < 0$)이고, 등압선의 곡률반경은 양($R_I > 0$)이다. 한편, 그림 5.13(b)의 고기압성 선형풍(V_{cy})에 수직으로 작용하는 수평기압구배는 양($\frac{\partial p}{\partial n} > 0$)이고, 등압선의 곡률반경은 음($R_I < 0$)이다. 따라서 선형풍에 대한 벡터 및 스칼라 형태의 수평운동방정식은 다음과 같다.

$$\frac{V_{cy}^{\ 2}}{R_I}\vec{n} = -\frac{1}{\rho}\frac{\partial p}{\partial n}\vec{n} \quad \text{또는} \quad \frac{V_{cy}^{\ 2}}{R_I} = -\frac{1}{\rho}\frac{\partial p}{\partial n} \tag{5.14}$$

위 식(5.14), 선형풍은 다음과 같이 표시할 수 있다.

$$V_{cy} = \sqrt{-\frac{R_I}{\rho}\frac{\partial p}{\partial n}} \tag{5.15}$$

5.2.5 관성풍

관성풍(inertial flow, V_i)은 기압경도력과 마찰력이 무시되고 전향력만이 우세하게 작용하는 바람이다. 동일 위도에서의 바람이기 때문에 전향력의 크기는 일정하다. 따라서 바람의 크기가 동일($V_{i1} = V_{i2} = V_{i3} = V_{i4}$)하고 전향력이 바람방향의 오른쪽 90°로 작용하므로 원운동을 하게 된다. 그림 5.14에서, 궤적의 곡률반경(R_C)은 고기압성 흐름으로 음이다. 따라서 관성풍의 벡터 및 스칼라 형태의 수평운동방정식은 다음과 같다.

$$\frac{V_i^{\ 2}}{R_C}\vec{n} = -f\,V_i\vec{n} \quad \text{또는} \quad \frac{V_i^{\ 2}}{R_C} = -f\,V_i \tag{5.16}$$

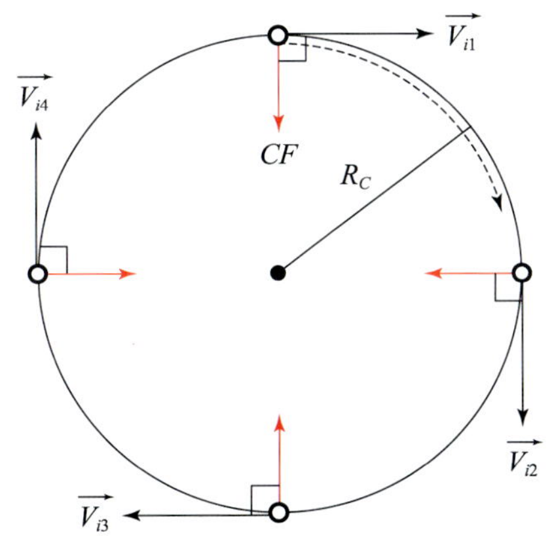

그림 5.14 북반구의 관성풍.

여기서, 궤적의 곡률반경, $R_C = -\frac{V_i}{f}$는 일정한 값이고, 관성풍은 다음과 같이 표시할 수 있다.

$$V_i = -R_C \cdot f \tag{5.17}$$

5.3 대기운동의 규모

기상현상은 대기운동의 결과로 나타나며 시간과 공간 측면에서 다양한 규모를 갖는다. 대기의 가장 큰 순환시스템은 지구 자체의 크기에 달하는 길이규모를 갖고, 가장 작은 순환은 분자의 평균 이동거리에 해당한다. 예를 들어, 대규모의 열대성저기압은 1,000km 정도의 크기를 갖고 10일 이상 지속되지만, 중간규모의 뇌우는 수km의 수평거리를 갖고 수 시간 안에 발생해서 소멸한다. 대기의 운동을 분류하는 유용한 방법 가운데 하나는 거리와 시간의 규모에 근거하는 것이다. 그러나 기상현상들은 역학적으로 상호 연관되어 있고 서로 중복되는 영역이 많이 있기 때문에 명확한 경계를 규정하기는 쉽지 않다. 표 5.3은 대기운동을 수평거리에 의해 분류한 것이다.

표 5.3 대기운동의 분류 (WMO, 2003).

구분	수평거리	현상
행성규모 (Planetary scale)	> 3.000km	대기대순환, 편서풍
대규모 (Large scale)	100~3,000km	고기압, 열대성저기압
중간규모 (Mesoscale)	3~100km	전선, 뇌우
국지규모 (Toposcale/Local scale)	100m~3km	청천난류, 산곡풍
미세규모 (Microscale)	< 100m	난류, 증발

행성규모의 운동은 주요 대륙과 해양 크기 정도의 수평거리 규모를 갖는 지구의 순환으로, 대류권 상층의 장파동인 편서풍과 무역풍 및 제트기류 등이 있다. 대규모의 운동은 전통적인 기상관측 네트워크에 의해 분석이 가능한 순환시스템으로 일상적인 기상변화는 이 범위의 운동과 관련이 있다. 전선을 동반한 중위도 저기압이나 대규모

열대성저기압인 태풍 등이 여기에 해당된다. 중간규모의 운동은 전선대와 연관된 순환, 중위도 저기압과 열대성저기압 내에서의 강수 및 돌풍 구역 등이 포함된다. 국지규모의 운동은 중간규모 이하의 순환으로 회오리바람과 같은 기상현상이 포함되며, 지상으로부터 수km까지의 대기역학에 중요한 역할을 한다. 미세규모의 운동은 사막의 모래바람과 같이 가장 작은 현상이다.

대기운동의 수평규모는 지구 주위를 한 바퀴 도는 정도의 수평크기를 가질 수 있으나, 수직규모는 대부분 대류권계면 이하로 제한된다. 따라서 수평크기로 특성 지어지는 대규모 운동은 지구자전의 영향이 크게 작용하는 반면에, 소규모 운동일수록 지구자전의 영향이 적고 수직크기의 역할이 중요하다. 중위도 저기압과 같이 수평거리가 수직크기의 100배정도 되는 순환의 흐름에는 지구자전에 의한 전향력이 중요한 역할을 하지만, 뇌우와 같이 수평, 수직 규모가 거의 동일한 대류성순환의 경우에는 지구자전의 영향을 거의 받지 않는다.

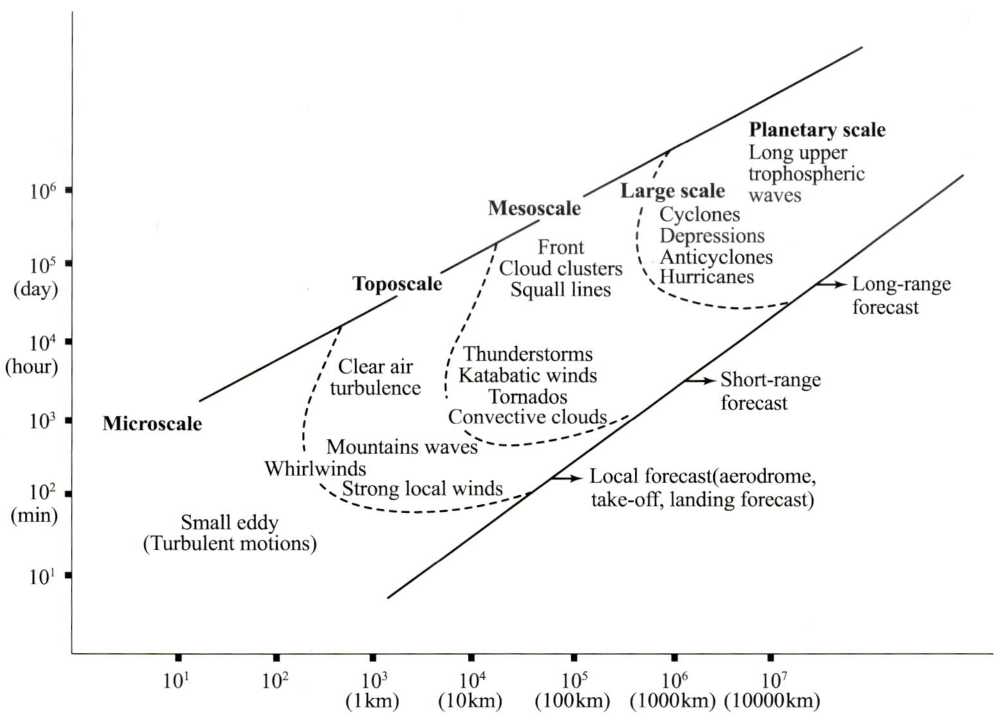

그림 5.15 대기운동의 수평거리 및 시간 규모 (WMO, 2007).

기상현상의 수평규모와 지속시간은 깊은 연관을 가지고 있다. 수평규모가 작아지고 커짐에 따라서 그 지속시간이 짧아지고 길어진다. 따라서 기상현상의 크기규모에 의해 장·단기 예보기간이 설정된다 (부록 2. 참조). 소규모 현상에 대해서는 단기간의 예보가 필요하고 대규모 현상에 대해서는 장기간의 예보가 필요하다 (그림 5.15). 단기예보로 소규모 기상현상을 탐지하고 발달 상태를 분석하기 위해서는 일정 지역에 보다 조밀한 관측시설과 잦은 관측이 있어야 한다. 대규모 기상현상의 분석에 소요되는 전통적인 관측망과 주기적인 관측만으로는 불가능하기 때문이다.

5.4 대기대순환

대기대순환(general circulation)은 전 지구적인 대규모의 공기흐름으로, 상층대기의 종합관측 네트워크가 구비되어야만 분석이 가능하다. 종관규모 현상들은 대기대순환 안에서 생성, 발달, 쇠태 및 재생 등의 과정을 통해 진화한다. 대기대순환은 장기간에 걸친 대기의 평균운동이기 때문에, 특정 시간의 실제 바람이나 국지풍들은 이 평균과는 상당한 차이가 있고 복잡하게 나타난다. 대기대순환은 순환장(fields of circulation)의 동서평균에 대한 다년간의 평균으로 정의할 수 있다.

$$\overline{[(\ )]} = \frac{1}{2\pi(t_1 - t_2)} \int_{t_1}^{t_2} \int_0^{2\pi} (\ )\, d\lambda dt \tag{5.18}$$

여기서, $\overline{(\ )} = \dfrac{1}{(t_1 - t_2)} \displaystyle\int_{t_1}^{t_2} (\ )\, dt$는 시간평균, $[(\ )] = \dfrac{1}{2\pi} \displaystyle\int_0^{2\pi} (\ )\, d\lambda$는 동서평균이다.

5.4.1 대기의 순환모형

대기의 순환모형은 대기의 순환 메커니즘을 쉽게 이해하기 위해서 단순화한 모델이다. 대기대순환의 모형에는 단일세포 순환모형과 3세포 순환모형이 있다. 단일세포 순환모형(single-cell circulation model)은 1735년 영국의 기상학자 Hadley에 의해 개선되었기 때문에 해들리 순환(Hadley circulation)이라 한다. 자전하지 않는 지구의 표면이 물로 균질하게 분포되어 있고 적도에서의 태양의 고도가 90°라고 하면 대기의 순환은 단순히 남북방향으로만 발생한다. 즉, 적도 지방의 가열은 지상 저기압을 형성하게 되고 극지방의 냉각은 지상 고기압을 형성한다. 이렇게 해서 형성된 기압의 남북 수평차이에 따라 지상에서는 극지방의 찬 공기가 열대지방으로 이동하고, 상층에서는 열대지방의 더운 공기가 극 쪽으로 이동하게 된다. 북반구의 지상에서는 북풍만 불고 남반구에서는 남풍만 부는 모형이다. 3세포 순환모형(three-cell circulation model)은 Ferrel이 1856년 지구의 자전속도와 자전축의 경사도를 고려하여 단일세포 순환모형을 보완한 것이다. 3개의 순환 세포는 해들리 순환과 패럴 순환 및 극 순환으로 구성된다. 해들리 순환 (Hadley cell)은 적도 지방의 가열에 의해 상승된 공기와 30° 부근의 하강 공기로 이루어진 열대류 순환이다. 아열대 고압대로부터 부는 지상풍은 전향력의 영향으로 북반구에서는 북동무역풍으로, 남반구에서는 남동무역풍으로 편향되어 열대수렴대를 향한다. 패럴 순환(Ferrel cell)은 아열대고압대의 하강 공기와 한대 전선대의 상승 공기가 형성하는 순환으로 지상에서는 편서풍이 분다. 패럴 순환은 해들리 순환과 극 순환에 의해 역학적으로 이루어지는 간접순환이다. 극 순환(polar Cell)은 극고압대와 한대전선대의 순환으로, 지상풍은 전향력의 영향으로 편향되는 동풍대의 바람이다 (그림 5.16).

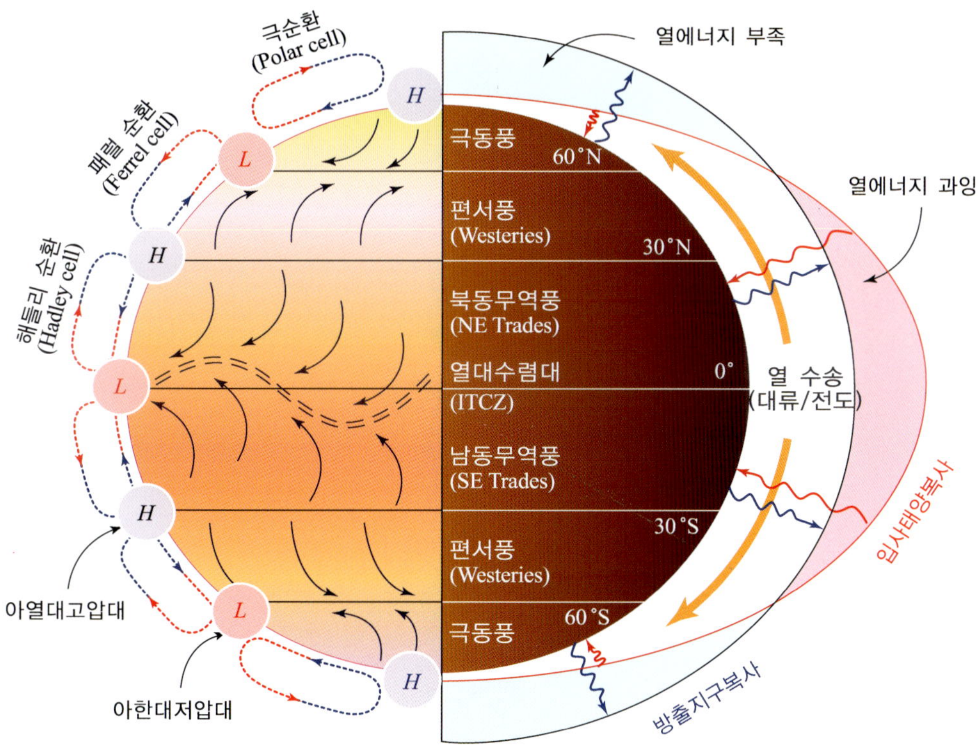

그림 5.16 지구의 대기대순환과 열에너지 분포.

5.4.2 대기대순환의 메커니즘

대기대순환의 메커니즘은 열기관의 개념과 복사평형 이론으로 설명할 수 있다.

가. 열기관의 개념

열기관(heat engine)의 개념은 열대지방을 보일러로 보고 극지방을 응축기로 보는 것이다. 열대지방에서 열이 가해지고 극지방에서 열을 받아내는 개념으로, 남북 간의 위도별 온도 차이는 경압불안정(baroclinic instability)을 형성한다. 이것에 의해 생성되는 대기대순환은 열의 남북평형을 유지시켜 주는 열기관의 작업으로 볼 수 있다. 지구에 입사되는 태양복사는 지표를 차등 가열하여 대기를 불안정한 상태로 만든다. 이러한 대기의 불안정한 상태를 해소시키고 지구의 온도를 평형상태로 유지시키기 위하여 열을 분배시키는 과정에서 현열과 잠열의 에너지 수송시스템이 대기대순환이다. 지구 대기의 열에너지 분포는 위도에 따른 태양복사의 입사량과 지구복사의 방출 차이로 결정되며, 위도 38° 부근에서 입사량과 방출량이 균형을 이룬다. 입사 태양복사는 저위도에서 고위도로 갈수록 감소하는 반면, 방출 지구복사는 어느 위도에서나 거의 일정하게 이루어진다. 이는 지구를 하나의 흑체로 보았기 때문이다. 저위도 지방에서의 열에너지 과잉은 적도 부근에서 최대치를 보이고, 고위도 지방에서의 열에너지 부족은 극지방에서 가장 크다. 열에너지의 과잉과 부족 현상이 지속적으로 심화되지 않고 어느 수준에서 균형을 이루는 것은 적도로부터 극지방으로의 남북 열수송이 있기 때문이다. 이러한 메커니즘이 열기관 개념의 대기대순환이다.

나. 복사평형 이론

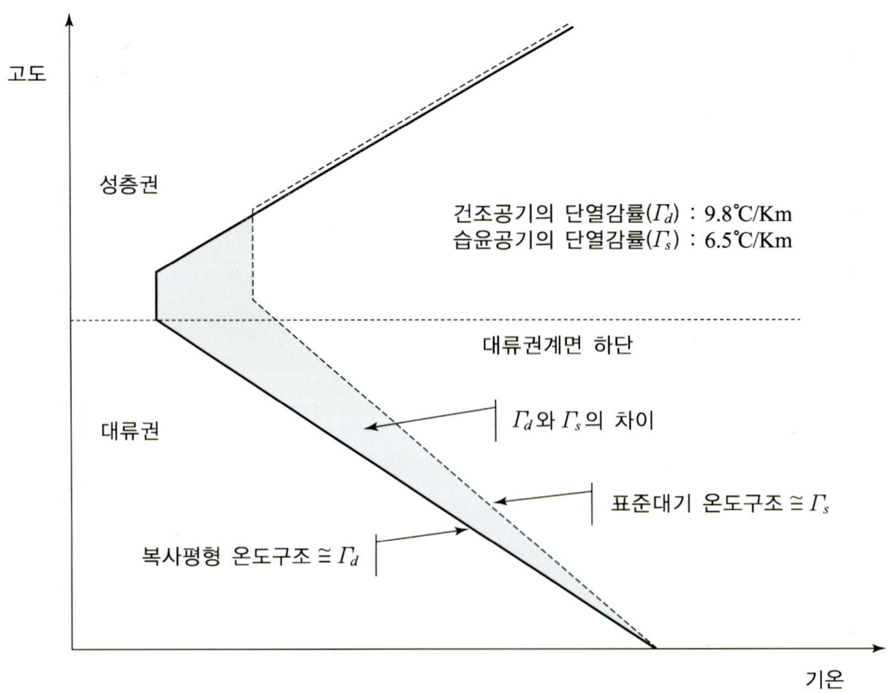

그림 5.17 수직 온도구조와 대기대순환 (Kung, 1991).

복사평형(radiation equilibrium) 이론은 다음과 같다. 대기 중에서 복사의 흡수 및 방출은 키르히호프의 법칙과 플랑크 법칙을 따른다. 복사평형 온도는 대기층 내에서 복사의 흡수와 방출이 평형을 이룰 때의 수직 온도구조를 말한다. 대류권에서 복사평형 시의 수직 온도구조(건조공기의 기온감률, Γ_d와 유사)와 표준대기의 수직 온도구조(습윤공기의 기온감률, Γ_s와 유사)의 차이는 대기 중의 수증기량에 따라 결정되며, 이 차이가 크면 클수록 대기는 불안정해진다 (그림 5.17). 이러한 불안정한 상태를 해소하기 위한 지구행성 규모의 수평이류(horizontal advection)와 수직대류(vertical convection)가 대기대순환이다. 대기 중의 수증기, 즉 잠열과 현열에 대한 수평이류와 수직대류는 기층을 안정화시키고 수직 온도분포를 표준대기와 유사한 습윤공기의 기온감률로 유지시켜 준다. 성층권에서 복사평형 시의 온도구조와 표준대기의 온도구조가 동일한 것은 대기 중에 수증기가 희박하고 안정화되어 있기 때문이다.

5.4.3 기압분포와 바람패턴

대기대순환에 따른 위도대별 기압 분포는 적도 지방의 가열과 극지방의 냉각 효과로 나타나는 셀 모양의 순환과 연관되어 있다. 또한 지상과 상층의 바람은 지구의 자전에 따른 전향력의 영향으로 단순한 남북 순환이 아닌 복잡한 패턴으로 나타난다. 남북 기압경도력이 작용하는 북반구에서 극 쪽으로 부는 바람은 코리올리 전향력에 의해 오른쪽으로 편향된다. 편서풍 계열의 바람만 있다면 저위도와 고위도의 열교환은 이루어지지 않은 채 가열과 냉각현상만 심화될 것이다. 이러한 열의 과잉과 부족을 해소하고 전구적인 열평형을 이루는 주된 과정이 자오선순환과 편서풍이다. 저위도에서 극방향의 열 수송은 해들리 세포에 의한 자오선순환으로 이루어지지만, 중위도 이상 고위도에서 남북 열수송의 대부분은 남북흐름보다 빠른 파동형태의 편서풍이 담당한다.

가. 고압대와 저압대

위도대별 고압대와 저압대의 분포는 다음과 같다. (i) 열대수렴대(ITCZ)는 계절에 따라 남북방향으로 오르내린다. 북반구가 여름이면 적도 북쪽으로 이동하고, 남반구가 여름이면 적도 남쪽으로 이동하는데 적도를 기준으로 남북 20° 범위 내에 위치한다. 열대지방에서는 열대수렴구역의 이동에 따라 강수가 많거나 건조한 날씨가 지속될 수 있다. (ii) 아열대고압대는 적도에서 상승한 공기가 극으로 이동하는 과정에서 냉각되어 위도 30° 부근에 다다르면 고밀도로 하강하면서 형성되는 고압대를 말하며 중위도 고압대라고도 한다. (iii) 아한대저압대는 극을 향해 이동하는 편서풍과 극에서 내려오는 극동풍이 만나 형성되며, 온난한 공기와 상대적으로 한랭한 공기가 만나 전선을 이루기 때문에 극 전선대라고도 한다. (iv) 극 고압대는 극지방 상공의 냉각된 기층이 하강하면서 형성되는 고압대이다.

나. 지상의 바람 패턴

지상의 바람 패턴으로, (ⅰ) 무역풍(trades)은 중위도 고압대에서 적도 부근의 열대 수렴대로 향하는 바람으로 전향력에 의해 편향되어 북반구에서 북동무역풍, 남반구에서는 남동무역풍이 된다. (ⅱ) 편서풍(westerlies)은 아열대 고압대(subtropical high pressure belt)에서 아한대 저압대(subpolar low pressure belt)로 향하는 바람으로 위도 30°~60° 범위에 위치하며, 고위도로 갈수록 커지는 전향력의 영향으로 무역풍보다 더 많이 편향되기 때문에 북반구와 남반구 모두 서쪽에서 동쪽으로 불게 된다. (iii) 극동풍(polar easterlies)은 극지방에서 저위도 지방으로 이동하면서 전향력에 의해 동풍 계열로 편향되는 찬바람을 말한다.

다. 상층의 바람 패턴

상층의 바람 패턴은 그림 5.18에서 보는 바와 같다. 제트기류(jet streams)는 대류권 상층의 편서풍 파동 내에서 폭이 좁고 축이 긴 강풍의 핵으로, 적도지방의 과잉 열을 극지방으로 수송하는 과정에서 발생한다. 제트기류는 남북 온도경도가 극심한 남반구와 북반구의 30°~60° 위도범위와 대류권계면 바로 아래인 9~16km 고도 사이에 위치한다. 일반적인 규모는 수천km의 길이와 수백km의 폭 그리고 수km의 깊이를 갖는다. 40~100m/s에 달하는 전형적인 강풍의 축을 중심으로 상하좌우의 풍속은 급격하게 감소한다. (ⅰ) 한대전선 제트기류(polar front/mid-latitude jet streams)의 발생은 대류권계면의 고도와 지상에 위치한 한대전선의 위치에 따라 결정된다. 일반적으로 중위도 40°~60° 사이의 200~300hPa 고도에서 최대로 발달한다. 흔히 60m/s의 풍속을 보이지만 때때로 이보다 센 강풍을 보이기도 한다. 겨울철에는 여름철에 비해 낮은 고도에서 적도 쪽으로 남하하고, 여름철에는 보다 높은 고도에서 극 쪽으로 북상한다. 겨울철 한대전선 제트기류의 최대풍속은 여름철에 비해 거의 두 배 정도로 강하다. (ⅱ) 편서풍 아열대 제트기류(westerly subtropical jet streams)는 위도 30° 부근의 아열대고압대 상공 200hPa에 거의 일 년 내내 존재한다. 아열대 제트기류의 발생 위치는 열대 해들리세포의 극 쪽 한계에 해당하는데 열대권계면과 중위도권계면이 분리되는 곳이다. 겨울철에는 양반구의 위도 20°~30° 사이에서 발생하며, 여름철에는 극 쪽으로 이동하면서 풍속이 약해진다. 지구상에서 가장 강력한 바람 가운데 하나로, 평균풍속이 40m/s이지만 최대 135m/s에 달한다. 한대전선 제트기류의 활동성에 비해 지리적으로 느리게 이동하는 특성을 갖고 있는데, 이러한 경향은 해들리순환이 거의 변화하지 않고 항상성을 유지하는 것과 연관이 있다.

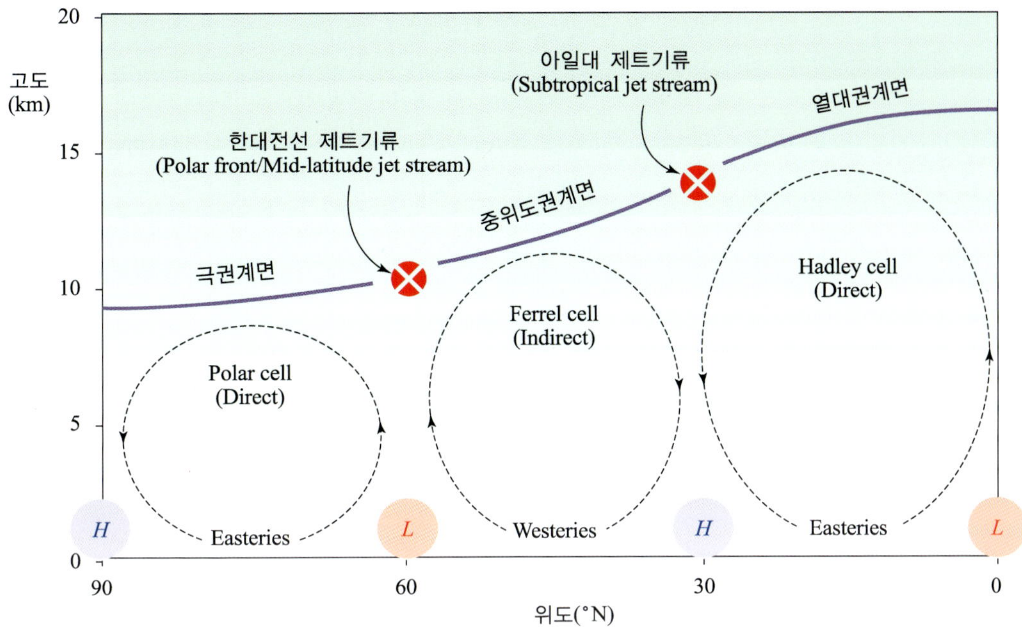

그림 5.18 대류권계면과 제트기류의 분포 (홍성길, 2006).

5.5 참고문헌

홍성길, 2006: 「기상분석과 일기예보」. 교학연구사, 제6장.

Atkinson B.W., 1981: *Meso-scale atmospheric circulation*. Academic press inc. Ltd., New York, Chapter 5.

Darkow, G.L., 1991: Atmospheric Kinematics and Dynamics, Winter Semester 1991 Lecture Notes. Department of Atmospheric Science, Univ. of Missouri-Columbia.

Haltiner, G.J., and F.L. Martin, 1957: *Dynamical and physical meteorology*. McGraw-Hill Company, Inc., Chapter 23.

Iribarne J.V., and H.R. Cho, 1980: *Atmospheric physics*. D. Reidel publishing company, Chapter 7.

Kung, E.C., 1991: Long-Range Forecasting, Fall Semester 1991 Lecture Notes. Department of Atmospheric Science, Univ. of Missouri-Columbia.

Oke, T.R., 1982: The Energetic Basis of the Urban Heat Island. *Quart. J. Roy*. Meteor. Soc., **108**, 1-24.

Voogt, J.A., 2002: Urban Heat Island. *In: Munn, T. Douglas A. (ed.), Encyclopedia of Global Environmental Change*. Vol. 3. Cause and consequences of global environmental change, John Wiley and Sons Ltd., Chichester, 1-3.

Wallace, J.M., and P.V. Hobbs, 1977: *Atmospheric Science, An Introductory Survey*. Academic Press, Chapter 1.

WMO, 2003: *Manual on the Global Observing System*. Vol. I (WMO-No. 544), Attachment II.1.

WMO, 2007: *Guide to the Global Observing System*. WMO-No. 488, 3rd ed., II-2 pp.

| Chapter |

06 기상시스템

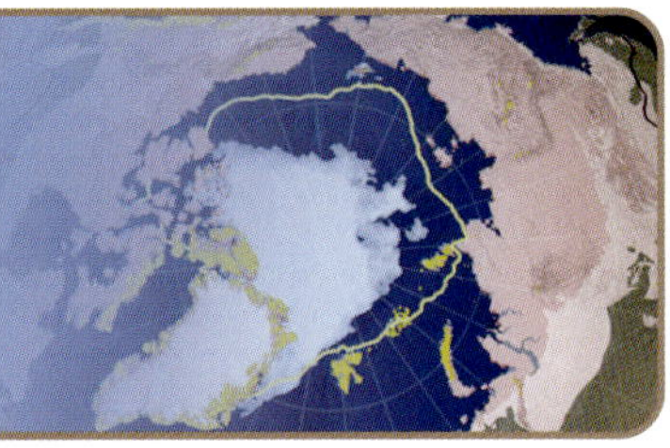

날씨의 변화는 고·저기압, 전선대, 열대성저기압과 같은 기상시스템이 발달하고 소멸하는 과정에서 나타난다. 기상(weather)은 제한된 범위 내에서 예측성을 갖는다. 중간규모의 대류시스템은 수 시간, 종관규모의 저기기압은 수일에서 일주일까지의 기간에 대하여 예측이 가능하다. 일주 이상의 기간에 대해서는 평균기상이나 변동성을 나타내는 기후(climate)로 표시한다. 넓은 의미에서의 기후는 기후시스템의 평균상태를 말하고 변동에 대한 통계적 특성을 포함한다.

6.1 기단

6.1.1 기단의 분류 및 특성

기단(air mass)은 넓은 지역에 걸쳐서 대기의 물리적 특성인 온도, 습도가 수평적으로 거의 균질하게 분포되어 있는 공기덩이를 말한다. 여기에서 거의 균질하다는 것은 기단의 경계에서 물리적 특성이 급변하는 것에 대한 상대적 의미이다. 기단의 성질은 발생하는 지면이나 해면의 온도와 습도에 의해 결정되며, 일단 생성된 기단은 대기대순환에 의해 이동하면서 성질이 변화한다. 그러나 하나의 기단이 일정 지역을 통과하는데 여러 날이 소요되기 때문에 그 영역의 날씨는 거의 일정한 패턴을 형성하게 된다. 기단의 발원지(source region)는 일반적으로 저위도나 고위도에 위치하는데, 그 자체가 갖고 있는 물리적 특성이 상부에 위치한 공기덩이에 충분하게 전달될 정도의 기간 동안 유지되어야 한다.

표 6.1 기단의 종류와 특성.

기단의 분류 및 명칭		성질
대륙성	극기단(Continental Arctic) : cA	매우 한랭건조
	한대기단(Continental Polar) : cP	한랭건조
	열대기단(Continental Tropical) : cT	고온건조
해양성	한대기단(Maritime Polar) : mP	한랭다습
	열대기단(Maritime Tropical) : mT	고온다습
	적도기단(Maritime Equatorial) : mE	매우 고온다습

기단은 발원지의 물리적 특성인 온도와 습도에 따라 분류한다. 발원지의 온도가 높고 낮음에 따라 적도지방(E: Equatorial), 열대지방(T: Tropical), 한대지방(P: Polar) 및 극지방(A: Arctic)으로 분류한다. 발원지 표면의 성질인 수분의 양에 따라 건조한 대륙(c: continental)과 습한 해양(m: maritime)으로 분류한다. 기단의 명칭은 수분의 양에 따른 영문 소문자 분류(c, m) 뒤에 온도의 고저 분류에 따른 영문 대문자(E, T, P, A)를 붙여 쓴다 (표. 6.1). 대륙성 기단 가운데 한대기단은 맑고 안정된 날씨를 보이나, 발원지를 떠나 따뜻한 해상으로 이동하게 되면 변질되어 악기상을 초래하고, 열대기단은 수증기가 적어 대체적으로 안정하고 기온의 일변화가 큰 것이 특징이다. 해양성 기단 가운데 한대기단의 발원지는 태평양과 대서양으로 북위 50° 이북 해역에 위치한다. 열대기단은 수증기가 많은 수면 부근에서 약간 불안정하나 고층에서는 건조하고 안정하다. 적도기단의 발원지는 북위 20° 이남 해역으로 상층까지 고온다습하여 상당히 불안정하다. 극기단은 해양성 한대기단보다 차고 건조하며 남하하게 되면 그 특성을 상실한다.

6.1.2 한반도에 영향을 주는 기단

한반도 주변에 자리하고 있는 각 기단은 각 계절마다 서로 다른 영향을 미친다. (그림 6.1). 시베리아 기단은 북극에 가까운 대륙에서 발생한 기단이기 때문에 대륙성 기단으로 건조하고 차며 큰 온도변화를 보인다. 온도가 매우 낮은 기단이기 때문에 기단의 높이가 다른 기단의 절반에 가까운 불과 수 km 정도이다. 우리나라를 비롯한 전 세계 북반구의 겨울철에 결정적인 영향을 미치는 기단이며, 이와 연관된 기후 현상으로는 동아시아의 겨울몬순인 북서계절풍, 삼한사온, 꽃샘추위, 겨울폭풍 및 푄현상 등이 있다. 삼한사온은 겨울철에 고기압인 시베리아 기단이 세력을 확장하면서 동진할 때 그 전면에 위치한 3일 동안은 차고 건조한 북서계절풍의 영향으로 기온이 급강하고, 후면에 위치한 4일 동안은 온화한 날씨를 보이는 겨울철의 주기적인 기온 변화를 말한다. 꽃샘추위는 시베리아 기단이 쇠퇴하는 늦봄에 비정상적으로 세력을 확장하면서 몰고 오는 한파이다. 겨울폭풍은 시베리아 기단의 한랭 건조한 공기가 상대적으로 따뜻하고 습기를 많이 머금은 해상 위를 이동할 때 발생하는 강풍과 폭설을 이른다. 푄은 북서계절풍이 고산지대를 넘어 풍하 측에 도달했을 때의 바람이 풍상 측의 바람보다 따뜻하고 건조한 현상이다.

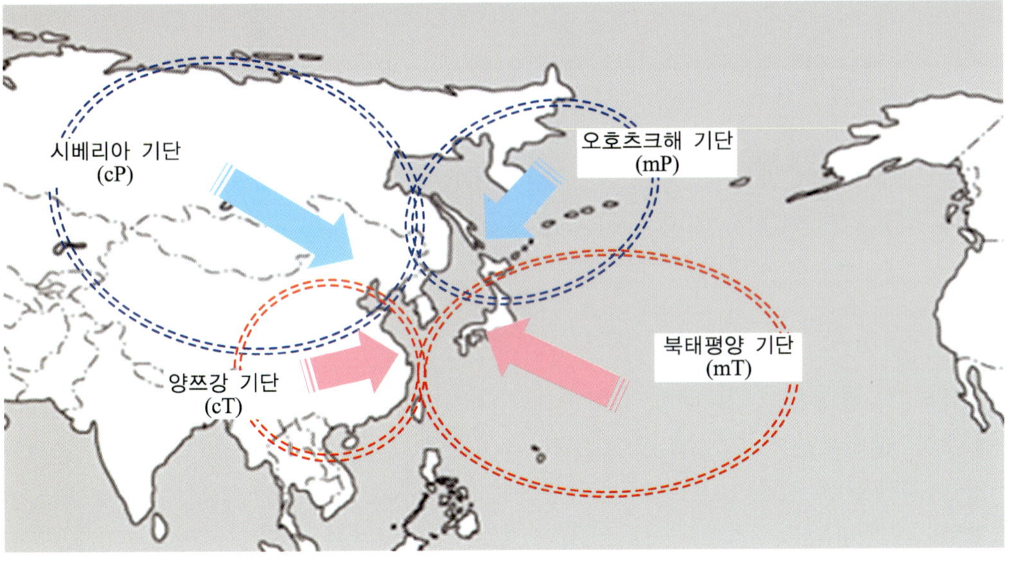

그림 6.1 한반도 주변의 기단.

북태평양 기단은 한반도의 무더운 여름철 날씨를 지배하는 기단으로 수평, 수직 규모가 매우 크며 안정적인 대기의 성질을 띠고 있다. 우리나라를 비롯한 동아시아에 영향을 주는 고온다습한 남풍계열의 여름몬순은 북태평양 기단의 발달과 쇠퇴 여부에 따라 결정된다. 일반적으로 기단의 등압선 간격이 조밀하지 않고 기압경도력이 크지 않기 때문에 바람의 세기는 약하다. 보통 6월 중순 경부터 성질이 다른 고위도의 오호츠크해 기단과 만나면서 형성되는 장마전선은 북태평양 기단이 발달하여 그 세력을 확장함에 따라 북상하게 된다. 7월 중순 경이 되면 장마전선은 한반도 이북으로 물러나고 지루한 장마도 끝나게 되며, 이후부터는 한여름 불볕더위가 시작된다 (표 6.2).

북태평양 기단은 열대성 폭풍의 이동진로와 깊은 연관이 있다. 적도 부근의 열대 해상에서 생성된 열대성저기압은 북태평양 기단의 가장자리를 따라 이동하는 경향이 있다. 태풍의 이동진로는 북태평양 기단이 확장하면서 고위도로 북상하고 기단의 세력이 축소할 때는 남하하게 된다.

표 6.2 한반도 주변의 기단이 영향을 주는 시기.

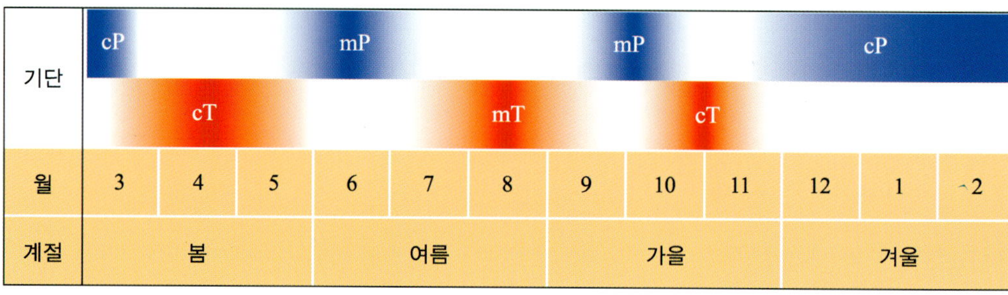

오호츠크해 기단은 봄과 초여름 사이 및 가을에 주로 나타나는 기단으로 발원지가 고위도의 해상이기 때문에 매우 습한 반면, 기온은 상대적으로 낮다. 우리나라의 북동쪽에 위치하기 때문에 태백산맥을 넘어오면서 푄현상을 일으키는데, 영서지방에서는 높새바람이라 지칭하며 모내기 시기의 벼농사에 영향을 주기도 한다. 저온의 오호츠크해 기단은 비교적 태양복사가 강한 시기에 발생하기 때문에 낮과 밤의 기온차이가 10℃ 이상 벌어지게 되는 환절기의 원인이기도 하다. 저온 다습한 오호츠크해 기단은 고온 다습한 북태평양 기단과의 경계에서 여름철 장마전선을 형성하여 집중호우를 발생시킨다. 가을의 청명하고 높은 하늘을 형성시키기도 하는 오호츠크해 기단은 북태평양 기단이 북쪽으로 확장하는 한여름과 시베리아 기단이 발달하는 겨울철에 소멸된다.

양쯔강 기단은 봄과 가을에 이동성 고기압 형태로 우리나라에 영향을 주는 기단으로, 지역적인 특성에 의해 생성된 기단과 시베리아 기단에서 남하한 공기덩이가 따뜻하고 건조하게 변질되어 생성된 기단으로 나뉠 수 있다. 양쯔강 기단은 중위도 편서풍을 따라 3~4일 주기로 한반도로 이동하기 때문에 건조한 날씨가 지속되는 경우 가뭄을 초래하기도 한다.

적도 기단은 북위 20° 이남 열대 해역이 발원지로 여름에는 약간 북상하고 겨울에는 약간 남하하는 열대수렴대상에 위치한다. 이 기단은 수평, 수직적으로 매우 고온다습하여 불안정하다. 열대성저기압이 적도기단의 특성을 몰고 오는 경우에는 난기류와 집중호우를 동반한다.

6.2 몬순

6.2.1 기후변화와 몬순

몬순(monsoon)은 기후변화의 영향을 받는 계절모드로 전 세계 여러 지역의 연간 강수량을 좌우한다. 전반적으로 미래의 몬순성 강수는 현재보다 넓은 지역에 걸쳐 나타나고 그 강도도 점차 세질 것이다. 이러한 변화의 가장 큰 이유는 지구 온난화에 의한 기온 상승으로 적도 중심의 열대지역이 극 쪽으로 확장하면서 몬순의 영향을 받는 면적이 커지는 동시에, 대기 중의 수증기량이 많아지기 때문이다 (그림 6.2). 전 지구적으로 몬순에 의한 미래의 강수량은 5~15% 증가하고, 이에 따른 극한 강수현상의 위험이 세계의 여러 지역에서 나타날 것으로 전망된다.

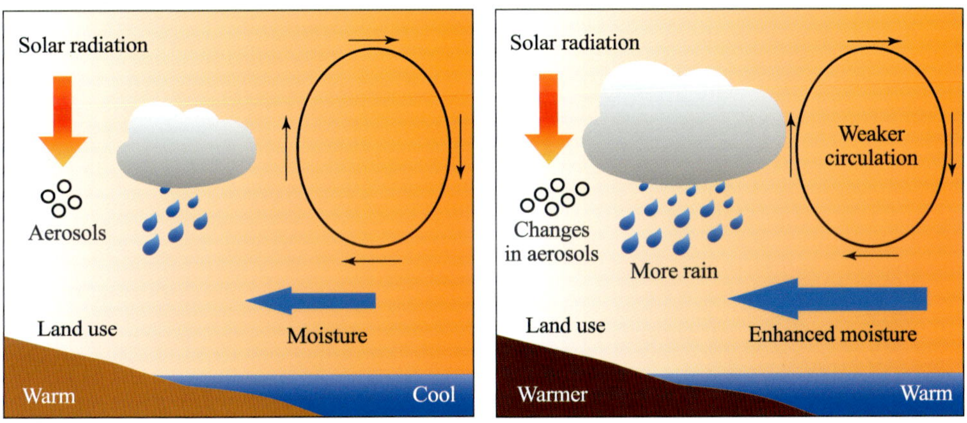

그림 6.2 기후변화와 몬순의 관계. 왼쪽: 현재, 오른쪽: 미래. 지구 온난화로 해상의 수증기가 증가하여 대륙으로 이동하는 양이 많아지면 육상의 집중호우는 이전보다 강하고 빈번해진다. 기후변화와 관련된 해·육상의 대규모 순환은 몬순순환의 규모와 강도에 영향을 준다 (Christensen et al., 2013).

몬순은 해륙풍의 생성과정으로 쉽게 설명할 수 있다. 즉 여름에는 해양보다 따뜻한 육지에 저기압이 형성되고 상승운동이 발생해 해풍이 육지로 이동한다. 반대로 겨울에는 복사냉각에 의해 해양보다 차가워진 육지에 고기압이 형성되어 육풍이 해양으로 이동하게 된다. 그러나 몬순과 해륙풍은 물리 지리학적 환경에서 차이가 있다. 해륙풍의 수평규모가 100km 미만인데 반해 몬순은 수천km에 달한다. 시간주기 측면에서 해륙풍이 주·야간의 일일규모인데 반해, 몬순은 계절적인 현상이다. 위에서 설명한 바와 같이, 해륙풍이 해양과 육지 그리고 고기압과 저기압의 시스템인데 반해, 몬순의 형성 요소에는 해양과 육지의 분포, 지역적인 차등가열, 지구의 자전 및 대규모 지형 등이 포함된다. 즉 몬순은 해양과 육지의 온도 차이에 의한 단일 함수가 아니라 대기대순환 시스템에서 종관규모 이상의 공간규모를 가지고 계절적으로 변화하는 현상이다.

대기대순환의 일부인 몬순은 일반적으로 계절에 따른 탁월풍의 특성인 풍향과 기온 및 습도 등에 의해 특징지어진다. 몬순을 판단하는 세 가지 조건은 다음과 같다. 첫째, 어느 한 계절에 나타나는 바람과 강수 등의 빈도가 그 계절을 대표하기에 충분하여야 한다. 둘째, 몬순이 차지하는 지리적 영역이 대기대순환에 영향을 줄 수 있을 만큼 충분히 큰 규모의 패턴이어야 한다. 셋째, 탁월풍의 풍향이 여름과 겨울과 같은 계절 사이에 반대이어야 한다. 대륙과 해양의 경계에 위치한 지역에서 주로 나타나는 몬순은 동아시아 몬순과 인도 몬순이 대표적이며 북아메리카, 남아메리카, 호주 및 서부아프리카에서도 발생한다 (그림 6.3).

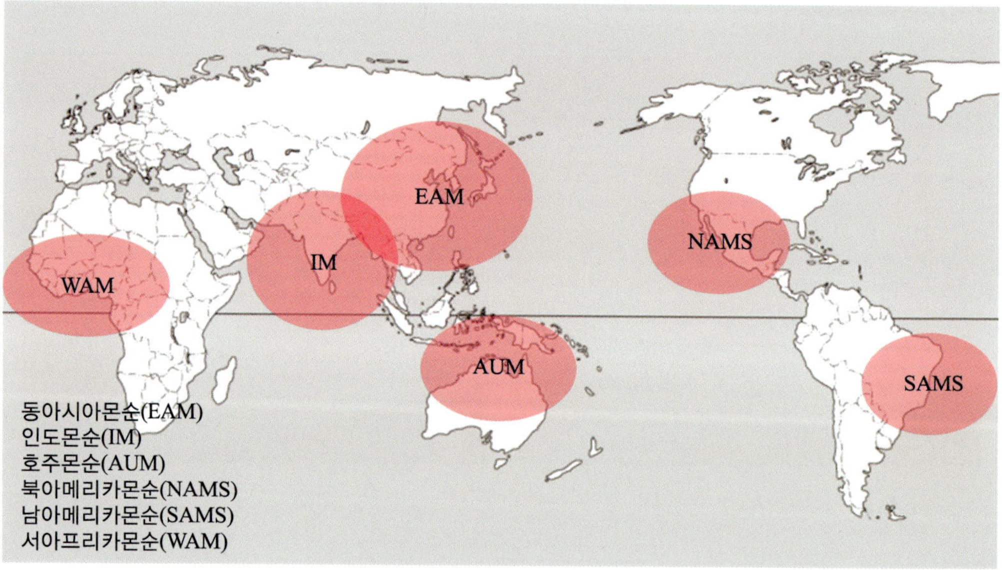

그림 6.3 세계의 주요 몬순.

6.2.2 인도몬순

인도몬순(IM)에서의 몬순은 계절을 의미하는 아랍어 머심(mausim)에서 유래되었으며, 여름철의 남서풍과 겨울철의 북동풍을 의미하였으나, 오늘날에는 계절풍에 동반되는 우기 또는 우기에 내리는 강우현상을 말하기도 한다. 인도 몬순에서 가장 강하게 나타나는 기상현상으로는 집중호우와 열대성저기압이 있다. 여름은 습한 남서풍의 계절로 연 강수량의 80% 이상을 차지하지만, 겨울은 건조한 북동풍의 계절이다. 인도몬순은 겨울몬순과 여름몬순으로 구분된다 (그림 6.4). (i) 겨울에는 대륙과 해양 모두 냉각되지만 비열이 작은 대륙의 냉각속도가 더 빠르다. 따라서 대륙의 공기밀도는 높아지고 고기압이 형성되기 때문에 수직 하강기류와 수평 발산 기류가 발생한다. 이로 인해, 날씨는 맑고 건조한 북동풍의 계절풍이 12월부터 2월까지 탁월하다. 반면, 상대적으로 고온인 대양에서는 저기압이 형성된다. 이를 인도 겨울몬순이라 한다. (ii) 여름철 대륙에는 해양보다 따뜻한 공기가 형성되고 저기압이 자리 잡기 때문에, 수직 상승기류와 수평 수렴 기류가 발생한다. 이로 인해, 해양으로부터 대륙으로 남서풍의 습한 계절풍이 탁월하게 부는데 고산지대의 지형효과가 상승기류를 강화시키는 역할을 한다. 비가 많이 내리는 우기는 6월부터 9월까지 지속되며 최대 성숙기는 7월과 8월이다. 이를 인도 여름몬순이라 한다.

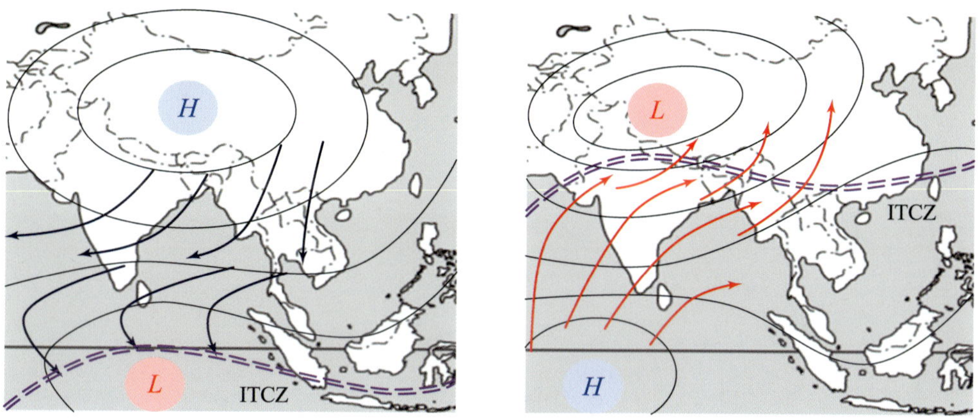

그림 6.4 인도몬순. 왼쪽: 겨울몬순, 오른쪽: 여름몬순.

인도몬순의 특성은 다음과 같다. (i) 티베트 고원(Tibetan plateau)과 히말라야 산맥의 수평, 수직적 역할이 중요하다. 수평적으로는 거대한 역학적 장벽으로 작용하여 인도양의 훈훈한 바람을 막아준다. 이는 유라시안 대륙의 찬 기단을 유지시켜 동아시아 겨울몬순의 근원인 시베리아고기압을 형성케 한다. 수직적으로는 다량의 태양복사를 흡수 및 방출하는 흑체복사로 작용한다. 이는 인도 여름몬순의 근원으로 상층의 중심이 따듯한 대규모 고기압을 형성케 한다. (ii) 인도 겨울몬순의 지상풍인 북동풍이 여름몬순의 지상풍인 남서풍으로 바뀌는 주요 원인은 태양의 남중고도가 23.5°N로 이동하고 남반구 해들리 순환(Hadley cell)이 북반구 쪽으로 이동하기 때문이다. 역으로, 인도 여름몬순의 지상풍인 남서풍이 겨울몬순의 지상풍인 북동풍으로 바뀌는 것은 태양의 남중고도가 23.5°S로 이동하고 북반구 해들리 순환이 남반구 쪽으로 이동하여 대기대순환의 전반적인 패턴이 변화하기 때문이다. (iii) 인도몬순의 강우는 대류성 강우와 지형성 강우로 설명할 수 있다. 대류성 강우는 대부분 여름철에 그리고 기온이 높은 열대지역에서 발생한다. 증발이 급속하게 이루어지고 습한 공기의 상승 및 냉각에 의해 구름이 형성되면서 내리는 집중호우를 말한다. 지형성 강우는 대부분 몬순 기간 동안에 습한 공기가 높은 고도의 산악지대를 강제 상승할 때 발생하는 비를 말한다. 히말라야 산맥 남쪽 측면의 지형성 강우량이 많은 경우에는 연간 914cm 이상이 된다.

6.2.3 동아시아 몬순

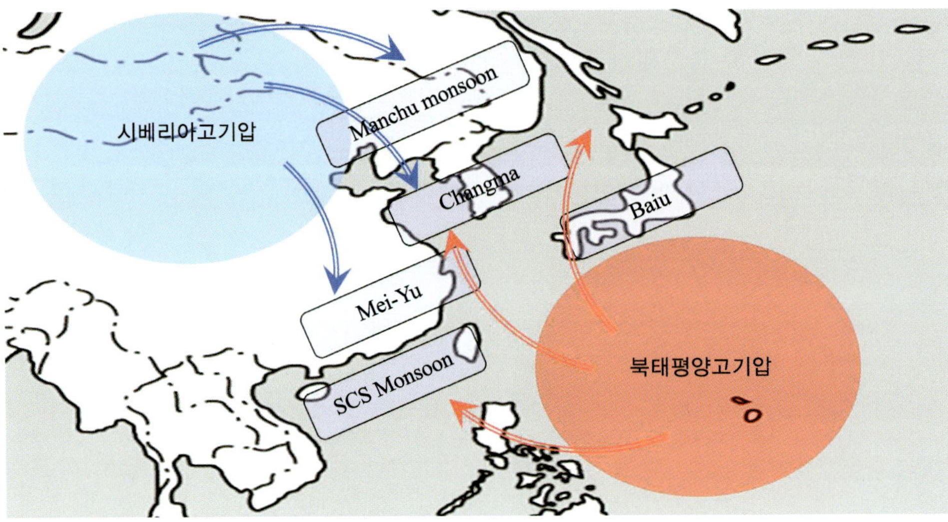

그림 6.5 동아시아 몬순.

동아시아 몬순(EAM)은 여름몬순과 겨울몬순이 뚜렷하게 구분된다. 동아시아 여름몬순의 일반적인 경향은 중앙아시아와 동아시아의 대부분이 북태평양고기압의 영향권에 놓여 고온다습한 남풍계열의 계절풍이 우세하고 혹서와 열대야 등의 기후를 보인다. 북태평양고기압이 확장하는 5월경에 남중국해 몬순(SCS monsoon)이 발달하고, 중국과 일본의 남부 해안에 위치한 강수대가 북쪽으로 북상한다. 6월 중순경에는 중국 몬순인 메이유(Mei-Yu, 梅雨)와 일본 몬순인 바이우(Baiu)가 시작된다. 6월 하순부터 7월 초순까지는 한국 몬순인 장마(Changma)의 절정시기이다. 장마가 긴 경우에는 한 달 정도 지속되며 이 때 내리는 비는 일반적으로 우리나라 연평균 강수량인 1,300mm의 50% 정도를 차지한다. 8월에는 장마 이후의 몬순 시스템인 만주 몬순(Manchu monsoon)이 있으며, 9월에는 북태평양고기압이 약화되면서 여름몬순이 물러나게 된다. 겨울몬순 시에는 중앙아시아와 동아시아가 전반적으로 한랭 건조한 시베리아고기압의 영향을 받아 북동풍이 우세하고, 삼한사온 등의 기후를 보인다 (그림 6.5).

6.3 고기압과 저기압

6.3.1 기압계와 바람 분포

그림 6.6은 북반구에서 지상으로부터 상층에 이르기까지의 고기압(anticyclone)과 저기압(cyclone)의 수직구조 및 이에 따른 바람의 수평·수직 흐름 패턴을 단순화하여 보여준 것이다. 고기압에서 저기압으로 향하는 공기의 수평이류(horizontal advection)는 전향력의 영향으로 북반구에서 시계방향으로 남반구에서 반시계 방향으로 휘면서 발산(divergence) 및 수렴(convergence)하게 된다. 500hPa 부근의 비발산 고도에서는 공기의 수평이류가 거의 이루어지지 않는다. 지상 고기압 지역의 발산에 의한 하강기류와 저기압 지역의 수렴에 의한 상승기류를 가리켜 수직대류(vertical convection)라 한다. 수직대류는 500hPa 부근의 비발산 고도에서 가장 강하게 나타난다. 이러한 수평 및 수직 대기 순환의 결과로 상층의 기압 분포는 지상의 기압분포와 역으로 배치되어 형성된다.

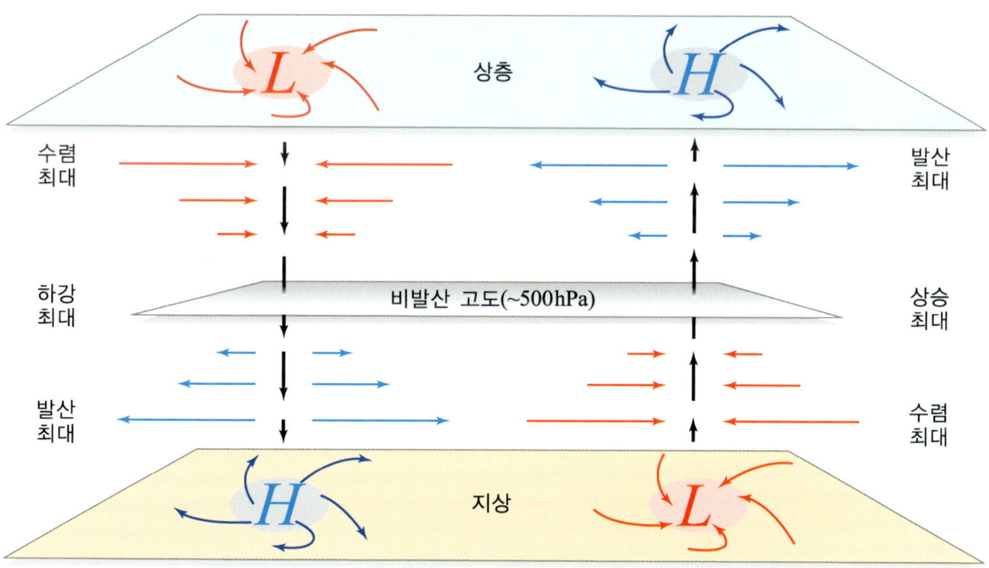

그림 6.6 수평·수직 기압과 바람 분포에 대한 단순모형.

6.3.2 고기압

고기압이란 한 지역의 공기밀도가 인접한 주위와 비교하여 높은 현상으로, 직경이 약 3,000km까지 달할 정도로 규모가 크다. 고기압은 저기압에 비해 기압경도력이 작아 바람이 약하고 이동속도가 느리며 오래 정체하는 특성이 있다. 고기압 중심권에서 상층대기의 수평수렴에 의해 형성되는 하강기류는 공기를 압축시키고 기온을 상승시킨다. 이로 인해 대기 중의 수분이 증발되기 때문에 대체로 맑은 하늘을 볼 수 있다. 하강기류는 대류권 내 1.5~6km 고도를 중심으로 이루어지지만, 일반적으로 지면에 직접 도달하지는 않는다. 지표면의 대류 또는 난기류에 의해 형성되는 상승기류와 대략 0.5~1.5km 고도에서 마주치기 때문이다. 이러한 하강기류는 종종 저고도에서 형성되는 침강역전(subsidence inversion)으로 대기의 안정도를 높이기도 한다.

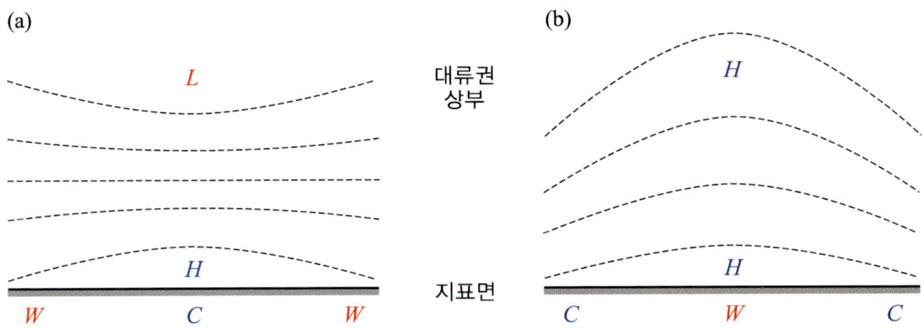

그림 6.7 (a) 한랭고기압의 수직 기압분포; 고도가 상승할수록 점점 약화되어 대류권 상부에 저기압이 위치한다. (b) 온난고기압의 수직 기압분포; 고도가 상승하면서 점점 강화된다. 점선은 등압선이다.

고기압은 열적 원인에 의해 형성된 한랭고기압(cold core anticyclone)과 역학적으로 형성된 온난고기압(warm core anticyclone)으로 구분할 수 있다 (그림 6.7). 한랭고기압은 시베리아, 아이슬란드 및 캐나다 북부와 같은 대륙의 경우는 겨울철에, 극지방에서는 연중 대부분의 기간에 발달한다. 한랭고기압의 형성은 찬 지표면과 접해있는 대류권 하부기층의 온도가 하강하면서 수축하게 되면 이를 보상하기 위해 상부기층이 수렴하면서 나타나는 결과이다. 따라서 한랭고기압의 대류권 상층부 아래 기층에서는 하강기류가 존재하고 기온이 상승하는 현상이 있을 수 있다. 한랭고기압의 강도는 고도가 상승하면서 점점 약화되고, 고기압성 순환은 지표면으로부터 약 2~3km 고도까지 존재한다. 고기압의 키는 지표면의 냉기가 대기에 얼마나 영향을 주느냐에 따라 결정되며 대류권 중층 이상의 고도에서는 거의 나타나지 않는다. 한랭고기압에서 기온역전층이 흔히 나타나고 기층이 매우 안정적인 이유는 지표면 부근 대류권 하부의 기온이 낮은 반면에, 높은 고도에서는 대류권의 일반적인 기온을 보이기 때문이다. 시베리아고기압과 같은 한랭고기압의 권역 내에서는 구름이 거의 없고 기온은 영하 20~50℃에 달하며, 중심기압은 1060hPa까지 높아질 수 있다. 한랭고기압은 북태평양고기압과 같은 온난고기압에 비해 이동속도가 빠르다.

표 6.3 한랭고기압과 온난고기압의 특성 (Leslie, 1988).

구분	한랭고기압	온난고기압
패턴	키가 작고, 고도 2~3km까지 고기압성 순환	키가 크고, 이동속도가 느림
생성	지표면의 복사냉각과 인접대기의 온도 하강	상층부의 수렴과 대기권 전체에 걸친 침강
강도	고도상승에 따라 약화	고도상승에 따라 강화
형성지역	고위도 대륙 내부	아열대 30°~40° 위도
대류권	한랭	온난
대류권계면	낮음	높음
성층권	온난	한랭
정체성	온난고기압보다 빠른 이동	수일에서 수개월

온난고기압은 주로 아열대에서 형성되는 키가 큰 고기압으로 북태평양고기압이 대표적이며 한랭고기압에 비해 이동속도가 느리다. 고기압의 중심으로 갈수록 기온이 상승하기 때문에 중심에서의 수직 등압선 간격은 주위에 비해 넓어진다. 이런 이유로 온난고기압은 고도가 상승하면서 더욱 발달하고 전 층에서 고기압성 순환을 보인다. 약 30° 위도에 중심을 둔 아열대 고기압세포는 온난고기압의 유형으로, 열대 해들리 순환의 극 쪽 한계에 위치한 아열대 제트기류 하방에서 수렴과 침강의 결과로 나타난다 (표 6.3).

6.3.3 저기압

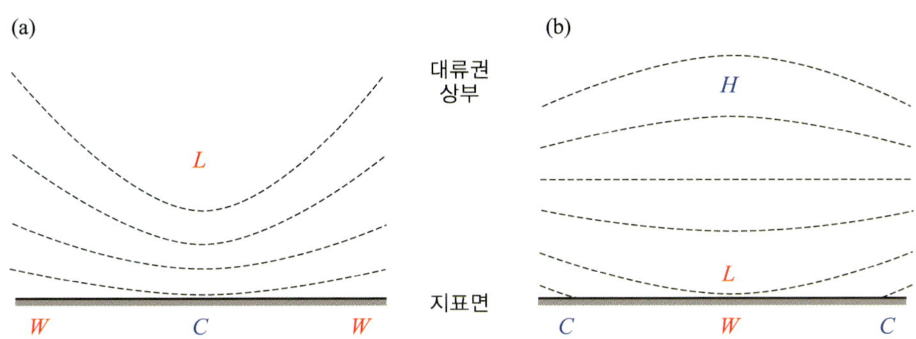

그림 6.8 (a) 한랭저기압과 (b) 온난저기압의 수직 기압분포. 한랭저기압은 고도가 상승할수록 점점 강화된다. 온난저기압은 고도가 상승하면서 점점 약화되어 대류권 상부에 고기압이 위치한다. 점선은 등압선을 보여준다.

한랭저기압(cold core low)은 중심부의 기온이 주위보다 낮고, 수직거리에 따른 기압의 감소율이 주위보다 중심부에서 크다. 상층으로 갈수록 저기압의 순환이 뚜렷해져 대류권 내 전 층에 걸쳐 저기압이 형성되는 키가 큰 저기압이다. 겨울철 알류샨 저기압이 대표적인 예이다. 온난저기압(warm core low)은 중심부가 주위보다 따뜻하기 때문에 수직거리에 따른 기압의 감소율이 중심보다 주위에서 크다. 고도가 상승하면서 저기압의 순환이 약화되어 상층에 고기압이 형성된다. 키가 작은 저기압으로 여름철 시베리아 저기압을 들 수 있다 (그림 6.8).

6.4 전선

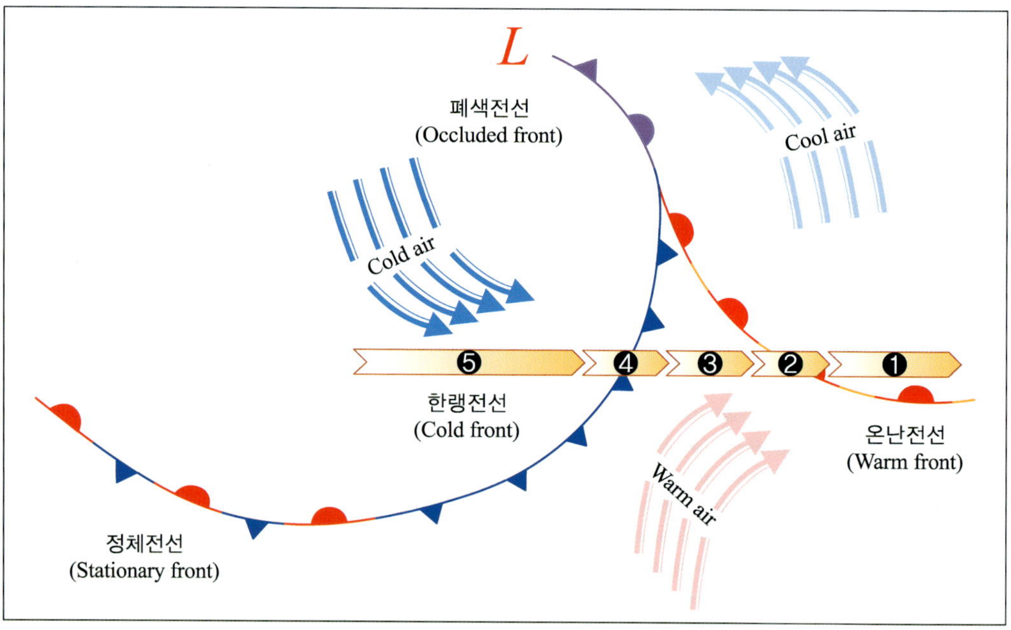

그림 6.9 북반구의 온대성 저기압 시스템.

전선(fronts)은 대기의 온도나 밀도로 구별되는 두 기단의 경계면(interface)이나 전이지역(transition zone)을 말한다. 두 기단 사이의 밀도변화가 큰 3차원적 영역이나 층을 전선대(frontal zone)라 하고, 두 기단이 접해 있어서 밀도변화가 불연속적일 경우가 전선면(frontal surface)이다. 전선대나 전선면이 지표면과 접해있는 선이 지상전선(surface front)이다.

북반구의 중위도는 편서풍대로 서풍이 불고, 편서풍의 고압부와 저압부가 파동을 이루며 동쪽으로 이동한다. 저압부에서 발생한 저기압을 중심으로 서쪽 고위도에 위치한 찬 기단은 남쪽으로 불어와 한랭전선을 형성하고, 저위도에 위치한 따뜻한 기단은 북쪽의 상대적으로 찬 기단 위를 불어 넘으면서 온난전선을 형성하는데, 이를 온대성 저기압 시스템이라 한다 (그림 6.9). 중위도 온대성 저기압은 열대성저기압과 달리 발생 초기부터 소멸할 때가지 전선을 동반하기 때문에, 이에 동반되는 기상의 변화를 인지하면 온난전선과 저기압 중심 및 한랭전선이 접근해서 통과하는 것을 판단할 수 있다 (표 6.4).

표 6.4 온난전선과 한랭전선의 이동에 따른 기상변화.

기상 요소	❶	❷	❸	❹	❺
	WF 접근	WF 통과 중	WF 통과 후 CF 접근	CF 통과 중	CF 통과 후
풍향	남풍-남동풍	순전	남풍-남서풍	가변적	서풍-북서풍
풍속	증가	감소	거의 일정 ⇒ 증가	돌풍	돌풍 ⇒ 일정
기압	하강	하강	거의 일정 또는 하강	급격 상승	지속 상승
기온	일정 또는 약간 상승	상승	거의 일정	급격 하강	거의 일정 또는 하강
상대습도	일정 또는 강수 중 증가	약간 상승	거의 일정	고습도	급격 하강
노점 온도	일정 또는 강수 중 증가	상승	거의 일정	급격 하강	거의 일정
구름	상층운 ⇒ 중층운	하층운	층운 ⇒ 적운	적운 또는 적란운	가끔 적운
강수	약 또는 중간 강도의 지속성 강수	강수 멈춤 또는 이슬비	소강상태 ⇒ 단속성 소나기	천둥/번개 동반 집중호우	소나기 강도 약화 ⇒ 멈춤
시정	좋음 또는 강수 중 악화	나쁨	대체로 나쁨 ⇒ 악화	나쁨 ⇒ 호전	좋음

전선의 종류에는 온난전선, 한랭전선, 폐색전선 및 정체전선이 있으며, 각 전선의 특성은 다음과 같다.

가. 온난전선

온난전선(warm front)은 따뜻한 기단이 찬 기단 쪽으로 이동하는 경우 형성된다.

밀도가 낮은 따뜻한 바람이 찬바람 위로 타고 올라갈 때 상승, 팽창하면서 구름이 형성되고 비가 내리게 된다. 온난전선이 접근하면 층운 계열의 구름인 권운(Ci), 권층운(Cs), 고층운(As), 난층운(Ns), 층운(St) 순으로 나타난다. 온난전선이 접근, 통과하는 경우 약하거나 중간 강도의 비가 광범위한 지역에서 지속적으로 내린다. 찬 기단에 내리는 비가 증발하는 경우 습도가 매우 높아져 농무가 형성되기도 한다. 기단이 아주 찬 경우에는 비가 얼어 동우가 된다. 온난전선의 경사도는 약 1 : 200이고 시간당 평균 이동속도는 25km이다. 일기도 표기는 적색 실선에 적색 반원이 찬 기단을 향하도록 한다.

나. 한랭전선

한랭전선(cold front)은 찬바람이 따뜻한 바람 쪽으로 이동할 때 형성된다. 한랭전선에서는 차고 밀도가 높은 공기가 따뜻한 공기를 쐐기처럼 파고들면서 위로 밀어 올린다. 한랭전선이 접근하면 적운 계열의 구름인 권적운(Cc), 고적운(Ac), 적운(Cu), 적란운(Cb)이 나타난다. 적란운이 나타나면 천둥, 번개와 함께 폭우가 내리고 돌풍이 일 수 있다. 전선이 통과하면서 기온은 급강하하여 빙점고도가 낮아지고, 바람의 방향이 급변한다. 한랭전선의 경사도는 1 : 100으로 온난전선의 약 두 배이고, 시간당 평균 이동속도는 35km로 온난전선보다 빠르다. 일기도 상에서는 청색 실선에 청색 삼각형을 따듯한 바람 쪽으로 향하도록 표기한다.

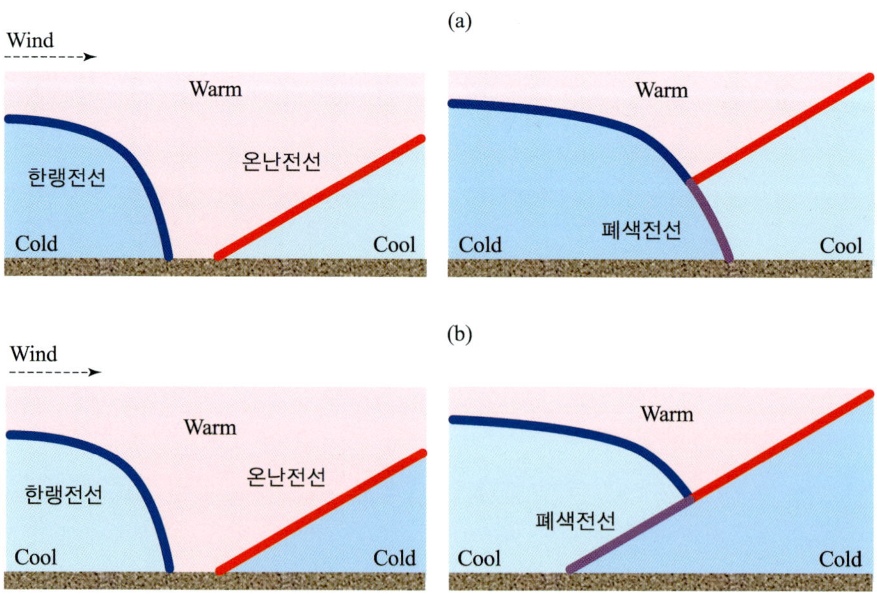

그림 6.10 (a) 한랭형 폐색전선과 (b) 온난형 폐색전선의 수직단면도.

다. 폐색전선

폐색전선(occluded front)은 한랭전선의 이동속도가 온난전선의 이동속도보다 빠른 경우에 발생한다. 한랭형 폐색전선은 한랭전선의 찬 공기가 온난전선의 찬 공기보다 더 찬 경우에 발생하며, 한랭전선이 온난전선을 지면으로부터 들어 올리고 이동하면서 형성된다. 온난형 폐색전선은 한랭전선의 찬 공기가 온난전선의 찬 공기보다 덜 찬 경우에 발생하며, 한랭전선이 온난전선을 올라타고 따듯한 공기를 밀어내면서 형성된다. 폐색전선의 표기는 보라색 실선에 보라색 반원과 삼각형을 전선의 이동방향으로 번갈아 그려 넣는다 (그림 6.10).

라. 정체전선

정체전선(stationary front)은 서로 다른 성질을 갖고 인접해 있는 두 기단의 세력이 비슷하여 거의 이동하지 않고 머물러 있을 때 형성되는 전선이다. 정체전선의 표기는 온난전선의 부호와 한랭전선의 부호를 반대 방향으로 그려 넣는다. 기단의 위치와 부호의 방향은 반대이다.

6.5 열대성저기압

열대성저기압(tropical cyclones)은 열대나 아열대 해상에서 발달하는 온난한 핵의 저기압 시스템으로 온대성저기압과 달리 전선을 동반하지 않는다. 열대성저기압은 발생해역에 따라 서태평양의 태풍(Typhoons), 대서양과 동태평양의 허리케인(Hurricanes) 및 인도양의 사이클론(Cyclones) 등으로 구분되며, 발달정도에 따라 등급이 부여된다.

가. 발생 및 소멸 조건

전 세계적으로 매년 80개 정도의 열대성저기압이 발생하고 그 가운데 2/3 정도가 강한열대성저기압으로 성장한다. 열대성저기압이 발생하는데 반드시 필요한 7가지 조건은 다음과 같다. (ⅰ) 해면부근의 대기에서 대류가 일어나기 위해서는 적당한 수준의 현열과 잠열을 필요로 한다. 이를 위해서는 표층수온이 26°~27℃ 정도이고, 수면 아래 등온층이 약 60m 정도 형성되어야 한다. (ⅱ) 해양-대기의 경계층에 저층요란(Low-level disturbance)이 존재하여야 한다. 이는 편동풍의 형태이거나 열대수렴대의 흐린 날씨에 존재하는 요란일 수도 있다. (iii) 어느 정도의 전향력이 작용하여 저기압성 순환을 발생시키기 위해서는 적도로부터 적어도 위도 5° 이상 남북으로 떨어진 해역이어야 한다. 위도 15° 부근이 최적의 조건이고, 10°~20° 사이의 위도에서 발생확률이 높다. 그림 6.11에서 보는 바와 같이, 열대성저기압의 87%가 20°N와 20°S 사이의 해역에 발생하고, 남반구보다 북반구에서 발생빈도가 높다. (iv) 대류권의 저층과 상층 사이에 최소한의 수직전단풍(vertical wind shear)이 있어야 한다. 이는 고도별 바람순환을 생성시키는데 필요하다. (v) 상층 대류권에 발산의 흐름이 존재하여야 한다. 열대성저기압이 발달하기 위해서는 발산에 의한 공기의 유출량이 지표면의 유입을 통해 상승하는 양보다 많아야 한다. (vi) 열대성저기압의 흐름이 고위도 상층 편서풍의 발달하는 기압골과 연계되어야 한다. 이는 열대성저기압의 과잉 열을 기압골로 전달하는 과정이다. (vii) 대류권 중층 대기의 상대습도가 높아야 한다. 50~60% 미만이 되면 적란운의 대류가 발생하지 않는 경향이 있다.

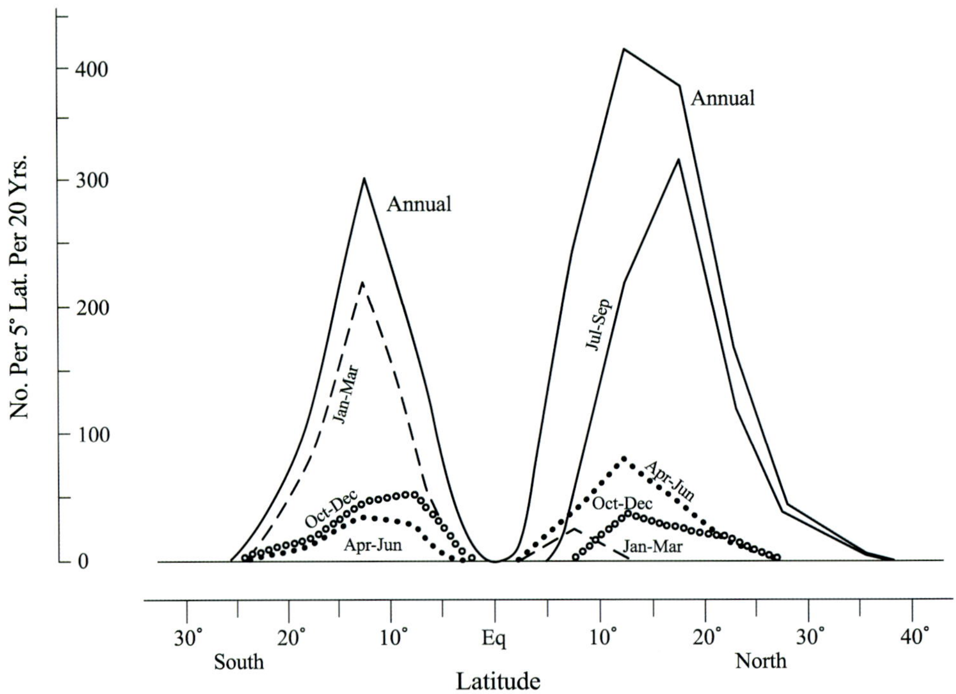

그림 6.11 열대성저기압의 시·공간적 발생분포 (Gray, 1975).

열대성저기압이 소멸하는 2가지 원인은 다음과 같다. (i) 열대성저기압이 고위도의 수온이 낮은 해상으로 이동하거나 해양보다 수분이 월등히 적은 육상으로 이동하여 열원이 감소하는 경우와 (ii) 육상이나 중위도에서 마찰의 영향으로 열대성저기압의 순환이 왜곡되는 경우이다. 열대성저기압이 소멸의 단계에 들어서면 이동방향이 변칙적일 수 있고, 완전하게 소멸되기 전까지는 상당한 양의 강수를 예상할 수 있다.

나. 발생 해역 및 시기

그림 6.12에서 보는 바와 같이, (i) 태풍(Typhoon)은 북서태평양 해역(날짜변경선

부터 남지나해를 포함)에서 일 년 내내 발생하지만 2월과 3월 초반에 최소를 보인다. 7월부터 11월까지의 주요 발생 시기 가운데, 8월말 또는 9월초가 절정기이다. (ⅱ) 허리케인(Hurricane)은 두 해역에서 발생한다. 대서양 해역(북대서양, 멕시코 만, 캐리비언 해)의 허리케인 발생 시기는 일반적으로 6월부터 11월까지이다. 9월 초순부터 중순까지가 절정기이고, 수년에 한번정도 5월과 12월에 열대성저기압이 발생하기도 한다. 북동태평양 해역(멕시코에서 날짜변경선 정도까지)의 허리케인은 5월말 또는 6월초부터 시작해서 10월말 또는 11월초까지 발생하며, 8월말이나 9월초에 최대 활동을 보인다. (ⅲ) 강한 사이클론 폭풍(Very severe cyclonic storm)은 풍속이 33m/s 이상으로 북인도양 해역(벵골 만과 아라비아 해)에서 4월부터 12월까지 발생한다. 이 기간 중 4월부터 6월 사이 그리고 9월말부터 12월초에는 거의 예외 없이 발생하고, 절정 시기는 5월과 11월이다. (ⅳ) 열대성저기압(Tropical cyclone)은 남서인도양 해역(아프리카로부터 약 100°E까지)에서 10월말 또는 11월초부터 다음 해 5월까지 발생하며, 1월 중순에 한번 그리고 2월 중순부터 3월초까지 또 한 번의 절정기를 갖는다. (ⅴ) 강한 열대성저기압(Severe tropical cyclone)은 두 해역에서 발생한다. 남동인도양과 호주 해역(100°E부터 142°E까지)에서 발생하는 강한 열대성저기압의 패턴은 10월말 또는 11월초부터 시작해서 다음 해 5월에 끝나고, 1월 중순에 한번 그리고 2월 중순부터 3월 초까지 또 한 번의 절정기를 갖는데, 2월의 소강상태는 남서인도양 해역보다 더 뚜렷하다. 호주와 남서태평양 해역(142°E부터 약 120°W까지)의 강한 열대성저기압은 10월말 또는 11월초부터 시작해서 5월초에 끝나고, 2월말 또는 3월초가 절정기이다.

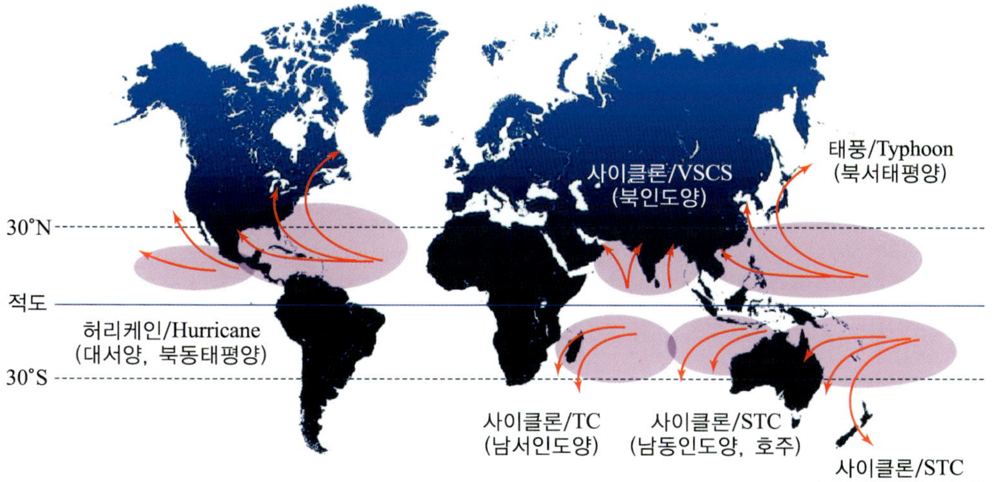

그림 6.12 열대성저기압의 발생해역 및 이동경로 (NWS, 2012). 북서태평양, 북동태평양, 남서태평양, 북대서양, 북인도양, 남서인도양 및 남동인도양의 7개 해역에서 발생하고, 적색 선은 이동경로이다.

다. 분류

열대성저기압은 구름과 바람순환 등의 체계를 갖춘 시스템으로, 중심 최대평균풍속이 17m/s 미만이면 열대성저압부(TD)로 분류하고, 17~24m/s까지는 열대성폭풍(TS)으로서 이름 및 번호를 부여한다. 25~32m/s 까지는 강한 열대성폭풍(STS), 33m/s 이상이면 발생해역에 따라 태풍이나 허리케인 또는 사이클론으로 분류하는데, 분류기관에 따라 약간의 차이가 있다. WMO에서 권장하고 있는 열대성저기압의 등급분류 기준은 지상 10m 높이의 바람으로 10분간 지속해서 관측된 중심 최대평균풍속이다 (표 6.5).

표 6.5 중심 최대평균풍속에 의한 열대성저기압의 등급 분류 (WMO, 2012).

<table>
<tr><th colspan="2">풍속/kt
(m/s)</th><th colspan="2"><28
(<14)</th><th>33
(17)</th><th>47
(24)</th><th>63
(32)</th><th>82
(42)</th><th>86
(44)</th><th>89
(46)</th><th>95
(49)</th><th>107
(55)</th><th>112
(58)</th><th>114
(59)</th><th>119
(61)</th><th>130
(67)</th><th>≥137
(≥70)</th><th>분류
기관</th></tr>
<tr><td rowspan="3">태풍</td><td rowspan="3">북서태평양</td><td colspan="2">TD</td><td>TY1</td><td>TY2</td><td colspan="2">TY3</td><td colspan="9">TY4</td><td>KMA</td></tr>
<tr><td colspan="2">TD</td><td>TS</td><td>STS</td><td colspan="11">TY</td><td>JMA</td></tr>
<tr><td colspan="2">TD</td><td colspan="2">TS</td><td colspan="9">TY</td><td colspan="2">SUTY</td><td>JTWC</td></tr>
<tr><td>허리
케인</td><td>북대서양
북동태평양</td><td colspan="2">TD</td><td colspan="2">TS</td><td>HU1</td><td colspan="3">HU2</td><td colspan="2">MHU3</td><td colspan="4">MHU4</td><td>MHU5</td><td>NHC
CPHC</td></tr>
<tr><td rowspan="3">사이
클론</td><td>북인도양</td><td>DP</td><td>DDP</td><td>CS</td><td>SCS</td><td colspan="8">VSCS</td><td colspan="3">SUCS</td><td>IMD</td></tr>
<tr><td>남서인도양</td><td>TDI</td><td>TD</td><td>MTS</td><td>STS</td><td colspan="3">TC</td><td colspan="4">ITC</td><td colspan="4">VITC</td><td>MF</td></tr>
<tr><td>남서태평양
남동인도양</td><td colspan="2">TD</td><td>TC1</td><td>TC2</td><td colspan="2">STC3</td><td colspan="3">STC4</td><td colspan="6">STC5</td><td>BOM</td></tr>
</table>

한국기상청(KMA)은 태풍의 이름이 부여되는 17m/s 이상의 열대성저기압을 TY1(약한 Typhoon), TY2(중간 Typhoon), TY3(강한 Typhoon), TY4(매우 강한 Typhoon)의 4등급으로 구분한다. 한편 태풍의 크기는 풍속 15m/s 이상의 폭풍권 반경으로 분류한다. 폭풍권의 반경이 800km 이상이면 초대형, 500~800km를 대형, 300~500km를 중형, 300km 이하이면 소형이다. 일본 기상청(JMA)은 열대성 폭풍과 태풍 사이에 강한 열대성 폭풍을 세분하고 있다. 1분 평균풍속을 사용하고 있는 미국 합동태풍경보센터(JTWC)는 68m/s 이상의 태풍을 슈퍼태풍으로 구분한다. 미국의 허리케인센터(NHC, CPHC)는 33m/s 이상의 허리케인을 5개 등급으로 구분하고 있으며, 인도기상청(IMD)은 62m/s 이상의 열대성저기압을 슈퍼 사이클론으로 세분하고 있다. 호주기상청(BOM)은 17m/s 이상의 열대성저기압을 5개 등급으로 구분하여 운용하고 있다.

라. 특징

열대성저기압이 중위도에서 연중 발생하는 온대성저기압과 비교되는 주된 차이점은 다음과 같다. (ⅰ) 발생학적으로 해양현상인 열대성저기압은 육상으로 진입하면서 급격하게 소멸하는 특성이 있다. (ⅱ) 열대성저기압은 일정수심의 등온층이 지속되지 못하면 소멸된다. (ⅲ) 해역에 따라 발생하는 계절이 다르게 나타난다. (ⅳ) 전 세계적으로 7개 해역에서 발생하지만, 남반구보다 북반구에서 많다. (ⅴ) 광범위한 지역에 걸쳐 온도, 기압, 기온감율 및 습도가 균질한 순압대기에서만 형성된다. (ⅵ) 충분히 성장했을 때는 원형 등압선으로 좌우 대칭형 구조를 갖는다. (ⅶ) 운동에너지원은 구름 내에서 방출되는 응결잠열이다. (ⅷ) 온대성저기압에 비해 1/3 정도의 크기 규모를 가지지만 강도는 훨씬 세다.

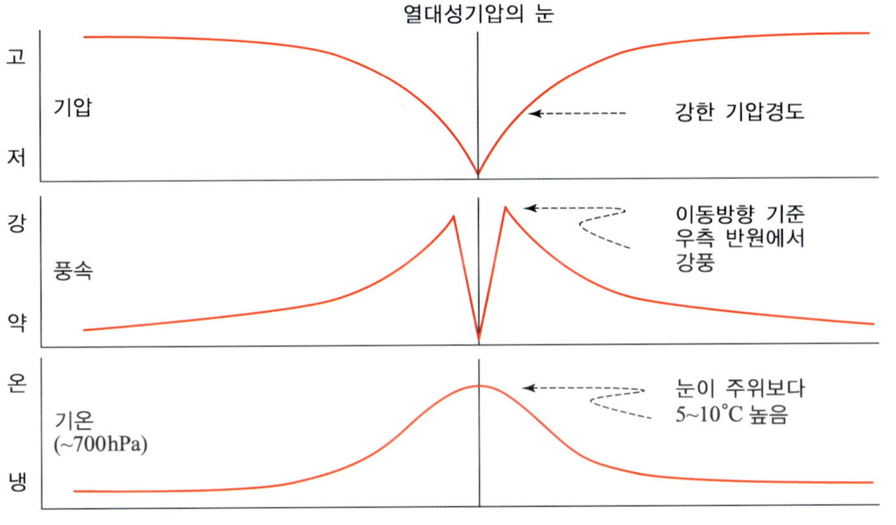

그림 6.13 열대성저기압의 수직단면도 (Smith, 2006).

열대성저기압의 고도별 바람 순환은 다음과 같다. 저층에서는 중심을 향한 반시계방향의 저기압성 흐름과 강한 수렴이 있는 반면, 상층에서는 중심에서 멀어지는 고기압성 흐름과 발산하는 특성이 있다. 이러한 열대성저기압은 3개의 층으로 구분할 수 있다. (ⅰ) 해발고도 약 3km까지의 최저층은 열대성저기압의 엔진 역할을 한다. 따뜻한 해면으로부터 공급된 많은 양의 수증기는 응결되어 구름이 형성될 때 잠열을 방출한다. 이 열은 운동에너지로 전환되어 저기압의 중심을 향해 유입되는 방사상의 흐름을 발생시키는데 사용된다. (ⅱ) 약 3km부터 7km까지의 중간층은 열대성저기압의 가장 중요한 부분으로 원형의 순환패턴을 갖는다. (ⅲ) 약 7km부터 대류권계면까지 유출층(outflow layer)에서의 흐름은 고기압성이고, 최대유출은 12km 또는 그 이상의 고도에서 이루어질 수 있다. 기압과 풍속 및 기온의 분포는 그림 6.13에서 보는 바와 같다. 열대성저기압의 중심으로 갈수록 기압은 하강하는 반면에 풍속은 급격하게 상승하다가 눈에서 고요할 정도로 바람이 없다. 기온은 상층 중심부로 갈수록 상승하는

데 이는 따뜻한 해수면의 수증기가 유입되어 상승하고 응결될 때 잠열을 방출함으로써 온난한 핵이 형성되기 때문이다. 평균 직경이 20km 정도인 중심부의 눈에서는 아주 조용하거나 약한 바람이 불고, 일시적으로 맑은 하늘을 볼 수 있다.

저위도에서 생성된 열대성저기압의 이동은 무역풍의 영향으로 서진으로 시작한다. 적도 지역의 과잉 열이 고위도로 이송되는 대기대순환의 흐름에 따라 열대성저기압의 전반적인 이동은 북서 방향으로 이루어진다. 열대성저기압이 열대성 폭풍으로 발달하고 좀 더 북상하면서 25°N 부근에 다다르면 중위도 편서풍대와의 전이지역에 위치하게 된다. 이동속도가 대체로 느린 전향위도 대를 벗어나면 편서풍의 영향으로 태풍의 진로가 포물선을 그리면서 북동쪽으로 빠르게 북상하게 된다.

열대성저기압에 의한 피해는 바람과 폭풍해일(storm surge) 및 홍수에 의해 이루어진다. 강한 열대성저기압의 순간최대풍속은 100m/s를 초월한다. 이러한 강풍에 의해 형성된 건물의 풍상측과 풍하측 사이의 압력 차이는 붕괴의 원인이 된다. 폭풍해일은 연안지역의 침수를 가져오는데, 저기압과 바람에 의한 해수면 상승이 고조시와 일치되면 그 효과는 극대화된다. 열대성저기압의 집중호우로 인한 홍수는 산사태 등의 피해를 가져오기도 한다.

6.6 국지풍

지역적으로 부는 국지풍(local wind)의 일반적인 시간규모는 수 시간에서 하루정도이고, 수평규모는 수십 내지 수백km 정도이다. 국지풍은 육지와 바다의 열수지 차이에 의해 생성되는 바람과 지형의 효과에 의한 바람으로 구분할 수 있다. 해륙풍과 산곡풍 및 전원풍 등은 열순환에 의해, 푄과 활강풍 등은 지형효과에 의해 나타나는 대표적인 국지풍이다.

6.6.1 열순환에 의한 국지풍

열순환(thermal circulations)은 차등 가열과 냉각이 있는 대기에 기압경도력이 작용하여 발생하는 바람의 순환을 말한다. 그림 6.14의 (a)는 기온과 기압이 수평적으로 균질하게 분포되어 있는 대기이다. 만약 대기의 한쪽 지역이 가열되고 다른 한쪽이 냉각되면, 그림 6.14의 (b)와 같이, 가열된 대기는 팽창하고 냉각된 대기는 수축된다. 이 경우 일정 고도에서의 수평기압경도력은 가열대기에서 냉각대기 쪽으로 작용하고 이 방향대로 바람이 불게 된다. 바람의 순환이 지속되면서 가열대기의 밀도와 기압은 낮아지고 냉각대기의 밀도와 기압은 높아지는데, 두 대기의 하강율과 상승률 모두 상층보다 하층에서 크게 나타난다. 그림 6.14의 (c)는 최종적으로 하층에서의 고기압은 냉각대기에 형성되고 상층대기에서의 고기압은 가열대기에 형성됨을 보여준다. 이럴 때 하층바람은 가열대기 방향으로 불고 상층바람은 냉각대기 방향으로 불게 된다.

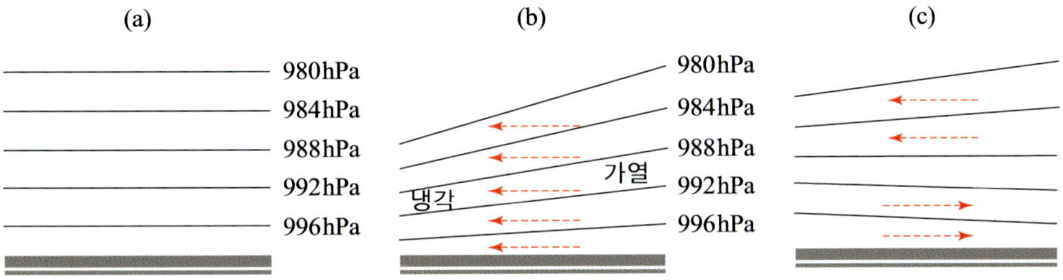

그림 6.14 열순환 (Iribarne et al., 1980). (a) 바람이 없는 대기, (b) 가열지역에서 냉각지역으로의 순환대기, (c) 하층의 역전 순환대기.

열순환에 의한 국지풍은 주로 육지와 해양의 비열(specific heat) 차이에 기인한다. 물의 비열은 육지에 비해 3배 정도 크기 때문에 늦게 가열되고 늦게 식는 특징이 있다. 이에 비해 육지는 쉽게 가열되고 쉽게 식는다. 이러한 이유 때문에 바다와 육지 사이에는 차등가열과 열순환이 발생한다.

가. 해풍과 육풍

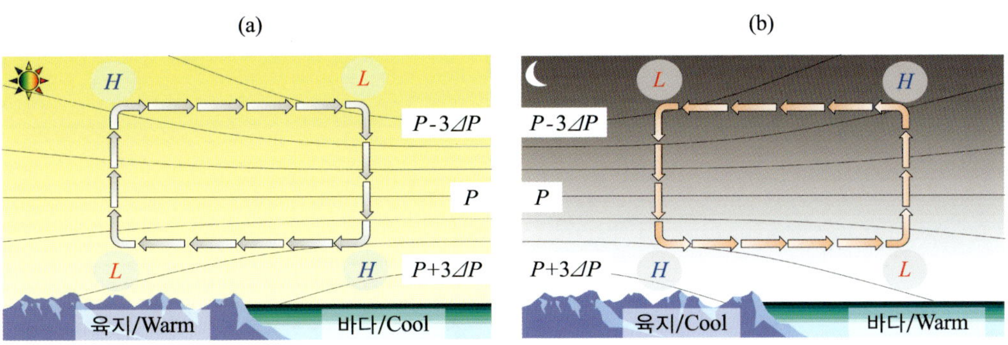

그림 6.15 (a) 해풍과 (b) 육풍의 순환.

해풍(sea breeze)은 주간 중 해상에서 육상으로 불어오는 저층의 바람이다. 육지는 바다에 비해 쉽게 가열되고 지상 대기의 팽창속도는 해상에서 보다 빠르다. 이 때문에 해·육상 상층대기의 동일고도에서 기압은 육상이 높고 바람은 해상 쪽으로 불게 된다. 해상의 상층대기에는 수렴구역이 형성되고 하강기류가 형성된다. 해·육상 저층 대기의 기압은 상층대기와는 정반대로 해상이 높고 바람은 육상 쪽으로 불게 되는데, 이것이 해풍이다. 한편 육상 저층의 수렴구역에 형성되는 상승기류는 상층의 발산기류를 보충하는 역할을 한다. 이에 따라 저층에서는 해상에서 육상으로 그리고 상층에서는 육상에서 해상으로의 대기 순환이 이루어진다. 육풍(land breeze)은 해풍의 생성 과정과 정반대이다. 야간에 육지는 바다에 비해 빠르게 냉각되기 때문에, 동일고도의 상층대기에는 해상에 고기압이 형성되고 저층에는 육상에 고기압이 형성된다. 지상의 저층에서 해상 쪽으로 부는 바람이 육풍이고 상층에서는 육상 쪽으로 바람이 불게 된다 (그림 6.15).

해풍과 육풍 모두 바람이 거의 없고 맑은 날에 잘 발생하지만, 해풍이 육풍에 비해 강하다 (그림 6.16). 그 이유는 주간에 발생하는 해풍의 경우와 달리, 야간에 발생하는 육풍은 대기의 순환을 활발하게 해주는 저층의 가열원이 없어 순환의 대기층이 얇기 때문이다. 이외에 해풍은 해면의 마찰이 아주 작지만, 육풍은 지표면의 거칠기에 의한 마찰이 크게 작용하는 것도 하나의 원인이다.

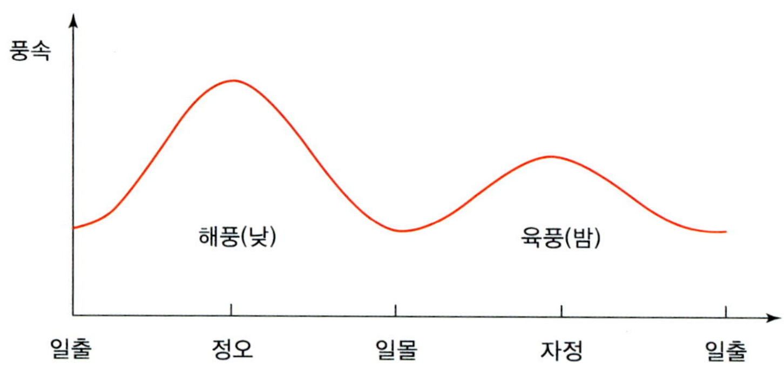

그림 6.16 해풍과 육풍의 풍속 비교.

나. 산풍과 곡풍

곡풍(valley breeze)은 해가 떠있는 주간에 산의 경사면(slope)이나 정상(top) 부근의 기온이 같은 고도에 위치한 주위의 기온보다 높기 때문에 일어나는 현상이다. 빨리 가열된 경사면과 정상 부근의 공기가 상승할 때 산 아래의 계곡에서 산 능선을 따라 올라가면서 부는 바람이다. 산풍(mountain breeze)은 야간에 산 정상과 경사면 부근의 기온이 같은 고도에 위치한 주위의 기온보다 낮기 때문에 일어나는 현상이다. 급속하게 냉각된 경사면과 정상 부근의 공기가 산 능선을 따라 계곡으로 하강하는 찬바람이다. 산풍은 바람이 계곡으로 수렴하면서 풍속이 가속되기 때문에 낮에 부는 곡풍보다 일반적으로 강하다 (그림 6.17).

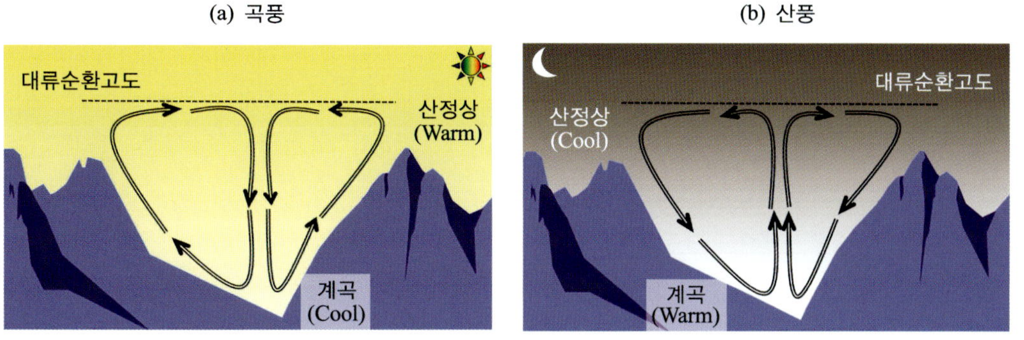

그림 6.17 산풍과 곡풍의 순환.

다. 전원풍과 도시열섬

전원풍(country breezes)은 도시열섬(UHI)의 효과에 의해 상승하는 도심의 기류를 보완하기 위해 교외에서 불어오는 바람을 말한다. 도시열섬은 흔히 도심 지표면 부근의 기온이 주변의 시골에 비해 높게 상승하는 현상으로, 등온선의 분포가 마치 고립되어 있는 섬 모양의 패턴으로 나타나기 때문에 붙여진 명칭이다. 그림 6.18은 중위도 도시열섬의 일일변화를 보여준다. 도시열섬은 도시와 시골 지역의 차등 가열 및 냉각에 기인하며 (그림 b), 이는 도시와 시골의 일일 기온분포를 다른 패턴으로 만든다 (그림 a). 도시과 시골의 시간대별 기온의 차이는 도시열섬강도(ΔT_{u-r})로 정의된다 (그림 c). 시골의 기온은 일몰 무렵에 시간당 2~3℃의 비교적 급속한 냉각이 이루어진 후 일출 직후까지 꾸준하게 하강한다. 이는 지표면의 냉각률에 기인한다. 일출 후 기온은 태양열에 의해 지표면이 가열되면서 일중 최고기온이 발생하는 오후 중반까지 상승한다. 도시의 가열 및 냉각률는 일반적으로 시골에 비해 작고 일출과 일몰 전후의 급속한 가열과 냉각이 없다. 이로 인해 도시열섬강도의 두드러진 일일변화가 나타난다. 일몰을 전후한 도시와 시골 사이의 냉각률 차이는 열섬의 강도를 급격하게 증가시켜 3시간 정도 지나면 최대가 된다. 이후 시골의 냉각률이 감소하면서 열섬강도도 약해진다.

도시열섬은 지표면 도시열섬(SUHI)과 대기 도시열섬(AUHI)으로 대분되고, 대기 도시열섬은 캐노피층 도시열섬(CLUHI)과 경계층 도시열섬(BLUHI)으로 구분된다. 지표면 도시열섬(SUHI)의 경우 도시와 시골의 지표면 온도차가 주간 중 10~15℃, 야간 중 5~10℃로 햇빛이 있는 낮이 밤보다 강하게 나타난다. 이러한 온도차는 계절과 날씨 및 지표면의 상태에 따라 다르게 나타나지만, 여름철 바람과 구름이 없는 맑은 날에 가장 크다. 구름이 많으면 태양복사를 막고 강한 바람은 대기가 혼합되어 온도차를 낮추기 때문이다. 캐노피층 도시열섬은 지상으로부터 인간이 생활하는 대기층까지의 현상으로, 대도시의 연평균 기온이 주변 시골보다 1~3℃ 정도 높다. 대기 도시열섬으로 지칭되는 캐노피층 도시열섬은 지표면 도시열섬보다 약하고 일몰 후 야간에 강하게 나타나며, 도시와 시골의 가열차이라기 보다 일몰 무렵부터 시작되는 도시와 시골의 냉각차이에서 기인되는 야간현상이다. 경계층 도시열섬은 캐노피층 위로 지상 구조물의 영향이 없는 1.5km 높이까지 존재하는 열섬을 말한다. 도시열섬에 의한 도심과 주변의 온도 차이는 보통 낮보다 밤에 그리고 여름보다 겨울에 크게 나타난다. 지표면의 가열 정도가 크면 클수록 즉, 밤보다는 낮에 그리고 겨울보다는 여름에 수직대류가 강하게 이루어지고 이에 따라 발생하는 수평이류 현상 또한 활발해져 도심과 주변의 기온 차이가 감소되기 때문이다. 야간에도 바람이 약할 때의 열섬효과가 바람이 강한 경우보다 큰 이유는 바람의 수직 및 수평 흐름이 적기 때문이다.

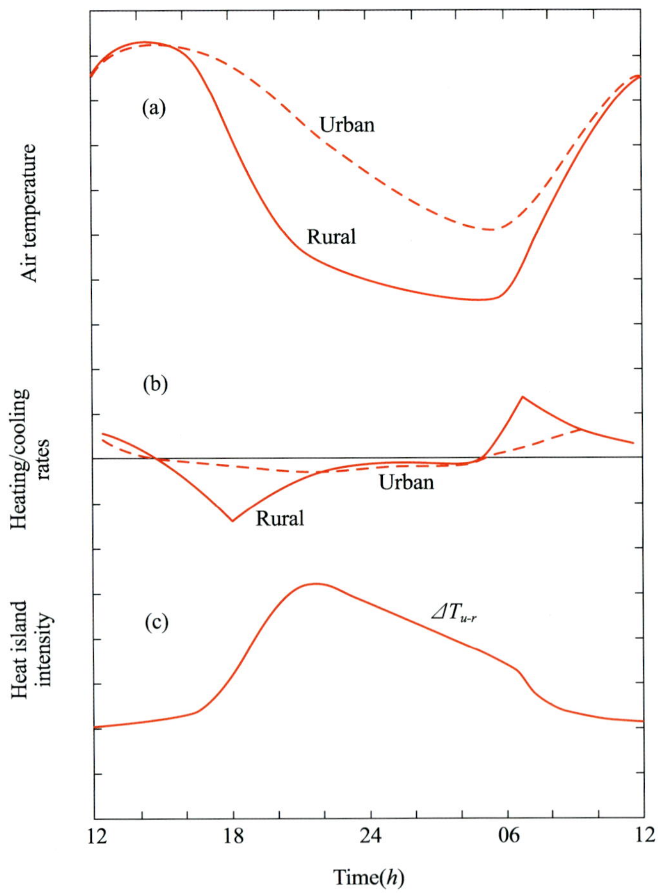

그림 6.18 중위도 도시열섬의 일일변화. 도시와 시골의 (a) 기온변화, (b) 가열/냉각속도, (c) 열섬강도. 수직눈금단위; (a)와 (c)는 2℃, (b)는 2℃/hour (Oke, 1982).

그림 6.19는 밤과 낮 동안 최적의 조건하에 원격센서로 관측된 지표면 온도(sfc)와 도시 캐노피층(UCL) 내에서 관측된 기온(air)의 공간분포이다. 지표면은 구성 조건에 따라 온도의 변화가 민감하지만, 물이 있는 곳은 열용량이 커서 주·야간 온도 차이가 작다. 도심과 도심 주변의 기온 차이는 도시의 중심으로 갈수록, 그리고 낮보다 밤에 높게 나타난다.

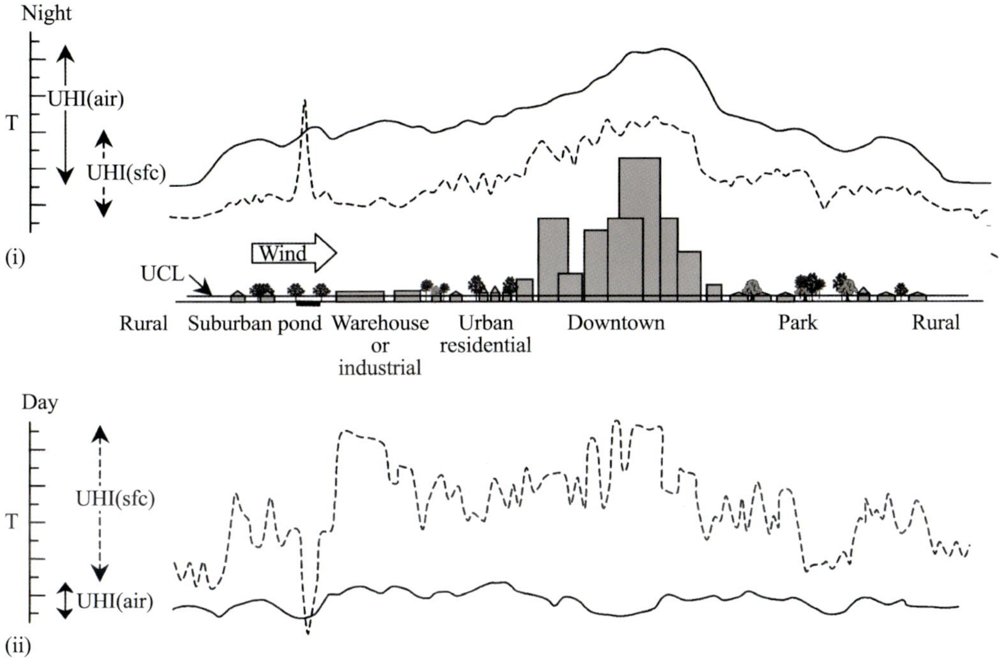

그림 6.19 도시열섬의 특성 (Voogt, 2002). 그림 (i)은 야간의 도시열섬, (ii)는 주간의 도시열섬을 보여준다. 야간에는 캐노피층 기온이 지표면의 온도보다 높고, 주간에는 정반대이다.

열대지방에서의 도시열섬은 냉방 등의 에너지 사용량과 대기오염을 증대시키기 때문에 이롭지 못하고, 개도국과 인구밀도도가 높은 도시에서는 더더욱 그러하다. 반면에 온대와 한대지방의 도시열섬의 경우 겨울철에는 난방에너지 등의 사용이 감소되기 때문에 이로운 역할을 할 수 있다. 도시열섬을 완화시키려는 노력은 지역 환경의 이익을 가져올 뿐 아니라, 온실기체의 방출을 감소시켜 지구온난화를 완화시키는데도 기여할 수 있다. 지구의 기후변화가 도시열섬의 효과를 가중시킬 수는 있지만, 도시열섬으로 인한 기온의 상승이 기후변화를 가속화시킬지에 대해서는 분명치 않다. 이는 도시가 차지하는 영역이 지구 표면적의 적은 부분이고, 미래의 기상상황이 도시열섬에 어떻게 영향을 줄지에 대해 잘 알지 못하기 때문이다.

6.6.2 지형효과에 의한 국지풍

가. 푄 바람

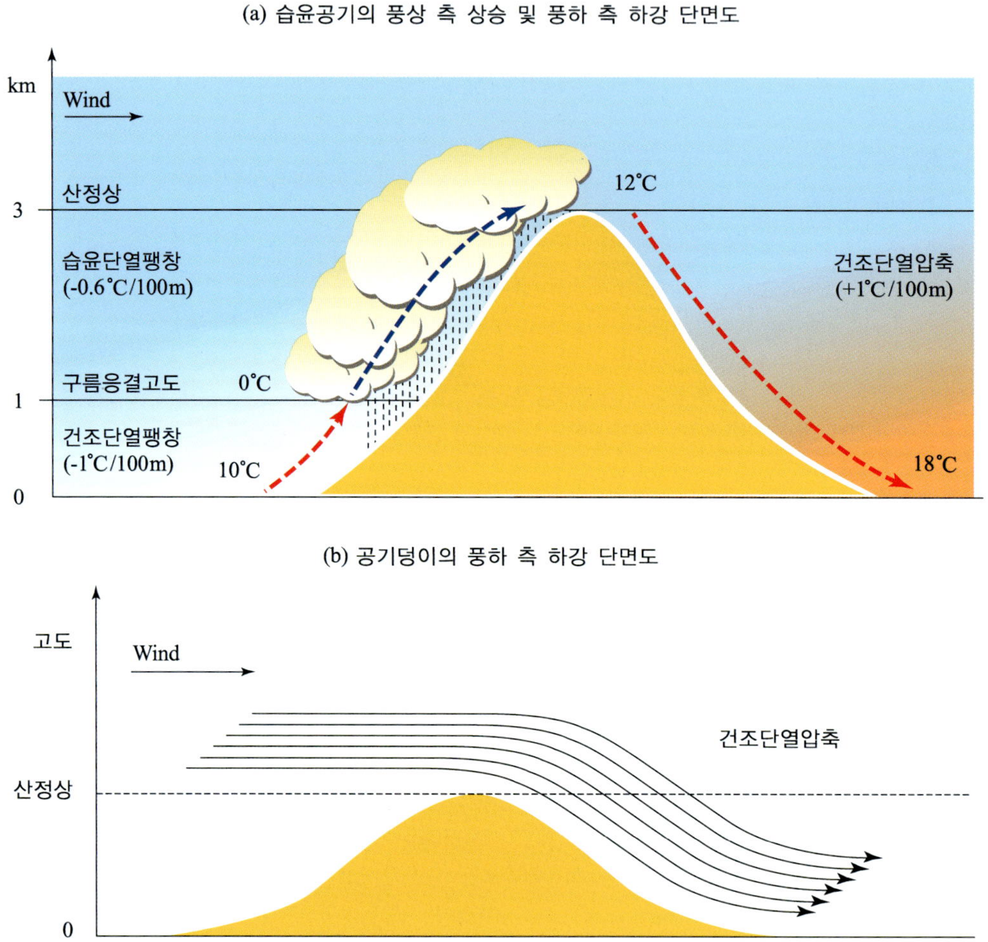

그림 6.20 푄현상 (Beran, 1967).

푄(Foehn) 바람은 지형효과(terrain effects)에 의한 국지풍으로, 그림 6.20의 (a)는 습윤한 공기가 산 능선까지 상승한 후에 풍하 측의 경사면을 따라 하강하는 경우이다. 지형의 영향에 의해 건조단열과정으로 상승하면서 팽창할 경우 기온은 -1℃/100m의 비율로 하강하게 된다. 대기 중의 수증기가 포화상태에 도달하여 응결하면 구름이 형성되는데 이 고도를 구름응결고도(LCL)라 하고, 구름응결고도에서부터 비가 내리기 시작한다. 구름응결고도보다 높은 고도에서의 습윤단열감률은 수증기가 응결할 때 방출하는 잠열에 의해 건조단열감률보다 적은 -0.6℃/100m 정도이다. 습윤단열감률로 정상에 도달하는 바람은 수증기가 비로 다 제거된 건조한 상태이다. 풍하 측의 산비탈을 따라 불어내리는 건조한 바람은 단열압축과정에 의해 1℃/100m의 비율로 기온이 상승하게 된다. 하강이 끝난 바람이 지상에 도달했을 때 고온 건조한 바람이 되는 현상을 푄현상이라 하고, 이때 부는 바람을 푄 바람이라 한다. 이러한 현상의 대표적인 예는 알프스 지역의 푄과 북미 로키산맥 지역의 치누크(Chinook) 등이 있다. 그림 6.20의 (b)는 상승현상 없이 산 정상에 도달한 공기가 풍하 측의 경사면을 따라 단열압축과정에 의해 하강하는 경우로, 풍하 측 지상에 도달한 푄 바람의 온도는 산 정상에 있을 때의 온도보다 높다.

나. 활강바람

활강바람(Katabatic winds)은 고원지대, 산, 빙하 또는 구릉지 위에 위치해 있는 공기가 복사 냉각됨으로써 발생한다. 가장 흔하게 발생하는 곳은 남극과 그린란드의 높이 솟아있는 대형 빙상(ice sheet)이다. 공기덩이가 대규모인 경우 중력이 크게 작용하여 폭포와 같이 강력하게 저지대로 불어 내려오기 때문에 중력풍(gravity wind) 또는 배수풍(drainage wind)이라고도 한다. 대표적인 활강바람에는 지중해의 Mistral과 아드리아 해의 Bora가 있다. 이에 반해, 활승바람(Anabatic winds)은 보통 주간에 산의 비탈면이 가열될 때 경사면을 따라 상승하는 바람이다.

6.7 참고문헌

기상청, 2012: 방재기상운영규정. 기상청 훈령 제728호.

윤일희, 2004: 「현대 기후학」. 시그마프레스, 제4장.

홍성길, 2006: 「기상분석과 일기예보」. 교학연구사, pp. 98-98.

AMS(American Meteorological Society), 2000: *Glossary of Meteorology*. Allen Press, Inc.

Anthes, R.A., 1982: Tropical cyclones their evolution, structure and effects. *Meteorological monographs*. **19**(41), AMS, Chapter 2.

Atkinson B.W., 1981: *Meso-scale atmospheric circulation*. Academic press inc. Ltd., New York, Chapter 5.

Beran, D.W., 1967: Large Amplitude Lee Waves and Chinook Winds. *J. Appl. Meteor.*, **6**, 865-877.

Byers, H.R., 1974: *General meteorology*. 4th ed., McGraw-Hill Inc., Chapter 11.

Christensen, J.H., K. Krishna Kumar, E. Aldrian, S.-I. An, I.F.A. Cavalcanti, M. de Castro, W. Dong, P. Goswami, A. Hall, J.K. Kanyanga, A. Kitoh, J. Kossin, N.-C. Lau, J. Renwick, D.B. Stephenson, S.-P. Xie and T. Zhou, 2013: Climate Phenomena and their Relevance for Future Regional Climate Change. In: *Climate Change 2013: The Physical Science Basis. Contribution of Working Group I to the Fifth Assessment Report of the Intergovernmental Panel on Climate Change* [Stocker, T.F., D. Qin, G.-K. Plattner, M. Tignor, S.K. Allen, J. Boschung, A. Nauels, Y. Xia, V. Bex and P.M. Midgley (eds.)]. Cambridge University Press, Cambridge, United Kingdom and New York, NY, USA. 1228 pp.

Gray, W.M., 1975: *Tropical cyclone genesis*. Atmos. Sci. Paper No. 234, Colorado State Univ., 15 pp.

Haltiner, G.J., and F.L. Martin, 1957: *Dynamical and physical meteorology*. McGraw-Hill Company, Inc. Chapter 23.

Iribarne J.V., and H.R. Cho, 1980: *Atmospheric physics*. D. Reidel publishing company, Chapter 5, 7.

Kung, E.C., 1991: Long-Range Forecasting, Fall Semester 1991 Lecture Notes. Department of Atmospheric Science., Univ. of Missouri-Columbia.

Musk, L.F., 1988: *Weather systems*. Cambridge University Press, Chapter 10, 11.

NWS, 2012: *Tropical Cyclones, A Preparedness Guide*. 2 pp.

Oke T.R., 1982: The energetic basis of the urban heat island. *Quart. J. Roy. Meteor. Soc.*, **108**, 1-24.

Rogers, R.R., 1979: *A short course in cloud physics*. 2nd ed., International series in natural philosophy, Pergamon press, Chapter 9.

Smith, R.K., 2006: Lectures on tropical cyclones. Chapter 1.
http://www.meteo.physik.uni-muenchen.de/-roger/Tropical_Cyclones/060510_tropical_cyclones.pdf

Voogt, J.A., 2002: Urban Heat Island. *In: Munn, T. Douglas A. (ed.), Encyclopedia of Global Environmental Change*, Vol. 3. Cause and consequences of global environmental change, John Wiley and Sons Ltd., Chichester, 1-3.

Voogt J,A., and T.R. Oke, 2003: Thermal remote sensing of urban climates. *Remote Sensing of Environment*, **86**, 370-384.

Wallace, J.M., and P.V. Hobbs, 1977: *Atmospheric Science, An Introductory Survey*. Academic Press, Chapter 1.

WMO, 2003: *Manual on the Global Observing System*. Vol. I (WMO-No. 544), Attachment II.1.

WMO, 2007: *Guide to the Global Observing System*. 3rd ed., WMO-No. 488, II-2 pp.

WMO, 2008: *Guide to Meteorological Instruments and Methods of Observation*. WMO-No. 8, 7th ed., Part II, Chapter 11.

WMO, 2012: *Classification of tropical cyclones*. TCM-7/Doc. 4.10.2. Appendices.

웹사이트

NOAA:
http://www.srh.noaa.gov/srh/jetstream/tropics/tc_basins.htm

Part 2

기후변화

| Chapter |

07 세계의 기후

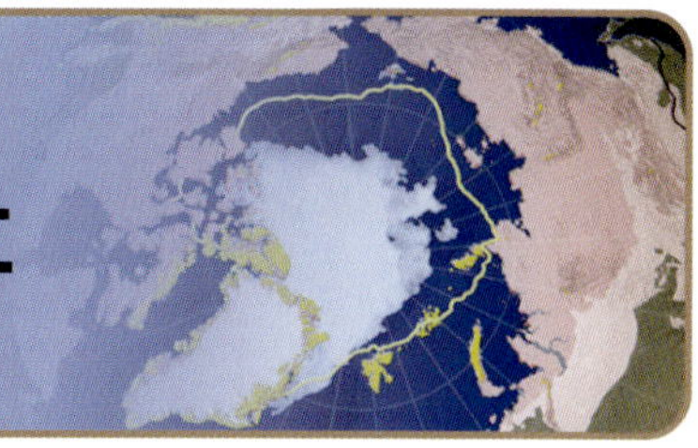

7.1 기후

7.1.1 어원

동양에서 기후(氣候)의 어원은 24절기의 기(氣)와 72후의 후(候)에서 유래되었다. 5일을 후(候), 3후(15일)를 1기(氣)라 하고, 1년 360일을 24節氣(24×15) 및 72候(72×5)로 구분하였다. 1년간의 계절 추이를 시간의 흐름으로 본 것이다. 서양에서 기후(climate)의 어원은 그리스어의 clinein(기울어지다)에서 유래되었다. 이는 태양 중심의 지구 공전 궤도면에 대한 자전축의 경사를 기후의 주요 원인으로 보았으며, 경·위도 등 공간 특성에 중점을 둔 것이다. 따라서 현대의 기후 개념은 동·서양에서 중점을 두었던 시간과 계절, 그리고 공간과 지역의 의미를 종합한 것이라 할 수 있다.

7.1.2 통계적 의미

기후는 특정 지역에 대해 누년에 걸쳐 관측된 기상요소(meteorological element)의 통계 특성으로 평균과 극값 및 발생빈도를 말한다. 통계적 의미에서 30년 동안의 기상요소에 대한 평균(climatological normal)과 변동성(variability)으로 설명할 수 있다. 월, 계절 및 년별로 변화하는 기후 값이 통계학적으로 의미가 있으려면 시간 규모가 수십 년 이상이어야 한다. 세계기상기구(WMO)에서 권고하고 있는 기후표준평년값(climatological standard normal)은 1931~1960년, 1961~1990년, 1991~2020년과 같이 고정된 30년간의 누년 평균값을 말하고, 임의의 30년간 누년 평균값은 기후평년값(climatological normal)이라고 한다. 그 밖의 누년 평균값으로, 관측기록이 없는 해를 제외하고 그 자료 기간이 25년 이상 30년 미만인 경우는 평년값(normal), 자료 기간이 8년 이상 24년 이하인 경우는 준평년값으로 평년값에 준하여 사용한다.

7.1.3 기후요소와 기후인자

기후요소(climatic element)는 기상요소의 장기간 평균상태를 말한다. 기상요소는 특정 시·공간에서 대기의 상태를 나타내는 요소로 바람, 기온, 기압, 습도, 구름, 강수, 및 시정 등이 있으며, 이들 요소들은 상호 연관성을 갖고 있다. 기후인자(climate factors)는 기후요소의 시·공간적 분포에 영향을 주어 변화를 야기하는 요인이다. 기후인자에는 경·위도, 고도, 해·육상 분포, 지형, 해류 및 지표면 구성 등의 지리적 인자와 기단, 고·저기압, 전선 및 대기의 순환 등 기상학적 인자가 있다.

지구의 표면이 균질한 경우에 기후지도는 적도를 중심으로 동·서 대칭의 위도대별 띠가 남·북 방향으로 연속해서 배열된 간단한 패턴일 것이다. 그러나 실제 지표면은 균질하지 않고 기후지도의 대칭 패턴을 혼란스럽게 만드는 많은 인자들이 존재한다. 기후요소를 변화시키는 주요 지리적 인자들의 역할은 다음과 같다. 위도는 지구의 지리적 온도변화를 가장 크게 발생시키는 기후인자이다. 지표면에 입사하는 태양의 고도와 복사량 및 주·야간의 길이에 대한 계절적인 변화가 대체로 위도에 따라 결정되기 때문이다. 해·육상 분포는 위도 다음으로 지구의 온도를 조절하는 중요한 기후인자이다. 해양은 육지에 비해 상대적으로 열용량이 크기 때문에 느린 속도로 가열 및 냉각되고 수온의 변화도 육지에 비해 작다. 이러한 지표면의 차등가열은 지구의 기후를 해양성기후와 대륙성기후로 대분하는 기초가 되는 동시에, 기압계와 바람순환 및 계절적 강수분포에 큰 영향을 미친다. 산맥과 고지대의 분포는 기후형성에 중요한 역할을 한다. 남아메리카의 안데스산맥과 아시아의 히말라야산맥 등과 같은 대규모 산맥은 바람의 이동을 막아주는 장벽의 역할을 하여 풍상 측과 풍하 측의 기후패턴을 대조적으로 만드는 효과가 있다. 또한 티베트 고원과 같은 고지대는 그 지역 자체의 기후를 생성하기도 한다. 해류는 해양에 접해 있는 대륙의 기후에 상당한 영향을 준다. 북반구의 멕시코 만류와 쿠로시오 해류와 같이 저위도에서 고위도를 향해 흐르는 해류는 주변의 기온을 따뜻하게 해주는 반면, 고위도에서 저위도를 향하는 캘리포니아 해류 등은 연안의 기온을 낮추는 효과가 있다.

7.2 기후시스템

지구의 기후시스템(climate system)은 대기권, 수권, 지권, 빙설권 및 생물권의 5개 권역으로 구성되며 (그림 7.1), 내부 구성요소들 간의 상호작용, 태양복사량의 변화와 같은 외부 강제력, 그리고 대기 중의 온실가스 농도변화와 같은 인위적 강제력에 의해 기상과 기후를 변화시키는 고도로 복잡한 시스템이다.

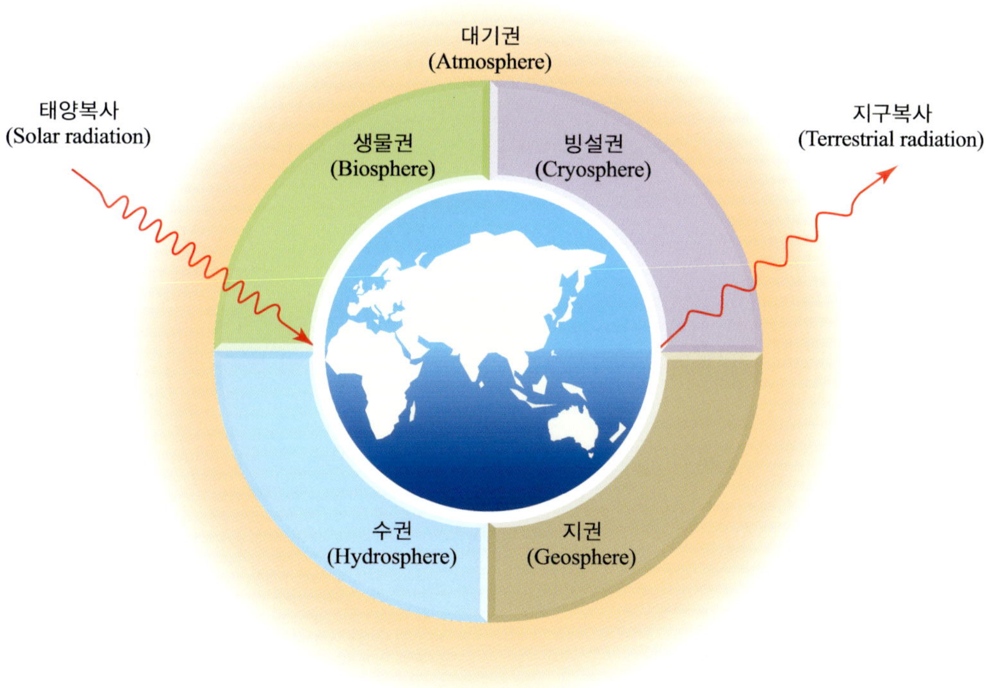

그림 7.1 지구의 기후시스템(Earth's climate system). 5개의 권역은 외부강제력에 의해 영향을 받고 내부 구성요소들 사이에 상호작용을 한다.

7.2.1 구성요소

대기권(atmosphere)은 지구의 역사와 함께 진화되어온 혼합기체가 자체의 중력에 의해 지구의 표면을 둘러싸고 있는 영역이다. 대기권에서 수평·수직방향의 에너지 전달 등에 의해 변화가 다양한 권역은 대류권과 성층권이다. 이산화탄소, 메탄가스, 아산화질소 및 오존 등의 온실가스가 건조 대기에서 차지하는 체적은 0.1% 미만이지만 지구복사를 흡수하고 방출함으로서 지구의 에너지 수지에 극히 중요한 역할을 한다. 성층권 하부에 주로 분포되어 있는 오존은 자외선을 흡수함으로서 성층권의 복사평형에 중요한 역할을 하는 동시에, 인체의 건강에 유해한 성분을 차단해준다. 강력한 온실가스로 체적비의 변화가 심한 수증기는 고체, 액체 및 기체의 위상 변화를 통해 많은 에너지를 흡수하고 방출함으로서 기후의 변화에 중심적 역할을 한다.

지권(geosphere)은 암석과 토양으로 이루어진 지구의 표피로, 화성암과 퇴적암 및 변성암으로 이루어진 암석권(lithosphere)을 말하기도 한다. 지권은 태양복사가 지표면에 도달하는 양상과 지구복사가 대기권으로 방출되는 양을 조절하는 동시에, 지표면의 형상과 식생에 의해 결정되는 거칠기는 대기의 흐름인 바람에 영향을 준다. 증·발산 및 지표면 대기와의 열 교환 등을 통해 지구의 물 순환과정에 영향을 주며, 지권에서 발생하는 화산활동은 기후변화의 원인이 되기도 한다.

수권(hydrosphere)은 바다, 하천 및 내륙의 담수를 포함하여 지구표면에 분포되어 있는 모든 종류의 물을 포함한다. 지표면의 약 70%를 차지하는 바다는 많은 양의 에너지를 저장 및 이동시키고, 거대한 양의 이산화탄소를 용해 및 축적시킴으로서 지구의 기후시스템에서 열 저장고 역할을 한다. 해양의 순환은 대기의 순환에 비해 아주 느리지만 지구의 기후를 조절하는 동시에 장기간의 시간규모를 갖는 자연적인 기후변동성(natural climate variability)의 원천이다.

빙설권(cryosphere)은 해빙, 산악빙하, 영구동토층 및 만년설 등 지구의 표층을 덮은 얼음과 눈의 영역을 말한다. 높은 열용량과 낮은 열전도도 및 입사 태양복사에 대한 높은 알베도 등은 지구의 기후시스템에 영향을 준다. 방대한 양의 물을 저장하고 있는 빙원의 확장과 축소는 해수면 변화의 잠재적 근원이 된다.

생물권(biosphere)은 대기권과 수권 및 지권 내에서 동물과 식물 등의 유기체가 존재하는 비교적 얇은 층이다. 생물권에서의 물질순환은 대기의 구성성분에 영향을 주는 동시에 온실기체를 흡수하고 방출한다. 해양과 육지의 생물은 온실가스를 흡입하고 방출하는 한편, 광합성 식물인 숲은 상당량의 탄소와 이산화탄소를 저장한다. 이와 같이 생물권은 탄소순환 뿐 아니라, 메탄 및 질소와 같은 많은 가스들의 수지에 중심적인 역할을 한다. 생물권은 기후변화에 영향을 주는 동시에, 화석이나 식물의 나이테 등은 기후변화의 역사를 저장하고 있기 때문에, 이러한 지표로부터 과거 기후의 많은 부분을 인지할 수 있다.

7.2.2 상호작용

지구 기후시스템의 5개 권역에 존재하는 구성 요소들은 복사, 대류 및 강수 등의 상호 연관된 과정을 통해 지구의 기후를 지속적으로 변화시킨다. 생물권의 호흡과 광합성 및 증·발산 과정 등으로 이루어지는 이산화탄소와 수증기 등의 대기권 공급을 포함하여, 지권의 토양과 식생 그리고 빙설권인 얼음과 눈의 알베도 등은 지구의 복사수지를 변화시킨다. 이러한 변화는 양과 음의 피드백(positive, negative-feedback)과정에 의해 이루어진다. 양의 피드백 과정 가운데 하나가 온실가스에 의한 강화된 온실효과이다. 대기 중 온실가스의 농도가 증가하는 경우, 지구복사의 흡수량 증가에 의해 기온이 상승하면서 증발량과 구름의 양이 많아지게 되고, 이는 기온이 지속해서 상승하는 결과를 낳는다. 대표적인 음의 피드백 과정이 빙설면적의 변화이다. 빙설면적이 넓어져서 알베도가 증가하면 지표면 부근의 기온이 하강하고, 이에 따라 빙설면적이 더욱 확장되는 결과를 초래한다.

대기와 해양 사이에는 열, 수증기, 이산화탄소 및 운동에너지의 교환 작용이 지속적으로 이루어진다. 기후시스템 가운데 지구의 기후변화를 가장 잘 표현해주는 구성요소가 대기권이다. 이러한 대기권의 기후변화는 해양에 의해 조절된다. 대기에 비해 수천 배의 열용량을 갖고 있는 해양은 열에 대한 보존능력이 커서 쉽게 따뜻해지거나 냉각되지 않고, 대기 중의 이산화탄소를 흡수하고 다시 배출함으로서 온실가스의 농도와 기온을 일정 수준으로 제어해주기 때문이다. 지구의 물은 거의 대부분이 해양에 위치해 있으며 아주 적은 양이 대륙에 존재한다. 약 0.001%의 물만이 대기 중에 수증기 형태로 존재하는데, 응결되면 0.25cm의 두께로 지표면을 덮을 수 있는 미량이지만 지구의 기후변화에 중요한 역할을 한다.

7.2.3 반응

표 7.1 기후시스템 구성요소별 반응 시간 (McGuffie et al., 2005).

구분		시간
대기권	자유대기(free atmosphere)	10일
	대기경계층(boundary layer)	24시간
수권	혼합층(ocean mixed layer)	수개월~수년
	심해(deep ocean)	300년
	호수/강(lakes/rivers)	10일
빙설권	눈/지표면 얼음층(snow/surface ice layer)	24시간
	해빙(sea ice)	수일~수백 년
	산악빙하(mountain glaciers)	300년
	빙상(ice sheets)	3,000년
생물권	토양/식물(soil/vegetation)	10일~수백 년
지권	맨틀(Earth's mantle)	3천만년

기후시스템은 5개 권역의 구성요소들이 상호작용하는 동시에 외부의 강제과정(external forcing mechanism)에 의해 영향을 받는다. 외부 강제력에는 지구의 열 수지와 관련된 태양복사량의 변화와 인간 활동에 기인하는 대기조성의 변화 등을 들 수 있다. 가장 영향력이 큰 태양복사량의 변화는 태양 자체의 광도변화, 태양활동 및 지구궤도의 변화에 기인한다.

기후시스템의 구성요소들이 외부 강제력에 반응하여 평형에 도달하는 시간(equilibration times) 즉, 반응시간은 다양하다 (표 7.1). 대기권 내 대류권의 반응시간은 수일에서 수주까지로 비교적 짧은 반면에, 성층권이 복사평형을 이루기까지는 수개월이 걸린다. 일반적으로 열용량이 큰 해양의 반응시간은 대기권에 비해 길고, 수권의 심해와 빙설권의 빙하는 수백 년에서 수천 년까지 길어지기도 한다. 생물권은 가뭄과 같은 기후변화에 대해서 빠르게 반응하지만, 외부강제력의 변화에 대한 반응속도는 느린 편이다. 외부 강제력의 변화가 없을 경우에도 기후는 자연적으로 변화할 수 있다. 이는 구성요소들의 반응시간이 일정하지 않고 상호작용하면서 지속적으로 변화하기 때문이다.

7.3 세계의 기후구분

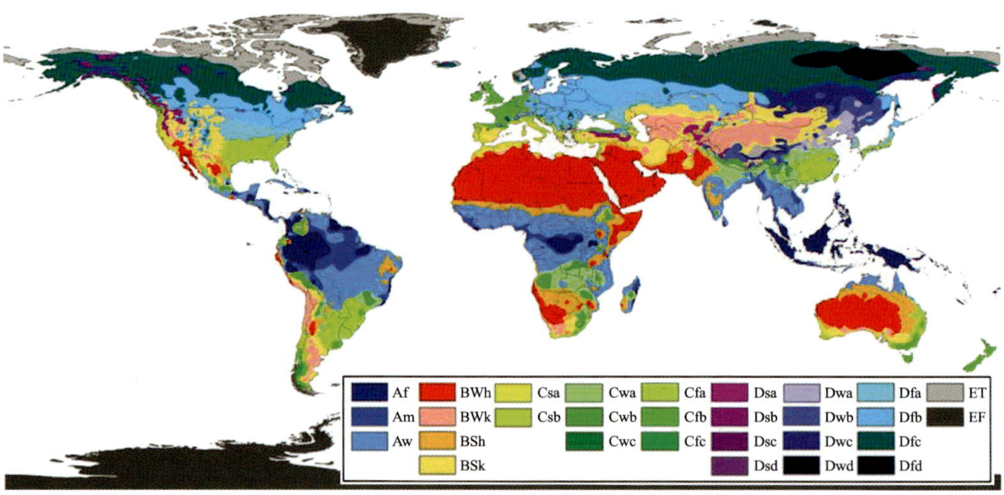

그림 7.2 최신 전구 Köppen-Geiger 기후구분도 (Peel et al, 2007).

기후를 구분하는 방법에는 기후변화의 요인인 지리적 인자와 기상학적 인자를 중심으로 분석하는 발생학적 방법, 그리고 기후요소의 평균값을 기준으로 분석하는 경험적 방법이 있다. 발생학적 방법은 정량적인 정보들을 제공하지 못하고 기후구분의 경계선을 정의하기가 어려운 단점을 가지고 있는 반면에, 경험적 방법은 정보의 양이 많을 경우에 기후구분을 명확하게 할 수 있는 장점이 있다. 쾨펜의 기후분류시스템은 경험적 방법에 의한 기후구분으로, 1884년 Wladimir Köppenin에 의해 최초로 만들어 졌으며 현재까지도 널리 사용되고 있다. 쾨펜의 기후분류시스템은 이후에 자신과 동료 및 후학들에 의해 여러 차례 수정되었으며, 1961년에 Rudolf Geiger와 토착식생을 기초로 공동 제작한 것이 Köppen-Geiger 기후분류시스템이다. 그림 7.2의 최신 전구 Köppen-Geiger 기후구분은 Köppen-Geiger 시스템을 사용하였으며 전 세계 4,279개 관측소의 모든 월별 강수와 기온 자료를 기초로 2007년에 수정한 것이다.

표 7.2에서 보는 바와 같이, 1차 분류는 위도대를 기준으로 구분하였으며 2차 분류는 강수량을 기준으로, 그리고 3차 분류는 세부기온을 기준으로 세계의 기후를 구분하였다. 총 30개의 가능한 기후형들은 3개의 열대기후형, 4개의 건조기후형, 9개의 온대기후형, 12개의 냉대기후형 및 2개의 극기후형으로 구분된다. 최신 전구 Köppen-Geiger 기후구분은 이전의 기후구분과 달리 고산기후형(H: Highland type)을 분류하지 않았다. 이는 전 지구의 고산지대에 대한 고도 정의가 필요하고, 고산기후형에 대한 제공정보가 다른 기후형에 비해 미미하기 때문이다. 전 지구적으로 육지에서 가장 우세한 기후형은 건조기후(B, 30.2%)이고, 다음으로 냉대기후(D, 24.6%), 열대기후(A, 19.0%) 온대기후(C, 13.4%) 및 극기후(E, 12.8%)이다. 세부 분류형으로 가장 흔한 것은 건조사막-고온기후(BWh, 14.2%)와 열대사바나기후(Aw, 11.5%)이다. 온대하계건조-하계한랭기후(Csc)는 전혀 나타날 수 없고, 온대동계건조-하계한랭기후(Cwc)는 극히 일부 지역에서만 나타난다.

가. 열대기후

열대기후(A)는 적도를 중심으로 남북회귀선(남위·북위 23.5°) 사이에 위치해 있는 저위도 지역의 기후를 말하며, 일반적으로 기온의 일교차가 연교차보다 크다. 열대지역의 기후는 계절의 변화에 따라 남북으로 이동하는 열대수렴대의 영향을 많이 받고, 강수의 양에 따라 열대우림과 열대몬순 및 열대사바나로 구분된다.

나. 건조기후

건조기후(B)는 아열대고압대가 위치하는 위도대의 기후이다. 가장 뚜렷한 기후특성은 탁월하게 나타나는 하강기류의 영향으로 강수량보다 증발산량이 많은 것이다. 기온의 일교차가 심하고 산림이 없는 기후로 사막기후와 초원기후로 구분된다.

다. 온대기후

온대기후(C)는 남북회귀선으로부터 남북 극권(남위·북위 66.5°)까지의 중위도에 나타나는 기후로, 기온의 일변화에 비해 연변화가 크게 나타나며 4계절이 뚜렷하게 구

표 7.2 최신 전구 Köppen-Geiger의 기후구분 (Peel et al, 2007).

1차	2차	3차	기후형	분류기준
A			열대	• 최한월의 기온 ≥ 18℃
	f		우림	• 연중 가장 건조한 달의 강수 ≥ 60mm
	m		몬순	• (Af)기후가 아니고, 연중 가장 건조한 달의 강수 ≥ (100-연평균강수량/25)mm
	w		사바나	• (Af)기후가 아니고, 연중 가장 건조한 달의 강수 < (100-연평균강수량/25)mm
B			건조	• 연평균강수량 < 10×P(기준)*
	W		사막	• 연평균강수량 < 5×P(기준)
	S		초원	• 연평균강수량 ≥ 5×P(기준)
		h	고온	• 연평균기온 ≥ 18℃
		k	한랭	• 연평균기온 < 18℃
C			온대	• 연중 최난월의 기온 > 10℃ & 0℃ < 연중 최한월의 기온 < 18℃
	s		하계건조	• 여름철 가장 건조한 달의 강수 < 40mm & 여름철 가장 건조한 달의 강수 < (겨울철 가장 습한 달의 강수/3)mm
	w		동계건조	• 겨울철 가장 건조한 달의 강수 < (여름철 가장 습한 달의 강수/10)mm
	f		연중습윤	• (Cs) 또는 (Cw)가 아님
		a	하계고온	• 최난월의 기온 ≥ 22℃
		b	하계온난	• (a)가 아니고, 기온이 10℃를 넘는 달의 수 ≥ 4
		c	하계한랭	• (a) 또는 (b)가 아니고, 1 ≤ 기온이 10℃를 넘는 달의 수 < 4
D			냉대	• 최난월의 평균기온 > 10℃ & 최한월의 기온 ≤ 0℃
	s		하계건조	• 여름철 가장 건조한 달의 강수 < 40mm & 여름철 가장 건조한 달의 강수 < (겨울철 가장 습한 달의 강수/3)mm
	w		동계건조	• 겨울철 가장 건조한 달의 강수 < (여름철 가장 습한 달의 강수/10)mm
	f		연중습윤	• (Ds) 또는 (Dw)가 아님
		a	하계고온	• 최난월의 기온 ≥ 22℃
		b	하계온난	• (a)가 아니고, 기온이 10℃를 넘는 달의 수 ≥ 4
		c	하계한랭	• (a), (b) 또는 (d)가 아님
		d	하계극한	• (a) 또는 (b)가 아니고, 최한월의 기온 < -38℃
E			극	• 최난월의 기온 < 10℃
	T		툰드라	• 최난월의 기온 > 0℃
	F		빙설	• 최난월의 기온 ≤ 0℃

* P(기준): 연평균 강수량의 70%가 겨울철에 발생하는 경우의 P(기준) = 2×연평균기온, 연평균 강수량의 70%가 여름철에 발생하는 경우의 P(기준) = 2×연평균기온+28, 다른 경우의 P(기준) = 2×연평균기온+14. 여름(겨울)은 보다 온난한(보다 한랭한) 10월부터 3월까지와 4월부터 9월까지의 6개월.

별된다. 겨울철 남하하는 한대고기압과 여름철 북상하는 아열대고기압 및 남북 열 순환과정에서 발생하는 상층 제트기류의 영향을 많이 받는다. 강수의 계절적 특성에 따라 겨울에 비가 많고 여름에 비가 적은 하계건조기후, 여름에 비가 많고 겨울에 비가 적은 동계건조기후 및 일 년 내내 비가 많은 연중습윤기후로 구분된다.

라. 냉대기후

냉대기후(D)는 중위도 북부의 고위도 지역에 나타나는 기후로, 대륙의 영향을 많이 받는다. 긴 겨울에는 극기단의 영향으로 눈보라와 강풍이 잦고 혹한인 반면에, 짧은 여름에 비교적 높은 기온을 보인다. 냉대연중습윤기후는 겨울철에도 온대저기압의 영향으로 종종 눈이 내리며, 연중 강수량이 많은 기후로 아한대 다우기후라고도 한다. 냉대하계건조기후는 여름이 건조한 기후로 극히 일부 지역에서만 나타난다. 냉대동계건조기후는 겨울에는 맑은 날씨가 많아 강수가 적은 반면, 여름에는 계절풍의 영향으로 비가 많이 내린다. 기온은 여름에 비교적 높은 반면, 겨울에는 매우 쌀쌀해서 연교차가 매우 큰 대륙성 기후를 보인다.

마. 극기후

극기후(E)는 일반적으로 극권(66.5°)보다 고위도인 양 극지방에서 나타나는 한랭한 기후로, 가장 따뜻한 달의 평균기온이 10℃ 이하인 한대기후이다. 여름 반년은 태양이 전혀 지지 않고 겨울 반년은 태양을 전혀 볼 수 없는 지역이 많다. 가장 따뜻한 달의 평균기온이 0℃ 이상이면 툰드라기후, 미만이면 빙설기후로 분류된다. 툰드라기후 지역에서는 짧은 여름철에 이끼류나 선태류 또는 작은 풀들이 잠깐 나타날 수 있다. 빙설기후 지역은 가장 따뜻한 달의 기온도 영하이기 때문에 연중 얼음이나 눈으로 뒤덮여 있어 식물을 볼 수 없다.

7.4 참고문헌

윤일희, 2004: 「현대 기후학」. 시그마프레스, 제5장.

Baringer, M.O., D.S. Arndt, and M.R. Johnson, 2010: Abstract [in "State of the Climate in 2009"]. *Bull. Amer. Meteor. Soc.*, **91**(7), S12-S13.

Barry, R.G., and R.J. Chorley, 1987: *Atmosphere, Weather and Climate*. Metheun & Co. Ltd, 5th ed., Chapter 8.

Gradstein, F.M., J.G. Ogg, A.G. Smith, W. Bleeker, and L.J. Lourens, 2004: A new geologic time scale, with special reference to precambrian and neogene. *Episode*, **27**(2), 83-100.

ICS(International Commission on Stratigraphy), 2013: International Chronostratigraphic Chart.

www.stratigraphy.org

IPCC, 2001: *Climate change 2001, Synthesis Report, Summary for policymakers*. pp. 16-18.

Lutgens, F.K., and E.J. Tarbuck, 1989: *The atmosphere: An introduction to meteorology*. 4th ed., Chapter 14.

McGuffie, K., and A. Henderson-Sellers, 2005: *A Climate Modelling Primer*. 3rd ed., John Wiley & Sons, Ltd, 41 pp.

Peel, M. C., B. L. Finlayson, and T. A. McMahon, 2007: Updated world map of the Köppen-Geiger climate classification. Hydrol. Earth Syst. Sci., **11**, 1633-1644. www.hydrol-earth-syst-sci.net/11/1633/2007/

Sellers, W.D., 1969: *Physical climatology*. The University of Chicago Press, Chicago, Chapter 13.

Wallace, J.M., and P.V. Hobbs, 1977: *Atmospheric science, An introductory survey*. Academic press, Inc. New York, Chapter 7.

World Bank, 2010: *World development report 2010, Development and Climate Change*. Washington, DC, pp. 137-138. http://www.worldbank.org/wdr

웹사이트

Australian Government/Bureau of Meteorology:
http://www.bom.gov.au/

| Chapter |

08 지구의 온난화

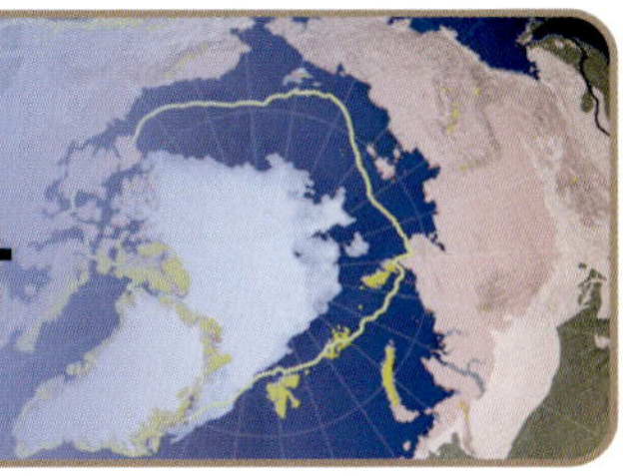

8.1 개요

지구의 온난화와 기후변화를 동일한 의미로 혼용해서 사용하는 것이 일반적이다. 그러나 이 두 용어는 아주 밀접하게 연관되어 있으면서 중요한 차이점을 갖고 있다. 지구의 온난화는 대기권의 기온이 전반적으로 상승하는 현상이며, 기후변화는 장기간의 기상패턴인 기후요소가 지역적으로 바뀌는 현상이다. 지구의 온난화로 기후가 변화하면 열파와 한파 이외에, 가뭄과 홍수, 지표면과 해양의 환경, 그리고 식생의 패턴 등이 변화하기 때문에, 지구 온난화는 기후변화의 주요 원인인 동시에 일부분이다.

8.1.1 지구의 기온 상승

2001년부터 2010년까지 전 지구의 지표면 기온은 기상관측 이래 가장 더운 10년이었다. 이 기간 동안의 기온은 기후표준평년값(1961~1990)인 14.0℃보다 약 0.47℃ 높았고, 지난 세기 첫 번째 10년(1901~1910)보다 0.88℃ 상승했다. 그림 8.1에서 보는 바와 같이, 1880년부터 2010년까지의 10년 평균 기온 증가율은 0.062℃이지만, 1970년 이후의 10년 평균 기온 증가율은 0.17℃로 최근에 가까울수록 지구의 온난화가 가속화되고 있음을 알 수 있다. 이러한 온난화의 가속화는 대기 중의 에어로졸 입자가 태양복사를 반사시켜 발생하는 냉각효과와 해양이 이산화탄소를 흡수해서 유지되는 대기와 해양 간의 열평형 효과가 없을 경우에는 더 빨리 진행될 수도 있다.

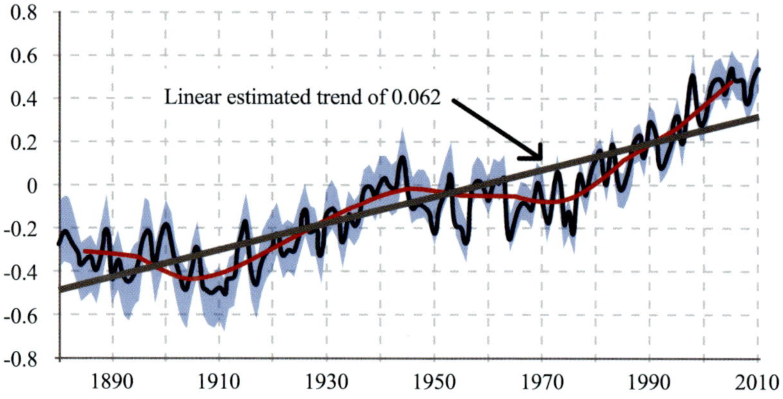

그림 8.1 최근 130년(1880~2010) 동안 전 지구의 기온상승. 기후표준평년값 대비 10년 평균 아노말리(적색)와 연평균 아노말리(감청색), 130년 동안의 기온변화경향(회색)과 불확실성 범위(담청색)를 보여준다 (WMO, 2013).

8.1.2 지구 온난화의 증거

기후시스템을 구성하는 여러 요소들을 종합 분석한 10개 핵심지표는 산업화 이후에 지구가 온난화되고 있다는 사실을 보여준다 (그림 8.2). 지표면 부근의 기온, 표층수온, 해상의 기온, 해면 수위, 해양의 열 함량, 습도 및 대류권 저층의 기온을 포함하는 7개 지표는 상승하고 있으며, 나머지 3개 지표인 북극의 해빙, 북반구의 빙하와 봄철 적설면적은 감소하고 있다. 지표면의 평균기온 상승은 가장 잘 알려진 기후변화의 지표로, 1900년 이후 현저하게 상승해오고 있다. 지표면의 기온 상승은 수온의 상승과 밀접하게 연관되어 있으며, 해·육상 저층 대기의 온도 상승과 일치되는 결과를 나타낸다. 이는 대기권이 따뜻해지면서 더 많은 수증기를 함유할 수 있음을 뜻한다. 동시에 수온 상승에 의한 바닷물의 팽창과 빙설권의 융해 현상은 해수면을 상승시키는 결과를 가져왔다. 이는 수천 년 동안 지속되었던 하나의 기후상태에서 벗어나 새로운 기후상황이 조성되어 가고 있다는 것을 의미하는 동시에, 지역적으로는 열파와 한파 이외에 가뭄과 홍수 등의 극한 기후현상이 잦아질 것이라는 것을 말해주고 있다.

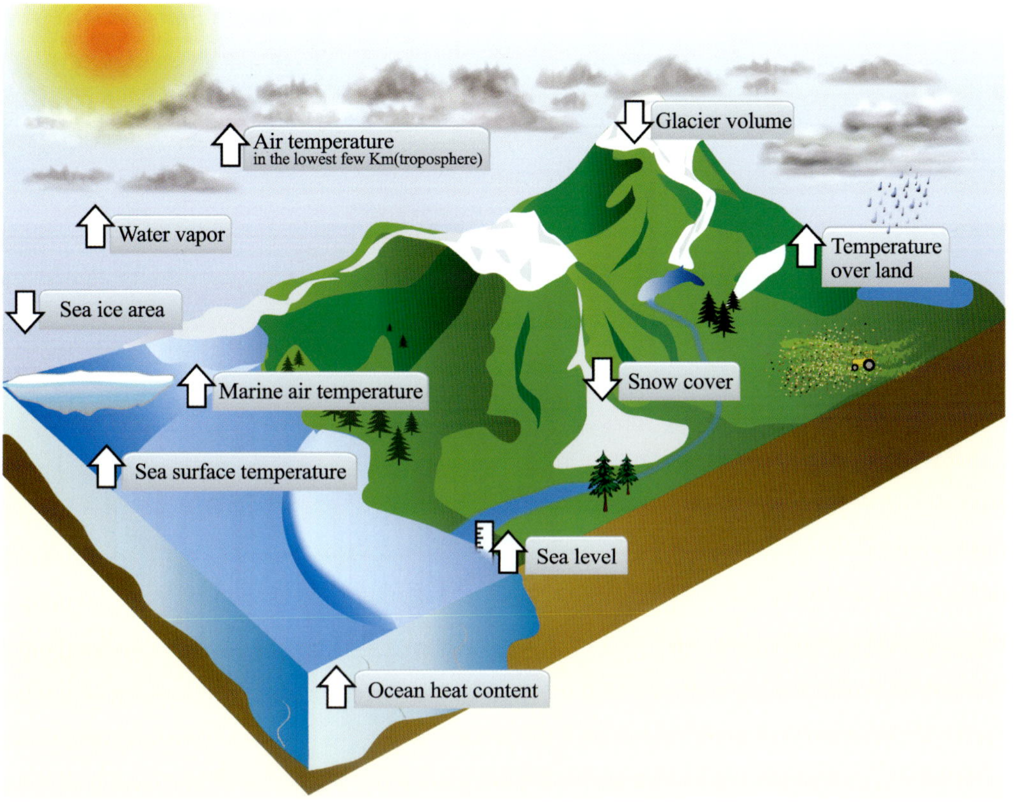

그림 8.2 지구 온난화의 지표. 기후시스템의 여러 구성요소들을 분석한 결과 7개의 지표는 상승, 3개의 지표는 감소했다 (Hartmann, 2013).

8.2 온실가스

8.2.1 온실가스의 종류

대기의 기체 가운데 열을 흡수하여 기온을 상승시키는 성분이 온실가스이다. 온실가스는 인위적 활동과 밀접하게 연관되어 있으며, 기후시스템의 순환과정을 통해 대기의 조성을 변화시킨다 (표 8.1).

온실가스는 지구의 온난화에 관여하는 방식에 따라 직접 온실가스와 간접 온실가스로 구분할 수 있다. 직접 온실가스는 지구의 온난화에 직접 관여하는 물질로, 이산화탄소, 메탄가스, 아산화질소, 수소불화탄소(HFCs), 과불화탄소(PFCs), 육불화황(SF_6), 수증기(H_2O) 및 프레온가스(CFCs)가 포함되며 몬트리올 의정서에 의해 규제되고 있다.

표 8.1 지구의 기후와 대기조성에 영향을 주는 온실가스 (MacCracken, 1991).

종류	주배출원	대류권 대기와 상호작용	성층권 대기와 상호작용	평균 수명 (년)	일차 소멸과정
이산화탄소 (CO_2)	화석연료 연소, 토지이용 변화	없음	없음	~250	해양흡수
메탄가스 (CH_4)	반추동물, 논, 바이오매스 연소	수산기, 오존	오존, 수증기	~10	CO_2와 H_2O로 화학변환
일산화탄소 (CO)	에너지 사용, 농업, 바이오매스 연소	수산기, 오존	미미	~0.3	CO_2에 화학반응
아산화질소 (N_2O)	토지 경작 및 비옥화, 연소, 벌목	없음	오존	~150	—
질소산화물 (NO_x)	화석연료 연소, 바이오매스 연소	수산기, 오존, 비메탄 탄화수소	오존	≤0.02	질산에 화학반응, 강수소멸
프레온가스 CFC-11/12/113	화학 산업	없음	오존	70~120	염소와 염산으로 광해리 후 강수소멸
메틸클로로포름 (CH_3CCl_3)	화학 산업	수산기	오존	~6	
할론-1211 (CF_2ClBr)	소화기	광분해	오존	12~15	해리 및 강수소멸
할론-1301 (CF_3Br)	소화기	없음	오존	~110	
이산화황 (SO_2)	석탄/석유 연소	수산기, 에어로졸	에어로졸	~0.02	건조증착, 황산염화 후 강수소멸
황화카르보닐 (COS)	바이오매스 연소; 화석연료 연소	수산기	에어로졸	2~2.5	황산염화 및 강수소멸
오존 (O_3)	대류권; 질소산화물 및 비메탄탄화수소의 반응. 성층권; 광분해	다종	다종	<0.1	화학반응 또는 지표면 소멸
수증기 (H_2O)	인위배출 < 자연증발	작용	작용	~0.03	강수 또는 화학반응

직접 온실가스 가운데 교토의정서에서 지정하고 있는 6대 온실가스는 이산화탄소, 메탄가스, 아산화질소, 수소불화탄소, 과불화탄소 및 육불화황으로 대기 중에서 지구복사를 흡수하여 자연온실효과를 발생시킨다. 이산화탄소는 석유, 천연가스 및 석탄과

같은 화석연료, 고체 폐기물 및 목재 연소 시 그리고 여타 화학반응의 결과로 발생하여 대기로 방출되는 동시에, 녹색식물의 광합성 작용에 의해 대기 중에서 제거되는 효과가 있다. 메탄가스는 화석연료의 생산, 운송 과정, 가축과 농지 관리 및 유기폐기물의 부패 과정에서 방출된다. 아산화질소는 화석연료와 유기폐기물의 연소, 농업과 산업 활동 등으로부터 방출된다. 수소불화탄소, 과불화탄소, 육불화황은 불소화합물 가스로 다양한 산업 활동에서 방출되는 강력한 합성화합 온실가스이다. 불소화합물 가스는 소량으로 방출되지만 온난화에 대한 기여도가 높다. 수증기는 교토의정서에 채택되지는 않았지만 가장 중요한 온실가스 가운데 하나이며, 기온의 변화와 지표면 구성 및 구름의 발달 과정 등을 통해 지구의 온난화에 직·간접적으로 영향을 미친다. 오존의 농도를 조절하는 프레온가스는 감소 추세에 있지만 지구 온난화에 대한 영향은 아직도 심각한 실정이다. 간접 온실가스는 지구의 온난화에 직접 관여하지는 않지만 다른 물질과 반응하여 온실가스로 전환될 수 있는 물질이며, NOx, CO, SO_2 및 NMVOC(비 메탄 휘발성 유기화합물) 등이 있다.

8.2.2 온실가스의 농도 증가

최근 온난화 추세의 직접적인 원인 가운데 하나는 산업혁명 이후에 화석연료의 사용이 늘어나면서 발생된 온실가스 농도의 급상승이다. 표 8.2는 장수명의 온실가스 가운데 가장 중요한 3대 온실가스의 농도변화를 보여준다. 2011년 이산화탄소와 메탄가스 및 아산화질소의 농도는 산업화 이전인 1750년에 비해 각각 140%와 259% 및 120% 증가하였다. 2010년부터 2011년까지의 온실가스 농도 증가를 지난 10년 동안의 연평균 증가율과 대비해 보면, 이산화탄소는 유사하고 메탄가스와 아산화질소는 약간 높게 나타났다.

표 8.2 주요 온실가스의 농도변화 (WMO, 2012).

구 분	이산화탄소	메탄가스	아산화질소
2011년 전구 농도	390.9±0.1ppm	1,813±2ppb	324.2±0.1ppb
1750년(산업화 이전) 농도	280ppm	700ppb	270ppb
1750년 대비 2011년의 증가비율	140%	259%	120%
2010~2011 절대증가	2.0ppm	5.0ppb	1.0ppb
2010~2011 상대증가	0.51%	0.28%	0.31%
지난 10년간 연평균 절대증가	2.0ppm/yr	3.2ppb/yr	0.78ppb/yr
주요 배출	화석연료, 토지이용	습지, 매립지, 축산	농업, 산업공정
일차 소멸	해양	수산기와 반응	광해리 작용

이산화탄소의 인위적인 주 배출원은 화석연료의 연소과정이나 열대 산림의 채벌과정이며, 배출된 이산화탄소의 일부는 대기 중에 잔류, 일부는 해양에 흡수되거나 식물과 토양 및 그 밖의 흡수원에 의해 저장된다. 이산화탄소의 농도는 산업혁명 이전 약 10,000년 동안 280ppm 정도로 거의 일정하게 유지되었다. 그러나 1700년대 후반 이후에 꾸준히 증가하여 1990년 이후의 연평균 증가율은 약 1.5ppm이었고 지난 10여 년 동안에는 연평균 약 2.0ppm씩 증가하였으며, 2011년의 전구 평균 농도는 약 390.9 ppm에 달했다. 이산화탄소는 지구 온난화를 유발하는 가장 중요한 인위적 온실가스로, 장수명의 온실가스에 의해 발생된 총 복사강제력의 약 64%를 차지한다.

메탄가스는 이산화탄소 다음으로 대기 중에서 가장 풍부하고 혼합이 잘되어 있는 온실가스이다. 메탄가스는 습지와 흰개미 등의 자연적 발생원으로부터 약 40%, 화석연료의 채취, 쌀 경작, 반추 동물, 바이오매스의 연소 및 매립지 등의 인위적 발생원으로부터 약 60%가 방출된다. 메탄가스는 수산기(OH)와의 화학반응으로 대기 중에서 소멸되는 동시에, 다른 미량 가스의 농도에 영향을 준다. 메탄가스의 농도는 산업화 이전에 약 700ppb이었으나 인위적 발생원의 증가에 따라 2011년에 약 1,813ppb를 기록했다. 메탄가스의 연평균 증가율은 1980년대 초에 약 13ppb이었으나, 2000년대 초까지 감소세를 보인 후 2007년부터 상승세로 바뀌었다. 이는 북반구의 기온 상승과 열대 습지에 내리는 집중호우가 원인인 것으로 보고 있다. 북반구의 영구동토층은 많은 메탄가스를 내포하고 있기 때문에 급속한 온난화로 융해될 경우 대량의 메탄가스가 대기에 방출될 수 있다. 메탄가스의 복사강제력은 장수명의 온실가스에 의해 발생된 총 복사강제력의 약 18%를 차지한다.

아산화질소는 이산화탄소와 메탄가스 다음으로 풍부하고 잘 혼합되어 있는 온실가스이다. 아산화질소의 발생원에는 해양, 토지, 바이오매스의 연소, 비료 사용 및 다양한 산업화 과정 등이 있으며, 자연적 발생원에서 약 60%, 인위적 발생원에서 약 40%가 방출된다. 아산화질소는 성층권에서 광해리 작용에 의해 대부분 사라지고, 여기상태의 산소원자인 O(1D)와 반응하여 적은 양이 없어진다. 산업화 이전에 270ppb이었던 아산화질소의 농도는 지난 10년간 연평균 0.78ppb씩 증가하였으며, 2011년에 약 324.2 ppb에 도달했다. 아산화질소의 복사강제력은 장수명의 온실가스에 의해 발생된 총 복사강제력의 약 6%를 차지한다.

기타 온실가스로, 육불화황(SF_6)은 미량이지만 교토의정서에 의해 관리되고 있는 강력한 온실가스로, 약 3,200년에 달하는 긴 수명을 갖고 있다. 화학 산업에 의해 발생하며 대기의 창 영역 가운데 10.3μm 파장의 복사를 강하게 흡수한다. 2010년 농도는 1990년대 중반에 비해 2배로 증가했다. 수소불화탄소(HFCs)와 수소염화불화탄소(HCFCs)는 아직은 적은 양이지만 빠르게 증가하고 있으며 지구복사를 강하게 흡수하는 온실가스들이다. 성층권의 오존을 감소시키는 프레온가스(CFCs)와 소수의 할로겐화 가스들의 복사강제력은 장수명의 온실가스에 의해 발생된 총 복사강제력의 약 12%로 아산화질소의 약 두 배이다.

8.3 온실효과

지구의 대기는 태양복사의 대부분을 지표면으로 투과시키지만, 지표면에서 방사된 지구복사에 대해서는 대기의 창에 해당하는 파장영역을 제외하고 대부분을 온실가스로 흡수한다. 흡수된 지구복사의 열에너지가 지표면을 향해 재 방사됨으로서 대기의 온도가 거의 일정온도로 보존되는 현상을 온실효과라 한다. 온실의 유리는 지구의 대기역할을 하여 태양의 단파복사에 대해 거의 투명하지만 온실 안에서 따뜻해진 물체가 방사하는 장파복사에 대해서는 거의 불투명하기 때문에, 온실의 내부는 외부보다 높은 온도를 유지할 수 있다. 온실가스와 같이, 구름은 지구복사의 훌륭한 흡수체로 지표면의 온도를 따뜻하게 유지시켜주는 역할을 한다. 특히 야간에, 두터운 구름층은 지구복사를 많이 흡수한 후 지표면으로 재 방출한다. 구름이 많고 습한 날 야간의 지표면 냉각이 맑고 건조한 날보다 덜 이루어지는 것을 보면 알 수 있다.

온실효과를 과학적으로 이해하기 시작한 것은 1827년 Jean Baptiste-Joseph de Fourier 이후이다. 이전에는 단파장의 태양복사가 대기를 통과하여 지표면을 따뜻하게 하지만 장파장의 지구복사가 외계로 방출됨으로서 지구는 냉각될 것이라고 이해했다. 그러나 그는 지구의 대기가 온실의 유리 역할을 하고, 온실 내 온도가 따뜻한 공기의 대류에 의해 유지된다는 온실효과를 제시했다. 온실효과와 온실가스라는 용어는 이후 현재까지 대기복사를 기술할 때 사용되고 있다. 1859년에 John Tyndall은 대기 중의 수증기, 이산화탄소 및 메탄가스가 흡수한 지구복사 에너지를 측정하여 빙하시대에 존재했던 이들 온실가스의 수준을 제시했다. 1896년에 Svante Arrhenius는 화석연료에서 방출되는 이산화탄소의 농도가 두 배가 되면 지구의 온도는 5~6℃ 상승할 것이라고 예측하였으나, 현재의 기후예측모델은 1.5~4.5℃ 상승하는 것으로 예측된다. 1957년에 Roger Revelle와 Hans Suess는 대규모 지구물리 실험으로 대기 중에 이산화탄소가 축적되어 증가한다는 것을 지적하였다. 그 다음해인 1958년은 하와이의 Mauna Loa에서 이산화탄소의 관측이 시작된 해이며 지구물리 관측의 원년으로 지정되었다.

8.3.1 자연온실효과

지구 대기의 약 99%는 질소와 산소로 구성되어 있고, 1% 미만의 성분 가운데 온실가스로 불리는 이산화탄소와 메탄 및 각종 미량가스들이 분포되어 있다. 지구의 대기 중에 온실가스가 없으면 입사 태양복사와 방출 지구복사의 양이 동일하여 온실효과가 발생하지 않고, 식생의 서식에 필요한 적정의 온도가 유지되지 못한다. 태양으로부터 지구로 전달되는 에너지는 주로 가시광선의 형태로 대기에서 산란되고 나머지가 지구 표면에 도달되며, 도달된 복사선은 적외선인 열복사의 형태로 방사되어 대기권 밖으로 방출되거나 대기 중의 기체들에 의해 흡수된다. 즉, 단파의 태양복사는 온실가스와 구름, 수증기 등을 잘 투과하여 지표면에 도달하지만, 장파의 지구복사는 외계로 잘 방출되지 못한 체 온실가스에 흡수되어 대기권의 온도를 적절하게 유지시키는 역할을 하는데 이러한 현상을 자연온실효과(natural greenhouse effect)라 한다 (그림 8.3).

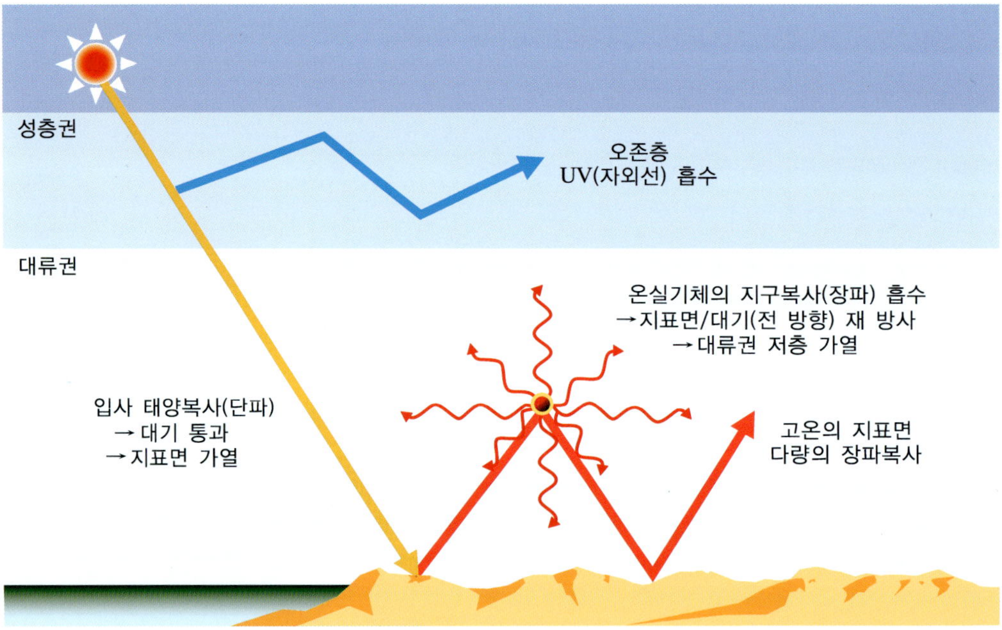

그림 8.3 자연온실효과.

8.3.2 강화된 온실효과

대기 중에 존재하는 적당량의 온실가스는 지표면에서 방출되는 장파복사를 흡수하고 재 방출하여 지구생태계를 적절한 온도로 유지시켜 주지만, 온실가스의 농도가 과도하게 증가하면 지표면으로부터 방사되는 적외선복사에 대하여 대기가 흡수하고 재방출하는 양이 특정 수준 이상으로 많아지게 된다. 이러한 과정에 의해 지구의 기온이 과도하게 더워지는 현상을 강화된 온실효과(enhanced greenhouse effect)라 한다.

일반적인 의미에서 최근에 진행되고 있는 지구의 온난화는 강화된 온실효과의 범주에 속한다고 할 수 있다. 온실가스의 농도 증가로 대기의 불투명도가 커지면 지구의 복사를 우주 공간에 효율적으로 방출시키기 위한 고도는 점차 높아진다. 그러나 고도가 상승할수록 기온이 낮아지기 때문에 높은 고도에서 우주 공간으로의 에너지의 방출은 적어질 수밖에 없다. 이러한 이유로 양의 복사강제력이 작용하게 되고, 지표면과 하층 대기 및 해양의 온도는 적정 온도 이상으로 상승하게 된다 (그림 8.4).

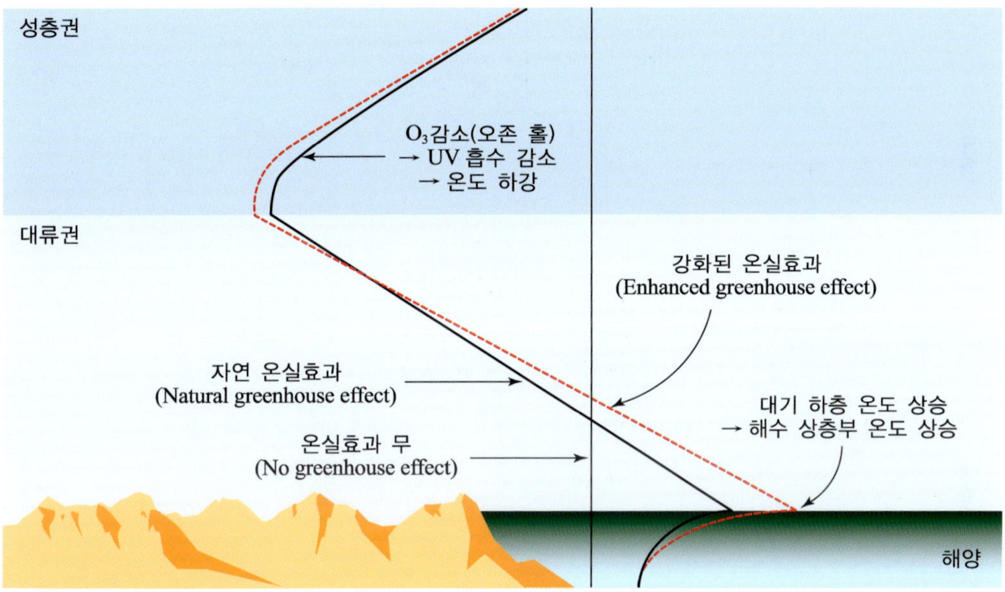

그림 8.4 강화된 온실효과. 자연 온실효과와 비교 시 대류권과 해수면의 온도는 상승하고 성층권 하부의 기온은 하강한다 (Bureau of Meteorology, 2013).

8.3.3 온실효과의 폭주

온실효과의 폭주현상(runaway greenhouse effect)은 온실효과의 조건성숙과 온난화 과정이 선순환 하는 양의 피드백(positive feedback) 과정을 통해, 기온이 조절 불가능한 고온의 상태로 치닫는 상태를 말한다 (그림 8.5). 좋은 예로, 지구보다 태양에 근접해있는 금성의 평균기온은 480℃ 정도로 불안정한 상태를 보이고 있다. 지구에서 온실효과의 폭주현상이 발생하지 않고 생명체가 삶을 지속할 수 있도록 자연온실효과가 유지되는 이유는 태양복사의 강도가 금성보다 약하고, 상대습도가 높아지면 수증기의 응결로 강수가 발생하기 때문이다. 대기 중의 이산화탄소를 저장하여 지구의 온난화를 억제하는 바다의 영향도 중요하다. 온실효과의 폭주현상은 물의 존재 여부에 따라 건식(dry runaway greenhouse effect)과 습식(wet runaway greenhouse effect)으로 구분할 수 있다. 두 가지 효과 모두 온실가스의 영향에 의한 것이지만, 물은 지속적으로 증발해 소멸되는 반면 이산화탄소의 농도는 증가한다.

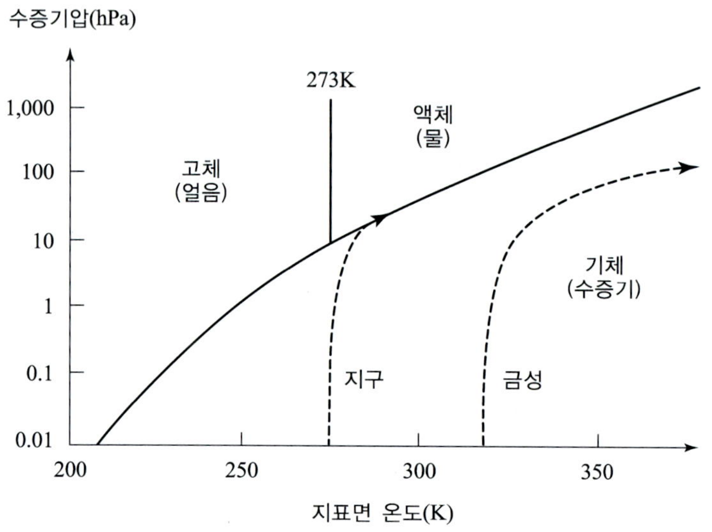

그림 8.5 온실효과의 폭주현상. 궤적이 오른쪽으로 휘는 것은 대기 중의 수증기압이 높아지면서 온도가 상승하기 때문이다 (Fowler, 2011).

온실효과의 건식폭주는 금성의 지표면에 물이 없는 경우이다. 금성은 태양에 근접해 있고 기온이 높기 때문에 수증기가 물로 액화되지 못한다. 물이 없기 때문에 바다로부터의 이산화탄소 배출은 있을 수 없다. 그러나 화산활동에 의해 온실가스인 이산화탄소와 수증기가 대기 중으로 분출되어 농도가 증가하면 기온은 상승한다. 기온의 상승으로 대기의 상층부에 위치하는 수증기는 광해리작용에 의해 산소와 수소분자로 분리된 후, 가벼운 수소는 외계로 날아가고 산소는 다른 기체와 재결합한다. 이와 같이 수소가 없는 금성에서 이산화탄소의 농도는 증가하고 수증기가 완전히 소멸될 때까지 기온이 지속적으로 상승하는 효과를 말한다.

온실효과의 습식폭주는 금성의 지표면에 물이 있는 경우이다. 금성의 기온이 지구보다 아주 높아 많은 물을 대기로 증발시키지만, 강수가 형성되지 못하기 때문에 바다의 물은 점점 줄어든다. 기온이 높을수록 암반에 축적되어 있던 탄소의 방출은 더욱더 많아진다. 수증기를 포함한 대기 중의 온실가스의 농도가 증가하면서 기온은 상승하고 바다의 물도 점점 사라지게 된다. 이러한 과정이 순환되면서 이산화탄소의 농도는 증가하고 기온이 지속적으로 상승하는 효과를 말한다.

8.4 복사 강제력

8.4.1 개념

복사강제력(RF)은 인간의 활동이나 자연적 요인에 의해 대기의 정상 또는 대류권계면에서 수직방향의 순 복사속밀도가 변화하는 양을 의미한다. 여기서 강제력은 지구의 복사평형이 정상상태에서 벗어남을 의미한다. 순 복사속밀도는 지표면과 대류권의 온도 및 상태가 원래의 값과 동일한 조건에서 성층권의 온도를 복사평형으로 재조정한 후에, 지표면-대류권 시스템이 흡수한 태양복사와 지구복사의 합을 우주공간으로 방출된 태양복사와 지구복사의 합과 비교하여 결정한다 (그림 8.6). 지구의 대기권이 흡수한 복사량과 우주공간으로 방출한 복사량이 동일하면 복사가 평형상태이고, 흡수한 복사량이 많으면 양의 복사강제력으로, 방출한 복사량이 많으면 음의 복사강제력으로 작용한다. 복사강제력의 값이 양이면 지구-대기시스템의 에너지가 증가하여 온난해지고, 반대로 음이면 한랭해진다.

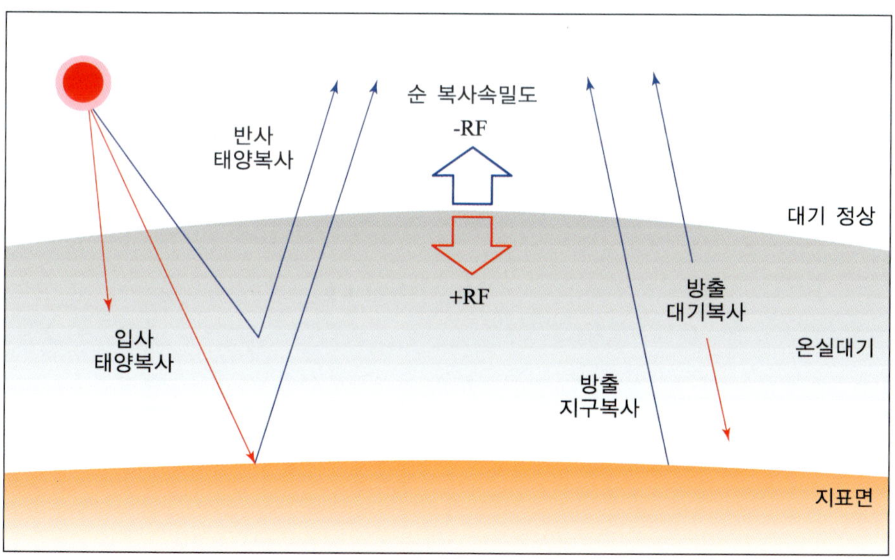

그림 8.6 복사강제력.

복사강제력과 전구평균 지표면 평형온도의 변화 사이에는 선형적 관계가 있기 때문에, 복사강제력을 알면 지표면의 반응온도를 쉽게 추정할 수 있다. 복사강제력과 전구평균 지표면 반응온도(ΔT_s) 및 기후민감도 파라미터(climate sensitivity parameter, λ) 사이의 관계는 다음과 같다.

$$\triangle T_s = \lambda \cdot RF \tag{8.1}$$

여기서 λ는 $\triangle T_s / RF$로 단위는 ℃/(W/m^2)이고, 이의 역수인 $1/\lambda = RF/\triangle T_s$은 기후피드백 파라미터(climate feedback parameter)로 단위는 (W/m^2)/℃이다. 기후민감도는 이산화탄소 등 온실가스의 농도증가에 기인하는 기온의 상승정도를 말한다. IPCC의 평형기후민감도(equilibrium climate sensitivity)는 산업화 이전에 280ppm이었던 이산화탄소의 농도가 560ppm으로 2배 증가했을 때, 대기권과 지표면 전체가 평형상태에 도달한 후 지표면의 연평균 온도변화($\triangle T_s$)로, 최적 추정치는 3℃이다.

8.4.2 지구 온난화지수

지구 온난화지수(GWP)는 개별 온실가스가 자체의 복사강제력으로 지구 온난화에 기여하는 정도를 이산화탄소와 비교하여 평가하는 척도이다. 이는 이산화탄소를 기준으로 다른 온실가스의 잠재적(potential) 영향을 비교하는 것이다. 여기서 잠재적의 의미는 대기 중에 오랜 기간 동안 체류하는 온실가스의 경우 수십 년에서 수 세기까지 기후에 영향이 있음을 뜻한다. 지구 온난화지수를 계산할 때 고려해야 할 요소는 각 온실기체의 복사성질, 대기 중 체류시간 및 간접적인 효과 등이며, 이 가운데 중요시되는 것은 온실가스 발생시점에 순간적으로 발생하는 복사효과와 계산에 필요한 소요년 수이다. 지구 온난화지수의 산출방법은 CO_2 1kg의 시간 적분 복사강제력에 대한 개별 온실가스 1kg의 시간적분 복사강제력의 비율로 계산되며, 온난화지수 계산의 시간구간(Δt)은 20년, 100년 및 500년이다.

$$GWP(GHGs) = \frac{\int_{t_0}^{t_0+\Delta t} \triangle RF_{GHGs\,1kg}\,dt}{\int_{t_0}^{t_0+\Delta t} \triangle RF_{CO_2 1kg}\,dt} \tag{8.2}$$

여기서, $RF = a_x \cdot [x(t)]$이고,

a_x는 온실가스의 농도 증가에 따른 복사효율($Wm^{-2}kg^{-1}$),

$[x(t)]$는 각 온실가스의 계산 시작시간($t=0$)에 방출되는 농도를 기준으로 시간에 따른 변화이다.

지구 온난화지수는 IPCC에 의해 갱신되며, 100년 기준으로 이산화탄소를 1로 볼 때, 메탄은 25, 아산화질소는 298, 수소불화탄소는 14,800, 과불화탄소는 7,390, 육불화황은 22,800이다 (표 8.3). 지구 온난화에 대해 온실가스가 갖는 영향의 정도는 대기 중에 머무르는 시간과 이동하는 거리에 따라 결정된다. 반응능력이 좋은 기체일수

록 단수명의 주기로 짧은 거리를 이동하는데 그치지만, 반응이 잘 이루어지지 않는 기체는 장기간 대기 중에 머물면서 장거리를 이동하게 된다. 따라서 장수명의 기체들은 지구 전역에 걸쳐 거의 일정하게 분포될 수 있다.

표 8.3 6대 온실가스의 체류시간과 지구온난화지수 (Solomon et al., 2007).

온실가스	체류시간(년)	온난화 지수		
		20년	100년	500년
이산화탄소(CO_2)	50~200	1	1	1
메탄가스(CH_4)	12	72	25	7.6
아산화질소(N_2O)	114	289	298	153
수소불화탄소(CHF_3)	270	12,000	14,800	12,200
과불화탄소(CF_4)	50,000	5,210	7,390	11,200
육불화황(SF_6)	3,200	16,300	22,800	32,600

8.4.3 복사강제력과 기후변화

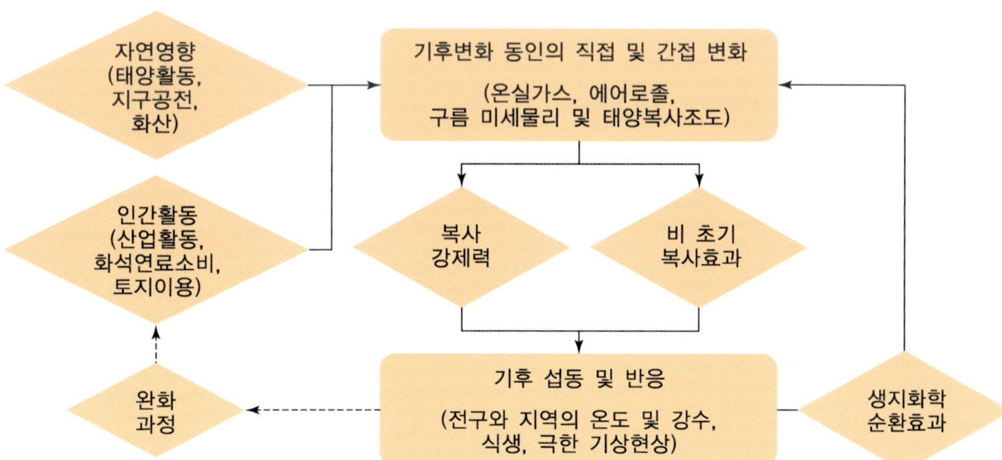

그림 8.7 기후변화과정의 요소 (Forster et al., 2007).

인간의 활동과 자연의 변화과정은 기후변화의 동인으로 작용하는 대기의 조성을 직접 또는 간접적으로 변화시킨다. 그림 8.7은 복사강제력이 기후변화의 다른 측면과 어떻게 연관되는지를 보여준다. 일반적으로 기후변화 동인의 직접 또는 간접적인 변화는 양 또는 음의 복사강제력을 가져오고 증발량의 변화와 같은 비 초기 복사효과를 유발한다. 복사강제력과 비 초기 복사효과는 기후를 교란시키는 동시에, 기온의 변화와 같은 반응을 일으킨다. 생지구화학적 과정들의 상호작용은 기후를 변화시킨 후, 이로 인해 기후변화의 동인이 다시 변화되는 순환을 초래한다. 한층 더 온난해진 기후의 습지에서 방출되는 메탄가스 양의 변화가 이러한 예이다. 기후변화에 대한 완화과정은 인간의 활동을 변화시킬 때 가능해진다. 인간의 활동으로 온실가스가 증가하면 지구의 복사평형은 유지되지 못한다. 대기의 정상에서 순 복사가 증가하고 복사강제력이 변화하기 때문이다. 복사강제력은 온실가스의 복사량 흡수정도와 흡수 파장대가 어디에 위치하느냐에 따라 결정된다. 지구-대기시스템이 방출하는 복사파장의 최대강도는 10~12μm에 위치하기 때문에, 온실가스가 이 파장대의 지구복사를 많이 흡수하면 복사강제력은 그만큼 증가한다. 복사강제력은 온실가스나 에어로졸이 대기 중에 체류하는 생명주기와도 깊은 관계가 있다. 온실가스의 복사강제력이 같을 경우, 생명주기가 긴 온실가스가 미래의 기후변화에 더 큰 영향을 미치게 된다.

8.4.4 산업화 이후 복사강제력

대기를 구성하는 기체들은 장기 또는 단기간의 수명주기를 갖고 태양복사와 지구복사를 흡수하거나 반사시킴으로서 지구의 에너지 수지에 불균형을 초래하고 기후를 변화시킨다. 그림 8.8은 산업화 시대의 초기인 1750년 이후 인위적 및 자연적인 동인에 의해 변화된 2011년의 복사강제력으로, 양의 값은 온난화, 음의 값은 한랭화를 의미한다. 그림의 위 부분은 인위적인 동인으로, 잘 혼합된 온실가스, 단수명의 온실가스와 에어로졸 및 토지이용의 변화에 기인하는 알베도 변화와 이들에 대한 복사강제력을 보여준다. 중간 부분은 자연적 동인 가운데 하나인 태양의 복사조도가 변화해서 발생하는 복사강제력이며, 장기 기후에 영향을 준다. 아래 부분은 인위적 동인에 의한 총 복사강제력이며 1750년을 기준으로 최근의 온난화 경향을 보여준다.

1750년 대비 2011년의 인위적 동인에 의한 총 복사강제력은 +2.29[1.13~3.33]W/m^{2}로 1970년 이후 빠르게 증가했는데, 이는 대부분의 온실가스 농도가 증가했기 때문이다. 잘 혼합된 장수명의 온실가스(이산화탄소, 메탄, 아산화질소 및 할로카본)의 변화에 의한 복사강제력은 +3.00[2.22~3.78]W/m^{2}이었다. 단수명의 온실가스 가운데 일산화탄소는 양의 복사강제력, 질소산화물은 음의 복사강제력을 보였다. 에어로졸에 의한 복사강제력은 -0.9[-1.9~-0.1]W/m^{2}로, 대부분의 에어로졸이 음으로 작용하지만 검댕은 태양복사를 흡수하여 양으로 작용한다. 인간이 토지를 농업, 산림개간, 가축방목 및 도시화 등에 이용함으로서 지구의 표면특성은 변화하였다. 이로 인한 지표면의 알베도 증가로 -0.15[-0.25~-0.05]W/m^{2}의 복사강제력을 보였다. 토지 이용의 변화는 대기 중에 에어로졸을 증가시킴으로서 간접적인 복사강제력을 야기하기도 한다. 자연적인 동인 가운데 태양이 방출하는 에너지의 양은 11년 흑점 주기와 연관성이 깊으며, 산업혁명 이후 태양 복사조도에 의한 복사강제력은 +0.05[0.00~0.10]W/m^2이었다. 주기가 수천 년에 이르는 지구의 자전축, 지구와 태양간의 거리, 공전궤도 등의 변화는 기후변화에 영향을 주지만 주요 요인은 아니다.

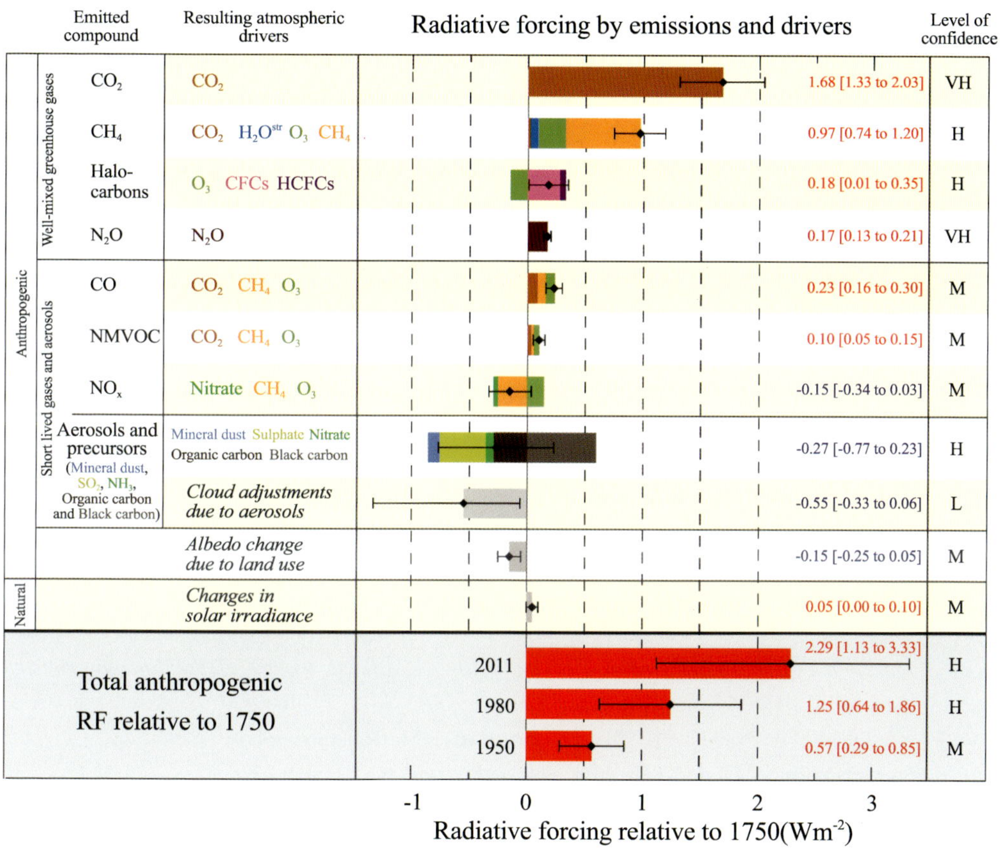

그림 8.8 기후변화의 주요 동인과 1750년 대비 2011년의 전 지구 평균 복사강제력 평가치. 각 동인별 순복사강제력에 대한 최적의 평가치는 흑색 다이아몬드이고 불확실성 범위와 함께 표시되었다. 그림 오른쪽의 복사강제력에 대한 신뢰수준은 매우 높음(VH–very high), 높음(H–high), 보통(M–medium), 낮음(L–low), 매우 낮음(VL–very low)의 5단계를 갖는다. 눈과 얼음에 있는 검댕의 복사강제력은 검댕 에어로졸의 동인에 포함되었다. 비행운(0.05Wm^{-2})과 HFCs, PFCs 및 SF_6(총 0.03Wm^{-2})의 작은 복사강제력은 표시하지 않았다. 인위적인 복사강제력의 총합은 1750년 대비 3개의 다른 연도로 제시하였다 (IPCC, 2013).

8.5 참고문헌

Fowler A., 2011: *Mathematical Geoscience.* Interdisciplinary Applied Mathematics 36, Springer, New York, pp. 89-92.

Hartmann, D.L., A.M.G. Klein Tank, M. Rusticucci, L.V. Alexander, S. Brönnimann, Y. Charabi, F.J. Dentener, E.J. Dlugokencky, D.R. Easterling, A. Kaplan, B.J. Soden, P.W. Thorne, M. Wild and P.M. Zhai, 2013: Observations: Atmosphere and Surface. In: *Climate Change 2013: The Physical Science Basis. Contribution of Working Group I to the Fifth Assessment Report of the Intergovernmental Panel on Climate Change* [Stocker, T.F., D. Qin, G.-K. Plattner, M. Tignor, S.K. Allen, J. Boschung, A. Nauels, Y. Xia, V. Bex and P.M. Midgley (eds.)]. Cambridge University Press, Cambridge, United Kingdom and New York, NY, USA. 198 pp.

Hegerl, G.C., F. W. Zwiers, P. Braconnot, N.P. Gillett, Y. Luo, J.A. Marengo Orsini, N. Nicholls, J.E. Penner and P.A. Stott, 2007: Understanding and Attributing Climate Change. In: *Climate Change 2007: The Physical Science Basis. Contribution of Working Group I to the Fourth Assessment Report of the Intergovernmental Panel on Climate Change* [Solomon, S., D. Qin, M. Manning, Z. Chen, M. Marquis, K.B. Averyt, M. Tignor and H.L. Miller(eds.)]. Cambridge University Press, Cambridge, United Kingdom and New York, NY, USA. pp. 718-719.

IPCC, 2000, *Summary for policymakers, Emission scenarios, A special report of IPCC WG III.* pp. 3-12.

IPCC, 2007: *Climate change 2007, Synthesis Report, Summary for policymakers.* pp. 5-7.

IPCC, 2013: Summary for Policymakers. In: *Climate Change 2013: The Physical Science Basis. Contribution of Working Group I to the Fifth Assessment Report of the Intergovernmental Panel on Climate Change* [Stocker, T.F., D. Qin, G.-K. Plattner, M. Tignor, S. K. Allen, J. Boschung, A. Nauels, Y. Xia, V. Bex and P.M. Midgley (eds.)]. Cambridge University Press, Cambridge, United Kingdom and New York, NY, USA. 12 pp.

MacCracken, M.C., 1991: *Energy and climate change; Report of the DOE multi-laboratory climate change committee.* Lewis publishers, Inc., Chapter 2, 3.

Solomon, S., D. Qin, M. Manning, R.B. Alley, T. Berntsen, N.L. Bindoff, Z. Chen, A. Chidthaisong, J.M. Gregory, G.C. Hegerl, M. Heimann, B. Hewitson, B.J. Hoskins, F. Joos, J. Jouzel, V. Kattsov, U. Lohmann, T. Matsuno, M. Molina, N. Nicholls, J. Overpeck, G. Raga, V. Ramaswamy, J. Ren, M. Rusticucci, R. Somerville, T.F. Stocker, P. Whetton, R.A. Wood and D. Wratt, 2007: Technical Summary. In: *Climate Change 2007: The Physical Science Basis. Contribution of Working Group I to the Fourth Assessment Report of the Intergovernmental Panel on Climate Change* [Solomon, S., D. Qin, M. Manning, Z. Chen, M. Marquis, K.B. Averyt, M. Tignor and H.L. Miller (eds.)]. Cambridge University Press, Cambridge, United Kingdom and New York, NY, USA. 33 pp.

WMO, 2011: WMO GHG Bulletin No. 7, The state of greenhouse gases in the atmosphere based on global observations through 2010. http://www.wmo.int/gaw

WMO, 2012: WMO GHG Bulletin No. 8, The state of greenhouse gases in the atmosphere based on global observations through 2011. http://www.wmo.int/gaw

WMO, 2013: The Global Climate 2001-2010, A decade of climate extremes. WMO-N0. 1103, 11 pp.

웹사이트

Australian Government/Bureau of Meteorology:
http://www.bom.gov.au/info/climate/change/gallery/27.shtml

Chapter 09 기후변동성

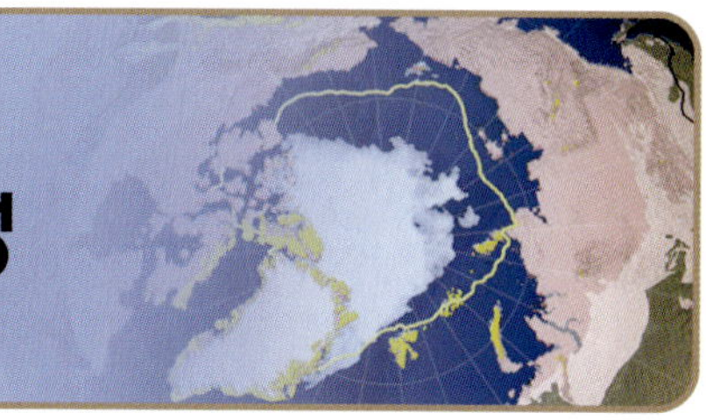

9.1 기후변동성과 원격상관

기후변동성(climate variability)은 30년 평균기상인 기후평년값(normal)에 대한 각 값들의 편차로 정의할 수 있으며, 기후시스템의 구성요소 간 내부과정 또는 자연적이거나 인위적인 외부 강제력에서 기인될 수 있다 (그림 9.1). 통계학적으로 변동성(variability)이란 관측 값들이 평균을 중심으로 멀리 분포되어 있는 정도를 의미하며, 이를 측정하는 척도로 범위(range), 분산(variance), 표준편차(standard deviation) 등이 활용된다. 범위는 최대치와 최소치의 차이로 쉽게 계산할 수 있지만, 이 사이에 존재하는 관측 값들의 분산정보를 제공하지 못하는 단점이 있다. 분산은 편차 제곱의 합을 변량의 개수로 나눈 값이고, 표준편차는 분산에 대한 양의 제곱근이다.

기후변동성은 몇 가지 우세한 시·공간적 패턴의 조합으로 이루어지는데, 이들 패턴 가운데 가장 현저한 것이 기후변동성 모드이다. 기후변동성 모드는 월, 계절, 년, 십년 및 백년 등의 시간규모와 여러 공간규모를 갖고 기상과 기후에 영향을 미친다. 기후변동성 모드의 주기 가운데 가장 잘 알려져 있고 정확한 것이 계절순환이다. 매든-줄리안 진동(MJO)은 계절 내 주기로 1년 미만의 기간에 발생한다. 엘니뇨-남방진동(ENSO)은 2~2.5년의 준2년 주기를 갖는다. 10년 주기의 태평양 10년 진동(PDO)은

11년 흑점주기와, 20년 주기는 22년 흑점주기와 관련이 있다. 수십 년 또는 그 이상 주기의 현상은 지구의 궤도 요소와 관련된다. 기후변동성은 흔히 순환지수(OI)를 사용하여 정의하는데, 이는 대상 기후현상의 관측소 값이나 격자 값 등을 이용한다 (표 9.1). 기후변동성 현상 가운데 하나의 주기를 갖는 기후변동성은 종종 다른 기후변동성에 영향을 주는데, 이를 원격상관(teleconnection)의 관계에 있다고 한다. 원격상관은 공간적으로 멀리 떨어져 있는 두 지역의 기후가 진행되는 과정에 나타나는 직·간접적인 상호 관련성을 말한다.

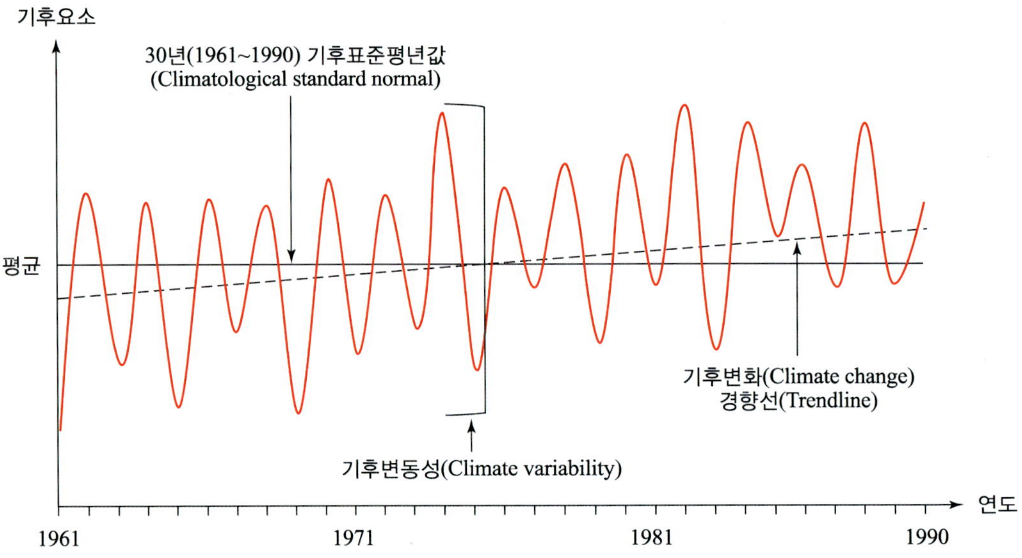

그림 9.1 기후변동성의 예시. 가로축은 연도, 세로축은 기후요소의 값이다. 시계열에서 장기간의 추세와 주기적인 변동을 파악하기 위해 이동평균(running mean)과 같은 통계기법을 사용하는 경우 단기간의 불규칙한 변동이 제거될 수 있으며, 기후의 변동성이 두드러지면 기후변화의 완만한 경향(trends)은 나타나지 않을 수 있다.

원격상관의 대표적인 예로, 남방진동(SO)의 위상에 따른 인도몬순의 변화와 엘니뇨(El-Nino)의 발생, 북대서양진동(NAO)의 위상과 북유럽 날씨패턴의 변화 등을 들 수 있다. 이밖에 북태평양의 이상 수온은 태평양 십년진동(PDO), 태평양과 북아메리카의 기후는 태평양-북아메리카 패턴(PNA), 북태평양 온대지역의 해면기압은 북극진동(AO) 또는 북반구환상모드(NAM), 남반구의 해면기압은 남극진동(AAO) 또는 남반구환상모드(SAM), 그리고 대서양의 남북순환은 열염순환과 관련이 있는 대서양 수십년주기변동(AMO)과 원격상관의 관계에 있다.

표 9.1 기후변동성 지수 (BAMS, 2011).

기후현상	지수명칭	지수정의	비고
엘니뇨-남방진동 (ENSO), 동태평양	NINO3	SST 아노말리 평균 (5°S~5°N, 150°W~90°W)	SST 기반의 전통적인 지수
	NINO3.4	SST 아노말리 평균 (5°S~5°N, 170°W~120°W)	NOAA
	남방진동지수 (SOI)	표준화 MSLP 아노말리의 표준화 차이: Tahiti-Darwin	두 지점 값의 선형조합에 대한 신호 대 잡음비 최대화
태평양 십년변동성	태평양십년진동지수 (PDOI)	전구평균 대비 북태평양(20°N~70°N) SST 아노말리의 제1주성분	
	북태평양지수 (NPI)	SLP (30°N~65°N, 160°E~140°W)	
태평양- 북아메리카 (PNA) 대기 원격상관	PNA패턴지수	0.25×[Z(20°N, 160°W)- Z(45°N, 165°W)+ Z(55°N, 115°W)- Z(30°N, 85°W)]. (Z: 지점별 표준화 500hPa 지위고도 아노말리)	북반구 원격상관: MSLP와 Z500의 아노말리
북대서양진동	북대서양진동지수 (NAOI)	(Lisbon/Ponta Delgada)- (Stykkisholmur/Reykjavik)의 표준화 MSLP 아노말리	북반구 원격상관: MSLP와 Z500의 아노말리. (MSLP 아노말리: 월/계절/연 평균)
		(Gibraltar-Reykjavik)의 표준화 MSLP 아노말리	
환상모드: 북극진동(AO)/ 북반구환상모드 (NAM), 남극진동(AAO)/ 남반구환상모드 (SAM)	북극진동지수 (AOI/주성분)	20°N 이북, 월평균 MSLP 아노말리의 제1주성분	NAO와 밀접 연관
	남극진동지수 (AAOI/주성분)	20°S 이남, 850hPa 또는 700hPa 고도 아노말리의 제1주성분	
	남극진동지수 (AAOI/격자)	40°S와 65°S의 동서평균으로 정규화한 MSLP 차이. (SLP: 격자화 분석자료)	
	남극진동지수 (AAOI/관측소)	40°S와 65°S의 동서평균으로 정규화한 MSLP 차이. (관측소 자료)	

9.2 엘니뇨와 라니냐

9.2.1 개요

지구의 대기대순환(general circulation) 가운데 적도를 중심으로 형성되는 열대수렴대(ITCZ)는 북반구의 북동무역풍과 남반구의 남동무역풍이 수렴하는 영역으로 태양의 계절적 위치에 따라 남북으로 이동한다. 편동 무역풍의 영향으로 동태평양의 강한 용승류가 형성되는 해역에서는 표층 수온이 낮아지는 동시에, 수심이 깊어지면서 수온이 급격하게 내려가는 수온약층(thermocline)의 수심도 낮아진다 (그림 9.2).

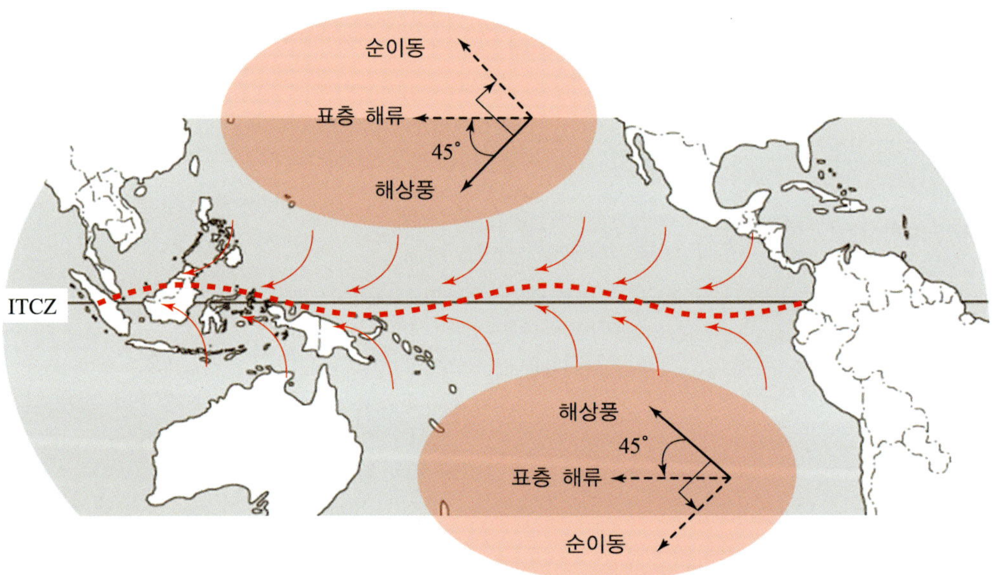

그림 9.2 열대수렴대와 해류의 이동. 남미 북서부 해안의 용승류(coastal upwelling): 표층 해류는 해면 바람의 왼쪽 45°, 해수의 순 이송은 왼쪽 90° 방향이다. 에크만 나선(Ekman spiral)에 의해 외해 쪽으로 흐르는 표층 해류를 보충하기 위해 저층의 찬 해수가 용승한다.

서태평양은 동태평양의 따뜻한 표층수가 유입되어 온수층이 두터워지고 수온약층의 수심도 깊어진다. 이와 같은 대기와 해양의 선순환은 서태평양의 수온과 해수면을 상승시킨다. 서태평양의 온난한 해상에서 발생한 저기압은 다량의 수증기를 상승시켜 비구름을 만들고, 대류권 내의 상승기류는 권계면 고도에서 발산과정을 통해 동태평양 쪽으로 이동하게 된다. 동태평양 해상에는 하강기류에 의해 고기압과 건조한 날씨가 형성된다. 서태평양 해상의 상승기류와 동태평양 해상의 하강기류는 수직순환을 이루고, 동태평양 쪽으로 향하는 상층의 서풍과 서태평양 쪽으로 향하는 하층의 편동 무역풍은 수평순환을 이룬다. 이와 같이, 적도대의 태평양 해상에 형성되는 대규모의 수평 및 수직 순환을 워커순환(Walker circulation)이라 한다. 일반적으로 워커순환은 엘니뇨 상태에서 약화되고 라니냐 상태에서 강화된다.

9.2.2 엘니뇨

엘니뇨(El Niño)란 스페인어로 남자 아이 또는 아기 예수를 의미한다. 크리스마스 무렵 페루나 에콰도르 연안의 수온 상승이 수개월 동안 지속되어 어장이 사라지면 어부들은 고기를 잡으러 가지 않고 가족들과 크리스마스를 즐길 수 있었다. 이를 크리스마스 선물로 생각하여 스페인어로 엘니뇨라 부르게 되었다. 1541년에 처음 보고된 엘니뇨는 1950년대까지 열대 태평양 남미 페루 연안의 바닷물 온도가 올라가는 계절적 현상의 일종으로 생각했다. 그 이후 엘니뇨의 의미는 중앙 태평양에 이르는 넓은 범위의 해역에서 비정기적으로 해수면 온도가 평년에 비해 높아지는 현상으로 확대되었다.

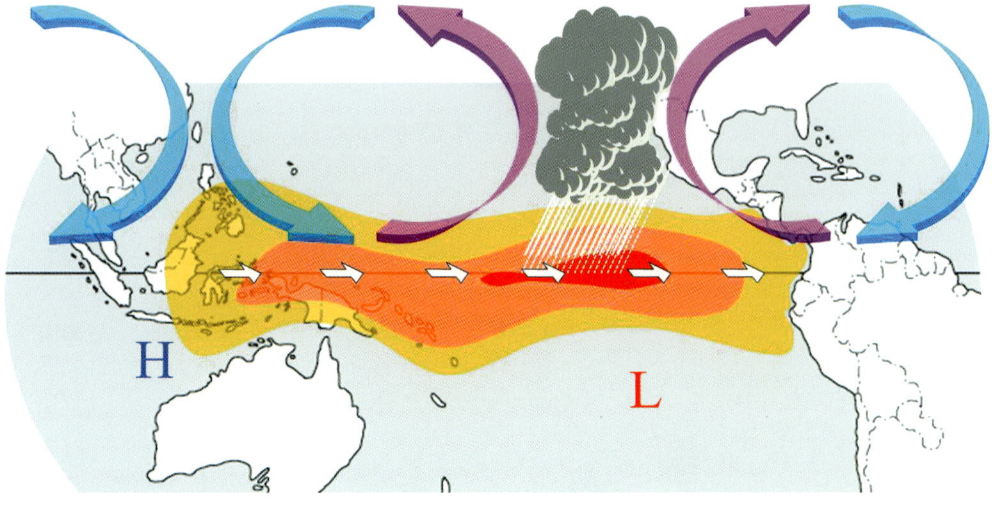

그림 9.3 엘니뇨 상태에서 해양 및 대기의 순환구조. 정상상태와 비교 시 따뜻한 표층수가 동태평양 쪽으로 이동한다.

가. 엘니뇨의 발생

엘니뇨의 발생 원인은 적도 무역풍의 약화를 꼽고 있으며, 동쪽으로 이동하는 해파에 의한 에너지 전달도 그 원인으로 보고 있다. 정상상태에서 열대수렴대 중심의 편동 무역풍이 약해지면 서태평양 쪽으로 이동하는 바닷물의 흐름이 약해지는 동시에,

동태평양 바닷물의 용승현상도 약해진다. 이에 따라 서태평양의 적도 부근에서 가열된 따뜻한 표층수가 동쪽으로 이동하면서, 서태평양의 표층수온 낮아지는 반면 동태평양의 표층수온은 상승한다. 이런 현상이 지속되면 서태평양의 수온약층은 올라오고 동태평양의 수온약층은 내려간다 (그림 9.3). 엘니뇨가 발생하는 경우에 정성상태의 워커 순환은 약화되거나 정반대로 나타난다. 이는 인도네시아 부근의 서태평양 해상에서는 하강운동이 있고 중앙 및 동 태평양 해상에서는 상승운동이 활발해짐을 의미한다. 엘니뇨는 주로 9월에서 다음해 3월 사이에 발생하고, 주기는 2~6년으로 불규칙하다.

나. 엘니뇨의 영향

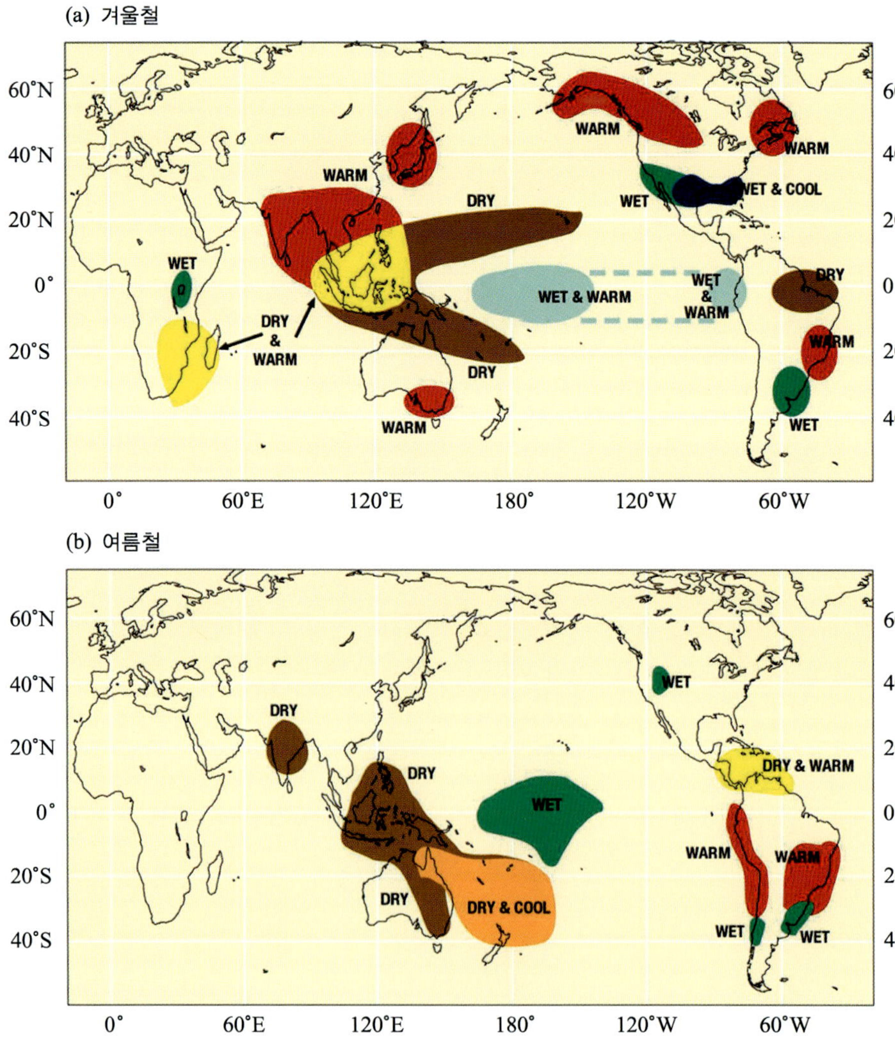

그림 9.4 엘니뇨의 영향 (NOAA/Pacific Marine Environmental Laboratory, 2013).

엘니뇨가 발생하면 전 세계의 여러 지역이 비정상적으로 따뜻해진다. 겨울철 엘니뇨의 영향으로 정상상태보다 따뜻한 지역은 아시아 남동부, 아프리카의 남동부, 한국, 일본, 알래스카 남부, 캐나다 서부 및 중앙, 브라질 남동부, 호주 남동부이다. 비가 많은 지역은 태평양 중앙으로부터 동부에 걸친 적도 지역, 페루 북서부, 아르헨티나 중부 및 중앙아프리카이다. 건조한 지역은 남아메리카 북동부지역, 남부 아프리카, 인도네시아, 필리핀 및 호주 북부지역이다. 여름철 엘니뇨의 영향으로 정상상태보다 따뜻해지는 지역은 남아메리카의 서부해안, 브라질 남동부이다. 비가 잦고 습한 지역은 미국 서북부 산맥지대와 칠레 중남부이고, 건조한 지역은 호주 동부와 동남아, 인도 및 남아메리카 북부이다 (그림 9.4).

9.2.3 라니냐

가. 라니냐의 발생

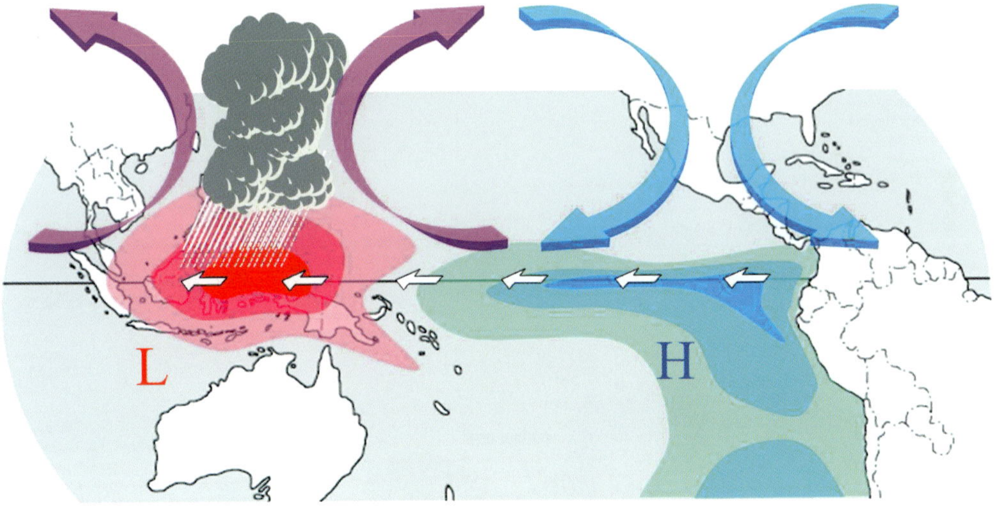

그림 9.5 라니냐 상태에서 해양 및 대기의 순환구조. 워커순환이 정상상태보다 더 서태평양 쪽으로 이동한다.

스페인어로 여자 아이를 의미하는 라니냐(La Niña)는 정상상태보다 강해진 편동 무역풍에 의해 발생한다. 동태평양의 따뜻한 표층수가 서태평양 쪽으로 이류 됨으로서 동태평양의 수온약층은 해면 가까이까지 낮아지고, 서태평양의 수온약층은 정상상태보다 깊어진다. 라니냐 기간 동안 서태평양 표층의 수온과 수위는 정상상태보다 높아지는 반면, 동태평양과 남미 연안에서는 용승현상에 의해 평년보다 낮은 표층수온과 영양이 풍부한 해수가 출현한다. 라니냐 상황은 서태평양 해상을 비정상적으로 따뜻하게 하고 동태평양을 차게 만들어, 정상상태의 기압배치를 서태평양 쪽으로 이동시킨다. 워커순환이 강화되어 발생하는 라니냐의 영향으로 열대 태평양 서쪽과 인도네시아 부근의 해상에서는 저기압이 발달하고 동태평양 해상에서는 고기압이 형성된다 (그림 9.5).

나. 라니냐의 영향

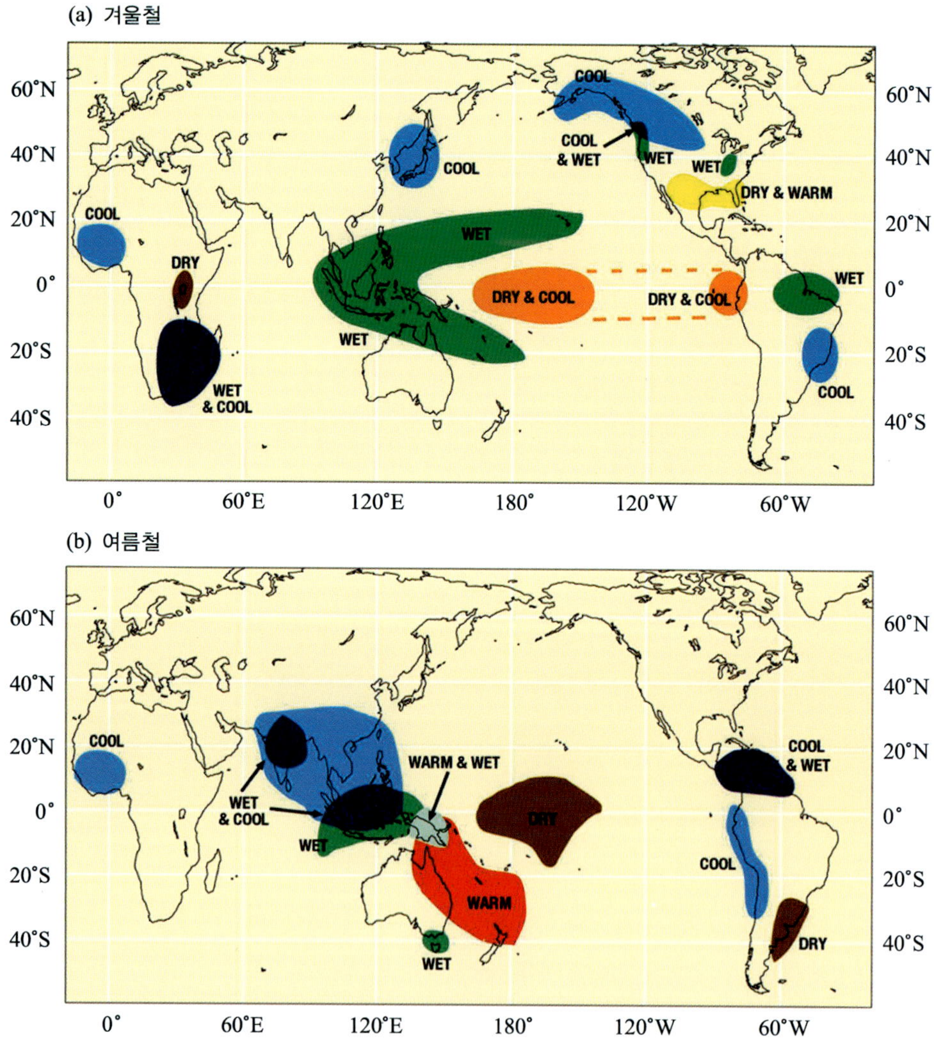

그림 9.6 라니냐의 영향 (NOAA/Pacific Marine Environmental Laboratory, 2013).

라니냐가 발생하면 전 세계 여러 지역의 기온이 비정상적으로 낮아지는 것이 특징이다. 겨울철 라니냐의 영향으로 정상상태의 기온보다 낮아지는 지역은 아프리카 북서부 및 동남부, 한국, 일본, 알래스카 남부, 캐나다 서부 및 중앙, 브라질 남동부이다. 정상상태보다 따뜻해지는 지역은 미국의 걸프만 연안이다. 비가 많이 내리는 지역은 필리핀 중심의 서태평양, 남아메리카 북부, 아프리카 남부지역이다. 태평양 중앙으로부터 동부에 이르는 적도지역과 페루 북서부 및 에콰도르 연안에서는 비가 거의 없다. 여름철 라니냐의 영향으로 정상상태보다 기온이 낮아지는 지역은 인도, 동남아, 남아메리카 서해안 및 북부, 아프리카 중서부이다. 호주 동부와 뉴질랜드 북부 해역은 따듯해진다. 정상상태보다 비가 많은 지역은 필리핀 중심의 서태평양, 인도, 호주 남동부 및 남아메리카 북부 연안이다. 브라질 남부와 중앙 아르헨티나는 정상상태보다 건조하다 (그림 9.6).

9.2.4 엘니뇨-남방 진동

적도 태평양 해상의 수온변화는 기압의 변화로 이어진다. 서태평양의 수온이 높아져 저기압이 형성되면 동태평양 해상에서는 고기압이 나타나는 반면에, 동태평양의 수온이 높아져 저기압이 형성되면 서태평양 해상에서는 고기압이 나타난다. 이처럼 동·서 태평양의 수온과 기압이 시소(seesaw)처럼 진동하는 현상을 남방진동(SO)이라 한다.

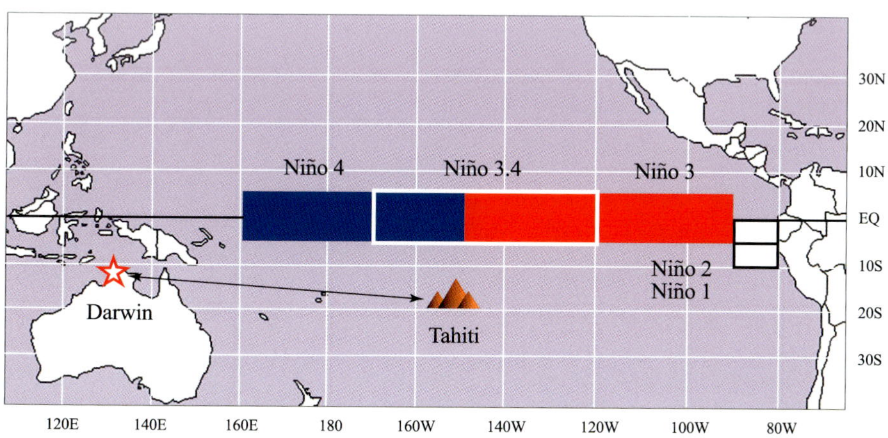

그림 9.7 남방진동의 관측구조.

영국의 기상학자인 Walker(1923)가 인도의 아시아 몬순을 연구하던 중 발견된 남방진동은 수십 년이 지난 후 Bjerknes(1966)에 의해 엘니뇨현상과 밀접하게 관련이 있는 것으로 드러났다. 남방진동과 엘니뇨현상은 대기와 해양의 밀접한 상호작용에 의해 나타나는 현상으로, 엘니뇨와 남방진동을 함께 써서 엘니뇨-남방 진동(ENSO)이라 하고, 줄여서 남방진동으로 부르기도 한다. 그림 9.7의 엘니뇨와 라니냐 기간 중 남방진동의 관측구조인 5개 Niño 지역에서 나타나는 각각의 특징들은 다음과 같다 (표 9.2).

표 9.2 Niño 지역이 제공하는 정보 (오재호 외, 2002).

Niño 지역	내용
Niño 1	• 페루와 에콰도르 연안의 용승 출현 지역 • 엘니뇨시기에 해양-대기의 변화가 민감 • 종종 엘니뇨 발생 시 최초로 수온 상승
Niño 2	• 페루와 에콰도르 연안의 용승 출현 지역 • Niño 1과 Niño 3의 전이지역 • 종종 엘니뇨 발생 시 최초로 수온 상승
Niño 3	• 엘니뇨 신호가 크게 나타남 • 남방진동 현상의 좋은 지표 • 표층수온의 변동성이 최대로 나타남
Niño 4	• 일반적으로 온난한 해역이나 엘니뇨 시 다소 차가워짐 • 지구의 기상패턴과 높은 연관성을 가짐
Niño 3.4	• 전 세계 이상기후 발생 연구의 새로운 지역 • Niño 3와 Niño 4지역을 공유 • 기상패턴의 동쪽 이동과 높은 연관성을 가짐

남방진동의 강도는 적도 태평양의 수온과 기압에 의해 판단되며, 이 둘의 값은 반대로 나타난다. 남방진동의 강도는 엘니뇨 감시 목적의 5개 Niño 지역에서 관측된 표층수온의 아노말리에 근거하는 방법과 남방진동지수(SOI)로 알려진 타히티와 다윈의 해면기압의 차이에 기초한다. SOI는 엘니뇨와 라니냐 발생 시 동·서 태평양 사이에 발생하는 대규모 기압변동, 즉 남방진동의 상태에 대한 하나의 척도이다. 동태평양의 타히티(Tahiti)섬과 서태평양 오스트레일리아 북부의 다윈(Darwin)에 대한 해면기압 차이를 월별로 표준화한 값이다. 일반적으로, SOI는 열대 동태평양을 가로지르는 수온의 변화와 잘 일치한다. SOI가 음이면 동태평양의 수온이 비정상적으로 따뜻한 엘니뇨 상태로, 다윈의 기압은 평년보다 높고 타히티의 기압은 평년보다 낮다. SOI가 양이면 라니냐 상태로 수온과 기압배치가 엘니뇨 상태와 정반대이다 (그림 9.8). SOI를 수식으로 표시하면 다음과 같다.

$$SOI = \frac{(\text{타히티의 표준화 기압} - \text{다윈의 표준화 기압})}{\text{월별 기압의 표준편차}} \tag{9.1}$$

여기서,

$$표준화\ 기압 = \frac{(관측\ 해면기압 - 평균\ 해면기압)}{\sqrt{\dfrac{\Sigma(관측\ 해면기압 - 평균\ 해면기압)^2}{개월\ 수}}}$$

$$월별\ 표준편차 = \sqrt{\frac{\Sigma(타히티의\ 표준화\ 기압 - 다윈의\ 표준화\ 기압)^2}{개월\ 수}}$$

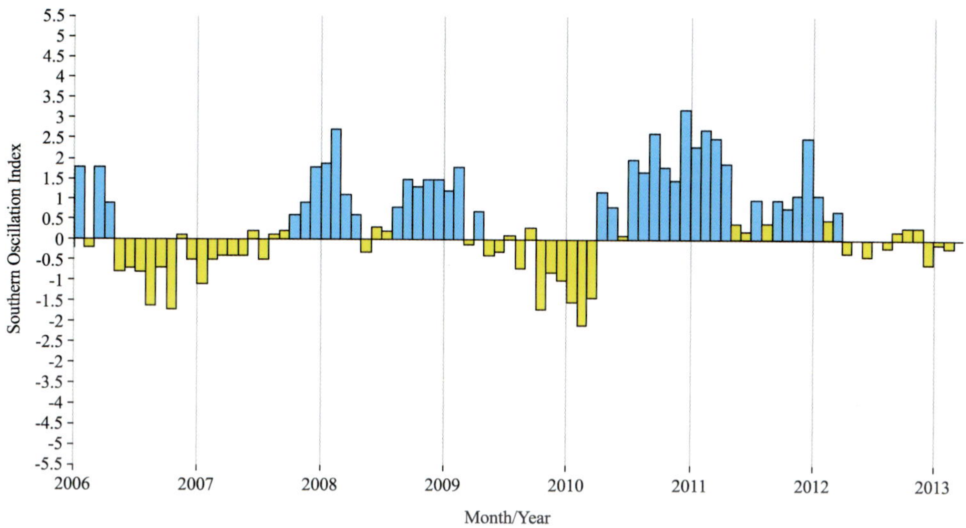

그림 9.8 남방진동지수 (NOAA/Climate.gov, 2014). 황색은 엘니뇨, 청색은 라니냐 상태이다.

9.3 매든-줄리안 진동

매든-줄리안 진동(MJO)은 일반적으로 30일 내지 90일 주기를 갖고 열대 지방에서 동쪽으로 이동하는 전 지구적인 파동현상이다. 열대와 아열대 지방의 강수, 대기 순환, 수온 및 증발량 등에 광범위하게 영향을 주며, 가장 활성화하는 시기는 북반구의 겨울을 중심으로 하는 늦가을부터 이른 봄까지이다. MJO의 특징은 그림 9.9에서 보는 바와 같이, 서인도양에서 처음 출현하는 저기압 패턴이 서태평양과 중앙 태평양의 수온이 높은 해역을 따라 동진하다가 날짜변경선 부근에서 소멸한다. 이에 따라 동쪽으로 전파되는 열대 강수대의 강화 및 억제 패턴은 지역적인 날씨를 포함하여 엘니뇨-남방진동 및 몬순과 같은 대규모 순환시스템에 영향을 미친다.

MJO와 관련이 있는 기후현상들은 다음과 같다. (ⅰ) 엘니뇨-남방진동과의 관계이다. MJO는 엘니뇨의 발생에 직접적으로 관여하지는 않지만 엘니뇨의 발달속도와 강도에 영향을 줄 수 있으며, MJO의 경년변동성(interannual variability)은 엘니뇨-남방진동의 순환과 어느 정도 연관이 있는 것으로 알려져 있다. MJO의 활동이 강한 경우는 라니냐가 약하거나 남방 진동이 중립일 때 자주 관측되는 반면, MJO의 활동이 미미한 경우는 일반적으로 강한 엘니뇨와 연관되어 있다. (ii) 몬순과의 관계로, MJO는 전 지구의 몬순시스템인 호주의 겨울몬순(10월~3월), 아시아의 여름몬순(6월~9월), 남아메리카의 겨울몬순(10월~3월) 및 북아메리카의 여름몬순(5월~10월)에 실질적인 영향을 준다. 즉, MJO가 강화국면에 있을 때는 몬순의 시작과 강도에 영향을 주고, MJO가 억제국면에 있으면 기존에 진행 중인 몬순을 약화시키거나 기간을 단축시킬 수 있다. (iii) 열대수렴구역 및 저기압과의 관계이다. MJO는 남대서양의 수렴구역(SACZ)과 남태평양의 수렴구역(SPCZ)에 대한 범위와 강도를 조절하는 동시에, 인도양, 태평양, 멕시코만 및 대서양의 열대성저기압에 영향을 주는 것으로 알려져 있다.

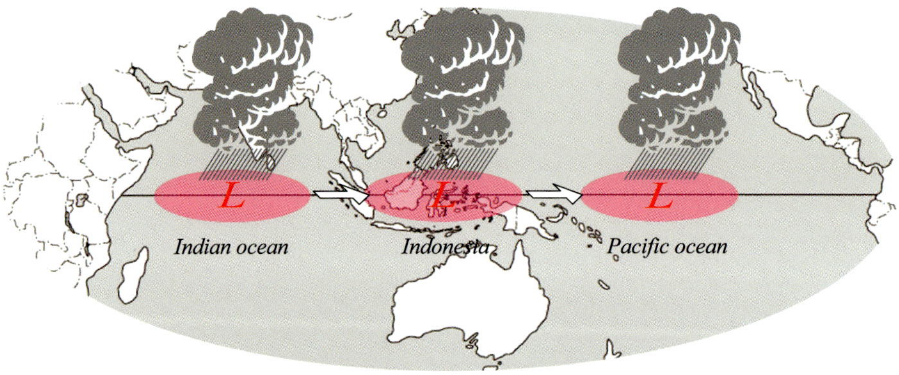

그림 9.9 매든-줄리안 진동. 인도양과 인도네시아 및 태평양의 적도대를 따라 동쪽으로 이동하는 수직순환과 바람 그리고 강수 패턴으로, 엘니뇨-남방진동과 몬순 등에 영향을 준다 (NOAA/Earth System Research Laboratory, 2013).

9.4 태평양 10년 진동

가. 한랭모드와 온난모드

태평양 10년 진동(PDO)은 북태평양과 북아메리카의 기후에 많은 영향을 미치는 태평양의 주기적인 변동성 가운데 하나이다. PDO 순환은 북태평양에 위치한 겨울철 알류샨 저기압의 위치가 동·서 방향으로 이동하면서 변화하는 바람의 방향과 강도에 기인한다. 이는 대규모의 바람흐름과 북 캘리포니아 해류의 표층수온이 높은 상관관계가 있음을 보여준다 (그림 9.10). PDO 순환은 북아메리카의 태평양 연안에 형성되는 표층수온의 아노말리에 따라 온난모드와 한랭모드로 구분된다. 온난모드의 경우는 겨울철 주풍인 남서풍의 영향으로 북태평양 원해의 바닷물이 북아메리카 연안으로 이송되기 때문에 북 캘리포니아 해류는 따뜻하게 형성된다. 유입된 많은 양의 바닷물은 알래스카 해류를 따라 북쪽으로 올라가면서 하강류가 되고 해저에서 원해로 흘러나간다. 한랭모드의 경우는 북풍이 주로 불며, 북쪽의 알래스카 만으로부터 남쪽의 캘리포니아 해류로 다량의 해수가 유입되기 때문에 연안을 따라 용승류가 발생하고 북 캘리포니아 연안의 기온은 낮아진다 (그림 9.11).

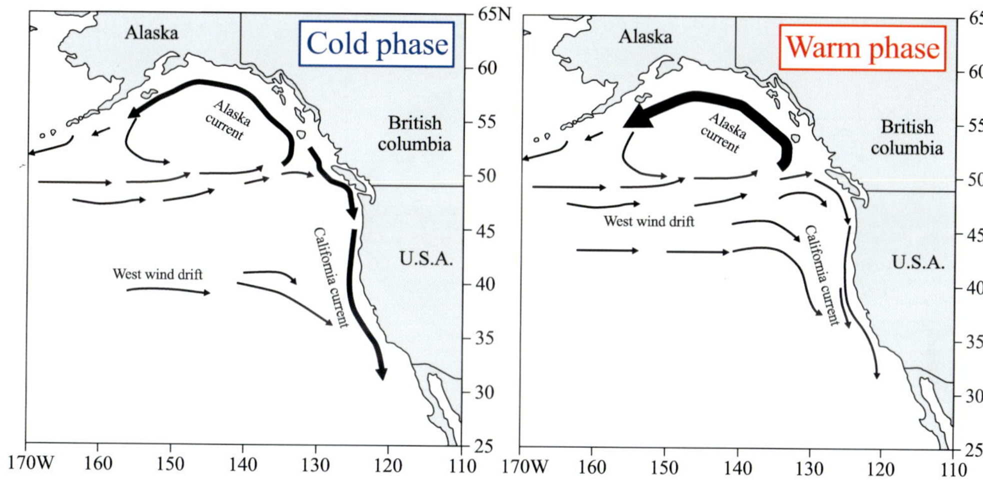

그림 9.10 태평양 10년 진동의 위상에 따른 알래스카 해류와 북 캘리포니아 해류의 분포 (NOAA/Northwest Fisheries Science Center, 2013).

나. 태평양 10년 진동 지수

PDO 지수는 태평양 10년 진동을 수량화한 것으로, 북태평양의 표층수온과 해면기압에 대한 평년치 대비 월별 평균의 아노말리로 정의된다. 그림 9.12는 북태평양의 5월부터 9월까지의 표층수온에 근거한 진동지수이다. PDO 패턴이 평년보다 우세하게 높았던 온난모드 시기는 1925년부터 1946년까지와 1977년부터 1998년까지 및 2002년부터 2005년까지인 반면, 평년보다 뚜렷하게 낮았던 한랭모드 시기는 1947년부터 1976년까지와 1998년부터 2001년까지 및 2008년부터 최근까지이다.

다. 엘니뇨-남방진동과의 관계

PDO의 순환패턴과 엘니뇨 및 라니냐 현상 간에는 기후학적 동질성과 함께 차이점도 갖고 있다. 북태평양에서 가장 현저하게 나타나는 PDO와 엘니뇨-남방진동은 표층 수온과 해면기압 및 바람이 매우 유사한 패턴을 갖는 반면에, 가장 뚜렷한 차이점은 이 두 현상의 시간규모와 영향이 미치는 범위이다. PDO는 20~30년의 주기로 순환하지만 엘니뇨-남방진동은 6~18개월 단위로 지속되는 현상이다. PDO는 주로 북태평양 지역에 영향을 주고 적도까지 그 효과가 나타나는 반면에, 엘니뇨-남방 진동은 저위도의 기후에 영향을 주고 북태평양에는 2차 효과로 나타난다. PDO와 엘니뇨-남방진동은 상호작용하는 현상으로, PDO가 온난모드일 때의 기후와 순환패턴은 엘니뇨와 유사하고, 한랭모드일 때는 라니냐의 경우와 유사하다. 즉, PDO가 온난모드일 때 엘니뇨가 강해지고 라니냐는 약화되는 반면, 한랭모드일 때는 엘니뇨가 약해지고 라니냐는 강화된다.

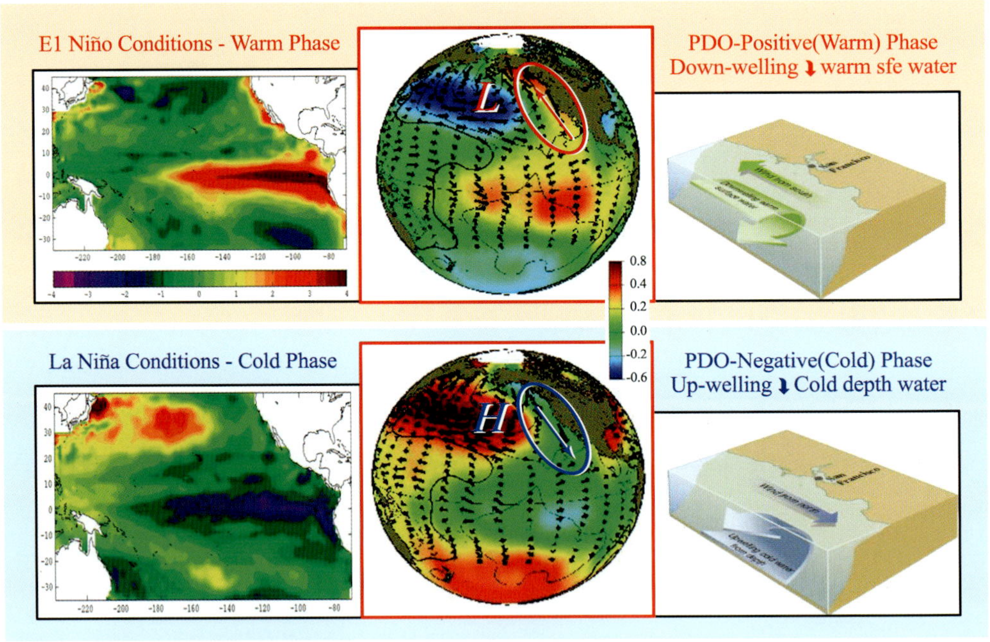

그림 9.11 태평양10년진동과 엘니뇨 및 라니냐의 관계. 태평양 10년 진동: 온난모드(가운데 위)와 한랭모드(가운데 아래), 그림의 색상은 전형적인 겨울철의 표층수온, 등고선은 해면기압, 화살표는 해상풍 응력을 보여준다. 오른쪽 그림은 켈리포니나 연안에서 해상풍의 방향에 따른 하강류와 용승류의 형성과정이다 (JISAO/University of Washington, 2013).

라. 태평양 10년 진동의 영향

PDO 순환은 북서태평양과 북아메리카 연안 및 북미 내륙의 기후패턴에 영향을 미친다. PDO가 온난모드일 경우 알래스카와 북아메리카 서해 연안의 표층수온은 평년에 비해 높은 반면, 북태평양 중앙의 표층수온은 낮아지기 때문에 알류샨 열도의 저기압이 발달하여 캘리포니아를 엄습하는 폭풍의 횟수가 많아진다. 따라서 알래스카와 미국 남부 및 멕시코 북부의 강수량은 많아지는 반면, 북서태평양과 오대호 지역은 건조해진다. 한랭모드일 때는 알래스카 및 북아메리카 서해 연안의 표층수온은 평년에 비해 낮고, 북태평양 중앙의 표층수온은 높다. 이 경우에는 알류샨 열도의 저기압이 약화되어 캘리포니아를 엄습하는 폭풍의 횟수가 적어진다. PDO 순환은 북아메리카 연안의 어장형성에도 영향을 미친다. 일반적으로 한랭모드일 때가 온난모드보다 어장의 생산성이 높다. 한랭모드 시기에는 심층수가 용승하는 과정에서 어류의 먹이인 플랑크톤이 풍성해지기 때문이다.

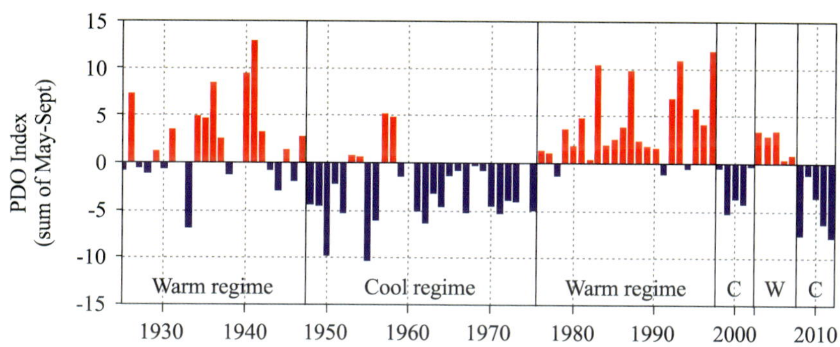

그림 9.12 1925년부터 최근까지의 태평양10년진동 지수. 5월부터 9월까지의 평균값으로 적색은 온난모드, 청색은 한랭모드이다 (NOAA/Northwest Fisheries Science Center, 2013).

9.5 태평양-북아메리카 패턴

태평양-북아메리카 패턴(PNA)은 태평양과 북아메리카 기후의 원격상관 패턴으로 겨울철 북반구에 잘 나타난다. 중앙 태평양을 횡단하는 제트기류가 강화 또는 약화됨에 따라서 그 동쪽에 위치한 북아메리카의 기압 분포와 지상의 기온 및 강수에 영향을 주는 기후변동성 현상이다. PNA 패턴은 엘니뇨-남방 진동의 영향을 받는다. 양의 위상은 엘니뇨 상황과 연관되고, 음의 위상은 라니냐 상황과 상관관계를 갖는다. 그림 9.13의 PNA 지수는 태평양과 북미에 위치한 하와이(20°N, 160°W), 북태평양의 알류샨(55°N, 115°W), 캐나다의 앨버타(45°N, 165°W) 및 미국의 걸프연안(30°N, 85°W)의 4개 지점에 대해 표준화한 500hPa 고도 아노말리의 선형조합으로 정의된다.

$$PNA = 0.25 \times [Z(20°N,\ 160°W) - Z(45°N,\ 165°W) + Z(55°N,\ 115°W) - Z(30°N,\ 85°W)] \quad (9.2)$$

여기서, Z는 각 지점의 500hPa 고도 아노말리로, 전 관측기간의 월별 평균값 대비 관측 당시 월별 평균값과의 차이이다.

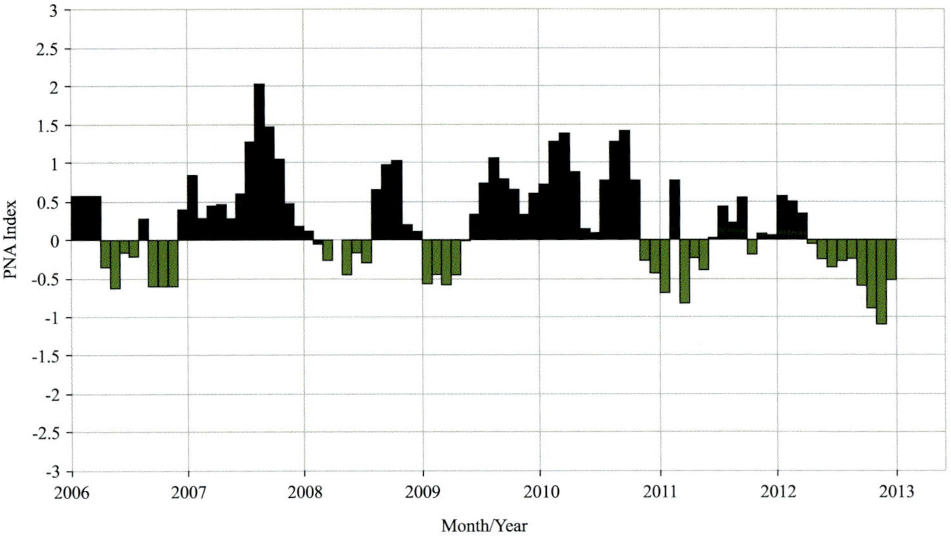

그림 9.13 태평양-북아메리카 패턴 지수 (NOAA/Climate.gov, 2014).

PNA 패턴이 양의 위상일 때 중앙 태평양의 수온은 평년에 비해 낮지만 북미 서해안의 수온은 높다. 중위도 제트기류는 동아시아에서 태평양으로 이동하면서 강화된다. 북미 서부 산맥에는 정상 시보다 강한 기압능이 위치하고, 알류샨 열도와 미국 동남부에는 정상 시보다 강한 기압골이 위치하기 때문에 상층에는 강한 남북흐름이 존재한다. 이와 같은 기압배치 하에서 미국과 캐나다 서부지역의 기온은 평균보다 높은 반면에, 미국의 동남부는 북극기단이 제트기류를 따라 미국 동부에 형성된 기압골로 남하하기 때문에 평소보다 차고 습한 날씨가 지속된다. PNA 패턴이 음의 위상일 때 중앙 태평양의 수온은 평년에 비해 높지만 북미 서해안의 수온은 낮다. 중앙 태평양을 가로지는 제트기류는 약화된다. 알류샨 저기압이 약화되고 북미 서해안에 기압골이 위치하기 때문에 상층의 바람패턴은 동서흐름이 남북흐름보다 강화된다. 이 경우 북미 서해안은 눈보라와 폭풍이 많고 매우 추운 반면에, 미국 중부와 동부는 평년에 비해 온화하고 건조한 날씨가 된다 (그림 9.14).

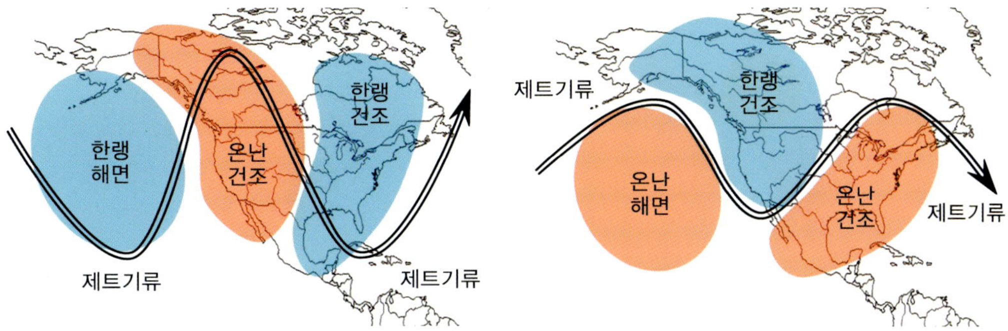

그림 9.14 태평양-북아메리카 패턴. 왼쪽(+PNA), 오른쪽(-PNA).

9.6 북대서양 진동

북대서양 진동(NAO)은 아열대(Azores) 고기압과 아한대(Iceland) 저기압 사이에 이루어지는 대기 순환의 시소(seesaw) 현상으로, 북미의 북동부와 그린란드 및 유럽의 날씨를 크게 변화시키는 기후변동성이다. 일반적으로, 아열대 고기압은 북대서양 중앙에서 남쪽으로 멀리 내려간 지역에서 주위보다 높게 나타나고, 아한대 저기압은 북대서양의 고위도인 그린란드와 아이슬란드 인근 지역에서 주위보다 낮게 나타난다.

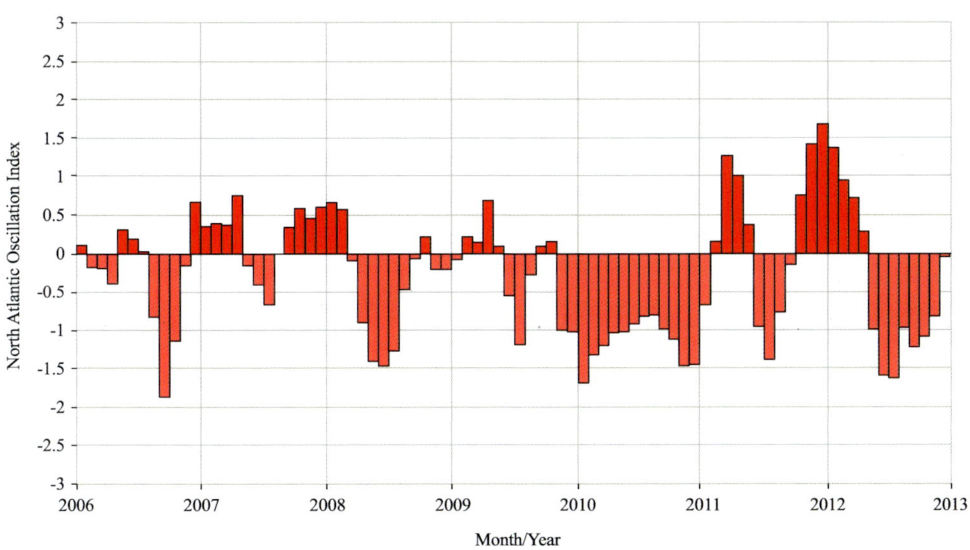

그림 9.15 북대서양 진동 지수 (NOAA/Climate.gov, 2014).

NAO 지수는 Azores와 Iceland 사이의 해면기압(SLP) 차이에 의해 판단된다. 장기간의 관측 자료가 소요되기 때문에 Azores는 Lisbon/Gibraltar로, Iceland는 Stykkisholmur/Reykjavik로 대체되는 경우가 있다.

$$NAO(\text{지수}) = \frac{SLP'_{Azores}}{\sigma_{Azores}} - \frac{SLP'_{Iceland}}{\sigma_{Iceland}} \tag{9.3}$$

여기서 SLP'_{Azores}와 $SLP'_{Iceland}$는 Azores와 Iceland의 해면기압 아노말리이고, σ_{Azores}와 $\sigma_{Iceland}$는 이들 아노말리의 표준편차이다. NAO 지수의 양적 의미는 아열대 고기압과 아한대 저기압의 해면기압차로, 북극 쪽으로 향하는 기압경도력의 세기이다 (그림 9.15). 기압경도력이 강하면 강할수록 남북방향의 바람이 세지고, 약하면 약할수록 동서방향의 바람이 강화된다.

NAO의 위상은 아열대 고기압과 아한대 저기압 가운데 하나의 기압이 평년보다 높고, 다른 하나의 기압이 평년보다 낮아짐으로서 결정된다. 이러한 비정상적인 기압패턴은 제트기류와 이에 동반되는 폭풍의 위치 및 강도를 변화시켜 대서양 주위의 전반적인 날씨에 영향을 주게 된다.

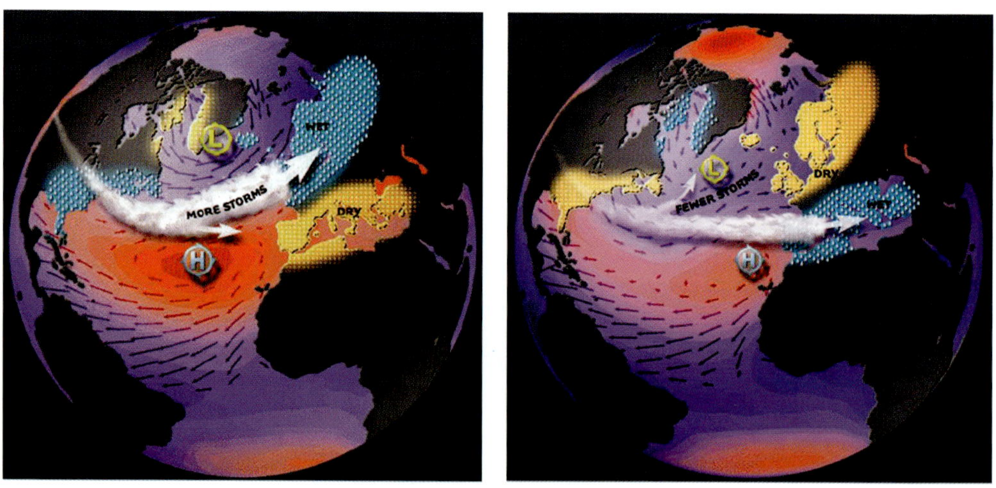

그림 9.16 북대서양진동: 양(왼쪽)과 음(오른쪽)의 위상 (Lamont-Doherty Earth Observatory, 2013).

NAO가 양의 위상일 때는 아열대 고기압과 아이슬란드 저기압이 모두 평균보다 발달한 상태로 두 지역 사이의 남북 기압차가 증가한다. 이 경우 북대서양을 가로지르는 제트기류와 폭풍활동이 강화된 상태에서 고위도 쪽으로 치우쳐 북상하면서 이동하게 된다. 이에 따라 미국 동부와 북유럽은 온난다습해지고, 상대적으로 남부유럽이나 북부 아프리카는 건조해진다. 한편, 한랭한 북풍기류가 그린란드와 북동 캐나다를 지나 남쪽으로 불기 때문에 그린란드와 캐나다 북부는 한랭건조해지고 북서 대서양의 수온과 인접한 지상의 기온은 낮아진다.

NAO가 음의 위상일 때는 아열대 고기압과 아이슬란드 저기압이 평균보다 약화된 상태로 남북 기압차가 감소한다. 이 경우 대서양 제트기류와 폭풍의 활동은 보다 약화된 상태에서 위도대를 따라 서쪽에서 동쪽으로 이동하게 된다. 이에 따라 북유럽은 폭풍활동이 감소하면서 한랭건조해지고, 그린란드와 남유럽은 습한 날씨가 된다 (그림 9.16).

9.7 북극진동

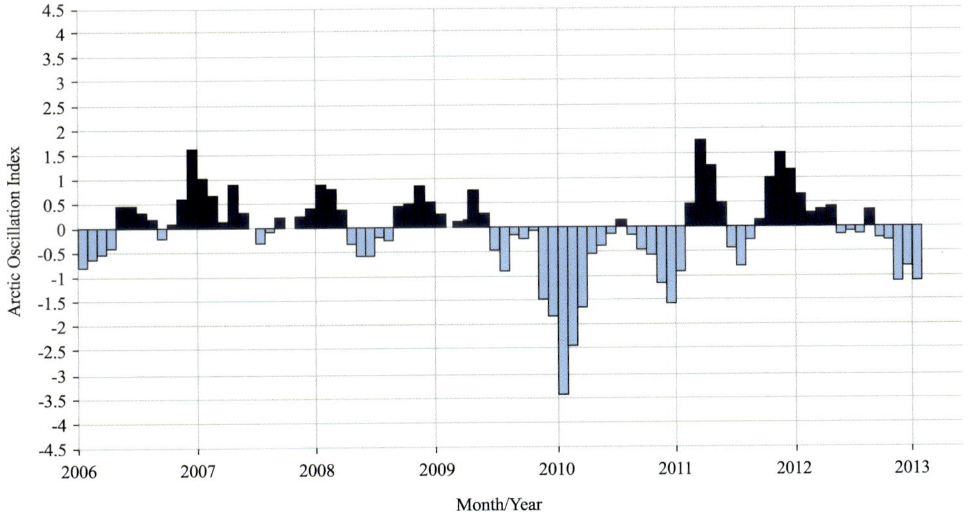

그림 9.17 북극진동지수 (NOAA/Climate.gov, 2014).

북극진동(AO)은 북극 주위에 존재하는 찬 공기의 와동류가 수십 일에서 수십 년 주기로 강화되거나 약화되는 기후변화 현상이다. 북극을 중심으로 하는 북반구의 지상에서 성층권 하부까지 반시계 방향으로 순환하는 북반구환상모드(NAM)이다. 북극진동은 동절기에 가장 큰 변화를 보이는 대규모 기후변동성으로, 북반구의 극에서 중위도에 이르는 대부분의 겨울 날씨에 강한 영향을 미친다. 북극진동지수(AOI)는 북반구의 중위도에 대해 동서 평균한 해면기압의 아노말리와 북극지역에 대한 해면기압 아노말리의 차이를 지수화한 값이다 (그림 9.17). 북극진동지수의 값이 양 또는 음이

됨에 따라 극 와동의 세기가 달라지고, 북극지역과 중위도의 기압패턴이 변화한다. 이에 따른 동서 및 남북 방향의 대기 순환과 북극의 한기단이 중위도로 남하하는 수준에 의해 기후가 결정된다.

AOI가 양으로 온난모드일 때는 북극 지역 상층의 기압이 평년보다 낮고 중위도의 기압은 평년보다 높은 상태이다. 이 경우는 북극을 중심으로 순환하면서 바람의 고리를 형성하는 극 와동이 강화되기 때문에 동서흐름이 남북흐름보다 우세하고, 극기단의 한기를 북극 쪽으로 가두어 놓는 역할을 한다. 제트기류와 폭풍의 경로가 평균상태보다 북극 쪽으로 치우치기 때문에 북극 지역의 기온이 낮아지는 반면, 중위도 지역은 평년보다 따뜻한 효과가 나타난다. AOI가 음으로 한랭모드일 때는 북극 지역 상층의 기압이 평년보다 높고 중위도의 기압은 평년보다 낮은 상태이다. 이 경우는 극 와동이 약화되고 북극에서 중위도 쪽으로 향하는 대기의 흐름이 강화되는 것이 특징이다. 제트기류가 남하하면서 극 와동은 사행성으로 크게 일그러지고 북극의 한기단이 남쪽으로 강력하게 남하하기 때문에 중위도는 평년보다 추운 날씨와 함께 폭풍의 빈도가 증가하게 된다 (그림 9.18).

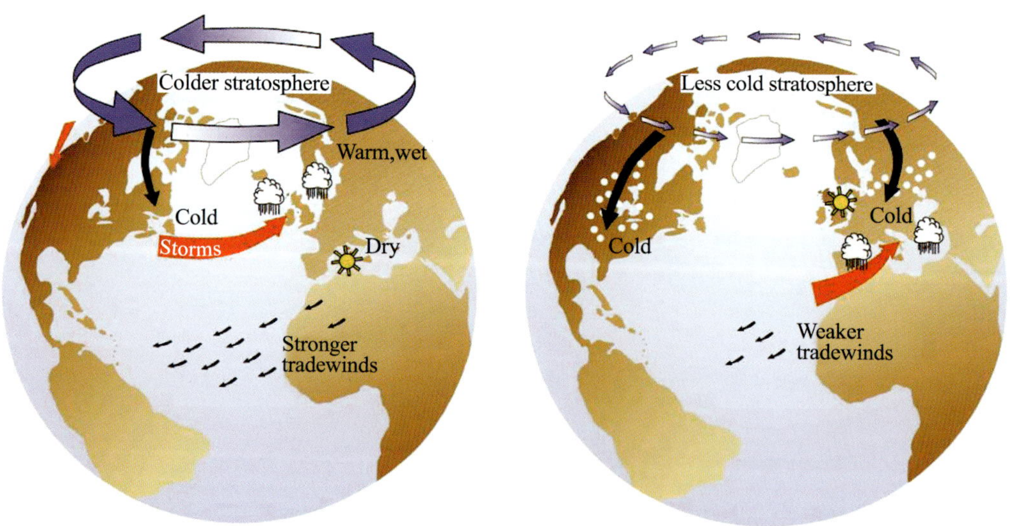

그림 9.18 북극진동: 양(왼쪽)과 음(오른쪽)의 위상 (NSIDC, 2013).

AO와 NAO의 차이점은 그림 9.19에서 보는 바와 같다. AO는 20°N 이상 고위도의 북반구 전체에 나타나는 현상으로 동서 대칭적인 패턴을 보이지만, 태평양과 대서양에 나타나는 현상들 사이의 상관성은 거의 없다. 반면에, NAO는 AO와 매우 유사하지만 북대서양에 국한된 비대칭적인 패턴이며, 현상이 발생하는 지점들 사이의 상관성은 매우 높다.

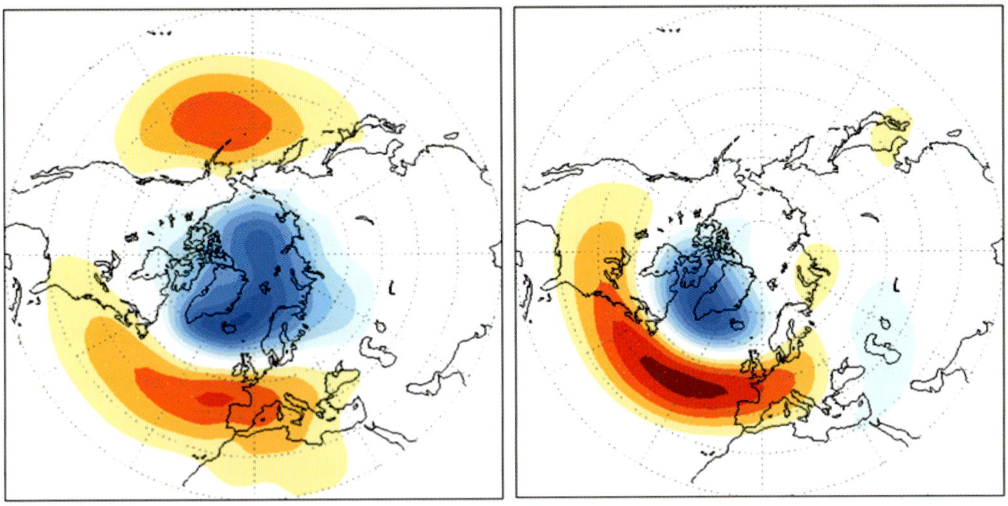

그림 9.19 북극진동(왼쪽, 1000hPa)과 북대서양진동(오른쪽, 500hPa). 1979-2000 기간의 월평균 기압패턴으로, 적색부분은 고압부이고 청색부분은 저압부이다 (NOAA/Climate Prediction Center, 2013).

9.8 남극진동

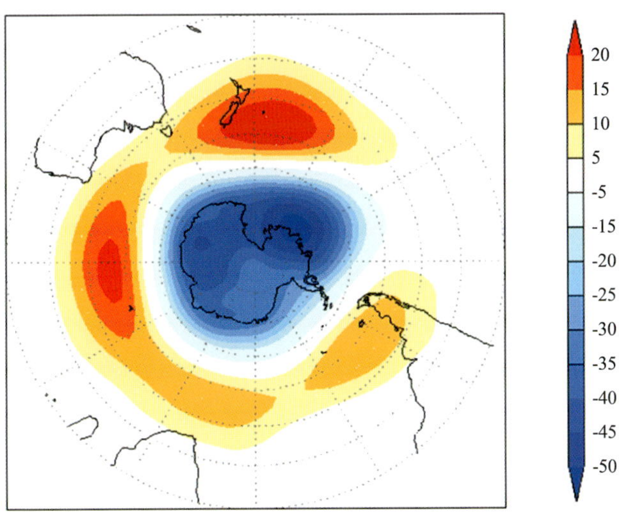

그림 9.20 남극진동 모드 (NOAA/Climate Prediction Center, 2013).

남극진동(AAO)은 남반구 아열대 제트기류의 계절적 이동과 극 제트기류의 세기에 따른 기후변동성 현상이다. 남반구 중위도와 고위도의 해면기압 사이에 존재하는 대기 질량의 대규모 변동모드로, 칠레와 아르헨티나 주위의 해면기압이 높으면 남극의 해면기압은 낮게 나타나고 반대의 경우도 마찬가지다. AAO는 저기압 아노말리가 남극에 중심을 두고 있으며 고기압 아노말리가 중위도대를 따라 원모양의 패턴을 띄기 때문에 남반구환상모드(SAM)로도 불린다. AAO는 수십 일에서 수십 년의 시간주기를 가지며 AO보다 뚜렷한 환상의 패턴을 갖는다. 이러한 차이는 남극과 북극의 지표면 구성이 다르기 때문이다. 북극은 해양으로 대륙에 둘러싸여 있지만, 남극은 대륙으로 해양이 에워싸고 있다. 그림 9.20의 AAO 모드는 1979년부터 2000년까지 남반구의 중위도와 극 주변에 대한 월별 평균 700hPa 고도 아노말리로, 적색은 양의 값이고 청색은 음의 값이다.

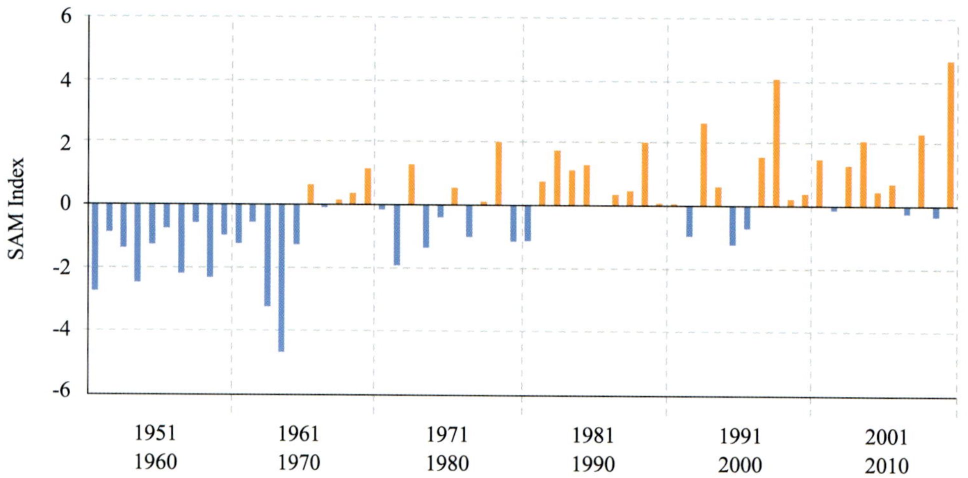

그림 9.21 1951년부터 2010년까지의 여름철 남극진동지수 (WMO, 2013).

남극진동지수(AAOI)는 남극진동을 정량적으로 보여주는 수치로, 남반구 중위도(40°S)와 고위도(70°S) 사이에 대한 동서평균 해면기압의 차이이다.

$$AAOI = P_{40°S} - P_{70°S} \qquad (9.4)$$

위 식(9.4)에서, $P_{40°S}$와 $P_{70°S}$는 40°S와 70°S에서 동서평균 해면기압을 정규화한 값이다. 그림 9.21의 AAOI는 1958년부터 2000년까지의 장기평균에 대한 아노말리이다. 1951년부터 2010년까지의 기간 중 초반 30년 동안에는 음의 위상이 우세하지만, 1981년부터 2010년까지의 후반 30년 동안에는 양의 위상이 우세하다. AAOI의 값이 양이면 아열대 고압부와 남극의 저압부가 강화된 상태로서 55°S 중심으로 강한 편서풍이 동반되고, 음일 때는 반대의 경우로 남북흐름이 강화되기 때문에 다른 어떤 기후변동성 현상보다 극이나 저위도 쪽을 향한 기상시스템의 변위양상이 심화된다. 양일 경우는 태평양 중앙 및 동부의 수온이 정상시보다 낮은 라니냐 상태와 연관이 있고 온대성 저기압이 보다 남극 쪽으로 치우친다. 음일 경우는 태평양 동부의 수온이 정상시보다 높은 엘니뇨 상태와 연관이 있고 온대성 저기압이 보다 저위도 쪽으로 이동하는 경향이 있다.

9.9 참고문헌

오재호, 권원태, 2002: 「엘니뇨와 라니냐」. 도서풀판 아르케, pp. 95-97.

Barry, R.G., and R.J. Chorley, 1987: Atmosphere, Weather and Climate. Metheun & Co. Ltd., 5th ed., Chapter 8.

Blunden, J.D., S. Arndt, and M.O. Baringer, Eds., 2011: State of the climate in 2010. *Bull. Amer. Meteor. Soc.*, **92**(6), S148.

Bridgman, H.A., and J.E. Oliver, 2006: The global climate system, Pattern, Process, and Teleconnections. Cambridge University Press, pp. 25-28.

Gong, D., and S. Wang, 1999: Definition of antarctic oscillation index, Geophysical Research Letters, 26, 459-462.

Goosse H., P.Y. Barriat, W. Lefebvre, M.F. Loutre and V. Zunz, 2010: Introduction to climate dynamics and climate modelling. 109-117.

Hendon, H., C. Zhang, and J. Glick, 1999: Interannual variation of the Madden-Julian oscillation during Austral summer. *J. Clim.*, **12**(8), 2538-2550.

Higgins, W., and W. Shi, 2001: Intercomparison of the principal modes of interannual and intraseasonal variability of the North American monsoon system. *J. Climate*, **14**, 403-417.

Kousky, V., and M. Kayano, 1994: Principal modes of outgoing long wave radiation and 250mb circulation for the south american sector. *J. Climate*, **1994**, 1131-1143.

Karoly, D.J., 1989: Southern Hemisphere circulation features associated with El Nino-Southern Oscillation events. *J. Clim.*, **2**, 1239-1252

Kidson, J.W., 1999: Principal modes of southern hemisphere low frequency variability obtained from NCEP-NCAR reanalyses. *J. Clim.*, **12**, 2808-2830.

Kidson, J.W., and J.A. Renwick, 2002: The southern hemisphere evolution of ENSO during 1981-1999. *J. Clim.*, **15**, 847-863.

Maloney, E., and D. Hartmann, 2000a: Modulation of eastern North Pacific hurricanes by the Madden-Julian Oscillation. *J. Climate*, **13**, 1451-1460.

Maloney E., and D. Hartmann, 2000b: Modulation of hurricane activity in the gulf of Mexico by the Madden-Julian Oscillation. *Science*, **287**, 2002-2004.

Matthews, A., B., H.J. Slingo, and M. Blackburn, 1996: Development of convection along the SPCZ within a madden-Julian oscillation. *Quar. J. Roy. Met. Soc.*, **122**, 1473-1498.

Schubert, J. J., B. Stevens, and T. Crueger, 2013: Madden-Julian oscillation as simulated by the Max Planck Institute for Meteorology Earth System Model: Over the last and into the next millennium. *J. Adv. Model. Earth Syst.*, **5**, 71-84.

Thompson, D.W.J., and J.M. Wallace, 1998: The pacific center of action of the northern hemisphere annular mode, Real or Artifact ? *J. Climate*, **15**, 1987-1991.

Trenberth, K.E., G.W. Branstator, D. Karoly, A. Kumar, N.-C. Lau, and C. Ropelewski, 1998: Progress during TOGA in understanding and modeling global teleconnections associated with tropical sea surface temperatures. *J. Geophys. Res.*, **103**(C7), 14, 291-14, 324.

Trenberth, K.E., P.D. Jones, P. Ambenje, R. Bojariu, D. Easterling, A. Klein Tank, D. Parker, F. Rahimzadeh, J.A. Renwick, M. Rusticucci, B. Soden and P. Zhai, 2007: Observations: Surface and Atmospheric Climate Change. In: *Climate Change 2007: The Physical Science Basis. Contribution of Working Group I to the Fourth Assessment Report of the Intergovernmental Panel on Climate Change* [Solomon, S., D. Qin, M. Manning, Z. Chen, M. Marquis, K.B. Averyt, M. Tignor and H.L. Miller(eds.)]. Cambridge University Press, Cambridge, United Kingdom and New York, NY, USA. pp. 286-294.

Wallace, J.M. and D.S. Gutzler, 1981: Teleconnections in the geopotential height field during the northern hemisphere winter. *Monthly Weather Review*, **109**, 784-812.

WMO, 2013: The global climate 2001-2010, A decade of climate extremes. WMO-No. 1103. pp. 17-18.

Yin, Z.-Y., 1994a: Moisture conditions in the south-eastern USA and teleconnection patterns. *International Journal of Climatology*, **14**, 947-967.

Yin, Z.-Y., 1994b: Reconstruction of the winter Pacific-North American teleconnection pattern during 1895-1947 and its application in climatological studies. *Climate Research*, **4**(2), 79-94.

웹사이트

JIASO/University of Washington:
http://jisao.washington.edu/pdo/
http://jisao.washington.edu/data_sets/pna/

Lamont-Doherty Earth Observatory:
http://www.ldeo.columbia.edu/res/pi/NAO/

National Snow & Ice Center:
http://nsidc.org/icelights/2012/02/02/the-arctic-oscillation-winter-storms-and-sea-ice/

NOAA/Climate.gov:
http://www.climate.gov/news-features/understanding-climate/climate-variability-arctic-oscillation
http://www.climate.gov/news-features/understanding-climate/climate-variability-north-atlantic-oscillation

http://www.climate.gov/news-features/understanding-climate/climate-variability-southern-oscillation-index
http://www.climate.gov/news-features/understanding-climate/climate-variability-pacific-north-american-teleconnection

NOAA/Climate Prediction Center:
http://www.cpc.ncep.noaa.gov/products/precip/CWlink/pna/nao_loading.html
http://www.cpc.ncep.noaa.gov/products/precip/CWlink/MJO/
http://www.cpc.ncep.noaa.gov/products/precip/CWlink/daily_ao_index/ao.loading.shtml
http://www.cpc.ncep.noaa.gov/products/precip/CWlink/daily_ao_index/aao/aao.loading.shtml

NOAA/Earth System Research Laboratory:
http://www.esrl.noaa.gov/psd/mjo/

NOAA/National Climatic Data Center:
http://www.ncdc.noaa.gov/teleconnections/enso/indicators/soi.php

NOAA/Northwest Fisheries Science Center:
http://www.nwfsc.noaa.gov/research/divisions/fed/oeip/ca-pdo.cfm
http://www.nwfsc.noaa.gov/research/divisions/fed/oeip/jb-climate-scale-phys-varia.cfm

NOAA/Pacific Marine Environmental Laboratory:
http://www.pmel.noaa.gov/tao
http://www.pmel.noaa.gov/tao/elnino/nino-home.html

| Chapter |

10 기후변화의 역사와 전망

10.1 기후변화의 개념

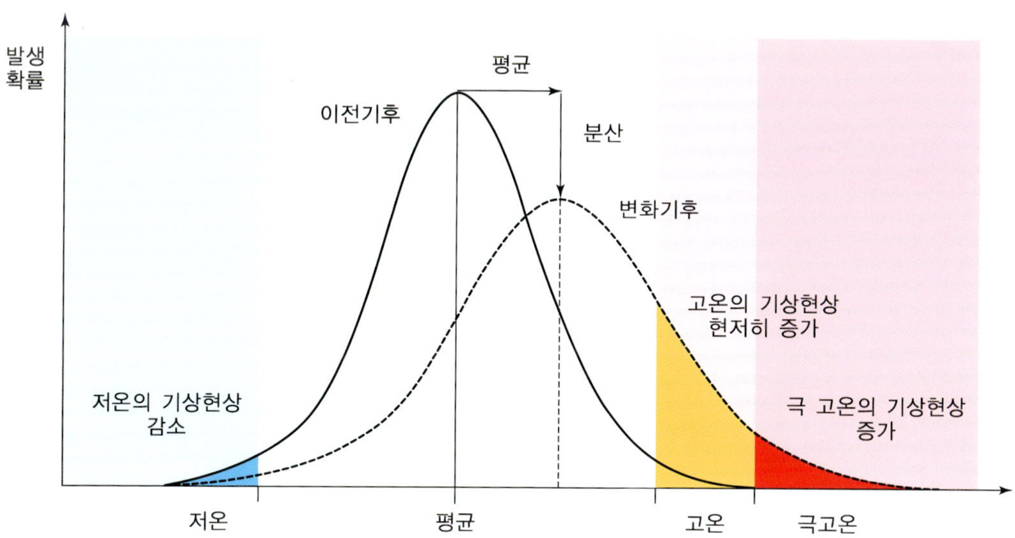

그림 10.1 평균과 분산의 증가에 따른 기후변화의 영향 (Folland et al., 2001).

기후변화(climate change)는 기후의 상태가 변화하는 것으로, 수십 년 이상 장기간 지속되는 평균(mean)이나 변동성(variability)의 변화에 의해서 인지가 가능한 경우를 말한다. 기후변화는 자연적 내부과정이나 외부 강제력, 또는 인위적인 대기조성과 토지이용의 변화 등에 기인할 수 있다. 유엔기후변화협약(UNFCCC)에서 정의하는 기후변화는 대기의 조성을 변화시키는 인위적 활동이 직·간접적 원인이 되어 발생하는 기후변화와 자연적 원인에 의해 야기되는 기후변동성으로 구분하고 있다. 그림 10.1은 온도의 정규분포에서 평균과 분산(variance)이 모두 증가한 기후변화의 예이다. 평균만 증가하면 고온의 신기록이 발생하지만 변동성은 변화하지 않는다. 평균은 일정하고 분산에 의한 변동성만 증가하는 경우, 고온과 저온에 관련된 극한 기상현상의 발생빈도가 증가할 뿐만 아니라 극값의 절대치도 변화한다. 평균과 분산이 동시에 증가하면 고온과 극고온에 관련된 기상현상의 발생빈도는 증가하지만 저온에 관련된 기상현상의 발생빈도는 감소하게 된다. 여기서 분산은 변량이 평균으로부터 떨어져 있는 정도를 나타내며, 극값(extreme)은 평균으로부터 현저한 편차를 보이는 값이다. 월평균기온이 정규분포인 경우 평균값으로부터의 편차가 표준편차보다 2배 이상 클 때를 이상고온 또는 이상저온이라 하고, 월강수량의 경우에는 과거 30년간의 평년값보다 많을 때를 이상다우, 적을 때를 이상과우라 한다.

표 10.1 고기후 복원용 대용자료 (Saltzmann, 2002).

구분		추정기후	추정(년)
역사자료	고기록	기상현상(기온, 날씨, 강수) 자연현상(식생의 변화)	천
빙하자료	얼음코어	기온	4만
		대기의 순환	10만~50만
	산악빙하	만년설경계, 기온, 강수, 적설량	만
지질자료	해양퇴적물	전 지구 얼음질량	천만
		해양순환	50만
		해면온도	5만
	육지성층퇴적물	강수, 바람	만
생물자료	나이테	기온, 강수-가뭄, 태양 변동성	만
	화분	기온, 강수량, 식생, 산림구성	만~10만
	산호	해면온도, 강수-증발량, 수위	10만~100만

기후변화를 연구하기 위한 자료에는 현존하는 기상관측 기록과 과거의 고기후(paleoclimate)를 재구성하는 대용자료(climate proxy data)가 있다. 관측기록은 다양한 센서와 방법에 의해 여러 형태로 얻어진다. 해·육상의 특정 위치에서 다양한 장비로 일정 시간에 관측되는 자료는 시·공간적으로 차지하는 범위가 작은 특성이 있는 반면에, 위성과 같은 원격감시 장비와 국제 감시프로그램에 의해 관측되는 경우는 전 지구

적 범위의 자료 획득이 가능하다. 고기후학(paleoclimatology)에서 활용되는 대용자료에는 역사 문서, 나무 나이테의 넓이, 퇴적물 구성 및 빙하의 층 등 다양한 형태의 간접 증거들이 있다. 대용자료들은 기후변화를 직접 관측한 자료는 아니지만 기후변화와 관련된 요소를 포함하고 있다. 한 예로, 얼음코어의 물 분자와 해저퇴적 유기물의 탄소로부터 추출된 산소동위원소비율($\delta^{18}O$)을 분석하여 당시에 있었던 기온과 수온의 변화를 추정할 수 있다. 대용자료들은 현재에 가까워질수록 정밀성이 향상되어 기후변화와 부합하는 경향을 보이지만, 과거로 거슬러 올라갈수록 추정 연대와 기후의 신뢰성이 더 낮아진다. 과거의 기후를 복원하기 위한 대용자료의 종류와 특성은 표 10.1과 같다.

10.2 지질시대의 고기후

약 46억년의 지구 역사는 지질시대와 역사시대로 대분되고, 이를 구분하는 단위는 누대/이언(累代, Eon), 대(代, Era), 기(紀, Period) 및 세(世, Epoch)이다. 지질시대(geologic time)는 지구 생성 이후부터 신생대 제4기의 플라이스토세(Pleistocene)까지로, 약 46억 년 전부터 5억4천1백만 년 전까지 생물이 화석으로 거의 발견되지 않은 선캄브리아 시대(Precambrian)와 그 이후 생물화석이 지층에서 산출되기 시작한 때로부터 현재까지의 현생이언(Phanerozoic Eon)으로 나뉜다. 역사시대는 인류의 역사가 기록으로 남기 시작한 약 1만 년 전의 신생대 제4기 홀로세(Holocene)로부터 현재까지를 말한다.

빙하기(ice age)는 전 세계의 여러 대륙에서 빙상이 광범위하게 형성되는 시기이고, 간빙기(interglacial or interglacial stage)란 빙하기 사이에 비교적 따뜻한 시기를 이른다. 빙하기와 간빙기 모두 장·단주기의 기후변화를 반복하는데, 빙하기 동안에 빙하가 적도 쪽으로 현저하게 확장되는 시기를 빙기(glacial or glacial stage)라 하고, 간빙기 동안에 현저하게 따뜻한 시기를 온난기(warm period)라 지칭한다. 지질시대의 대표적인 빙하기와 온난기는 표 10.2에서 보는 바와 같다. 선캄브리아 시대(Precambrian)에 두 번의 빙하기 있었으며, 선캄브리아 이후 신생대 제4기까지에는 세 번의 빙하기와 두 번의 온난기가 있었던 것으로 보고 있다.

빙하기와 간빙기는 이산화탄소의 대기와 해양 간 평형개념으로 설명할 수 있다. 지구의 내·외적 원인에 의해, 대기와 해양 사이에 형성된 이산화탄소의 평형상태가 깨지고 대기 중의 이산화탄소 농도가 감소하면 기온은 하강하게 된다. 지속적인 기온 하강으로 빙하기가 도래하면 빙하의 형성으로 바닷물이 축소되면서 해양의 이산화탄소 농도는 증가하게 된다. 이로 인해 해양의 이산화탄소가 대기로 배출되어 대기와 해양 사이에 새로운 평형상태가 만들어진다. 이 과정이 지속되어 대기 중의 이산화탄소 농도가 증가하는 경우, 기온 상승으로 간빙기가 오고 빙하가 녹아 해수의 부피는 확장된다. 해양이 원래의 상태로 환원되면 대기와 해양 간 이산화탄소의 평형상태는 재조정 과정에 들어가고, 빙하기와 간빙기의 순환은 지속된다.

표 10.2 지구의 기후변화와 국제지질연대 (ICS, 2013).

누대/이언 (Eon)	대 (Era)	기 (Period)	세 (Epoch)	빙하기와 온난기 (Ice Age & Warm Period)	백만 년 전
					현재
현생이언 (Phanerozoic)	신생대 (Cenozoic)	제4기 (Quaternary)	홀로세 (Holocene)		0.0117
			플라이스토세 (Pleistocene)	Quaternary Ice Age (Pleistocene Ice Age)	2.588
		제3기 (Tertiary)	플라이오세 (Pliocene)		5.333
			마이오세 (Miocene)		23.03
			올리고세 (Oligocene)		33.9
			에오세 (Eocene)	Paleocene-Eocene Thermal Maximum	56.0
			팔레오세 (Paleocene)	Paleocene-Eocene Thermal Maximum	66.0
	중생대 (Mesozoic)	백악기 (Cretaceous)		Mesozoic Warm (Cretaceous Warm Peak)	145.0
		쥐라기 (Jurassic)		Mesozoic Warm	201.3
		트라이아스기 (Triassic)			252.17
	고생대 (Paleozoic)	페름기 (Permian)		Permo-Carboniferous Ice Age (Karoo Ice Age)	298.9
		석탄기 (Carboniferous)		Permo-Carboniferous Ice Age (Karoo Ice Age)	358.9
		데본기 (Devonian)			419.2
		실루리아기 (Silurian)		Andean-Saharan Ice Age	443.4
		오르도비스기 (Ordovician)		Andean-Saharan Ice Age	485.4
		캄브리아기 (Cambrian)			541.0
원생이언 (Proterozoic)	원생대 (Proterozoic)			Late Proterozoic Ice Age Huronian Ice Age	2,500
시생이언 (Achean)	시생대 (Achean)			Huronian Ice Age	4,600

10.2.1 선캄브리아 시대

선캄브리아 시대(Precambrian)는 지구가 탄생한 46억 년 전부터 캄브리아기가 시작하는 5억4천1백만 년 전까지로 지구역사의 약 88%를 차지한다. 기후와 관련된 증거자료가 극히 부족하고, '초기의 희미한 태양역설(early faint Sun paradox)'에 따르면 10억 년 전 태양의 광도는 현재보다 10% 정도 약했을 것으로 생각되는 시대이다. 수백만 년에서 수억 년의 주기를 갖는 빙하기들이 있었을 것으로 보고 있으며, 그 가운데 휴로니안 빙하기(Huronian Ice Age)와 원생대 후기 빙하기(Late Proterozoic Ice Age)가 대표적이었을 것으로 추정하고 있다. 휴로니안 빙하기는 시생대 말기로부터 원생대 초기인 약 27억 년 전부터 23억 년 전까지 지속된 지구 역사상 가장 오래된 빙하기로, 이 기간 동안에 지구는 얼음덩어리 그 자체였을 것으로 추정하고 있다. 원생대 후기 빙하기는 약 8억5천 년 전부터 6억3천5백만 년 전까지의 대형 빙하기로 스타티안-바랑 빙하기(Stuartian-Varangian Ice Age)라고도 한다. 빙하기 후기에는 지표면의 모든 육지와 바다가 얼음으로 뒤덮인 '눈덩이 지구(Snowball Earth)'이었을 것으로 보고 있다.

10.2.2 현생이언 시대

현생이언 시대(Phanerozoic)의 고생대(Paleozoic)에는 두 번의 주요 빙하기가 있었다. 고생대 초기에는 남반구에 위치해있던 로디니아 초대륙이 분리되는 과정에서 발생한 화산활동으로 인해 대기 중 이산화탄소의 농도가 높아져 온화한 기후를 유지했으나, 오르도비스기 후기인 약 4억6천만 년 전부터 기온이 현저하게 낮아져 실루리아기 말기인 4억2천만 년 전까지 안데스-사하라 빙하기(Andean-Saharan Ice Age)를 맞이하였다. 이 시기 남극 가까이 위치한 곤드와나 대륙에는 빙하가 발달하였다. 두 번째 빙하기는 고생대 석탄기 말인 약 3억 년 전부터 페름기 말인 2억6천만 년 전까지의 페름-석탄기 빙하기(Permo-Carboniferous Ice Age) 또는 카루 빙하기(Karoo Ice Age)로 그 이전의 어떤 것보다 강했다. 이 시기에는 주로 남반구에 흩어져 있던 대륙들이 초대륙인 판게아를 형성하는 과정에서 고산지대와 대륙빙하가 광범위하게 형성되었던 것을 하나의 원인으로 보고 있다.

중생대(Mesozoic)는 고생대말에 있었던 페름기의 빙하가 물러가고 온화한 기후로 출발했으며 말기에는 따뜻한 기후로 끝난 시대였다. 중생대의 쥐라기와 백악기에는 판게아 대륙이 분리되어 생성된 테티스해(Tethys Sea)가 적도대를 가로지름으로서 해·육상 모두 오늘날보다 따뜻해질 수 있었다. 이와 같이 중생대의 쥐라기와 백악기에 있었던 따뜻했던 시기를 중세온난기(Mesozoic Warm)라 한다. 중생대말 백악기에는 활발한 화산활동으로 대기 중의 이산화탄소의 농도가 아주 높았기 때문에 최대온도를 보였고 극지역까지 온난했었던 것으로 보고 있다. 이 시기를 가리켜 'Cretaceous Warm Peak'라 한다. 그러나 이처럼 따뜻했던 백악기 동안에도 비교적 짧은 기간의 한랭기가 몇 차례 있었을 것으로 본다.

신생대 제3기(Tertiary)의 기후는 에오세까지 비교적 따뜻한 날씨를 보인 후 완만하게 낮아지던 기온은 마이오세를 지나면서 급격하게 떨어졌다. 팔레오세로부터 에오세에 이르는 약 10만 년 동안은 온난하였고 에오세 초기의 기온이 가장 높았다. 이 기간을 팔레오세-에오세 최대온도시기(Paleocene-Eocene Thermal Maximum)라 한다. 기온이 따뜻하게 유지되었던 원인 가운데 유력하게 제시되고 있는 가설은 해저에서 방출된 메탄가스와 화산활동에 의한 이산화탄소의 온실효과이다. 이 시기에 열대지역의 위도대는 현재보다 10° 내지 15° 정도 극 쪽으로 확장되었고, 육상 식생의 이주도 1,500km 정도 북상했을 것으로 보고 있다.

신생대 제4기(Quaternary) 플라이스토세(Pleistocene)의 기후는 마이오세 이후에 기온이 급강한 후, 20~30여회의 빙기와 간빙기가 반복된 제4기/플라이스토세 빙하기(Quaternary/Pleistocene Ice Age)가 약 1백만 년 동안 지속되었다 (그림 10.2).

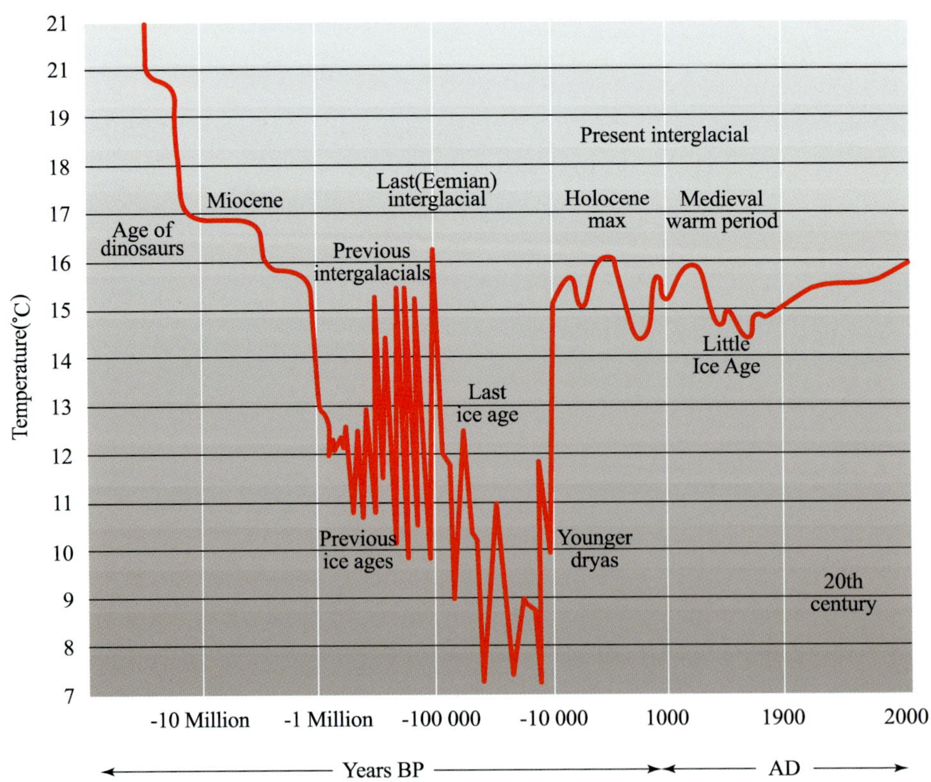

그림 10.2 신생대 제3기 이후의 기후변화 (Bureau of Meteorology, 2013).

빙기와 간빙기가 약 4만년에서 10만년 주기로 여러 번 반복된 원인을 밀란코비치 이론인 지구 자전축의 경사도와 세차운동 및 공전궤도의 이심률의 변화로 해석하기도 하는데, 이들 변화의 주기는 각각 4만1천년과 2만6천년 및 10만년이다. 밀란코비치는 이들 천문학적 요소의 변화가 가장 클 때 기후가 급변하는 것으로 보았다. 제4기/플라이스토세 빙하기의 마지막 간빙기는 약 11만 년 전에 있었고, 이후 기온이 급격하게 강하하면서 약 2만 년 전을 전후해서 최대에 달한 마지막 빙하기(Last Ice Age)가 있었다. 마지막 빙하기 이후의 기온은 약간 상승했다가 12,000년 전을 전후한 플라이스토세 말에 한랭기인 영거드라이아스기(Younger Dryas)를 맞이하였다. 마지막 빙하기로부터 영거드라이아스기까지의 기온 하강 현상을 북대서양에서 발생하는 열염순환의 붕괴로 보는 견해도 있다.

10.3 역사시대의 기후

10.3.1 신생대 제4기 홀로세

신생대 제4기(Quaternary) 홀로세(Holocene)의 기후는 소폭의 기온변화로 비교적 안정적이었으며, 2회의 온난기와 1회의 소빙하기가 있었다. 고대문명이 번창했던 홀로세 기후최적기(Holocene max)와 중세 온난기(Medieval Warm Period) 및 홀로세 시작 이후 가장 추웠던 소빙하기(Little Ice Age)를 이른다. 현재의 지구 기후는 소빙하기 이후 간빙기에 위치해 있다.

영거드라이아스기(Younger Dryas)가 물러간 후의 기후는 빠른 속도로 온화해졌다. 지금으로부터 약 7,000년 전부터 5,000년 전까지 지속되었던 온난했던 시기를 홀로세 기후최적기(Holocene max)라 한다. 이 시기의 기온은 오늘날보다 1~2℃ 정도 높았다. 기후최적기 이후 한랭기를 거쳤다가 서기 1000~1300년경까지 비교적 온화한 중세 온난기(Medieval Warm Period)가 도래했다. 이 시기에는 북대서양 주변 지역의 따뜻한 기후 덕분에 유럽 바이킹족의 그린란드 이주 및 에스키모인의 엘즈미어 섬 정착 등이 있었다. 중세기의 온화한 기후가 지나가고 1400년경부터 북 유럽을 중심으로 시작한 추위가 1550년경에 전 세계적으로 확장되었으며, 1650년경에 최저기온을 보인 후 1860년을 전후하여 종료된 빙하기를 소빙하기(Little Ice Age)라 한다 (그림 10.3). 소빙하기 가운데 가장 추웠던 1645년부터 1715년경까지는 태양의 흑점수가 가장 적었기 때문에 이를 관측한 천문학자의 이름을 따서 마운더 극소기(Maunder Minimum)라고도 한다.

그림 10.3 소빙하기의 유럽 풍경. 왼쪽: 빙판에서 골프 치는 사람들(Golf players on ice), 1625년의 네덜란드, Hendrick Avercamp 作, 오른쪽: 얼어붙은 템스 강(The Frozen Thames), 1677년의 영국, Abraham Hondius 作 (Wikimedia Commons, 2013).

10.3.2 산업혁명 이후

장기간에 걸친 기후의 변화와 변동성에 대한 종합적인 분석은 고기후 복원으로 이루어지는 수천 년 이전까지의 기후 추정과 19세기 중반부터 시작된 전구 규모의 기상관측 및 1950년대 이후의 보다 종합적이고 광범위한 관측체계들에 의해 가능해졌다. 온실가스의 농도 증가와 지구의 온난화는 1950년대 이후 보다 뚜렷해졌으며, 대기와 해양의 온도 상승, 빙설면적의 축소, 해수면 상승과 같은 기후시스템의 변화를 가져왔다.

가. 지표면의 기온변화

지난 1세기는 과거 천년 동안 가장 따뜻했던 시기로 0.7℃ 정도의 기온이 상승했다. 지난 만년 동안 역사시대의 기온이 2℃ 정도 상승한 것을 감안하면 얼마나 급격하게 변화하고 있는지를 알 수 있다. IPCC는 지난 천년 동안 대체로 완만한 변화를 보이다 20세기말에 급상승한 온난화 추세를 하키스틱(hockey stick) 이론으로 발표하기도 하였다. 이러한 지구의 온난화는 간빙기의 기후현상으로 수십 년 주기를 갖고 상승과 하강을 반복하기도 한다.

그림 10.4에서 보는 바와 같이, 지표면 기온의 상승폭은 단기적으로 그리고 대상기간에 따라 약간의 차이가 있지만, 전 지구적으로 선형의 증가추세를 보이고 있다. 산업혁명 이후 지표면 부근의 기온은 전 지구적으로 1940년대 중반까지 약 0.35℃ 상승한 후, 1970년대 중반까지 약간 하강하였으나, 그 이후 현재까지 약 0.55℃ 상승했다. 최근 50년 동안의 기온 상승(약 0.13℃/10년)은 지난 반세기(0.07℃/10년)에 비해 두 배 정도 빠른 속도이다. 지난 100년 동안 가장 더웠던 열 개의 해가 1990년부터

2006까지의 17년 사이에 있었다. 또한, 1980년대 초반 이후 30년 동안 지표면의 기온은 과거 어느 때보다도 따뜻했던 기간으로, 북반구에서는 지난 1,400년 동안 가장 더웠던 기간이었다. 이와 같이 전 지구적으로 광범위하게 나타나고 있는 온난화 추세는 20세기 전반부까지 자연적인 요인이 인위적인 요인보다 컸던 반면에, 후반부 이후에는 인간의 활동이 주요 요인인 것으로 이해되고 있다. 지구의 온난화 패턴은 저위도보다 고위도에서, 해양보다 육지에서 그리고 여름보다 겨울철에 보다 빠른 속도로 진행되고 있으며, 20세기보다 21세기에 크게 변화할 것으로 전망된다. 북극을 중심으로 하는 한대지역의 온난화는 전구 평균에 비해 2배 이상 높고, 최근의 고위도 온난화 패턴은 북극진동(AO)과 어느 정도 관련이 있는 것으로 분석되고 있다. 적도 중심의 저위도 지역에서 온난화가 억제되는 이유 가운데 하나는 대기 중의 많은 열이 수증기 증발에 소요되기 때문이다.

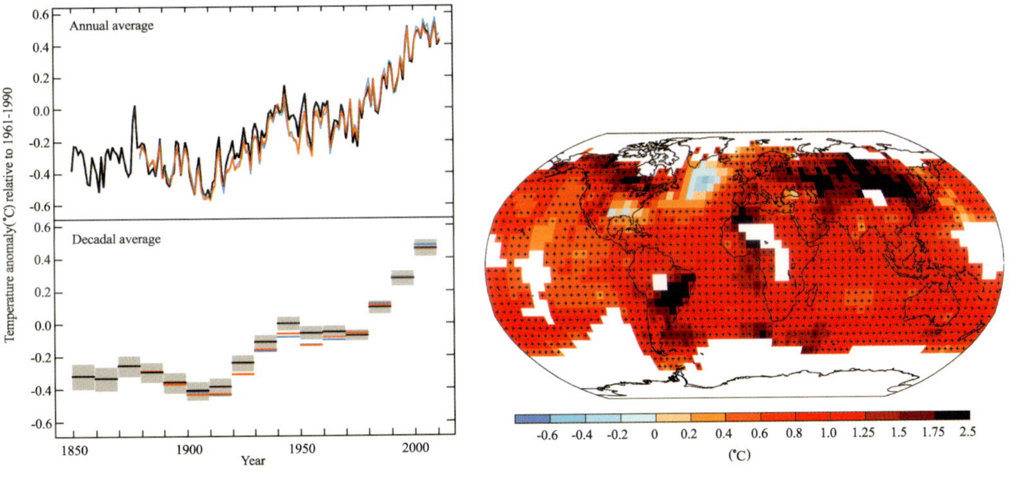

그림 10.4 왼쪽: 전 지구 해·육상 결합 지표면 평균기온의 아노말리(1850~2012). 위: 연평균. 아래: 불확실성 추정치를 포함한 10년 평균. 아노말리는 1961~1990년의 평균을 기준. 오른쪽: 1901~2012년까지 지표면 기온의 변화 (IPCC, 2013).

나. 대류권과 성층권의 기온변화

20세기 중반 이후에, 북반구 중위도 이상의 고위도를 중심으로 빠르게 진행된 전 지구적인 대류권 하층의 온난화와 남반구에서 현저하게 나타나는 성층권 하층의 냉각화 현상은 여러 모델결과 및 물리학적 예상과 일치한다 (그림 10.5). 대류권 온난화는 온실가스의 농도 증가와 관련되어 있고, 성층권 냉각현상은 오존파괴가 주요 요인인 것으로 보고 있다.

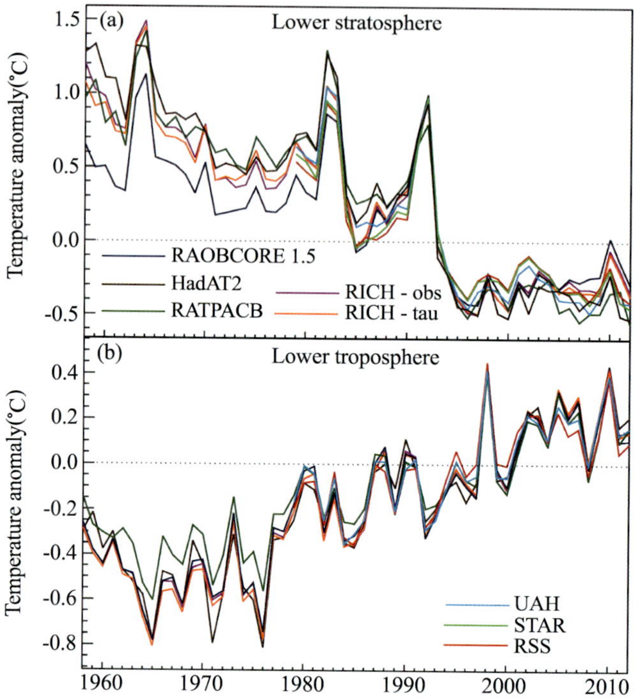

그림 10.5 (a) 성층권 하층과 (b) 대류권 하층의 연평균 기온변화. 전 지구의 1981~2010 기후평균값 대비 아노말리 자료이다 (Hartmann et al., 2013).

대류권 하층의 온난화 경향은 온실가스의 농도가 증가하면서 나타나는 강화된 온실효과의 영향으로 보고 있다. 북극권의 대류권에서 기온 상승이 가장 큰 이유는 빙설권의 융해로 증폭된 측면이 있다. 대류권 하층의 온난화 경향은 지표면 기온의 변화 패턴과 유사하지만 부드럽게 나타나며, 1960년대 중반 이후 매 10년 동안 0.15℃ 정도 상승하는 경향을 보여주고 있다.

성층권 하층의 냉각현상은 북반구보다 남반구 고위도에서 현저히 나타나며, 단기간의 상승현상은 화산의 폭발활동과 연관되어 있다. 성층권의 기온은 온실가스의 역할을 하는 오존의 농도변화와 밀접한 관계가 있으며, 대류권 온실가스의 농도 증가가 성층권의 기온을 낮추는 요인이 되기도 하다. 성층권 하층의 기온은 최근 50여 년 동안 매 10년간 0.3℃ 정도 낮아졌으며, 1960년대 초와 비교 시 1.5℃ 정도 냉각된 상태이다. 이와 함께, 북극과 남극의 성층권에서 나타나는 온난화 경향은 일종의 기온 변동성으로 극 중심의 원형 와동류가 있을 경우에 발생하는데, 수일 내에 수십 도까지의 기온이 상승할 수도 있다. 이러한 현상은 북극의 성층권에서 흔하게 나타나지만, 변동성의 폭은 남극의 성층권에서 더 클 수 있다.

10.4 기후변화 전망

10.4.1 기후시스템의 관성

기후시스템의 관성은 온실가스의 배출량이 감소된 이후에도 상당한 기간 동안 기후변화가 지속되는 현상을 말한다. 그림 10.6은 온실가스인 이산화탄소의 배출량 감소에 따른 기후변화의 반응시간을 보여준다. 대기 중에 배출되는 이산화탄소의 양이 최대에 달한 이후 감소하게 되면 그 농도의 증가폭은 점점 작아져 일정 수준으로 안정화되는데, 이때까지 걸리는 시간이 100~300년 정도이다. 이는 이산화탄소가 대기 중에 수십 년에서 수백 년 동안 체류하기 때문이다. 지구의 기온은 이산화탄소의 농도의 농도가 일정 수준에 도달한 이후에도 완만하게 상승하며 안정화되기까지는 수세기가 걸린다. 물의 열팽창에 의한 해수면 상승은 수세기에서 1,000년 또는 그 이상 지속되고, 얼음의 해빙에 의한 해수면 상승은 수천 년 이상 지속될 수 있다.

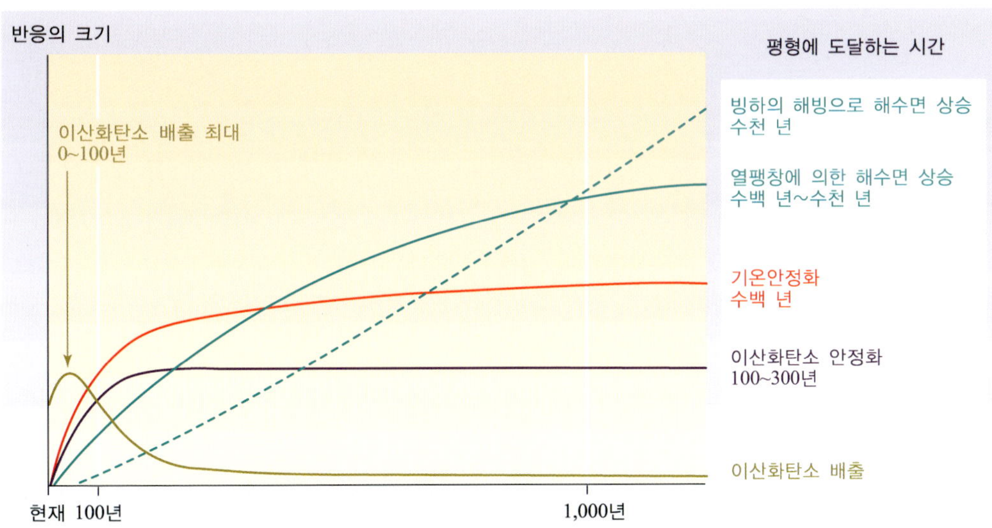

그림 10.6 기후시스템의 관성 (IPCC, 2001).

10.4.2 온실가스 배출시나리오

가. 온실가스 장기배출 시나리오

IPCC의 제4차 평가보고서(AR4)에 사용된 온실가스 장기배출 시나리오(SRES) 모델은 인구의 증감, 기술의 발전 및 경제와 사회의 변화 등이 온실가스의 배출에 장기적으로 어떤 영향이 있는지를 분석하고 그 가능성을 제시하는 수단이다. 4개의 그룹과 6개의 시나리오로 구성되어 있으며, 변화 동인이 지향하는 바가 보다 더 경제적이면 A그룹, 환경적이면 B그룹에 속하고, 세계적이면 1그룹에, 지역적이면 2그룹으로 분류하였다 (그림 10.7).

A1(고성장 사회) 그룹은 세계 경제가 매우 급속하게 성장하고 세계 인구가 금세기 중반에 정점에 도달하였다가 감소하는 것과 효율적인 신기술의 급속한 도입을 가정한다. 기술변화의 방향에 따라 3개의 시나리오로 나뉜다. A1B 시나리오는 특정 에너지에 편중되지 않고 모든 에너지가 균형을 이루는 형태이고, A1FI는 석탄과 석유 등의 화석연료가 중심이 되며, A1T는 비 화석연료 에너지에 의존하는 시나리오이다. A2(다원화 사회) 시나리오는 인구가 지속적으로 증가하고 기술변화와 지역 중심의 경제성장이 느린 경우이다. B1(지속 발전형 사회) 시나리오는 금세기 중반까지 지속적으로 인구가 증가하고, 청정에너지와 서비스 및 기술 등이 급격하게 변화하는 세계를 강조한다. B2(지역 공존형 사회) 시나리오는 인구와 경제 성장이 A1과 B1의 중간인 경우로, 경제와 사회 및 환경 분야의 지속 가능성에 대하여 지역적 해법을 강조한다.

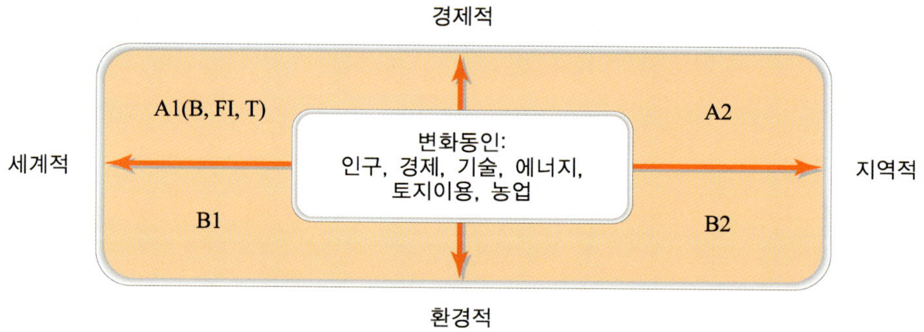

그림 10.7 온실가스 장기배출 시나리오 모델 (IPCC, 2007).

SRES 시나리오에 따른 21세기 온실가스 배출전망에서 모든 시나리오가 전반 수십 년 동안 증가하지만 후반에는 다양하게 변화한다. A1FI와 A2 시나리오는 큰 폭에서 지속적으로 증가하지만, A1B와 A1T 및 B1 시나리오는 후반에 감소한다. SRES 시나리오에서 2100년까지 대기 중 이산화탄소는 540~970ppm, 메탄가스는 -190~+1970 ppb, 아산화질소는 +38~+144ppb 범위에서 변화하는 것으로 전망하고 있다. 온실가스의 농도를 감소시켜 복사강제력을 안정화시키기 위해서는 수십 년 내지 수백 년 내에 온실가스의 배출량을 현재 배출량보다 매우 낮은 수준까지 감소시켜야 한다. 일단 배출된 온실가스 증가량의 약 4분의 1정도는 수세기 동안 대기 중에 여전히 잔류하기 때문이다.

나. 대표농도경로 시나리오

IPCC 제5차 평가보고서(AR5)에 사용된 온실가스 배출량 시나리오는 대표농도경로(RCP)이다. 유사한 복사강제력과 배출특성을 갖는 여러 시나리오 가운데 하나라는 의미에서의 "대표"와 온실가스의 농도가 시간에 따라 변화하는 것을 강조하기 위해 "경로"를 포함한다. RCP는 기후변화를 야기하는 인위적인 요인에 기초하였으며, 자연적인 요인은 포함되지 않았다 (표 10.3). 기존의 SRES 시나리오가 미래의 사회구조 변화를 중심으로 결정된 반면에, RCP는 기후변화 대응정책과 연계하여 선정된 시나리오이다.

표 10.3 RCP 시나리오별 2100년의 온실가스 농도와 복사강제력.

종류	CO_2 농도(ppm)	복사강제력(W/m^2)	비고
RCP8.5	936	8.5	고 배출 시나리오
RCP6.0	670	6.0	안정화 시나리오
RCP4.5	538	4.5	안정화 시나리오
RCP2.6	421	2.6	완화 시나리오

RCP8.5는 온실가스의 저감 없이 현재 추세와 같이 아주 높게 배출되는 경우로, 2100년경 이산화탄소의 농도가 936ppm인 시나리오이다. RCP6.0은 온실가스의 저감정책이 어느 정도 실현되어 중간 정도 배출되는 경우로, 2100년경 이산화탄소의 농도가 670ppm인 시나리오이다. RCP4.5는 온실가스의 저감정책이 상당히 실현되어 낮게 배출되는 경우로, 2100년경 이산화탄소의 농도가 538ppm인 시나리오이다. RCP2.6은 온실가스의 저감정책을 당장 적극적으로 추진하여 배출이 가장 낮은 경우로, 2100년경 이산화탄소의 농도가 421ppm인 시나리오이다.

RCP8.5(8.5W/m^2)와 RCP6.0(6.0W/m^2)의 복사강제력은 2100년경 이후에도 지속해서 상승하고, RCP4.5(4.5W/m^2)는 2100년경에 안정화되며, RCP2.6(2.6W/m^2)은 2100년경 이전에 최고에 도달했다 감소하는 시나리오이다. RCP 8.5/6.0/4.5/2.6의 복사강제력 변화는 1750년 대비 2100년의 지구 온난화에 기여하는 정도로, 지표면에 도달하는 태양복사에너지(약 238W/m^2)의 3.6/2.5/1.9/1.1% 정도씩 증가됨을 의미한다.

10.4.3 장·단기 기후전망

미래의 기후변화는 온실가스의 배출경향과 기후시스템의 물리·화학적 작용에 의해 결정된다. 온실가스 농도 증가가 상당 기간 동안 지속되면 21세기 지구의 기후시스템은 20세기에 관측된 것보다 더 빠르게 변화할 가능성이 매우 높고, 미래의 온난화 정도는 현재보다 심화될 것으로 전망된다. 지구의 온난화는 대기 중 이산화탄소의 농도를 증가시키는 경향이 있는데, 이는 인위적으로 생성되는 이산화탄소에 대해 해양과 육지에서 배출하는 양이 흡수하는 양보다 많기 때문이다. 이러한 기후-탄소의 순환현상은 지구의 평균기온을 추가로 상승시키는 효과가 있다. 온실가스의 감축이 상당히 실현되어 배출 수준이 낮아지면 2050년 무렵의 평균기온은 1.4℃ 상승하고 해수면은 평균 26cm 높아지지만, 온실가스의 배출이 현재와 같이 아주 높게 배출되는 경우, 21세기말 지구의 평균기온은 3.7℃ 상승하고 해수면은 63cm 높아질 것으로 전망된다(표 10.4).

표 10.4 RCP 시나리오별 1986~2005년 대비 21세기 기후변화 전망 (IPCC, 2013).

시나리오		RCP2.6	RCP4.5	RCP6.0	RCP8.5
21세기 중반 (2046~2065)	지표면 기온(℃)	1.0	1.4	1.3	2.0
	해수면 상승(cm)	24	26	25	30
21세기 말 (2081~2100)	지표면 기온(℃)	1.0	1.8	2.2	3.7
	해수면 상승(cm)	40	47	48	63

가. 단기 전망

온실가스 배출시나리오(A2, A1B, B1)에서, IPCC의 20년(2000~2025) 기온변화 전망은 매 10년마다 약 0.2℃ 상승하며 모든 시나리오가 거의 유사한 패턴을 보인다. 대기의 조성과 그에 따른 복사강제력이 일정하게 유지된 후 지구 평균기온의 추가 변화를 의미하는 연관 온난화(commitment, committed warming)의 경우, 즉 온실가스의 농도가 2000년 수준으로 안정화되더라도 매 10년마다 0.1℃ 정도의 온난화가 예상된다 (그림 10.8).

1차 평가보고서(FAR)와 2차 평가보고서(SAR)의 1990~2005년 전망에서, 지구평균기온상승이 약 0.3℃/10년 및 0.15℃/10년으로 차이가 있었던 이유는 1차 평가 당시 누락되었던 에어로졸의 냉각효과가 2차 평가에서는 포함되었기 때문이다. 3차 평가보고서(TAR)의 전망은 약 0.2℃/10년으로 SAR와 비슷하여 단기 온난화 전망의 신뢰성을 확인할 수 있다. 전 지구적인 평균기온의 상승으로 대부분의 육상에서 일 및 계절 단위의 고온현상이 더 자주 발생하고, 저온현상은 덜 발생할 것으로 전망된다. 보다 긴 지속시간을 갖는 열파가 빈번하게 발생할 가능성이 매우 높지만, 종종 발생하는 겨울철 혹한도 지속될 것으로 전망된다.

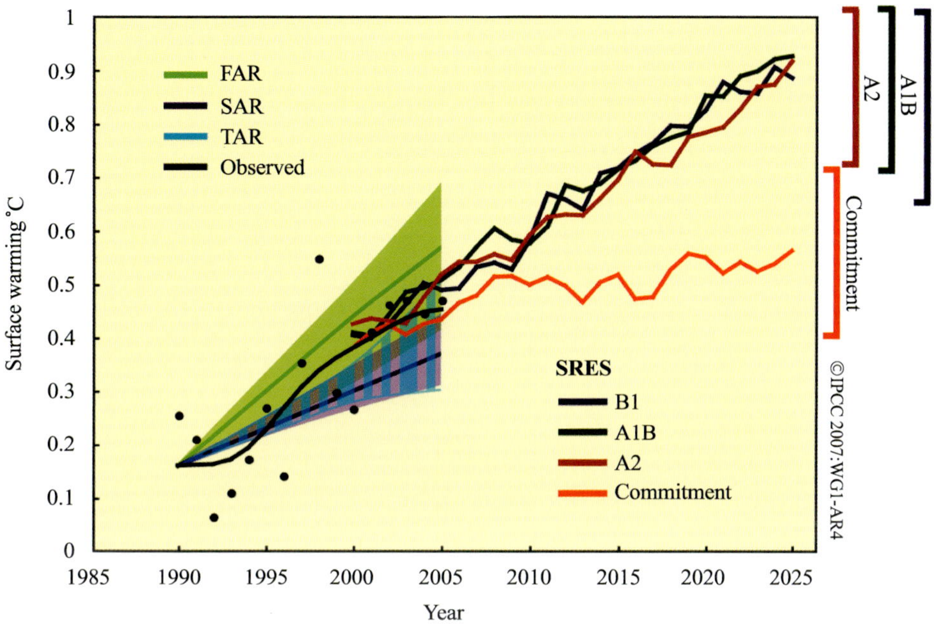

그림 10.8 21세기 초의 온난화 전망. 2005년 이전의 흑색 점은 이상기온의 연 평균, 흑색 실선은 관측 값이다. 녹색, 암갈색, 청색 실선은 FAR, SAR, TAR의 전망이다. 2000년 이후의 청색, 녹색, 적색 실선은 B1, A1B, A2 시나리오별 기온 상승 전망이다. 주황색 실선은 온실가스와 에어로졸의 농도가 2000년과 일정하게 유지될 때의 온난화 전망이다. 오른쪽 세로축은 예상 범위이다 (Solomon et al., 2007).

나. 장기 전망

그림 10.9의 장기전망에서, 온실가스의 배출을 지금 당장 멈추는 경우에 온실가스의 농도와 복사강제력의 증가폭은 감소하겠지만 기온의 변화는 기후시스템의 관성에 의해 장기간 지속된다. 대기 중에 존재하는 장수명의 온실가스와 해양의 관성에 의한 것이다. 대기 중의 에어로졸과 온실가스는 수일에서 수천 년의 시간범위로 대기 중에 체류한다. 예를 들어, 에어로졸은 수 주 동안, 메탄가스는 약 10년, 아산화질소는 약 150년, 이산화탄소는 약 250년, 그리고 육불화에탄(C_2F_6)은 약 1만년 정도의 수명을 갖는다. 온실가스의 배출을 지금 당장 멈추어도 산업화시대 이전의 농도로 환원되지 않는 이유가 여기에 있다. 기후변화가 장기간 지속되는 또 다른 이유는 열용량이 큰 해양에 있다. 바다는 열용량이 크고 표층과 심층 사이의 열 교환이 매우 느린 특징을 갖고 있다. 이는 변화된 복사강제력에 의해 바닷물 전체가 열적평형에 도달하는데 수 세기 이상 장기간이 소요됨을 의미한다.

온실가스의 배출이 현 수준으로 유지되는 경우, 장수명의 온실가스 농도가 상승하고 복사강제력이 강화되기 때문에 온난화는 가속화된다. IPCC 4차보고서는 온실가스의 농도가 현재의 수준을 유지하더라도 지표면의 기온은 21세기 동안에 2000년 대비 약 0.6℃ 상승하는 것으로 전망했다. 장기 기후전망으로 북극권의 온난화는 전 지구 평균보다 더 급속하게 이루어지고, 육지의 온난화는 해양보다 클 것으로 보고 있다.

지구의 기온은 기후변화의 정도를 설명하는데 있어 매우 유용하고 기본이 되는 요소이지만 모든 변화에 적용되지는 못한다. 예를 들어, 여러 가지 기후변화 가운데 하나인 물순환의 변화는 온실가스와 에어로졸 및 토지이용의 변화 등에 따라 좌우되기도 하고, 해빙의 융해나 해수면 상승과 같은 현상은 기후시스템의 다른 요소들과 장기간 느리게 반응하며 변화하기 때문이다.

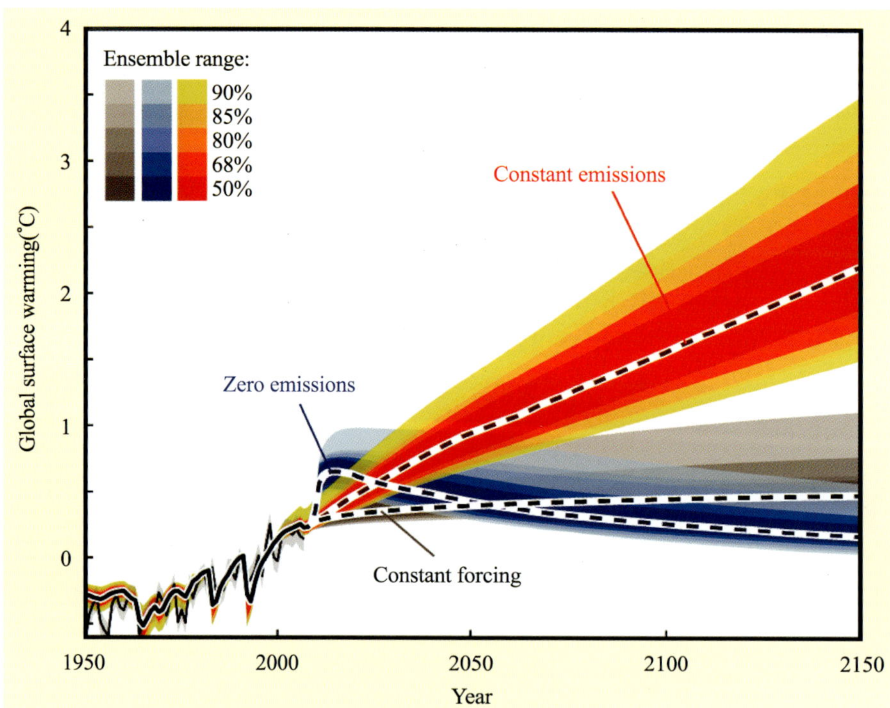

그림 10.9 온실가스 배출에 따른 기후변화의 장기 전망. 그림의 회색부분은 대기 조성이 일정하여 복사강제력의 변화가 없음을 나타낸다. 적색부분은 온실가스가 일정하게 배출되는 경우이고, 청색부분은 온실가스의 배출이 없는 경우이다. 각 경우의 음영구역은 불확실성 범위이다. 2010년 이전의 흑색 가는 선과 음영구역은 관측 및 불확실성 범위이다 (Collins et al., 2013).

10.5 참고문헌

윤일희, 2004: 「현대 기후학」. 시그마프레스, 제7장.

이승호, 2010: 「기후학」. (주)푸른길, 제5장.

이용일, 2010: 지질학에서 본 기후변동의 과거, 현재, 그리고 미래. *기상기술정책*, **3**(4), pp. 17-29.

Barry, R.G., and R.J. Chorley, 1987: *Atmosphere, Weather and Climate*. Metheun & Co. Ltd, Fifth edition, Chapter 8.

Collins, M., R. Knutti, J. Arblaster, J.-L. Dufresne, T. Fichefet, P. Friedlingstein, X. Gao, W.J. Gutowski, T. Johns, G. Krinner, M. Shongwe, C. Tebaldi, A.J. Weaver and M. Wehner, 2013: Long-term Climate Change: Projections, Commitments and Irreversibility. In: *Climate Change 2013: The Physical Science Basis. Contribution of Working Group I to the Fifth Assessment Report of the Intergovernmental Panel on Climate Change* [Stocker, T.F., D. Qin, G.-K. Plattner, M. Tignor, S.K. Allen, J. Boschung, A. Nauels, Y. Xia, V. Bex and P.M. Midgley (eds.)]. Cambridge University Press, Cambridge, United Kingdom and New York, NY, USA. 1106 pp.

Folland, C.K., T.R. Karl, J.R. Christy, R.A. Clarke, G.V. Gruza, J. Jouzel, M.E. Mann, J. Oerlemans, M.J. Salinger and S.-W. Wang, 2001: Observed Climate Variability and Change. In: *Climate Change 2001: The Scientific Basis. Contribution of Working Group I to the Third Assessment Report of the Intergovernmental Panel on Climate Change* [Houghton, J.T.,Y. Ding, D.J. Griggs, M. Noguer, P.J. van der Linden, X. Dai, K. Maskell, and C.A. Johnson (eds.)]. Cambridge University Press, Cambridge, United Kingdom and New York, NY, USA, 155 pp.

Hartmann, D.L., A.M.G. Klein Tank, M. Rusticucci, L.V. Alexander, S. Brönnimann, Y. Charabi, F.J. Dentener, E.J. Dlugokencky, D.R. Easterling, A. Kaplan, B.J. Soden, P.W. Thorne, M. Wild and P.M. Zhai, 2013: Observations: Atmosphere and Surface. In: *Climate Change 2013: The Physical Science Basis. Contribution of Working Group I to the Fifth Assessment Report of the Intergovernmental Panel on Climate Change* [Stocker, T.F., D. Qin, G.-K. Plattner, M. Tignor, S.K. Allen, J. Boschung, A. Nauels, Y. Xia, V. Bex and P.M. Midgley (eds.)]. Cambridge University Press, Cambridge, United Kingdom and New York, NY, USA. 197 pp.

Hegerl, G.C., F. W. Zwiers, P. Braconnot, N.P. Gillett, Y. Luo, J.A. Marengo Orsini, N. Nicholls, J.E. Penner and P.A. Stott, 2007: Understanding and Attributing Climate Change. In: *Climate Change 2007: The Physical Science Basis. Contribution of Working Group I to the Fourth Assessment Report of the Intergovernmental Panel on Climate Change* [Solomon, S., D. Qin, M. Manning, Z. Chen, M. Marquis, K.B. Averyt, M. Tignor and H.L. Miller(eds.)]. Cambridge University Press, Cambridge, United Kingdom and New York, NY, USA. pp. 679-704.

ICS (International Commission on Stratigraphy), 2013: International Chronostratigraphic Chart. www.stratigraphy.org

IPCC, 2001: Climate change 2001: Synthesis Report, Summary for policymakers. pp. 7-17.

IPCC, 2007: Climate change 2007: Synthesis Report, Summary for policymakers. pp. 7-8.

IPCC, 2007: Summary for Policymakers. In: *Climate Change 2007: The Physical Science Basis. Contribution of Working Group I to the Fourth Assessment Report of the Intergovernmental Panel on Climate Change* [Solomon, S., D. Qin, M. Manning, Z. Chen, M. Marquis, K.B.

Averyt, M.Tignor and H.L. Miller (eds.)]. Cambridge University Press, Cambridge, United Kingdom and New York, NY, USA. pp. 66-67.

IPCC, 2013: Summary for Policymakers. In: *Climate Change 2013: The Physical Science Basis. Contribution of Working Group I to the Fifth Assessment Report of the Intergovernmental Panel on Climate Change* [Stocker, T.F., D. Qin, G.-K. Plattner, M. Tignor, S. K. Allen, J. Boschung, A. Nauels, Y. Xia, V. Bex and P.M. Midgley (eds.)]. Cambridge University Press, Cambridge, United Kingdom and New York, NY, USA. 21 pp.

Saltzman B., 2002: *Dynamical paleoclimatology, Generalized theory of global climate change*. Academic Press, pp. 33-34.

Sellers, W.D., 1969: *Physical climatology*. The University of Chicago Press, Chicago, Chapter 13.

Solomon, S., D. Qin, M. Manning, R.B. Alley, T. Berntsen, N.L. Bindoff, Z. Chen, A. Chidthaisong, J.M. Gregory, G.C. Hegerl, M. Heimann, B. Hewitson, B.J. Hoskins, F. Joos, J. Jouzel, V. Kattsov, U. Lohmann, T. Matsuno, M. Molina, N. Nicholls, J. Overpeck, G. Raga, V. Ramaswamy, J. Ren, M. Rusticucci, R. Somerville, T.F. Stocker, P. Whetton, R.A. Wood and D. Wratt, 2007: Technical Summary. In: *Climate Change 2007: The Physical Science Basis. Contribution of Working Group I to the Fourth Assessment Report of the Intergovernmental Panel on Climate Change* [Solomon, S., D. Qin, M. Manning, Z. Chen, M. Marquis, K.B. Averyt, M. Tignor and H.L. Miller (eds.)]. Cambridge University Press, Cambridge, United Kingdom and New York, NY, USA. 69 pp.

Wallace J.M., and P.V. Hobbs, 1977: *Atmospheric science, An introductory survey*. Academic press, Inc. New York, Chapter 7.

Willett, K.M., L.V. Alexander, and P.W. Thorne, Eds., 2010: Global Climate [in "State of the Climate in 2009"]. *Bull. Amer. Meteor. Soc.*, **91**(7), S19-S29.

World Bank, 2010: *World development report 2010, Development and Climate Change*. Washington, DC, pp. 1-4. http://www.worldbank.org/wdr

웹사이트

미국 국립미술관:
http://www.nga.gov/exhibitions/2010/avercamp/slideshow/

Australian Government/Bureau of Meteorology:
http://www.bom.gov.au/info/climate/change/gallery/51.shtml
http://www.bom.gov.au/info/climate/change/gallery/
http://www.bom.gov.au/climate/change/index.shtml#tabs=Climate-change-tracker&tracker=global-time-serie

International Commission on Stratigraphy:
http://www.stratigraphy.org/ICSchart/ChronostratChart2013-01.jpg

NASA/Earth Observatory:
http://earthobservatory.nasa.gov/IOTD/view.php?id=7839

NOAA/climate.gov:
http://www.climate.gov/news-features/understanding-climate/climate-change-global-temperature

Wikimedia:
http://commons.wikimedia.org/wiki/File:The_Frozen_Thames_1677.jpg

| Chapter |

11 기후변화의 원인

11.1 개요

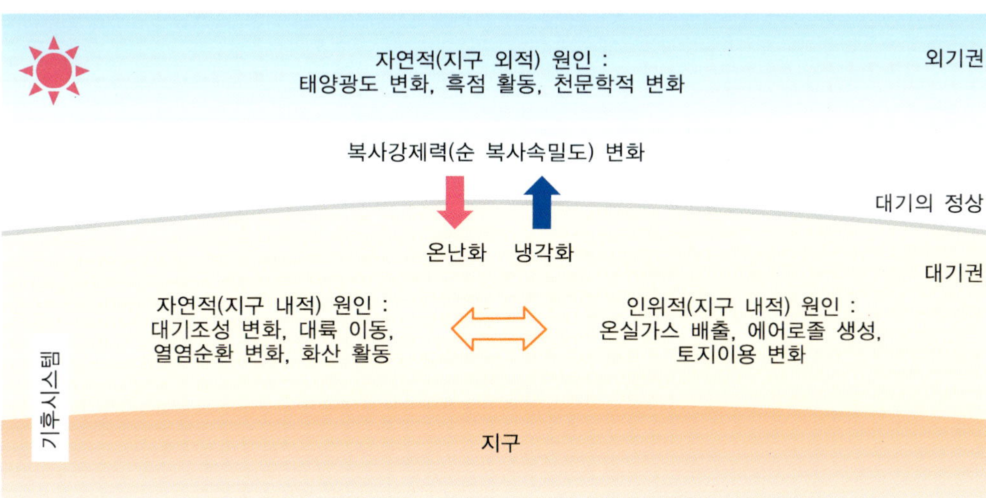

그림 11.1 기후변화의 가능한 원인.

지구의 기후시스템에 영향을 주어 기후를 변화시키는 원인은 자연적인 원인과 인위적인 원인으로 대분되고, 자연적 원인은 대기권 밖의 지구 외적인 원인과 대기권 안의 지구 내적 원인으로 세분할 수 있다. 자연적이며 지구 외적 원인은 대기권 밖에서 외부 강제력으로 작용하여 복사평형을 와해시키고 기후시스템에 영향을 주는 태양광도의 변화와 태양의 활동 및 지구궤도의 변화가 포함된다. 자연적이며 지구 내적인 원인은 기후시스템 구성요소인 대기, 해양, 대륙, 빙설 및 생물권 등의 변화에 기인된다. 인위적 원인은 인간 활동의 결과로 나타나며, 온실가스와 에어로졸의 배출 및 토지이용의 변화 등이 있다. 이들 자연적인 원인과 인위적인 원인 사이에 이루어지는 양과 음의 순환과정은 지구의 온난화와 냉각화를 가져오는 동시에 기후변화를 야기한다 (그림 11.1).

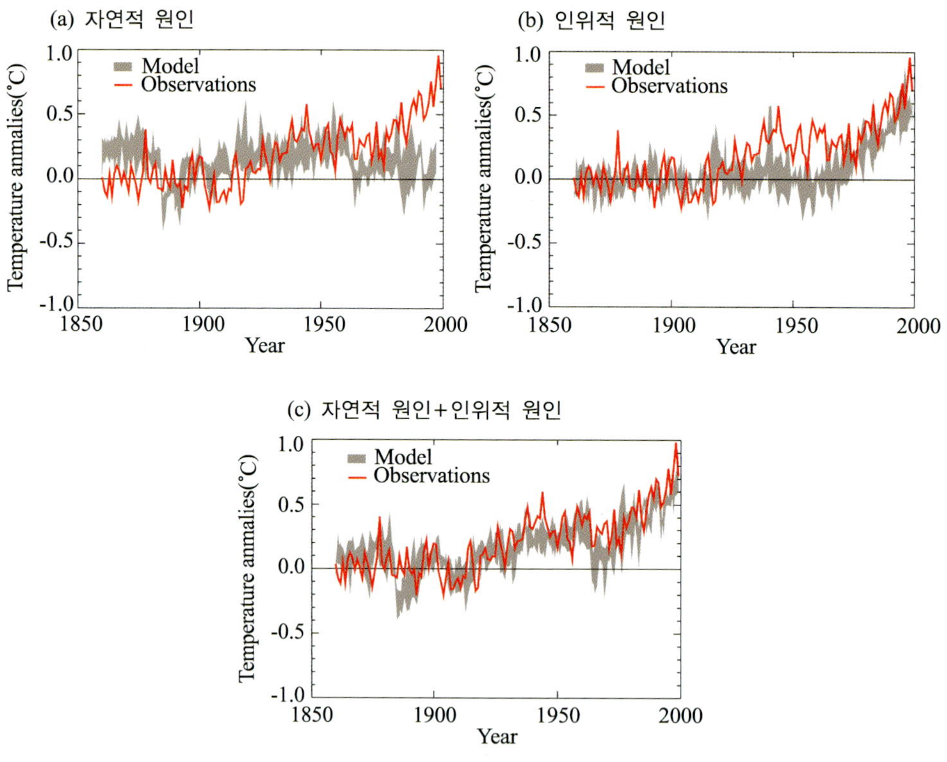

그림 11.2 산업혁명 이후 관측기온과 모의결과의 비교 (IPCC, 2001).

기후변화의 자연적 원인과 인위적 원인들은 장주기와 단주기를 갖고 기후변화에 영향을 미친다. 단주기성 원인은 수개월 내지 수십 년에 걸쳐 진행된다. 흑점주기와 연관된 태양의 활동, 대기의 조성을 변화시키고 태양복사를 흡수 또는 반사시키는 화산활동, 화석연료의 소비에 의한 온실가스 배출, 인간의 산업 활동과 토양 및 바다로부터의 에어로졸 생성, 그리고 지상의 사막화와 증발산 및 물의 순환에 영향을 주는 토지이용의 변화 등이 있다. 장주기의 원인은 수백 년 내지 수억 년 동안 지속된다. 별의 탄생과 진화 및 소멸의 견지에서 보는 태양광도의 변화, 밀란코비치 이론에 기초한 지구궤도의 변화, 원시대기로부터 현재의 대기까지 변천해온 대기조성의 변화, 판구조론에 입각한 대륙의 이동, 그리고 해양의 열염순환 등이 이에 해당한다.

산업화 이후의 지구 온난화는 최근 들어 가속화 추세에 있으며, 인위적 원인이 주된 역할을 하고, 자연적 원인의 기여도는 적은 것으로 보고 있다. 1860년 이후 실제 관측된 지구의 온도변화를 모의결과와 비교해보면 그림 11.2와 같다. 자연적 원인만을 고려하여 모의한 결과(a)는 관측 자료와 상이한 반면, 인위적인 원인만을 고려하여 모의한 결과(b)는 관측 자료와 유사한 패턴을 보인다. 한편 자연적인 원인과 인위적인 원인 모두를 고려하여 모의한 결과(c)는 관측 자료와 가장 잘 부합되는데, 이는 과거 150년 동안 관측된 지구 온난화의 원인이 대부분 인간의 활동에 기인된다는 사실을 말해준다.

11.2 자연적 원인

11.2.1 지구 외적 원인

11.2.1.1 태양광도의 변화

천체 진화이론(stellar evolution theory)에 따르면 원시 기체와 먼지구름의 대부분은 수축하여 태양을 형성했으며, 그 중 일부가 행성, 달, 성간물질 및 혜성을 이루었다. 약 46억 년 전에 만들어진 태양은 대부분의 별들과 같이 핵융합 반응에 의해 에너지를 공급받고 있는 주계열(main sequence)에 속해 있으며, 천천히 응축되기 시작한 처음 6억년 동안은 현재에 비해 25~30%의 적은 열을 방출했다.

태양의 주계열 수명을 100억년으로 보았을 때, 태양의 핵에 있는 수소의 절반가량이 헬륨으로 대체되면서 화학조성이 변화되고 전체의 환경에도 변화가 있었을 것이다. 이는 오늘날의 태양이 초기의 태양보다 약 40% 정도 더 밝다는 것을 의미하며, 이러한 태양의 광도 차이로 인해 현재의 지구환경은 생명체가 삶을 영위할 수 없을 정도의 기후로 변화되어 있어야 한다. 그렇지 않으면, 지구의 생명체가 유지될 수 있는 현재의 기후조건을 만족시키기 위해서 초기의 태양은 광도가 아주 낮아서 훨씬 희미했어야만 한다. 그러나 진화론에 따르면 약 35억 년 전 생명체가 지구에 처음 출현했을 당시에 지구의 온도는 지금의 온도와 비슷했으며, 지질학자들은 지구 암석의 기록으로부터 지구의 평균온도는 35억년 동안 별로 변한 것이 없다고 주장한다. 생물학자들도 생명의 진화를 위해선 거의 일정한 온도가 필요하다고 주장한다. 이러한 문제를 초기의 희미한 태양역설(early faint Sun paradox)이라 한다 (그림 11.3).

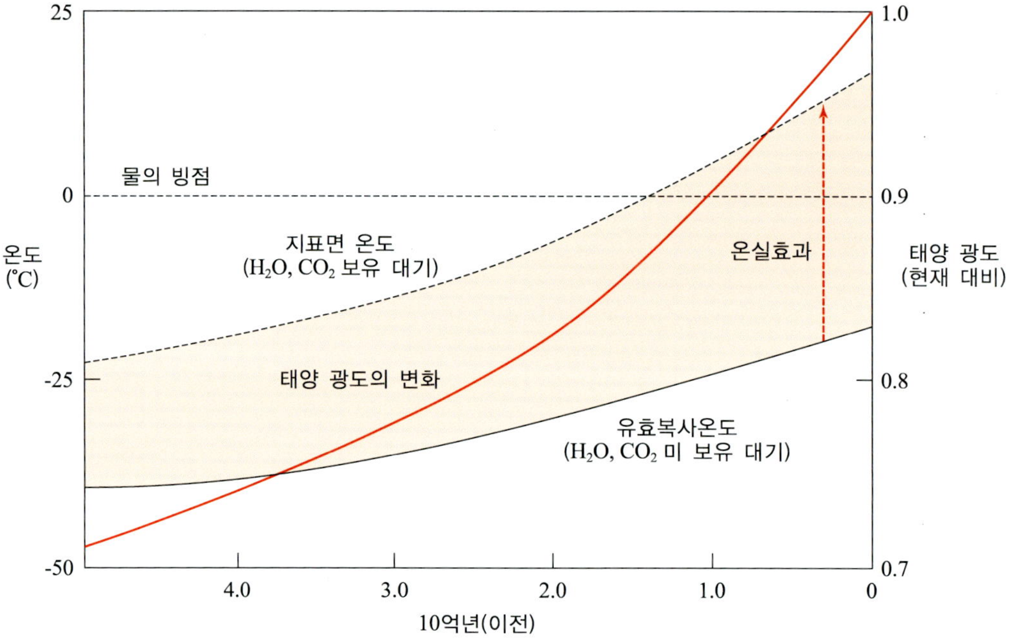

그림 11.3 초기의 희미한 태양역설 (Kasting et al., 1988). 적색실선은 태양광도의 변화곡선으로 현재 값에 대한 비율을 의미한다. 황색영역의 아래 곡선은 온실효과가 없을 때의 대기온도이고 위 곡선은 온실효과를 고려한 대기의 온도변화이다. 유효복사온도는 입사 태양복사와 방출 지구복사가 균형을 이루는 복사평형온도이다.

태양의 복사에너지가 증가하여 지구로 계속 유입되는데도 어떻게 거의 일정한 온도가 유지하고 있는지에 대한 몇몇 설명은 초기의 희미한 태양역설에 대한 대안이 될 수 있다. 대기의 변화가 방향성이 없는 비평형상태로 진화하면서 가열효과를 상쇄시켰다는 것과, 태양과 지구의 형성 시기가 그리 멀지 않아서 태양광도가 크게 변하지 않았고 지구는 현재와 같은 대기를 갖도록 설계되었다고 보는 것이다.

기후변화를 야기하는 가장 중요한 요소로서의 태양복사 강도가 증가 또는 감소했을 것이라는 이론은 다음과 같다. 첫째, 태양 냉각설로 태양복사의 강도가 임의의 특정값 이하로 감소하고 있다는 것이다. 그러나 태양 냉각설로는 현재와 같이 심화된 남북 온도차와 폭풍 등에 의해 열이 극지방으로 이송되는 것이 불가하다는 반론이 있다. 둘째, 태양 고온화설이다. 태양의 복사강도 증가는 태양의 중심부에 위치한 수소가 헬륨으로 변환하는 핵융합과정에 의해 열을 생산하고, 가용한 수소가 소진되면서 태양은 수축되고 더 뜨거워진다는 것이 태양의 수축과 고온화에 관한 이론이다. 그러나 태양의 고온화설로는 약 2억5천만년 주기로 발생하는 빙하기의 도래를 설명하기에 곤란하다는 반론도 있다.

11.2.1.2 흑점의 활동

기후변화의 한 요인으로 태양의 흑점(Sunspot) 활동을 들 수 있다. 태양의 흑점은 광구에 나타나는 검은 반점으로, 밝기는 주변의 약 40% 정도이고 암부의 온도는 4,000K 정도이다. 태양의 흑점이 클 때는 지구 직경의 10배 정도에 달하고 수 시간에서 수개월까지 지속된다. 흑점이 동쪽에서 서쪽으로 이동하는 것으로 보아 태양의 자전을 확인할 수 있다. 태양의 흑점은 1609년부터 망원경으로 정밀 관측하기 시작했다. 태양의 활동이 왕성한 극대기(solar maximum)에는 흑점의 수가 많아지고, 자기폭풍과 함께 플레어 폭발이 빈번해지며 코로나 질량 방출이 일어나 지구의 대기에 영향을 미친다. 태양 에너지 중 지구에 도달하는 양은 미미하지만, 태양 자체에서 방출하는 양에 자그마한 변동만 있어도 지구의 기후를 충분히 변화시킬 수 있다. 이는 태양의 활동과 흑점 수에 따라 지구에 입사되는 에너지가 결정되고 지구의 기후가 변화된다는 것을 의미한다. 흑점활동으로 발생하는 단파장의 자외선과 전하물질은 상층대기에 직접적으로 영향을 미친다. 이 가운데 태양복사의 약 9%를 차지하는 자외선의 양이 증가하면 열대 성층권과 전리층의 온도가 정상적인 경우보다 높아진다. 즉 성층권을 넘어서는 약 50km 고도 이상의 대기가 태양복사를 흡수하여 기온이 상승하게 되면 성층권에서의 상승운동이 발생하게 된다. 이는 다시 저층을 불안정한 상태로 만들어 대류권의 순환에 영향을 줄 수 있는 것이다.

태양흑점의 활동주기는 11년과 22년 및 80년이다. 22년 주기는 11년 주기의 최대 및 중간정도 활동이 번갈아 나타나는 순환이다. 22년 주기보다 규칙적으로 나타나는 80년 주기는 처음 20년 동안에 아주 낮은 활동을 보이다 점점 증가해 마지막 20년 동안에 최대 활동을 보인다. 소빙하기(Little Ice Age) 가운데 최저기온을 보였던 1645년부터 1715년까지의 기간을 마운더 극소기(Maunder Minimum)라 하는데, 이 시기에 가장 혹독했던 유럽의 겨울 기온은 평년보다 1~1.5℃ 정도 낮았으며, 태양의 활동이 극히 적었던 30년간은 50여 흑점만이 관측되었다 (그림 11.4). 1795년부터 1820년까지의 Dalton Minimum 시기에도 흑점수의 감소와 함께 지구 기온이 하강하였다. 반면에 약 1,000년 전의 Medieval Maximum과 1900년 이후 Modern Maximum

의 온난한 시기에는 태양의 흑점활동이 활발하였다. 그러나 기후자료에 따르면 태양의 흑점이 많았던 해가 저온이고, 흑점이 적었던 해가 오히려 고온인 경우도 있다. 태양활동의 하나인 흑점수가 기후변화에 대한 완전한 징후가 될 수 없기 때문에, 최근에는 태양의 지자기 활동과 관련된 지구 온난화의 가능성이 연구되고 있으며, 위성으로 태양의 광도를 관측해서 기후변화를 이해하려는 시도가 추진되고 있다.

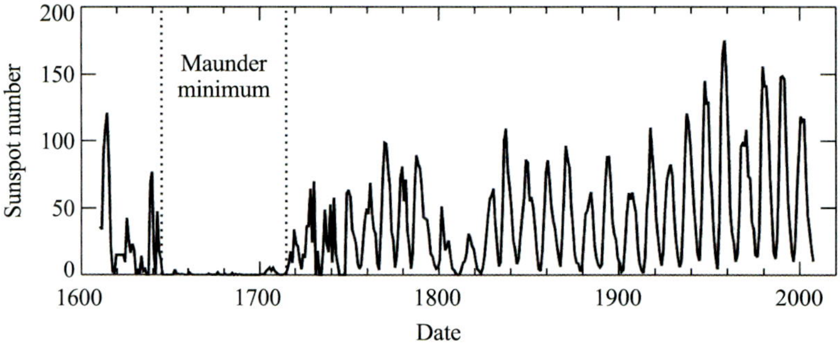

그림 11.4 최근 400년 동안의 흑점 활동 (Hathaway, 2010).

11.2.1.3 천문학적 변화

지구는 스스로 자전하면서 태양주위를 공전하고 있다. 지구의 자전축과 공전궤도의 변화는 지구에 입사되는 태양복사의 분포에 영향을 주어 날씨와 기후를 변화시킨다. 밀란코비치(Milutin Milankovitch) 이론은 지구의 기후변화에 관한 장기적 사이클을 설명하고 있는데, 주요 핵심은 지구에 입사되는 태양복사 일사량의 변화이다. 지구에 입사되는 태양복사의 양은 공전 궤도면인 황도면에 대한 지구 자전축 경사도, 지구 자전축의 세차운동, 그리고 지구 공전궤도의 이심률 변화라는 세 가지 요인에 따라 결정된다 (그림 11.5). 밀란코비치는 3개의 변화가 극대화될 때 지구의 기후에 대변화가 일어난다고 가정했으며, 지구의 빙하기를 야기하는 주원인을 지구 자전축의 경사도라 생각했다. 태양복사 일사량은 지구 자전축 경사도와 세차운동에 의해 주로 좌우되는데, 고위도 지방은 자전축 경사도에 의해, 저위도 지방은 세차운동에 의해 큰 영향을 받는 것으로 보았다.

첫째, 지구 자전축의 경사도(tilt 또는 obliquity)이다. 지구 자전축은 현재 공전 궤도면인 황도면에 대해 23.5° 기울어져 있으며, 약 41,000년의 주기로 22°와 24.5°의 사이에서 변화한다. 지축의 경사가 적을수록 온화한 겨울과 선선한 여름이 되어 계절 간 기온 차이가 적어지고, 경사가 클수록 더운 여름과 추운 겨울로 기온 차이가 커진다.

둘째, 지구 자전축의 세차운동(precession of the equinoxes)이다. 현재 23.5° 기울어져 있는 경사축의 흔들림 운동(wobble of axis)을 말한다. 세차운동이란 회전운동을 하고 있는 물체의 회전축이 어떤 부동축의 둘레에서 회전하는 현상으로, 지구가 태양 주위를 공전할 때 원추형의 모습으로 흔들거리는 원운동을 말한다. 세차운동은 태양과 달 및 다른 행성들이 지구에 미치는 중력 때문에 발생하며 약 26,000년의 주기를 갖는다. 북반구의 경우, 현재는 태양과 지구 사이의 근일점에서 겨울이고 원일점에서 여름이지만 13,000년 후에는 반대의 경우가 된다.

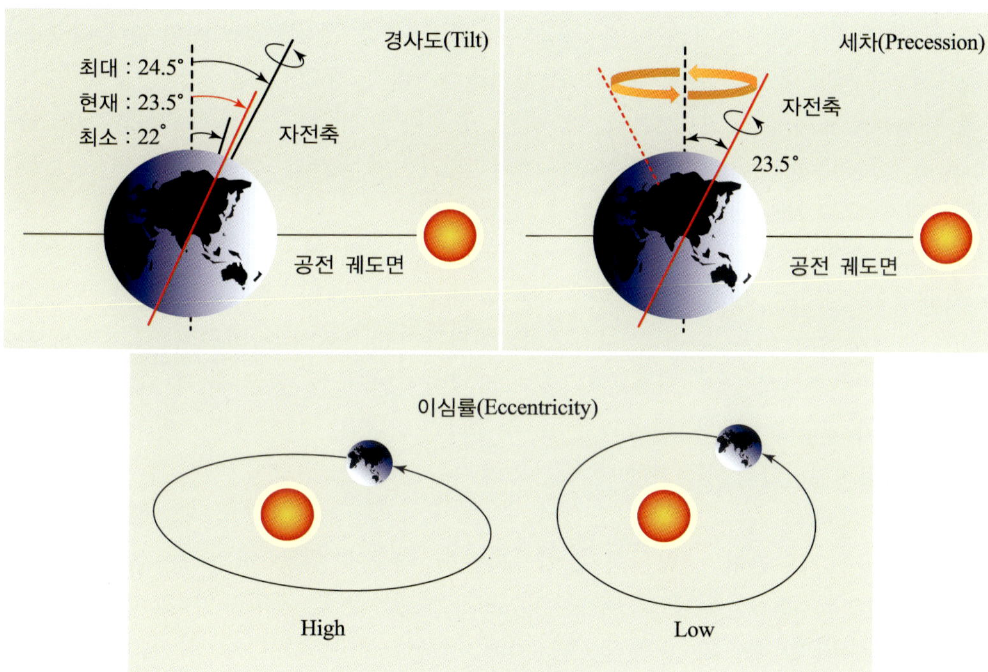

그림 11.5 밀란코비치 사이클.

셋째, 공전궤도의 이심률(eccentricity)이다. 타원 형태인 지구의 공전궤도가 원에서 어느 정도 벗어나 있는가를 나타내주며, 지구의 공전궤도가 원형에 가까울수록 이심률이 적고 타원형일수록 이심률이 크다. 약 10만년 주기를 갖는 이심률이 크면 클수록 근일점(perihelion)과 원일점(aphelion)에서 지구가 받는 태양복사에너지의 차이가 커진다. 현재는 지구의 이심률이 작아 원에 가까운 상태로, 근지점과 원지점의 거리 차가 약 3% 정도이고 태양복사에너지의 차이는 약 7%이다. 이심률이 커지면 근지점과 원지점의 거리 차는 최대 9% 정도, 태양복사에너지의 차이는 약 20%에 달한다.

11.2.2 지구 내적 원인

11.2.2.1 대기조성의 변화

지구의 역사 46억년은 한랭 건조한 빙하기와 온난 다습한 간빙기가 그 강도와 기간을 달리하면서 반복하는 과정이었다. 이렇듯 시대별 대기의 조성도 기후변화와 궤를 같이 하면서 다른 상태를 보였을 것이다.

태양계 생성 시에는 소규모 천체인 미행성들이 수없이 존재했으며 이들 미행성들 사이에 많은 충돌이 있었다. 원시 지구와 미행성이 충돌할 때 만들어지는 고압과 고열은 원시 지구와 미행성의 암반에 포함되어 있던 수증기(rock vapor)와 이산화탄소를 배출시켜 지구의 대기를 온실가스로 조성시켰다. 대기 중의 온실가스 농도가 증가할수록 충돌과정에서 발생된 지열을 더 많이 흡수하게 되는데, 이는 온실효과의 폭주(runaway greenhouse effect) 현상으로 이어진다. 이에 따라 고온의 지표면은 1,500~2,000K의 마그마 바다(magma ocean)로 변화하였다.

이후에 미행성의 충돌 횟수가 줄어들고 마그마 바다의 열이 우주공간으로 방출되면서 지표면의 온도는 점점 낮아졌다. 기온의 하강으로 대기 중의 수증기가 응결되고 구름이 발달하면서 비가 내리기 시작했다. 내리는 비는 뜨거운 비였지만 고온의 지표면을 식히기에 충분하였다. 지표면의 온도가 낮아지면서 더 많은 비가 내리게 되었고 500K 정도의 원시 바다가 형성되었다. 수증기가 강수로 빠져나간 대기의 주성분은 이산화탄소였지만, 대기 중 전체 온실가스의 농도가 감소하였기 때문에 기온이 하강하는 효과가 있었다.

현재 지구의 기후변화가 인위적인 이산화탄소 배출에 주로 기인하는 반면, 원시에는 이산화탄소의 주공급원이 화산폭발이었고 주 흡수원은 해양이었다. 이산화탄소가 바닷물에 흡수되면 해수의 풍화작용에 의해 맨틀에 저장되었다가 화산이 폭발할 때 대기로 방출되는 순환이 이루어졌다. 화산폭발이 대형인 경우에는 화산재를 포함한 분출물의 냉각효과가 이산화탄소에 의한 온실효과보다 훨씬 우세하기 때문에, 지구는 빙하기를 맞이할 수 있었고 지표면 전체가 얼음으로 덮여진 눈덩이 지구(snowball Earth)를 형성하게 되었다 (그림 11.6).

지구 대기의 구성성분은 지표면의 식생과 해양 및 생물체에 의해서도 지속적으로 변화하고 있다. 기체는 인간의 산업 활동과 생물 활동 및 화산 분출 등에 의해 생성된 후 물리, 화학적 작용에 의해 소실되기도 하며, 해양과 육지에 흡수된 후 대기 중에 배출된다. 기체가 대기 중에 체류하는 평균 시간은 타 기체와의 반응성이 좋을수록 짧고, 안정적인 기체일수록 길어진다. 기체가 대기 중에서 운동하는 공간 규모는 센티미터 정도의 미세 와류현상으로부터 대륙규모의 거대 기단운동까지 다양하다. 일반적으로 체류시간이 짧은 기체의 공간 이동규모는 작은 반면, 체류시간이 긴 기체의 공간 이동규모는 크다. 예를 들어 체류시간이 초 단위인 수산기(OH)의 공간 이동규모는 cm 단위인 반면에, 대기 중에 10년 정도 체류하는 메탄가스(CH_4)의 공간 이동은 전구 규모이며 대체적으로 균질하게 분포되어 있다. 대기 중에서 온실가스와 에어로졸 등의 조성 변화는 복사강제력과 기후를 변화시키는 지구 내적 과정이다.

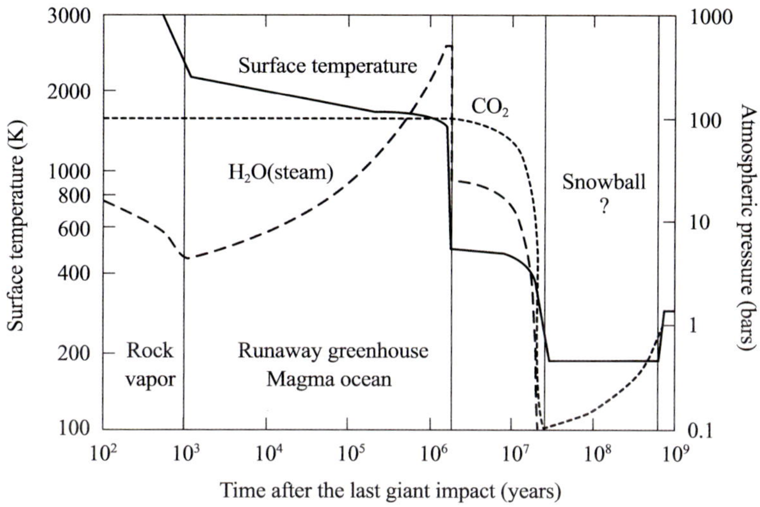

그림 11.6 지구의 대기조성과 기후변화 (Tajika, 2008).

11.2.2.2 대륙의 이동

대륙이동설 또는 대륙표이설은 독일의 기상학자 알프레드 베게너(A. Wegener)에 의해 최초로 제창되었다. 과거 약 30억 년 동안 판게아(Pangaea)라는 하나의 거대한 대륙이 있었으며, 약 2억 년 전부터 Gondwana와 Laurasia 대륙으로 분리되기 시작한 이후, 신생대 제4기초까지의 이동과정을 거쳐 현재와 같은 모습을 갖추게 되었다. 그러나 베게너의 학설이 설명할 수 없었던 대륙의 이동에 관한 역학적 근거는 맨틀대류설로 되었으며, 이후 판구조론(plate tectonics)으로 발전되었다. 맨틀대류설은 1928년 영국 에든버러 대학의 홈즈(A. Holmes)가 지구의 역학적 작용에 대한 기초 메커니즘을 제안한 학설이다. 고온의 핵에서 맨틀로 전달된 열과 맨틀 내 방사성 동위원소의 자연붕괴열이 축적되면, 맨틀 상부와 하부 사이에 온도차가 발생하고 맨틀은 매우 느리긴 하나 열대류를 하게 된다. 해령 하부에 위치한 맨틀대류의 상승류가 해령의 중심선을 따라 분출될 때 생성된 용암은 새로운 지각을 만들기도 하고 좌우로 분리되어 양쪽으로 향하는 수평흐름에 의해 대륙판이나 해양판을 움직이게 한다. 1962년 디이츠(R. Dietz)와 헤스(H. Hess)의 해저확장설은 해저에서 분출된 마그마가 새로운 해양지각을 형성하고 오래된 지각은 계속 밀려서 이동하기 때문에 해저가 확장한다는 것이다. 해저확장의 원인을 맨틀대류라고 생각함에 따라 홈즈의 대류설이 다시 등장하였고, 이 가설에 따라 베게너의 대륙이동설에 필요한 에너지와 이동과정을 설명할 수 있었다. 해저확장설은 고지자기 측정결과에 의해 증명되었으며, 해양지각이 매년 1~6cm씩 확장된다는 사실이 밝혀졌다. 판구조론은 1968년 프린스턴 대학의 모건(W. J. Morgen)이 개념을 형성하였으며, 지표면을 덮고 있는 여러 개의 지각 판이 상호 수평이동하면서 지각을 변형시킨다는 학설이다. 판구조론은 광범위한 고지자기의 측정 등으로 대부분의 가설이 사실로 인정된 대륙이동설과 맨틀대류설 및 해저확장설의 광범위한 내용을 포함한다. 지구의 표층인 지각은 6개의 큰 판(유라시아판, 아프리카판, 인도판, 태평양판, 아메리카판, 남극판)과 몇 개의 작은 판(필리핀판, 카리브판, 코코스판, 나스카판 등)으로 구성되어 있다. 이들 지각 판은 지구 내부에서 작용하는 힘에 의해 매년 수cm씩 제각기 움직이기 때문에 화산, 지진, 마그마 및 습곡산맥 형성 등 각종 지각변동을 일으킨다.

표 11.1 지구의 기후변화와 대륙의 이동 (한국광물자원공사, 2013).

대 (Era)	기 (Period)	기후 (Climate)	대륙의 이동 (백만 년 전)
신생대 (Cenozoic)	제4기 (Quaternary)	Pleistocene Ice Age	 — 현재
	제3기 (Tertiary)	Paleocene-Eocene Thermal Maximum	 — 65~40
중생대 (Mesozoic)	백악기 (Cretaceous)	Mesozoic Warm	
	쥐라기 (Jurassic)		 — 180~90
	트라이아스기 (Triassic)		
고생대 (Paleozoic)	페름기 (Permian)	Permo-Carboniferous Ice Age	 — 260~250

현재의 대륙이동설은 다음과 같다. 지구의 대륙은 가장 커다란 Gondwana와 그보다 작은 Siberia, Laurentia 그리고 Baltica라는 대륙으로 크게 4등분되어 있었다. 약 5억6천만 년 전부터 대륙이 모이기 시작했고, 약 3억년 동안의 이동과정을 거쳐 고생대 페름기인 2억6천만 년 전에 초대륙 Pangaea와 이를 둘러싼 초해양 Panthalassa를 형성하였다. 중생대 쥐라기인 1억8천만 년 전에는 Pangaea가 분리되어, 북반구에는 Laurasia(지금의 유럽, 북미, 그린란드, 아시아), 남반구에는 Gondwana(지금의 남미, 아프리카, 인도, 호주, 남극대륙)를, 그 사이에 Tethys Sea라고 불리는 거대한 바다가 형성되었다. 이때부터 지구는 여러 개의 판들로 분리되기 시작하여 해양판인 태평양판이 처음 등장하였다. 백악기 말인 6천5백만 년 전에는 남미와 아프리카가 분리되고, 인도대륙이 아프리카에서 떨어져 나와 북상하였다. 이때 아메리카대륙이 아프리카와 유라시아 대륙에서 분리되면서 북대서양이 형성되었다. 신생대에 들어서 호주대륙과 남극이 분리되었으며, 약 4,000만 년 전에 인도가 아시아대륙과 충돌하면서 히말라야 산맥이 형성되었다. 그 이후 커다란 변화 없이 현재와 같은 모습을 갖추게 되었다(표 11.1).

대륙의 이동결과는 육상과 해상의 위도대별 분포와 지리적 위치 및 지형의 고도를 변화시키는 한편, 대기의 조성을 바꾸어 기후변화를 야기한다. 대륙의 분포가 적도지역에 많아지면 일사 흡수량이 많아져 온난화가 발생한다. 이와 반대로 극지방에 많아지면 빙설이 많아지고, 이에 따른 알베도 증가와 지구의 냉각으로 이어지는 양의 피드백이 이루어진다. 대륙의 지리적 위치 변화는 저위도의 온수를 고위도로, 고위도의 냉수를 저위도로 이송시키는 해류의 순환을 강화시키기도 하고 방벽과 같은 장애역할을 하기도 한다. 조산작용에 의한 지형의 고도변화는 대기의 순환과 강수패턴을 변화시켜 기온을 높이거나 낮출 수 있다. 산의 고도가 높아지면 정상부근에 빙설이 형성되어 알베도를 증가시키는 효과가 있다. 또한 산맥의 풍상 쪽을 다습하게 하고 풍하 쪽을 건조하게 하여 지역적인 기후변화를 초래하기도 한다. 대륙의 이동으로 화산활동이 많아지면 화산재의 태양복사 반사로 기온이 낮아지는 효과가 있는 반면에, 이산화탄소와 같은 온실가스의 배출이 증가하여 지구 온난화를 부추기기도 한다.

11.2.2.3 열염순환의 변화

해양의 순환을 발생시키는 요인에는 바람의 응력과 밀도의 차이 및 조석력이 있다. 바람은 표층수의 수평흐름을 지배하고 물의 밀도는 수직순환을 일으킨다. 해양의 순환에 있어서 바람과 밀도는 밀접하게 연관되어 있으며 쉽게 분리될 수 없다. 밀도는 열(thermo)과 염분(haline)에 따라 결정되기 때문에, 밀도차이에 의해 발생된 순환이 곧 열염순환(thermohaline circulation)이다.

전 세계 해양의 순환과정은 다음과 같다. 열대해역의 따뜻하고 고염도인 표층해류가 멕시코 만과 북대서양 분지를 통해 북상하는 동안 극지방의 한랭건조한 대기와 접촉하게 된다. 이 과정에서 열을 방출하여 북대서양과 인접한 대륙의 기온을 상승시키고 수온은 낮아진다. 결빙점 이하의 저온에서 해빙이 형성되면 남아있는 염분의 영향으로 염도는 더욱 증가하게 된다. 고밀도로 무거워진 표층해류는 그린란드 동쪽 해역의 해저로 침강하여 심층류가 된다. 북대서양의 심층류는 적도와 남대서양을 경유 남빙양까지 남하해서 남극의 심층한류와 합류한 후, 인도양과 태평양분지로 이동하여 수온이 상승하고 해면으로 용승하게 된다. 태평양의 표층해류는 남서쪽으로 적도를 따라 이동하면서 더욱 따뜻해지고, 인도양의 표층해류와 하나로 합쳐져 강화된 상태에서 북대서양으로 되돌아간다. 이와 같이 전 지구 규모로 열과 염분을 재분배하는 해양의 순환을 열염순환 또는 대양 컨베이어벨트(Great ocean conveyor belt)라 한다(그림 11.7).

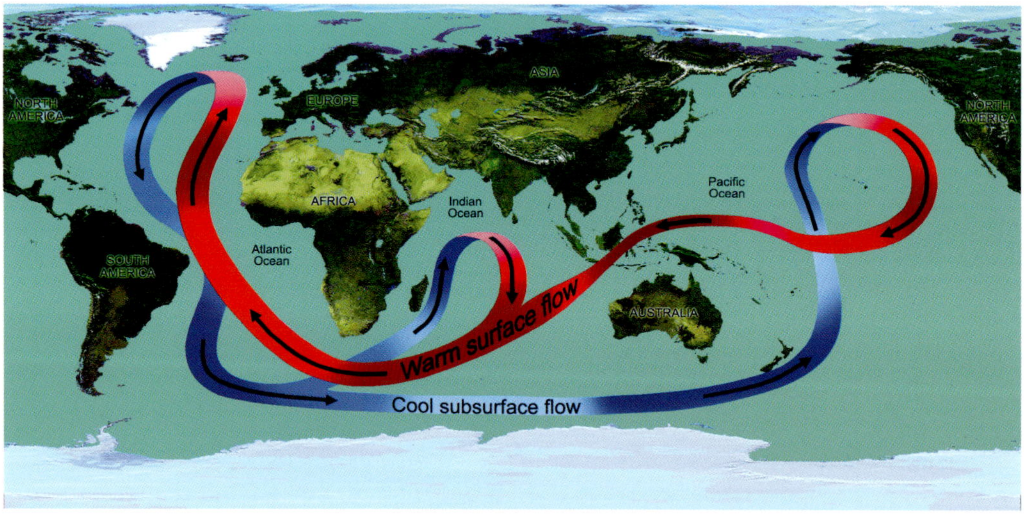

그림 11.7 대양 컨베이어벨트 (NASA, 2013).

열염순환과 대서양 자오면순환(AMOC)을 동일하게 쓰는 경우가 있지만, 자오면순환은 대서양에 국한된 현상으로 남북방향의 자오선을 따라 발생하며 지구의 기후시스템에 중심적인 역할을 한다. 서유럽의 기후가 온화한 이유는 북극과 그린란드 주변해역의 열염순환과 적도지역에서 북대서양으로 북상하는 따뜻한 해류의 유입을 원활하게 해주는 대서양의 자오면순환이 있기 때문이다. 그러나 지구온난화로 극지방의 기온이 상승하게 되면 북극과 그린란드로부터 담수의 유입이 증가하게 된다. 이는 빙하의 해빙과 강수 증가 혹은 폭우로 인해 이루어질 수 있다. 북대서양에 담수의 유입이 많아지면 염도가 감소해 저밀도로 가벼워진 표층수는 하강하지 못하고 열염순환이 약화되는 결과를 가져올 수 있으며, 동시에 빠르게 붕괴되는 원인이 될 수도 있다. 이는 대서양 자오면순환의 붕괴로 북대서양에 따뜻한 해류의 유입이 중지됨을 의미한다. 대서양 자오면순환이 붕괴되면 담수의 유입이 없어지더라도 원래의 순환은 복구되지 않을 수 있다. 최근의 IPCC 평가는 21세기 동안 대서양 자오면순환이 점점 약화될 가능성은 있지만, 급속한 붕괴는 일어나지 않을 것으로 보고 있다.

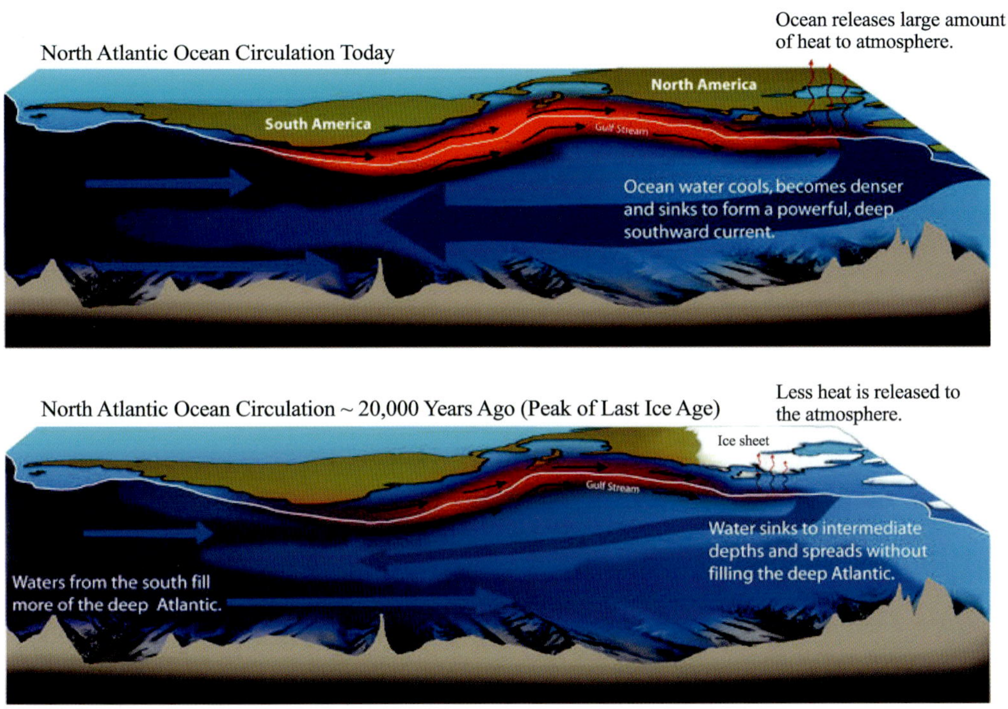

그림 11.8 대서양 자오면순환. 위: 정상상태, 아래: 붕괴상태 (Texas A&M University, 2013).

그림 11.8에서 보는 바와 같이, 대서양 자오면순환이 붕괴되면 북대서양과 인근 내륙의 기온 하강이 가장 크고, 북반구 전체적으로는 이보다 약한 냉각효과가 있게 된다. 열대수렴대가 남극 쪽으로 약간 이동하기 때문에 남반구는 수십 년이 지난 후 약간의 기온 상승이 있을 것으로 예상되며, 열대지역의 강수패턴에도 약간의 변화가 있을 것으로 보인다. 이는 태평양 상 엘니뇨남방진동의 강화에도 영향을 미칠 수 있다. 대서양 자오면순환의 붕괴는 북대서양의 폭풍 강화, 지역적인 해수면 변화, 탄소순환, 토양수분 및 육상식물의 일차 생산성에 영향을 줄 수 있다. 약 2만 년 전의 마지막 빙기(Last Ice Age)와 17세기 중반에 가장 추웠던 소빙하기(Little ice age)의 발생 원인을 대서양 자오면순환의 붕괴로 보는 견해도 있다.

11.2.2.4 화산 활동

화산은 대기 중에 열과 수증기 및 분진을 포함한 각종 황 화합물을 분출하는 활동으로 대부분 북반구에 위치해 있다. 전 세계 화산의 70~80%가 분포되어 있는 환태평양 화산대는 지구의 지각 판 가운데 가장 큰 태평양판의 가장자리에서 남미 칠레, 알래스카, 일본 및 동남아시아를 하나의 고리로 연결하고 있다 (그림 11.9).

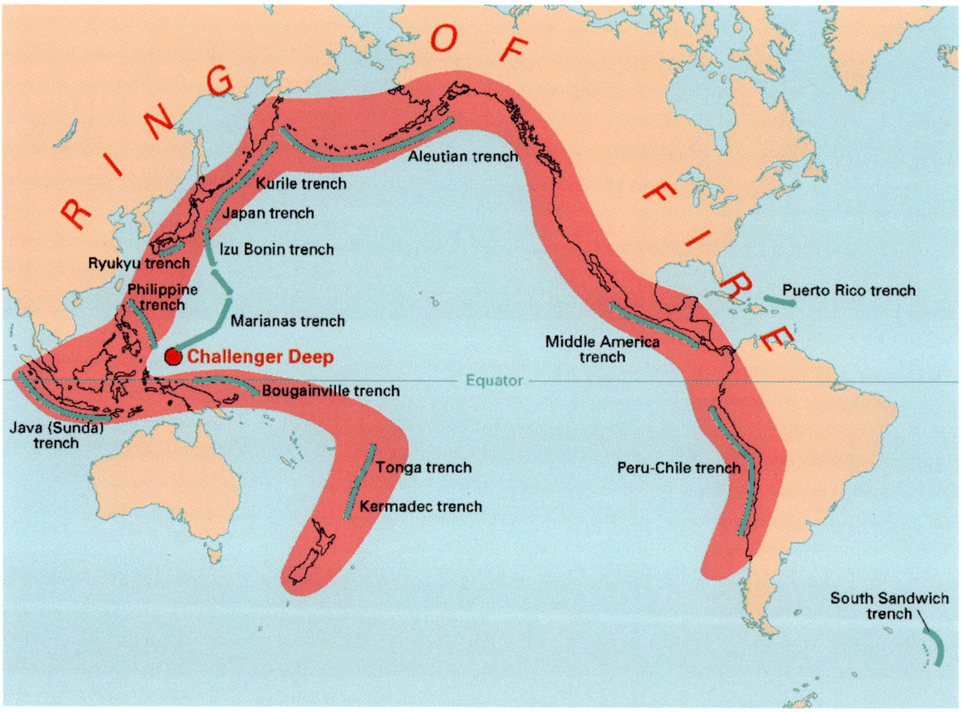

그림 11.9 환태평양화산대. 태평양 연안의 화산지대와 해구를 연결한 둥근모양의 띠로 불의 고리(Ring of Fire)라고도 한다. 환태평양화산대의 화산은 지구 전체 화산의 약 75%를 차지한다 (U.S. Geological Survey, 2013).

가장 강력한 화산 지대는 인도네시아를 포함한 적도대에 위치해있다. 알프스-히말라야 화산대는 지중해로부터 알프스 및 히말라야산맥에 걸쳐있으며, 해령화산대는 대서양 중앙부에 남북방향으로 형성되어 있다. 대형화산에서 분출되는 많은 양의 화산재가 성층권에 도달하여 두터운 미립자 층을 형성하는 경우, 성층권의 바람에 의해 지구 전반으로 확산되기 때문에 지구의 알베도 증가로 태양복사의 지구 입사가 감소된다. 이러한 과정에 의해 일반적으로 대류권의 기온은 낮아지고, 성층권에 머물던 에어로졸이 대류권으로 내려오는 경우에 기온 하강효과는 더 커진다. 이와 함께, 성층권에 체류하는 미립자가 자외선을 흡수하여 성층권의 기온을 높이는 효과도 존재한다. 화산 활동으로 인한 대류권의 기온하강 효과는 대륙을 해양에 비해 더 많이 냉각시키고 대륙과 해양의 온도차를 크게 하여 겨울철 폭풍을 빈번하게 하는 경향이 있다. 한편, 여름철에는 대기 상층에 부유되어 있는 미립자가 구름응결핵으로 작용하여 평상시보다 많은 구름이 형성되기 때문에 지표면의 기온은 낮아진다.

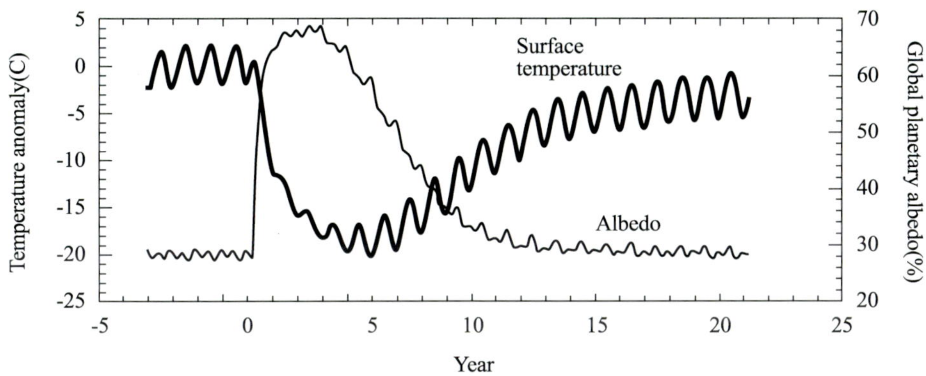

그림 11.10 토바화산 발생 이후의 지표면 온도와 알베도 변화 (Robock et al., 2009).

1991년에 발생했던 Pinatubo화산의 영향으로 1992년의 지표면 온도는 약 0.3℃ 낮아졌고 1994년이 되어서야 평년 수준으로 회복되었다. 약 7만4,000년 전에 발생했던 인도네시아의 초대형 토바(Toba)화산은 과거 10만년 동안에 가장 큰 것이었다. 토바화산에서 분출된 화산재는 1980년에 있었던 세인트헬렌스(Mount St. Helens) 화산의 경우보다 1,000배 정도 많아서 지구의 전 성층권을 뒤덮을 정도였다. 최신 기후모델에 의해 모의된 토바화산의 영향은 전 지구의 평균온도를 최대 8~17℃ 정도 낮추었다. 이러한 변화는 산업화 이후의 지구 온난화 정도에 비해 약 10~20배 커서 빙하기로 전환시킬 정도의 규모이다. 이 시기에는 지표면에 도달하는 햇빛이 감소되어 고사된 나무들이 많았고, 지구의 기후는 10년 정도 지나서야 평년에 가깝게 회복되었다. 성층권에 장기간 머물러 있는 황화합물 입자 등 화산재의 영향으로 평년보다 10℃ 이상 낮은 온도를 10년 정도 유지했기 때문이다. 그림 11.10은 토바화산이 발생한 이후의 전구 평균 지표면 온도와 알베도 변화를 보여준다. 이와 같이, 초대형 화산은 지구의 기후를 갑자기 겨울상태로 바꿀 수 있고, 이러한 상황이 10년 이상 지속되면 지표면의 식생이 황폐화되는 결과를 초래할 수 있다.

11.3 인위적 원인

11.3.1 온실가스의 배출

2000년 이후 전 지구적인 온실가스의 배출원별 증가율은 연평균 2.4%씩 증가하여 2005년까지 12.7% 증가했다. 2005년에 계산된 이산화탄소-상당 배출량은 44Gt이다. 여기서 이산화탄소-상당 배출량이란 잘 혼합된 온실가스의 배출량에 각 온실가스의 지구온난화지수를 곱하여 산출한 양이다. 총 배출량 가운데 이산화탄소의 비율은 77%, 메탄은 15%, 아산화질소는 7%, 수소불화탄소(HFCs)와 과불화탄소(PFCs) 및 육불화황(SF6)은 1%를 차지한다. 이산화탄소의 배출은 2000년부터 2005년까지 전력, 운송, 산업 및 빌딩 사용 등 거의 모든 분야에서 증가했지만, 주된 원인은 개발도상국가의 전력과 산업 분야에서 비롯되었다 (그림 11.11).

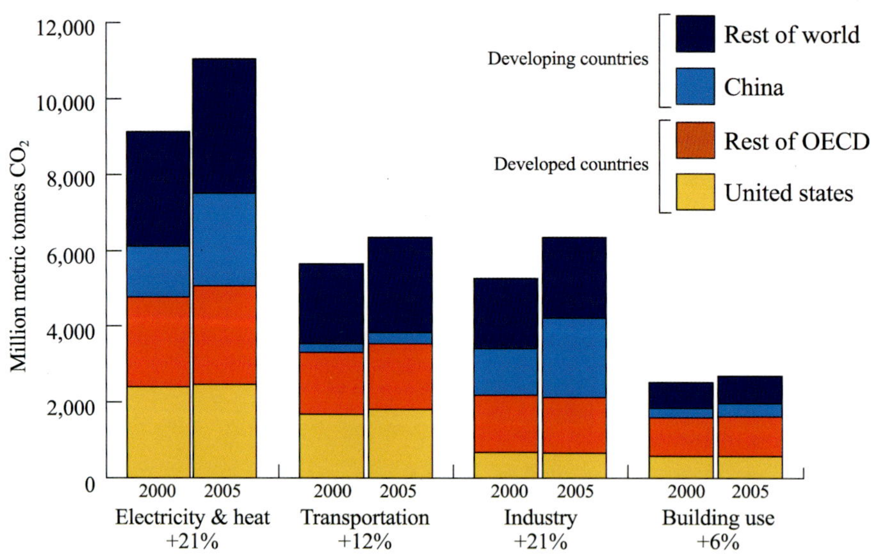

그림 11.11 2000~2005년간 이산화탄소 배출 증가 (Herzog, 2009).

인간의 활동에 의해 발생되며 지구 온난화의 주요 원인인 이산화탄소의 배출은 지난 10년 동안 연평균 2.7% 증가하였으며, 2000년 이후의 누적 배출량은 420Gt으로 평가된다. 2011년에 전 지구적으로 3% 증가한 이산화탄소의 배출량은 34Gt이었다. 이산화탄소의 배출이 가장 많은 상위 5개국은 중국(29%), 미국(16%), 유럽연합-EU27 (11%), 러시아연방(5%) 및 일본(4%) 순이다 (그림 11.12). 중국과 다른 개발도상국의 이산화탄소 배출은 급증하고 있지만, OECD 국가들은 감소하고 있다. 2011년에, 이산화탄소 배출의 약 40%를 차지하는 석탄의 소비가 전 지구적으로 5% 증가한 반면, 천연가스와 석유제품의 소비는 각각 2%와 1% 증가하는데 그쳤다. 중국에서 이산화탄소를 많이 배출하는 이유는 고도의 경제성장률이 지속되면서 발생한 화석연료의 소비증가에 있다. 2011년에 연료소비가 많았던 것은 건축과 기반시설의 확충에 따라 시멘트와 철강 생산이 증가했기 때문이다. 시멘트 생산과정은 전 지구의 이산화탄소 배출 가운데 약 4%를 차지하고 있으며, 비연소 관련 분야에서 가장 큰 발생원이다.

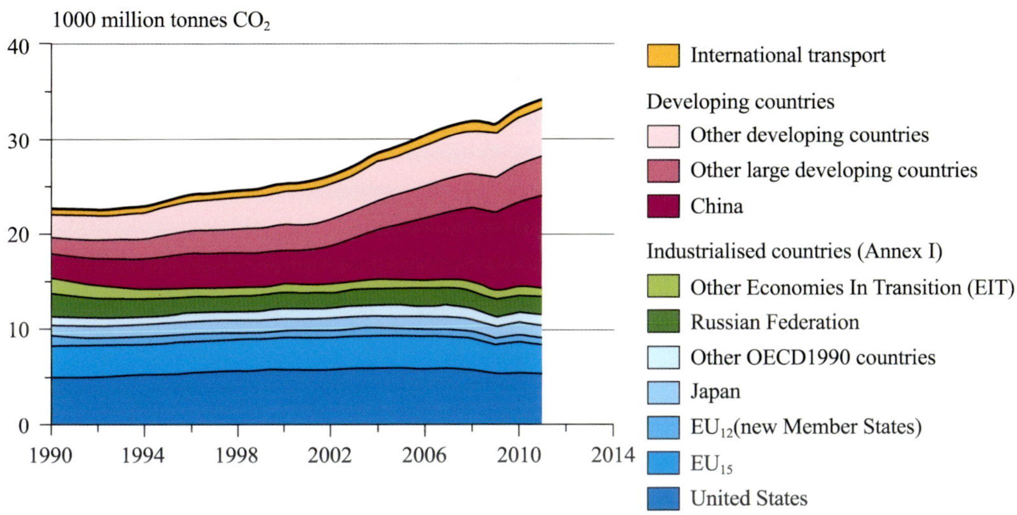

그림 11.12 국가별 화석연료의 사용과 시멘트 생산에 의한 이산화탄소 배출량 (Olivier et al., 2012).

전 세계의 인구 1인당 이산화탄소의 배출은 경제구조의 변화, 각국의 경제발전과 경기침체, 원유가격의 변화, 그리고 기후와 에너지 정책 등 많은 요인들의 영향을 받는다. 1990년 이후 2011년까지 각국의 1인당 이산화탄소 배출경향은 그림 11.13과 같다. 중국은 2.2톤에서 7.2톤으로 증가하였지만, 유럽연합(EU-27)과 미국은 각각 9.2톤에서 7.5톤으로, 19.7톤에서 17.3톤으로 감소했다. 위 그림에서 두 점선은 기후변화협약 당사국인 부속서 I국가의 인구 1인당 이산화탄소 배출범위이다. 주요 선진국 중 최대 배출국은 호주와 미국이고 최소 배출국은 프랑스이다. 인도의 경우는 1990년 이후 두 배에 가까운 1.6톤으로 증가했지만 선진국에 비해 낮은 수준에 있다. 수십 년에 걸친 각 나라들의 이산화탄소 배출량을 비교할 때 주요 고려사항 가운데 하나가 인구 증가율이다. 1990년부터 2011년까지 부속서 I국가들의 인구 증가율은 호주가 가장 높은 +32%, 미국과 캐나다는 +24%, 유럽연합과 일본은 각각 +7%와 +3%로 낮은 편이고, 러시아는 4%로 감소하고 있다.

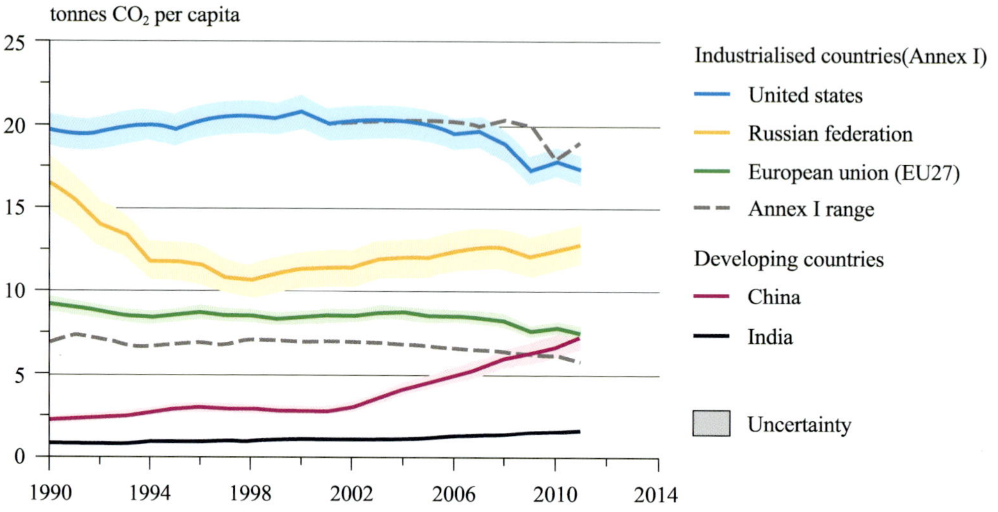

그림 11.13 1인당 화석연료의 사용과 시멘트 생산에 의한 상위 5개국의 이산화탄소 배출량 (Olivier et al., 2012).

11.3.2 에어로졸의 생성

에어로졸은 대기 중에 체류하는 직경 1nm~100μm 규모의 액체나 고체의 입자이다. 액체상태의 에어로졸에는 안개나 박무 등이 대표적이고, 고체상태의 에어로졸에는 먼지, 매연, 연기 및 비산재 등이 있다 (그림 11.14). 이외에 대기오염 현상의 하나인 스모그(smog)는 액체상태의 안개와 고체상태의 연기가 결합된 것이다. 에어로졸은 일반적으로 직경 1μm 이하의 자연적 에어로졸과 직경 1μm 이상의 인위적 에어로졸로 분류된다. 에어로졸의 크기에 따른 세부 분류와 농도는 제2장 5절에 설명되어 있다.

자연적 에어로졸에는 해염, 흙먼지, 천연 황산, 화산 연무질 및 산림화재에 의한 비산재 등이 있다. 자연적 에어로졸에 의한 복사효과는 전체 에어로졸의 약 89%를 차지하고 있으며, 효율적인 제어가 어렵기 때문에 중요하다. 해염 에어로졸은 생성율이 가장 강한 자연적 에어로졸로, 질량밀도는 풍속에 의존하며 산란 에어로졸로 음의 복사강제력을 갖는다. 천연황산 에어로졸은 구름응결핵으로 작용하며, 산란 에어로졸로 음의 복사강제력을 발생시킨다. 화산 연무질과 비산재는 흡수 에어로졸로 양의 복사강제력이 발생한다.

인위적 에어로졸 가운데, 황 화합물 에어로졸의 주요 발생원은 화석연료와 바이오매스의 연소 시 방출되는 이산화황(SO_2)이다. 산란 에어로졸로 음의 복사강제력으로 작용하며, 남반구보다 북반구에서, 바다보다 육지에서 그리고 겨울보다 여름에 많이 발생한다. 검댕(black carbon)은 화석연료가 불완전 연소할 때 주로 발생하고, 유기탄소(organic carbon)는 주로 생물자원이 연소할 때 발생한다. 검댕과 유기탄소 모두 흡수

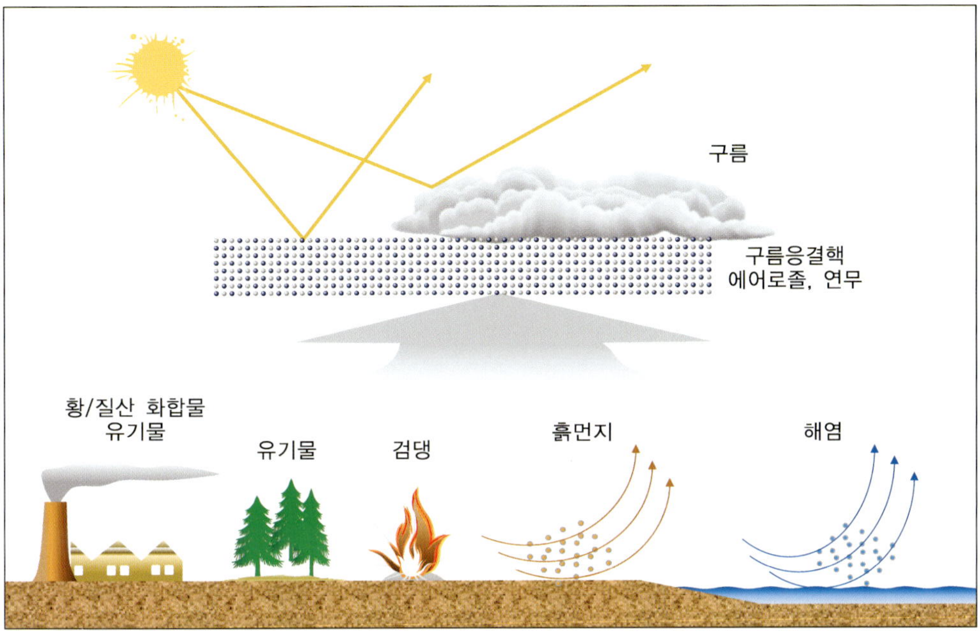

그림 11.14 대기의 에어로졸. 지구의 알베도를 높여 대류권 기온을 낮추는 동시에 태양복사를 흡수하여 기온을 높이는 역할도 한다.

에어로졸로 양의 복사강제력을 보여준다. 광물성 먼지 에어로졸(mineral dust aerosol)은 건조지역의 풍화작용에 의해 생성되며, 산란 에어로졸로 태양복사와 지구복사에 대해 음의 복사강제력을 나타낸다. 혼합 에어로졸(mixed aerosols)은 광물성 먼지(mineral dust)와 흡수력이 강한 황 화합물이 내부적으로 혼합된 에어로졸을 말한다. 질산 에어로졸(nitrate aerosol)은 질산암모늄(ammonium nitrate)의 형태로 지역적인 복사강제력을 발생시킨다 (표 11.2).

표 11.2 에어로졸의 종류 및 복사강제력.

종류		복사강제력 과정(효과)
자연적 에어로졸	화산연무질, 비산재	흡수(양)
	해염, 천연황산, 흙먼지	산란(음)
인위적 에어로졸	검댕, 유기탄소	흡수(양)
	황 화합물, 광물성 먼지, 혼합에어로졸	산란(음)
	질산 에어로졸	지역적

에어로졸의 복사효과로 나타나는 지구의 온난화와 냉각화는 다양한 에어로졸의 발생과 소멸, 계절 및 지역별 밀도 분포에 따라 변화할 수 있다. 자연적 에어로졸과 인

위적 에어로졸 모두 지구의 복사평형에 직·간접적인 영향을 미친다. 대부분의 에어로졸이 복사를 산란시키고 지표면 부근의 기온을 낮추기 때문에 에어로졸에 의한 지구의 순 복사강제력은 음이다. 어로졸의 직접효과는 태양복사를 산란 또는 흡수시켜 기온을 하강 또는 상승시키는 효과이고, 간접효과는 대기 중의 에어로졸이 구름응결핵으로 작용하면서 나타나는 효과이다. 간접효과에는 구름의 알베도효과(Twomey effect)와 수명효과(Albrecht effect)가 있다. 1차 간접효과인 구름의 알베도효과는 구름 내 액체상 물의 양이 일정한 상태에서 에어로졸이 증가하는 경우로, 구름 수적의 사이즈가 작아지고 밀도는 증가하기 때문에 구름이 밝아져서 태양복사의 반사량이 많아지는 효과이다. 2차 간접효과인 구름의 수명효과는 수적의 사이즈가 작아져 강수효율이 감소하는 경우로, 구름 내 액체상태의 물 함량이 많아지고 구름의 두께와 수명이 길어지기 때문에 태양복사의 반사량이 많아지는 효과이다. 이외에, 반 직접효과(Ackerman effect)는 기온 상승으로 구름이 소멸되는 효과를 말한다 (그림 11.15).

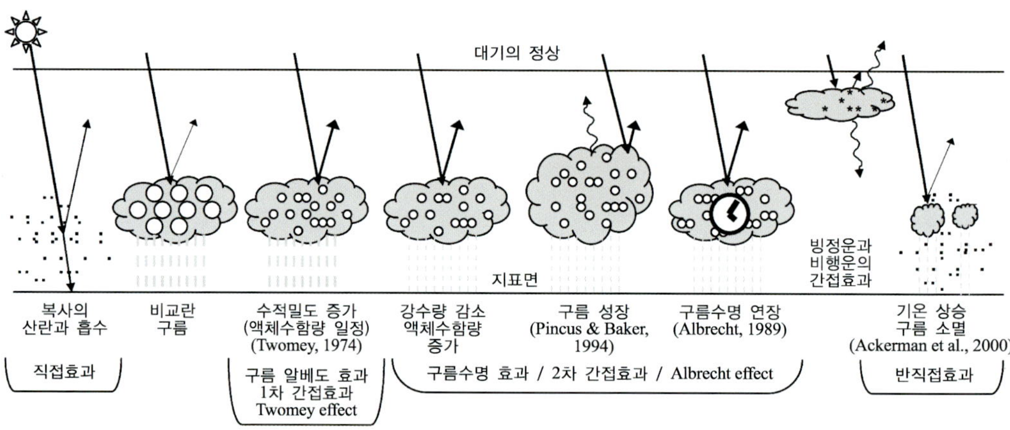

그림 11.15 에어로졸의 직접 및 간접 효과 (Forster et al., 2007).

11.3.3 토지이용의 변화

토지피복(land cover)은 지표면에 위치한 물리적, 생물학적 물질로 식생이나 인공구조물 등을 포함한다. 토지이용(land use)은 인간이 땅을 상업, 산업, 휴양 또는 농업 목적 등으로 사용하는 것을 말한다. 토지이용의 변화(land use change)는 생물권과 무생물권의 상호작용에 의해 이들의 구성요소인 화학물질이 교환되는 생지화학적 순환(biogeochemical cycle)에 변화를 가져온다. 산림 벌채와 경작지로의 전환과 같은 토지이용의 변화는 생태계와 온실가스의 농도 변화에 직접적인 영향을 미치는 한편, 지표면의 거칠기와 알베도 및 증발산 등을 변화시킴으로서 기후변화를 야기한다.

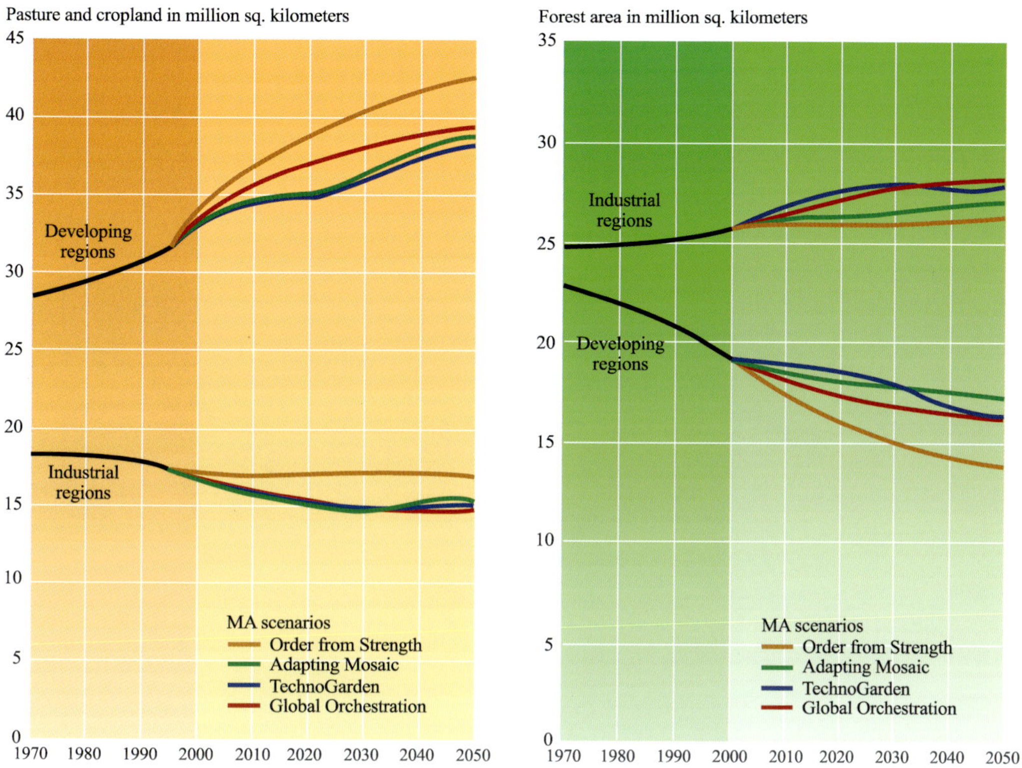

그림 11.16 개발지역과 산업화지역의 토지피복 변화 (Millennium Ecosystem Assessment, 2005). MA(새천년생태계평가) 시나리오에 따른 목초지와 농경지 및 산림의 면적변화를 보여준다.

새천년생태계평가단의 4가지 시나리오 가운데 Order from Strength는 가장 낮은 경제성장률과 가장 높은 인구 증가율을 가정한다. Adapting Mosaic은 초기에 낮다가 점점 높아지는 경제성장률과 2050년의 인구가 Order from Strength 정도의 높은 수준이다. TechnoGarden은 비교적 높은 경제성장률과 2050년의 인구가 4개 시나리오 가운데 중간 정도이다. Global Orchestration은 4가지 시나리오 가운데 경제성장률이 가장 높고 2050년의 인구는 가장 적다 (그림 11.16). 인간의 거주지는 토지이용의 변화로 점점 축소되어가고 있다. 이는 인구가 증가하고 경제가 성장하면서 발생하는 농경지의 확장이 주된 원인이고 도시와 사회기반시설의 팽창이 부가적으로 기여한다. 2050년경 세계의 인구는 약 90억으로 늘어날 것으로 예측되기 때문에, 자원사용의 효율성을 높이기 위해서는 수요를 줄일 수밖에 없다. 농경지의 확장은 주로 개도국과 건조지역에서 주로 발생하는 반면, 선진국과 농업지역에서는 감소한다. 산림면적의 변화는 농경지와 반대의 패턴으로 나타난다. 선진국에서는 증가하지만, 개도국에서는 1970년부터 2050년까지 전 세계적으로 약 30%의 산림이 감소될 것으로 보인다. Order from

Strength 시나리오의 경우, 2050년까지의 산림 감소는 1970년부터 1995까지의 연평균 감소율인 0.4%내지 그 이상인 0.6%에 달할 것으로 보인다. 나머지 3개의 시나리오에 대한 2050년까지의 산림 감소는 1995년 이전의 감소율과 유사하게 나타난다. 이는 기후변화 정책의 일환으로 바이오연료의 사용과 함께 산림에 대한 보호정책이 수반되기 때문이다.

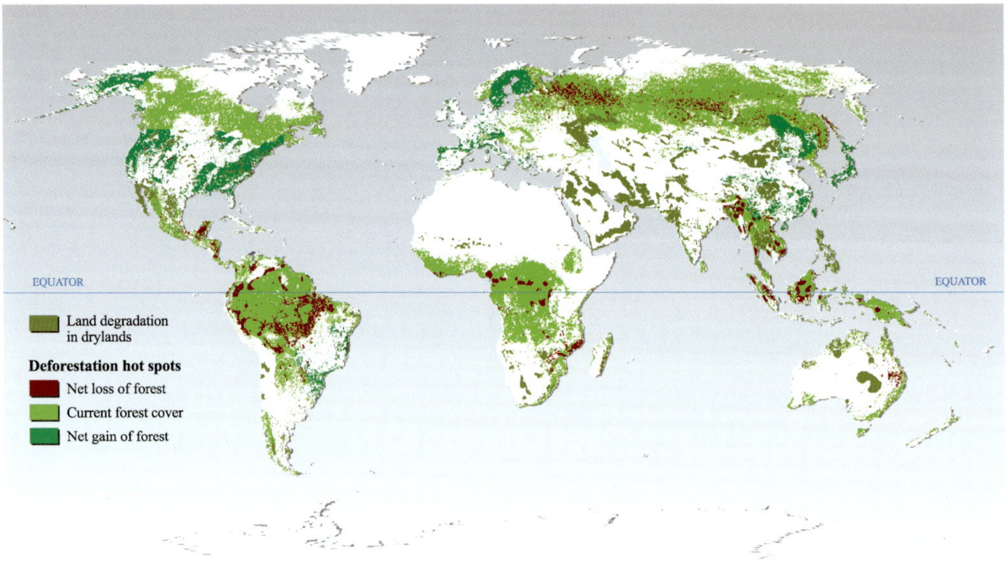

그림 11.17 토지피복의 변화. 1980~2000년 기간 동안의 산림변화와 지난 반세기에 걸친 건조지역의 사막화 변화이다 (Millennium Ecosystem Assessment, 2005).

산림은 지표면의 약 1/3을 차지하고 있으며 지구 전체 광합성의 약 2/3을 담당한다(그림 11.17). 온실가스의 주요 흡수원인 산림은 이산화탄소를 흡수하고 산소를 방출하는 광합성 작용을 통해 육상 생태계 탄소의 80%와 토양 탄소의 40%를 저장한다. 탄소 배출을 가져오는 토지이용의 변화 가운데 중요한 요소는 산림의 벌채와 농경지의 확장이다. 산림이 목초지와 농경지 등으로 변경되면 나무와 토양에 저장되어 있던 탄소가 대기 중으로 배출되어 이산화탄소의 농도를 증가시키고, 농경지로 활용되는 토지로부터 다량의 질소가 배출되기 때문에 아산화질소의 농도를 증가시켜 지구의 온난화와 기후변화를 가져오게 된다. 산림 파괴와 같은 토지 이용의 변화는 대기대순환의 저위도 환류인 해들리 순환을 지역적으로 변화시키는 동시에, 지표면의 알베도를 증가시켜 지구의 기온을 낮추는 효과도 있다.

11.4 참고문헌

차두승, 2009: 기후변화에 따른 산림의 영향과 정책방안. *기상기술정책*, **2**(4), 30-41.

Barry, R.G., and R.J. Chorley, 1987: *Atmosphere, Weather and Climate*. Metheun & Co. Ltd, 5th ed., Chapter 8.

Forster, P., V. Ramaswamy, P. Artaxo, T. Berntsen, R. Betts, D.W. Fahey, J. Haywood, J. Lean, D.C. Lowe, G. Myhre, J. Nganga, R. Prinn, G. Raga, M. Schulz and R. Van Dorland, 2007: Changes in Atmospheric Constituents and in Radiative Forcing. In: *Climate Change 2007: The Physical Science Basis. Contribution of Working Group I to the Fourth Assessment Report of the Intergovernmental Panel on Climate Change* [Solomon, S., D. Qin, M. Manning, Z. Chen, M. Marquis, K.B. Averyt, M.Tignor and H.L. Miller(eds.)]. Cambridge University Press, Cambridge, United Kingdom and New York, NY, USA. pp. 134, 154.

Georgieva1 K., C. Bianchi and B. Kirov, 2005: Once again about global warming and solar activity. *Mem. S.A.It.*, **76**, 969-972.

Hathaway, D.H., 2010: The Solar Cycle. *Living Rev, Solar Phys*., **7**, (2010), 1. 42 pp. http://www.livingreviews.org/lrsp-2010-1

Herzog, T., 2009: World Greenhouse Gas Emissions in 2005. World Resources Institute, pp. 1-5. http://www.wri.org/publication/navigating-the-numbers.

Houghton, R.A., 1999: The annual net flux of carbon to the atmosphere from change in land use 1850-1990. *Tellus*, **51B**, 298-313.

IPCC, 2001: *Climate Change 2001, The Scientific Basis. Contribution of Working Group I to the Third Assessment Report of the Intergovernmental Panel on Climate Change* [Houghton, J.T.,Y. Ding, D.J. Griggs, M. Noguer, P.J. van der Linden, X. Dai, K. Maskell, and C.A. Johnson (eds.)]. Cambridge University Press, Cambridge, United Kingdom and New York, NY, USA, 11 pp.

Kasting, J.F., O.B. Toon, and J.B. Pollack, 1988: How climate evolved on the terrestrial planets, *Scientific American*. **256**, 94 pp.

Millennium Ecosystem Assessment, 2005: *Ecosystems and Human Well-being, Biodiversity Synthesis*. World Resources Institute, Washington, DC. 65 pp. www.millenniumassessment.org

Millennium Ecosystem Assessment, 2005: *Ecosystems and Human Well-being, Synthesis*. Island Press, Washington, DC. 34 pp. www.millenniumassessment.org

Millennium Ecosystem Assessment, 2005: *Millennium Ecosystem Assessment Synthesis Report*. pp. 175-181. www.millenniumassessment.org

NRC (National Research Council), 1998: *The Atmospheric Sciences Entering the Twenty -First Century*. Washington, D.C. The National Academies Press, 137 pp. http://books.nap.edu/catalog/6021.html

Olivier, Jos G.J., Greet Janssens-Maenhout and Jeroen A.H.W. Peters, 2012: *Trends in global CO_2 emission, 2012 report*. PBL Netherlands Environmental Assessment Agency, pp. 10-18.

http://www.pbl.nl/en or edgar.jrc.ec.europa.eu

Robock, A., C.M. Ammann, L. Oman, D. Shindell, S. Levis, and G. Stenchikov, 2009: Did the Toba volcanic eruption of ~74k BP produce widespread glaciation? *J. Geophys. Res.*, **114**, 8 pp.

Sellers, W.D., 1969: *Physical climatology*. The University of Chicago Press, Ltd., London, 제13장.

Tajika, E., 2008: Theoretical constraints on early earths environment. *Viva Origino*, **36**, 55-60. http://www.astrobio.k.u-tokyo.ac.jp/tajika/papers/Tajika%20(2008)%20VivaOrigino.pdf

WMO, 2012: WMO GHG Bulletin No. 8, The state of greenhouse gases in the atmosphere based on global observations through 2011. http://www.wmo.int/gaw

웹사이트

한국광물자원공사:
http://min.kores.or.kr/views/cms/hmine/eh/eh03/eh030201.jsp

Dept. of Oceanography, Texas A&M University:
http://oceanworld.tamu.edu/resources/oceanography-book/abruptclimatechange.htm

NASA:
http://www.nasa.gov/topics/earth/features/atlantic20100325.html

U.S. Geological Survey:
http://pubs.usgs.gov/gip/dynamic/historical.html
http://pubs.usgs.gov/gip/dynamic/fire.html

| Chapter |

12 기후시스템의 변화

12.1 개요

기후시스템을 구성하는 각각의 요소들은 물리, 화학적 구조와 성질이 아주 다르지만, 열과 질량 및 운동량 등을 교환하면서 상호 밀접하게 연관되어 있다. 기후시스템의 변화는 순환과정을 통해 지구의 기후변화에 영향을 주는 동시에 기후변화의 영향을 받기도 한다 (그림 12.1).

기후시스템의 구성요소 가운데 대기권은 가장 불안정하면서 빠르게 변화한다. 온실가스의 대기권 체적비는 0.1% 미만이지만 지구의 에너지 수지에 중요한 역할을 하고 있다. 오존과 에어로졸은 대기복사에 영향을 주고, 물은 대기 중에서 삼상의 형태를 취하면서 많은 열을 흡수하고 방출하기 때문에 기후변화에 많은 영향을 준다. 수권의 대부분을 차지하는 해양은 대규모의 열과 이산화탄소를 저장하고 수송한다. 해양의 순환은 대기의 순환에 비해 아주 느린 편이지만 기후변동성의 원천인 동시에 기후변화 조절자로서의 역할을 수행하고 있다. 빙설권의 얼음과 눈은 지구의 높은 알베도로 작용하는 한편, 열전도율이 낮고 열관성이 크기 때문에 해양의 심층수 순환에 직접적으로 기여한다. 기후변화에 따른 해수면 변화의 잠재적 원천인 동시에, 순환작용에 의해 기후를 변화시키기도 한다. 지권은 태양복사의 일부분을 반사시키지만 반 정도를 흡수해서 지표면 부근의 기온을 상승시키고 지구복사를 방출시켜 지구의 에너지 수지에 기여한다. 지표면에서 증발된 수증기는 자연 온실가스로서 기후변화에 중요한 역할을 하며, 지표면의 거칠기는 대기의 순환에 영향을 미친다. 생물권은 식생의 호흡작용 등을 통해 온실가스를 흡수하고 배출함으로서 대기의 조성과 기후변화에 영향을 준다.

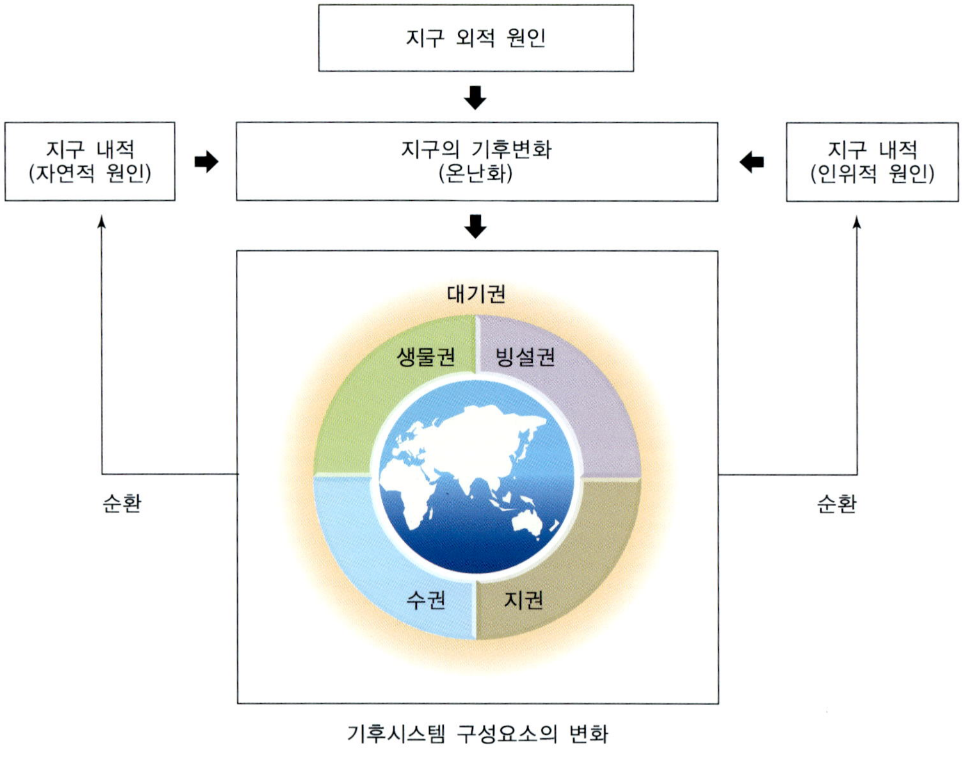

그림 12.1 지구의 기후와 기후시스템의 변화.

12.2 대기권의 변화

극한 기상현상(extreme weather event)은 그 출현 빈도, 규모, 극값 및 영향 등에 의해 정의된다. 대표적인 현상으로 열파, 한파, 집중호우, 가뭄 및 강한 열대성폭풍 등을 들 수 있는데, 이러한 극한 기상현상이 장기간 지속될 경우 극한 기후현상(extreme climate event)으로 분류할 수 있다. 극한(extreme)은 정규분포를 기준으로 하한 1, 5, 10% 혹은 상한 90, 95, 99%를 초과한 값으로 간주한다. 온난일과 온난야는 기온의 90 퍼센타일 이상인 낮과 밤이고, 한랭일과 한랭야는 10 퍼센타일 미만인 낮과 밤이다. 집중호우는 일강우량이 95 퍼센타일 이상인 경우로 정의된다. 극한의 기온과 강수량(부록 3. 참조) 이외에, 대기권의 대표적인 변화로는 열파와 한파의 발생빈도 변화, 온난야와 온난일의 증가, 한랭일과 한랭야의 감소, 서리일의 감소 및 집중호우의 증가 등을 들 수 있다.

12.2.1 열파와 한파의 발생빈도

열파(heat wave)는 일반적으로 극고온현상이 수일 이상 지속되는 현상으로, 세계기상기구(WMO)는 일 최고온도가 평년평균최대온도보다 5℃ 높은 날이 5일 이상 지속되는 경우로 정의하고 있다. 열파는 기후가 온난한 지역에서, 특히 여름철에 고기압의 영향으로 구름과 강수가 거의 없는 경우에 지표면이 과도하게 가열되면서 발생한다. 열파의 지속 정도는 고기압의 정체 기간에 따라 크게 좌우되며, 열파가 장기간 지속되면 과도하게 무더운 날씨로 높은 습도를 동반할 수 있다. 열대해상에서 중위도 내륙으로 불어오는 온난다습한 해풍의 영향으로 열파의 효과가 커질 수 있으며, 지표면 부근에서 야간 냉각에 의해 약화된 열파는 열섬효과에 의해 강화될 수도 있다. 열파는 한 지역의 일상적인 날씨에 대한 상대적인 표현이다. 열대지방에서 정상적으로 생각되는 더운 기후의 온도가 한대지방에 발생하면 그 곳에 사는 사람의 입장에서는 열파일 수 있다. 극심한 열파는 농작물의 대재난, 고체온증에 의한 대규모 치사 및 광범위한 정전 사태 등을 야기할 수 있다.

표 12.1 전 지구 관측 기온의 극값 (NOAA/National Climate Data Center, 2013).

기온	값	일자	관측	위치	경위도	고도
최고	57.8℃	1922.9.13	1880년 이후	El Azizia, Libya	32°32′N 13°01′E	112m
최저	-89.2℃	1983.7.21	1912년 이후	Vostok, Antarctica	77°32′S 106°40′E	3,420m

그림 12.2에서, 열파는 같은 날짜의 기후값 보다 5℃ 이상 높은 일 최고기온이 5일 이상 연속된 경우 가운데 연중 가장 긴 기간으로서 정의되었다. 왼쪽 그림에서 실선은 10-년 평활된 다중-모델 앙상블 평균으로, 실선을 감싼 영역은 앙상블 평균 표준편차를 나타낸다. 오른쪽 그림은 A1B 시나리오에 대해 두 20년 평균 간 모의된 열파 공간 패턴의 변화(2080~2099년 마이너스 1980~1999년)이고, 변화의 단위는 표준편차이다. 열파는 미래의 기후가 더 더워질수록 더 강력하고 빈번하게 그리고 더 오래 지속될 것으로 예상된다.

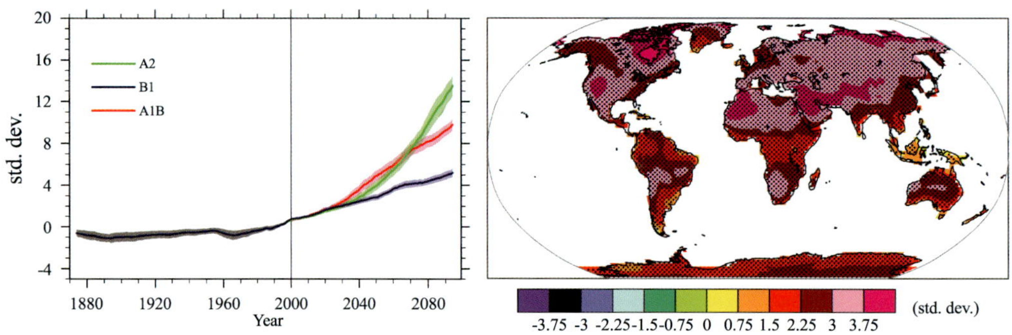

그림 12.2 열파의 변화 경향 (Meehl et al., 2007).

한파(cold wave)는 극단적으로 찬 공기가 수일에서 1주일 이상 지속되는 기상현상이다. 미국 기상청(U.S. National Weather Service)이 정의하는 한파는 농업, 산업, 상업 및 사회활동을 위해 실질적인 보호조치를 강화하는데 필요한 24시간 이내에 기온이 급격하게 하강하는 현상을 말한다. 한파에 대한 정확한 기준은 기온이 하강하는 속도와 하강 온도에 의해 결정된다. 표 12.1에서 보는 바와 같이, 최저 기온의 극값은 지리적 위치와 연중 시기에 따라 다르다. 한파의 발생빈도는 지구의 온난화에 따라 전 지구적으로 감소할 가능성이 있으며, 기온의 상승폭이 큰 북반구의 경우는 더 그렇다.

12.2.2 온난야와 온난일의 증가

온난야(warm night)는 일 최저기온이 기준기간 일 최저기온의 90퍼센타일 이상인 날이고, 온난일(warm day)은 일 최고기온이 기준기간 일 최고기온의 90퍼센타일 이상인 날로 정의된다. 그림 12.3의 온난야와 온난일은 1961~1990년 관측기온을 기준으로 정의하였다. 그림에서 흑색선 안의 영역은 변화 경향이 5% 수준에서 유의한 지역들이다. 아래 그림의 시계열은 1961~1990년 기준대비 전 지구에 대한 연도별 편차이다.

주황색선은 10년 변동성이다. 지난 50년간 온난야와 온난일의 연간일수 모두 증가하였지만, 온난야의 출현일수가 온난일에 비해 더 뚜렷하게 나타났다. 이는 전반적인 지구 온난화의 경향과 일치하는 동시에, 온난 극값의 상승으로 열파의 발생빈도가 증가했음을 의미한다. 극단적 기상현상에 관련된 특징 가운데 하나는 대부분의 지역에서 일교차가 감소될 가능성이 있는 것이다. 이는 최저기온의 상승이 최고기온의 상승 변화보다 크기 때문이다.

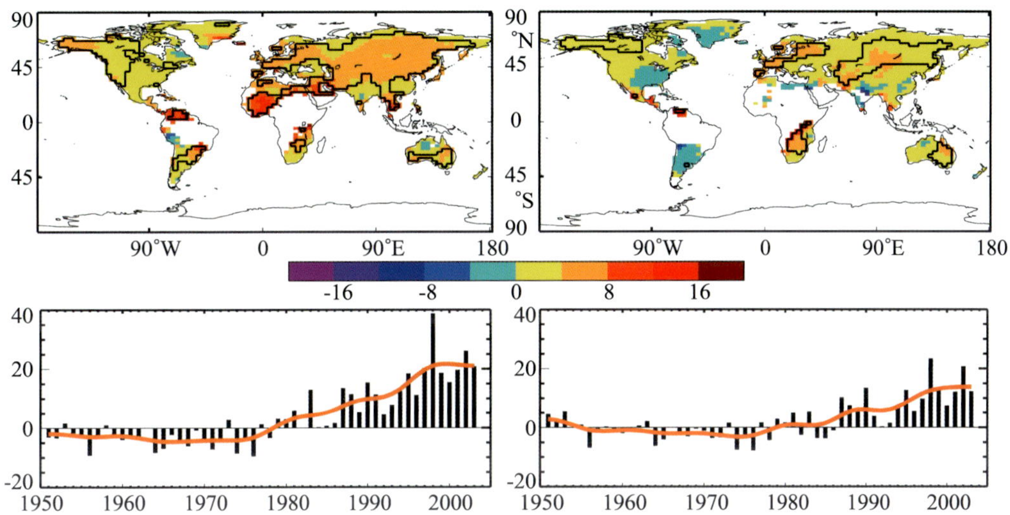

그림 12.3 1951년부터 2003년까지 온난야(왼쪽)와 온난일(오른쪽)의 변화 경향 (일/10년) (Trenberth et al., 2007).

12.2.3 한랭야와 한랭일의 감소

한랭야(cold night)는 일 최저기온이 기준기간 일 최저기온의 10퍼센타일 미만인 날이고, 한랭일(cold day)은 일 최고기온이 기준기간 일 최고기온의 10퍼센타일 미만인 날로 정의된다. 그림 12.4의 한랭야와 한랭일은 1961~1990년 관측기온을 기준으로 정의하였다. 그림에서 흑색선 안의 영역은 변화 경향이 5% 수준에서 유의한 지역들이다. 지도 아래의 시계열은 1961~1990년 기준대비 전 지구에 대한 연도별 편차이다. 주황색선은 10년 변동성이다. 지난 50년간 한랭야와 한랭일의 연간일수 모두 감소하였지만, 한랭야의 출현일수가 한랭일수에 비해 더 뚜렷하게 나타났다. 이는 최저기온의 극값이 최고기온의 극값보다 더 많이 상승했음을 의미한다.

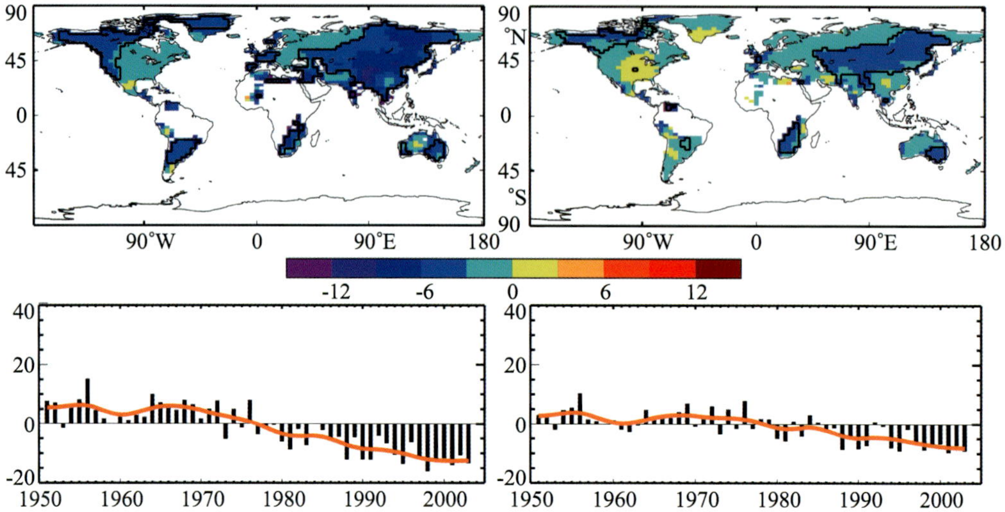

그림 12.4 1951년부터 2003년까지 한랭야(왼쪽)와 한랭일(오른쪽)의 변화 경향 (일/10년) (Trenberth et al., 2007).

12.2.4 서리일의 감소

서리일(frost day)은 일 최저기온이 0℃ 미만인 날로 정의된다. 그림 12.5의 왼쪽은 온실가스 배출의 저(SRES B1), 중(SRES A1B) 및 고(SRES A2) 시나리오에 대한 서리일수 즉, 최저기온이 0℃ 보다 낮은 연중 일수의 전 지구 평균 변화이다. 그림의 실선은 10-년 평활된 다중-모델 앙상블 평균이고, 실선을 감싼 영역은 앙상블 평균 표준편차를 나타낸다. 오른쪽 그림은 A1B 시나리오에 대해 두 20년 평균 간 모의된 서리일 공간 패턴의 변화(2080~2099년 마이너스 1980~1999년)이다. 서리일은 열대 밖 지역에서만 계산되었다. 변화의 단위는 표준편차이다. 20세기로부터 21세기까지의 서리일수는 전 지구적으로 대부분의 지역에서 감소할 것으로 전망된다.

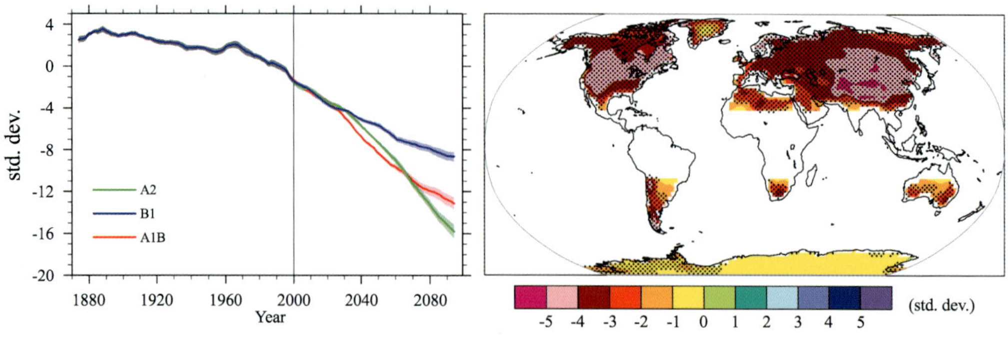

그림 12.5 서리일수의 변화 경향 (Meehl et al., 2007).

12.2.5 집중호우의 증가

집중호우(localized heavy rain)는 시간과 공간적 집중성이 매우 강한 비로, 소규모 지역에서 단 기간 동안 많은 양의 비가 내리는 현상이다. 집중호우에 대한 일반적인 정의는 없으나, 일반적으로 한 시간에 30mm 이상이나 하루에 80mm 이상의 비가 내릴 때, 또는 연강수량의 10%에 상당하는 비가 하루에 내리는 정도를 말한다. 집중호우의 지속시간은 수십 분에서 수 시간 정도이며, 보통 반경 10~20km 정도의 비교적 좁은 지역에 집중적으로 내린다 (표 12.2). 집중호우는 주로 강한 상승기류에 의해 형성되는 적란운에서 발생하며, 천둥과 번개를 동반하기도 한다. 적란운의 수명은 수 시간 정도이지만, 태풍이나 장마전선 등에 동반되는 경우에는 2~3일 정도 지속된다.

표 12.2 전 지구 관측 강수극값 (NOAA/National Climate Data Center, 2013).

강수 기간	값	일자	관측	위치	경위도	고도
1분	31.2mm	1956.7.4	1948년 이후	Unionville, MD, USA	38°48′N, 76°08′W	152m
60분	305mm	1947.6.22	-	Holt, MO, USA	39°27′N, 94°20′W	263m
12시간	1.144m	1966.1.7~8	1966~1990	Foc-Foc, La Réunion	21°14′S, 55°41′E	2,290m
24시간	1.825m	1966.1.7~8	1966~1990	Foc-Foc, La Réunion	21°14′S, 55°41′E	2,290m
48시간	2.467m	1958.1.8~10	1952~1980 / 2004년 이후	Aurère, La Réunion	21°00′S, 55°26′E	940m
72시간	3.929m	2007.2.24~26	1968년 이후	Cratère Commerson, La Réunion	21°12′S, 55°39′E	2,310m
96시간	4.869m	2007.2.27~31	1968년 이후	Cratère Commerson, La Réunion	21°12′S, 55°39′E	2,310m
12개월	26.47m	1860.8~1861.7	1851년 이후	Cherrapunji, India	25°02′N, 91°08′E	1,313m

그림 12.6의 왼쪽은 SRES 시나리오별 강수강도(총 연강수량을 강수일로 나눈 값)의 전구평균 변화이다. 그림의 실선은 1-년 평활된 다중-모델 평균으로, 선을 감싼 부분은 앙상블 평균의 표준편차이다. 오른쪽 그림은 A1B 시나리오에 대해 두 20년 평균

간의 모의 강수강도 공간패턴의 변화(2080~2099년 마이너스 1980~1999년)이고, 변화의 단위는 표준편차이다. 21세기 동안 전 지구의 평균 수증기량과 강수량은 증가할 것으로 예측되고, 평균 강수량이 증가할 것으로 예측된 대부분 지역에서 연중 강수량 변화가 더 크게 발생할 수 있다. 고위도 지역에서는 여름철과 겨울철 모두 강수량이 증가하는 경향이 있다. 미래의 따뜻해진 기후에서는 북반구 중위도 및 고위도 지역의 대부분에서 여름철 건조현상과 겨울철 강수가 증가할 것으로 전망된다. 여름철 건조는 가뭄 위험도가 증가한다는 것을 뜻한다. 이와 함께, 따뜻해진 대기에서는 수분 함유량의 증가로 강수강도가 세지고 집중호우가 빈번해질 가능성이 있다. 극한 강수 현상의 증가가 평균 강수의 증가보다 더 많을 수 있다는 것은 주로 아열대 지역에서 수증기 증가로 나타나는 열역학적 효과로 해석된다.

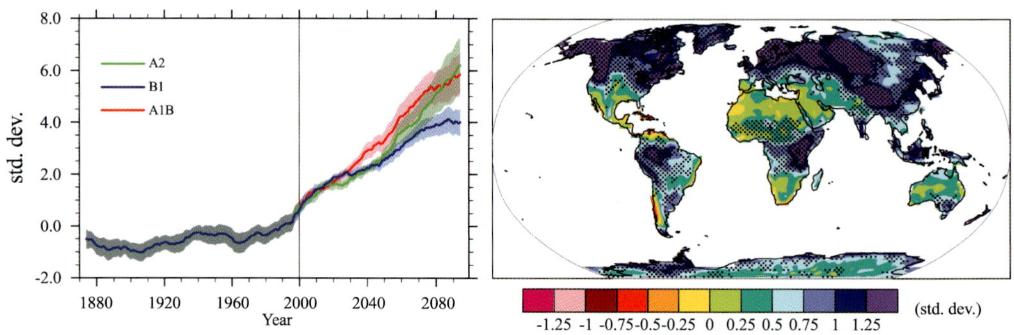

그림 12.6 강수 강도의 변화 경향 (Meehl et al., 2007).

12.2.6 건조일의 변화

가뭄은 한 지역에 대한 물 공급의 결핍이 수개월 또는 수년 동안 지속되는 현상으로 강수량이 평균이하로 지속될 때 발생한다. 가뭄이 심하면 기간에 상관없이 수질을 악화시키는 등 지역경제에 심각한 피해가 닥칠 수 있다. 과거에는 가뭄의 강도를 비가 오지 않는 날의 지속일수에 대한 장단으로 판단했으나, 최근에는 물 부족량의 정도에 대한 지속기간 및 가뭄의 영향을 받고 있는 지역의 넓이 등에 따라 판단한다. 따라서 강수량과 증발산량, 토양의 삼투량과 유출량 등을 토대로 물 균형 계산이 정확히 이루어져야만 가뭄의 강도를 알 수 있다. 건조일(dry day)의 변화 경향은 그림 12.7에서 보는 바와 같다. 왼쪽 그림은 연간 최대 연속일수로 정의된 전구평균 건조일의 변화이다. 그림의 실선들은 복합모델의 평균이고, 선 주위의 음영구역은 앙상블 평균의 표준편차이다. 오른쪽 그림은 A1B 시나리오에 대해 1980~1999년 대비 2080~2099년 값을 복합모델 모의기법으로 추정한 극한치의 공간변화이다. 점묘는 변화가 통계학적으로 유의한 지역이고, 육지에 국한된 변화량의 단위는 표준편차이다. 건조일수는 많은 지역에서 증가하지만 감소하는 지역도 있다. 건조일수의 증가가 현저한 곳은 북미와 중미, 카리브해 지역, 남미의 북동부와 남서 지역 및 호주의 서부지역이다. 반면에, 평균 강수량이 증가하는 중위도의 상부 지역과 고위도 지역에서는 건조일수가 감소한다.

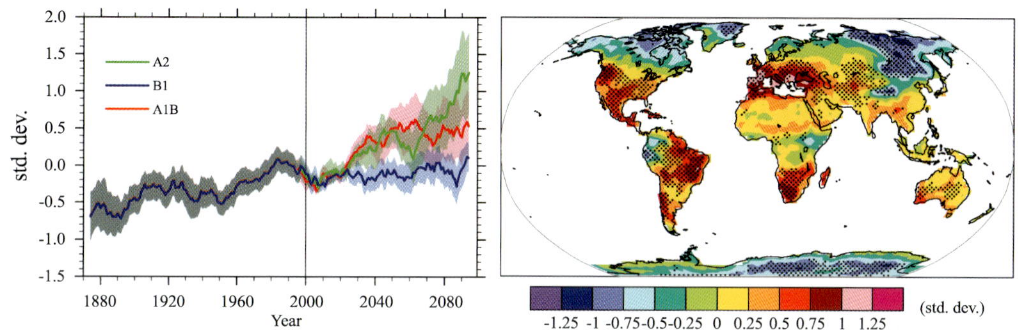

그림 12.7 건조일의 변화 경향 (Meehl et al., 2007).

12.3 수권의 변화

수권(hydrosphere)은 대기 중, 그리고 지표면의 호수와 토양, 해양, 빙하 및 지하에 존재하는 모든 물을 말한다. 수권은 지구 기후시스템의 한 구성요소로서 다른 구성요소와의 역학적 반응을 통해 기후변화를 조절하는 동시에 기후변화의 영향을 받는다. 바다가 기후변화를 조절할 수 있는 이유는 물의 열용량이 대기보다 약 3,000배 정도 크기 때문이다. 해양은 지구 온난화로 인해 덥혀진 대기의 열을 충분히 흡수하여 기후변화를 조절할 수 있지만, 온난화된 해양이 이산화탄소와 열을 대기로 방출하게 되면 기후변화가 가속화될 수 있다. 지구 온난화에 의한 수온의 상승과 이산화탄소에 의한 해양의 산성화는 어류의 분포와 어획량 및 어획수심의 변화 등 해양생태계 전반에 영향을 미치고 있다. 지구온난화에 의한 해수면 상승은 주로 바닷물의 열팽창과 빙하의 해빙에 기인하며, 지구온난화가 가속화될수록 얼음의 융해에 의한 담수의 유입효과가 증대될 것으로 보인다. 이외에도 기후변화에 의한 기압배치의 이동은 과거와 다르게 집중호우가 빈번해지는 지역과 장기간 비가 내리지 않아 물 부족 현상이 심각해지는 지역을 발생시킬 수 있다.

12.3.1 수온의 상승

바다는 지구 온난화에 의해 발생된 열의 93.4%를 흡수하고 있다 (그림 12.8의 왼쪽). 해양의 열 함량 증가는 바닷물의 부피를 팽창시키는 동시에 빙하가 융해되어 해수면을 상승시키는 요인이 된다. 그림 12.8의 오른쪽은 1955년부터 2012년까지 전 세계 해양의 열 함량 변화로, 에너지의 단위인 joule로 측정되었다. 미국(NOAA)과 호주(CSIRO) 및 일본(MRI/JMA)의 3개 기관에서 수심 700m까지를 대상으로 각각 계산되었으며, 1971~2000년의 기후평년값을 기준으로 하였다. 1955년 이후 장기간의 변화 경향에서 바다가 따뜻해졌음을 알 수 있다. 지난 수십 년 동안 온실가스의 농도가 지속적으로 상승한 것과는 달리, 해양의 열 함량은 화산분출과 엘니뇨 등 기후변동성의 영향으로 해마다 변화하면서 상승하고 있다.

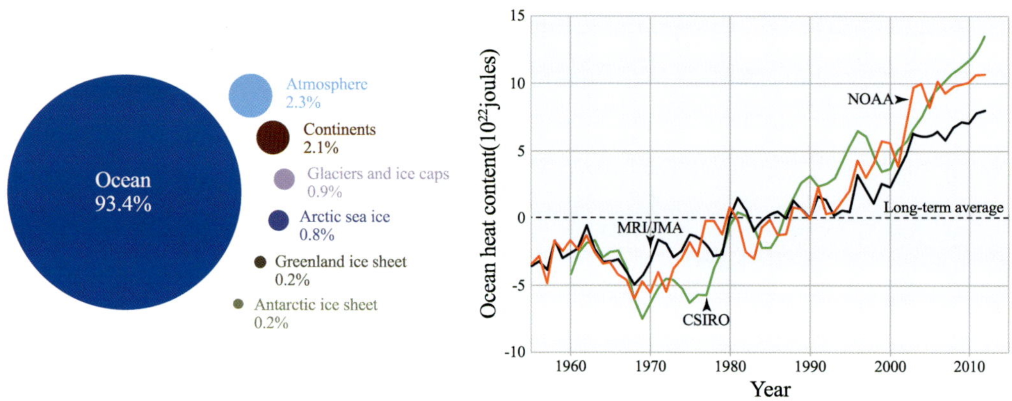

그림 12.8 왼쪽: 1993~2003년 동안 지구시스템 구성요소별 온난화 에너지의 함량 비율 (NOAA, 2010). 오른쪽: 1955~2012년 동안 전 세계 해양의 열 함량 변화 (US EPA, 2013).

해양은 태양복사열을 흡수하여 축적하고 심해로 분산시키는 동시에 해류를 통해 전 세계의 해양으로 재분배시킨다. 해양의 열 함량 변화는 수온 자체의 변화로 지구의 기후시스템에 중요한 역할을 한다. 대기-해양 간의 상호작용으로 해면에서 발산되는 열이 대기의 기상패턴에 영향을 주기 때문이다. 해양은 대기 중의 이산화탄소를 흡수함으로서 지구의 온난화를 늦추는데 기여하고 있다. 만약 해양의 열저장 능력이 크지 않다면 대기의 온난화 속도는 현재보다 빠르게 진행되었을 것이다.

전 세계의 평균 표층수온은 140년 전보다 약 1℃ 상승했으며 기온의 상승 경향과 거의 일치한다. 1910년부터 1945년까지의 수온변화는 지속적으로 상승되었으며, 1970년대까지 평년과 유사한 상태를 보인 이후 꾸준히 온난화되고 있다 (그림 12.9).

미래의 수온변화는 해양의 열용량이 크기 때문에 지표면 기온의 상승폭을 능가하지는 않을 것으로 보이지만, 2100년경 전 세계의 수온은 1990년에 대비 1.1~4.6℃ 상승할 것으로 예상하고 있다. 이럴 경우 금세기 말의 여름철에는 북극에서 빙하를 보기가 어려울 수도 있다. 수온 상승에 의한 극지방의 빙하면적 감소는 선순환과정을 통해 지구의 온난화를 가속화시키고 해류의 순환과 기후패턴에 변화를 가져오기 때문이다.

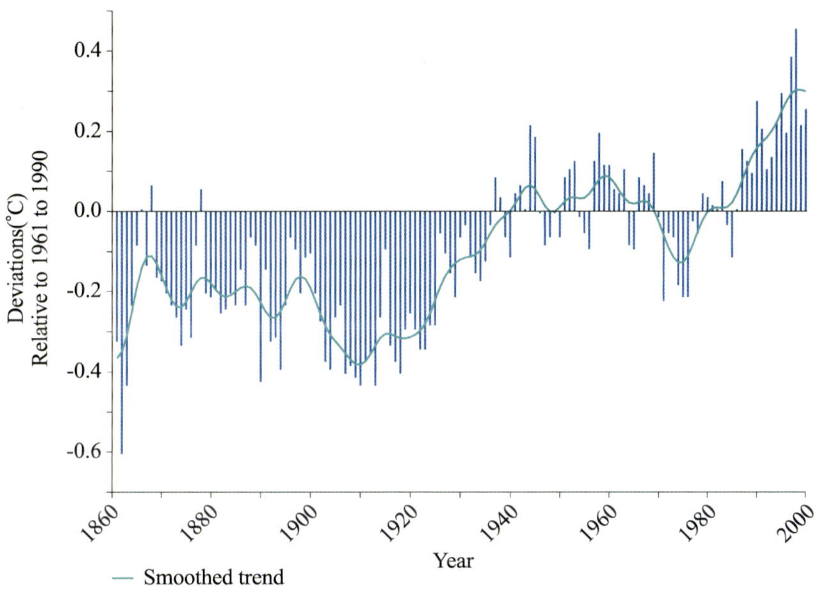

그림 12.9 북반구의 연평균 해수면 온도 변화 (EEA, 2004).

12.3.2 해수면 상승

최근의 해수면 상승(sea level rise)은 지구의 온난화와 수온 상승에 따른 해양의 열팽창과 빙하의 해빙이 주요인이고, 육상의 호수나 지하수 등에서 유입되는 물이 더해지는 결과이다. 이 가운데 해양의 열팽창은 해수면 상승의 가장 큰 요인으로 전체의 70~75% 정도 기여한다. 해수면의 상승은 해양 생태계에 악영향을 주고, 폭풍에 의한 해일을 강화시킬 수 있다. 또한 해안이나 해발 고도가 낮은 저지대 및 섬 등에 침수나 매몰의 위험성을 증가시킨다. 전 세계 인구의 약 41%가 해안가에 살고 있으며, 인구 1,000만 명 이상의 대도시 가운데 약 67%가 연안 저지대에 위치해 있다. 일반적으로 해수면이 상승하게 되면 물의 증발량과 강수량이 증가하고 대기 중 잠열방출이 많아진다. 이로 인해 기온이 장기간 상승하는 경우 간빙기를 형성할 수 있다.

20세기에 지구의 평균 해수면은 10~20cm(연간 1.7mm) 높아졌다. 1961년부터 2003년까지의 전구평균 해수면 변화는 연간 1.8mm씩 상승했지만, 1993년부터 2003년까지는 연간 3.1mm씩 상승하였다 (그림 12.10의 왼쪽). 이와 같이 최근 들어 해수면의 상승폭이 크게 증가하는 것은 지구 온난화와 연관된 바닷물의 열팽창과 빙하의 융해 속도에 기인하는 것으로 보고 있다. SRES 시나리오는 21세기말인 2090~2099년에 해수면이 18~59cm 상승할 것으로 전망했다. 지구 온난화가 지속되어 그린란드 빙상이 완전히 녹으면 해수면은 약 7m 상승할 것으로 예측된다. 기후시스템의 관성에 의해, 온실가스 농도가 안정화된 이후에도 해수면은 수세기 동안 계속 상승하고, 이산화탄소의 농도가 산업화 이전의 두 배 또는 네 배가 될 경우 해수면은 각각 0.5~2.0m 또는 1~4m 정도 상승할 것으로 예측된다.

해수면의 변동은 엘니뇨남방진동과도 연관이 있다. 라니냐가 발생하면 강한 동풍계열의 무역풍이 따뜻한 표층수를 서쪽으로 이송시킨다. 따라서 서태평양의 해수면은 평년에 비해 높아지고 동태평양은 낮아진다. 엘니뇨의 경우는 라니냐와 정반대의 결과를 가져온다. 그림 12.10의 오른쪽에서 1993년부터 2010까지의 해수면 변화를 보면 서태평양의 여러 해역에서 연평균 10mm 이상 상승한 것을 알 수 있다.

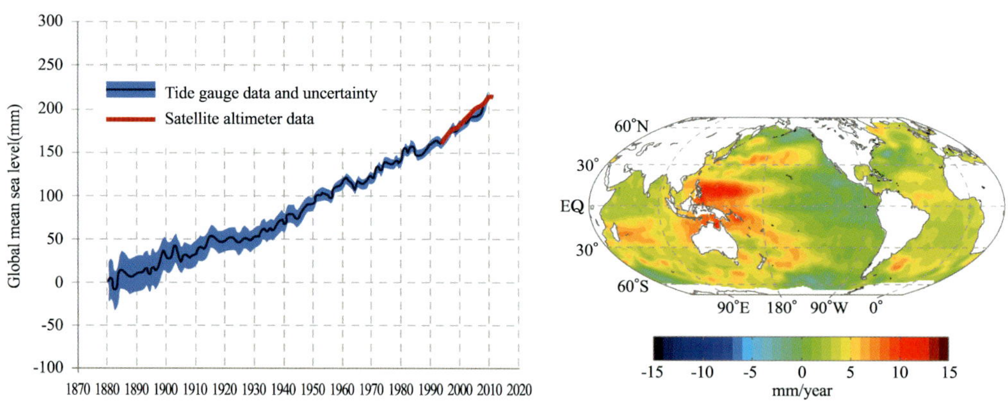

그림 12.10 왼쪽: 전구 평균 해수면 아노말리(mm). 청색은 1880~2010년 동안의 검조기 자료, 적색은 1993~2011년 동안의 위성 고도계 자료이다. 오른쪽: 1993~2010년 동안의 연평균 해수면 변화경향(mm/year)이다 (WMO, 2013).

12.3.3 해양의 산성화

해양의 산성화(acidification)는 흡수된 이산화탄소가 화학적 반응을 통해 바닷물의 수소이온농도(pH: potential hydrogen)를 산성상태로 떨어뜨리는 현상이다.

$$pH = \log \frac{1}{H^+} \tag{12.1}$$

위 식에서, pH는 산성도나 알칼리도를 나타내는 척도로, 수용액에 포함되어 있는 수소이온 농도의 역수에 상용대수 log를 취한 값이다. 따라서 pH 1이 감소하려면 수소이온의 농도가 10배 증가해야 하고, pH 2가 감소하려면 수소이온의 농도가 100배 증가해야 한다. pH는 0에서 14까지 있으며, 7 이하는 산성이고 그 이상은 알칼리성이다.

이산화탄소의 농도는 산업화 이후 최근까지 약 40% 증가했으며, 인위적으로 방출된 이산화탄소의 약 1/3은 바다에 용해된 후 탄산으로 변환되어 해수를 산성화시킨다. 산업화 이후 해양의 산성도는 0.1 정도 감소했는데, 이는 수소이온의 농도가 26% 증가한 것과 같다 (그림 12.11). 향후 수십 년에서 수세기 동안 해양의 산성화는 가속화될 것이며, 현재의 이산화탄소 배출량 기준으로 21세기말 해양의 산성도는 0.14~0.35 감소할 것으로 전망된다. 이는 지난 수천 년 동안 이루어졌던 산성화보다 더 큰 변화이다. 수온상승으로 해양생물의 서식지가 고위도로 이동되는 것과는 다르게, 해양의 산성화가 생태계에 미치는 영향은 해양생물종의 감소와 서식지 파괴 등 생태환경에 심각한 영향을 미칠 수 있다.

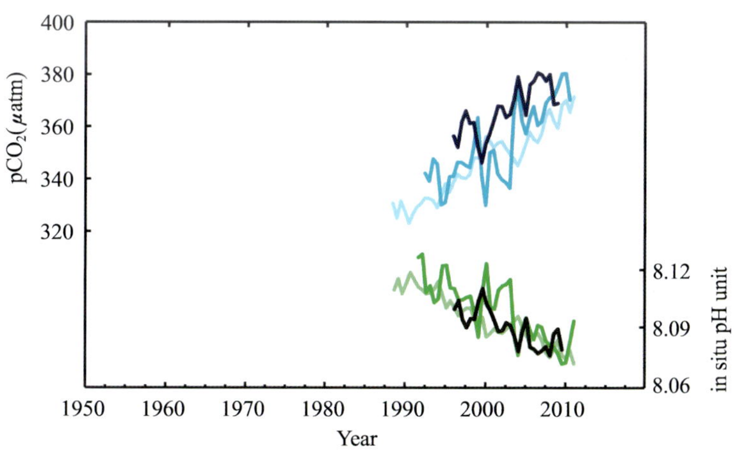

그림 12.11 해양 표층수의 이산화탄소와 산성도 변화. 청색 곡선은 표층에 용해되어 있는 이산화탄소의 분압이고, 녹색 곡선은 현장에서 관측된 해수의 산성도이다. 관측지점은 대서양 두 곳과 태평양 한 곳이다 (IPCC, 2013).

12.3.4 어획량과 어획수심의 변화

수온의 상승은 난류성 플랑크톤이 풍부해질 수 있는 요인 가운데 하나이지만, 해양의 산성화는 어족의 서식처와 은신처인 산호초를 비롯해 먹이사슬의 기초가 되는 플랑크톤에 위해를 가할 수 있다. 산호초는 탄산칼슘으로 되어 있어 기후변화와 대기의 조성에 취약하고 해양의 산성화에 의해 쉽게 파괴될 수 있다. 산호초는 최근의 온난화로 수온이 높아지면서 백화현상과 대규모 고사상태가 널리 발생하고 있기 때문에 이미 한계에 와있다. 수온의 상승과 해양의 산성화는 소수 어종의 생태계에 이로운 효과가 있을 수 있지만, 대부분의 어종에 대해서는 잠재적이고도 매우 치명적인 악영향을 주게 된다. 그림 12.12는 1980년대 후반 이후 지속적으로 감소하고 있는 전 세계 해양의 어획량과 1970년 이후 점점 깊어지고 있는 어획의 수심을 보여준다.

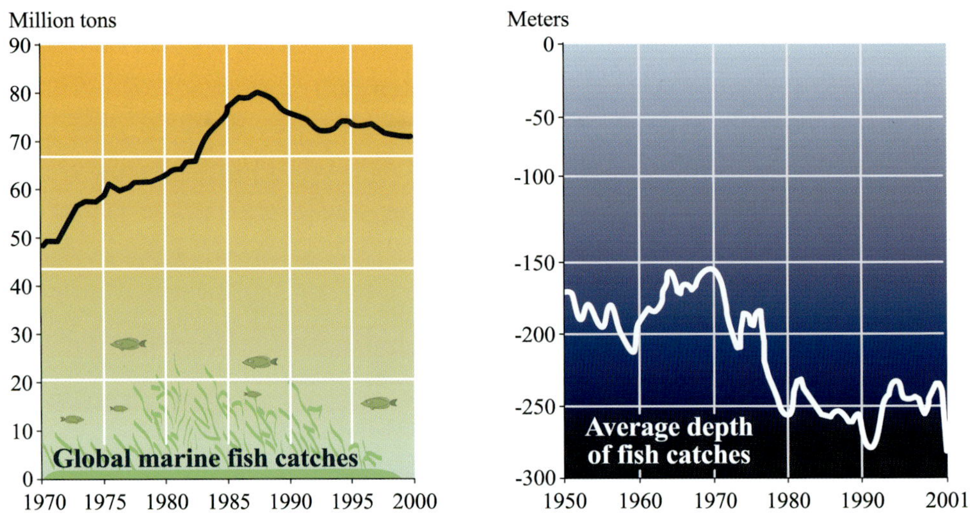

그림 12.12 전 세계 어획량의 변화(왼쪽)와 어획수심의 변화(오른쪽) (Millennium Ecosystem Assessment, 2005).

12.3.5 물 부족

지구상의 물은 액체와 기체 및 고체 간의 3상변화 이외에, 증발과 응결 및 강수의 과정을 통해 지표면과 대기 사이를 지속적으로 순환하고 있다. 그림 12.13은 지구의 연평균 강수량인 85.7cm를 100으로 보았을 때 물 순환(water cycle)의 과정별 추정량을 보여준다. 물 순환에서 중요한 역할을 하는 대기 중의 물은 지표면의 2/3 이상을 차지하는 해양으로부터 대부분 공급된다. 해면에서 증발된 수증기의 일부는 바다에서 응결되어 비나 눈을 내리고, 일부는 육상으로 이동한다. 이는 지표면의 호수 등과 식생에서 증발 또는 증산된 수증기와 함께 응결되고 구름이 형성된 후 강수형태로 지상에 내린다. 비를 포함한 육상의 강수는 빙설권에서 녹은 물과 함께, 지표수 형태나 지하에 침투된 지하수 형태로 바다에 유입된다. 물 순환 가운데, 바다에서 증발한 수증기가 육상으로 이동한 후 일련의 과정을 거쳐 지표수나 지하수로 바다에 되돌아가는 순환을 주순환(major cycle)이라 하고, 바다에서 증발된 수증기가 일련의 과정을 거쳐 바다로 직접 되돌아가는 것 또는 육상에서 증·발산된 수증기가 일련의 과정을 거쳐 육상으로 되돌아가는 순환을 부순환(minor cycle)이라 한다.

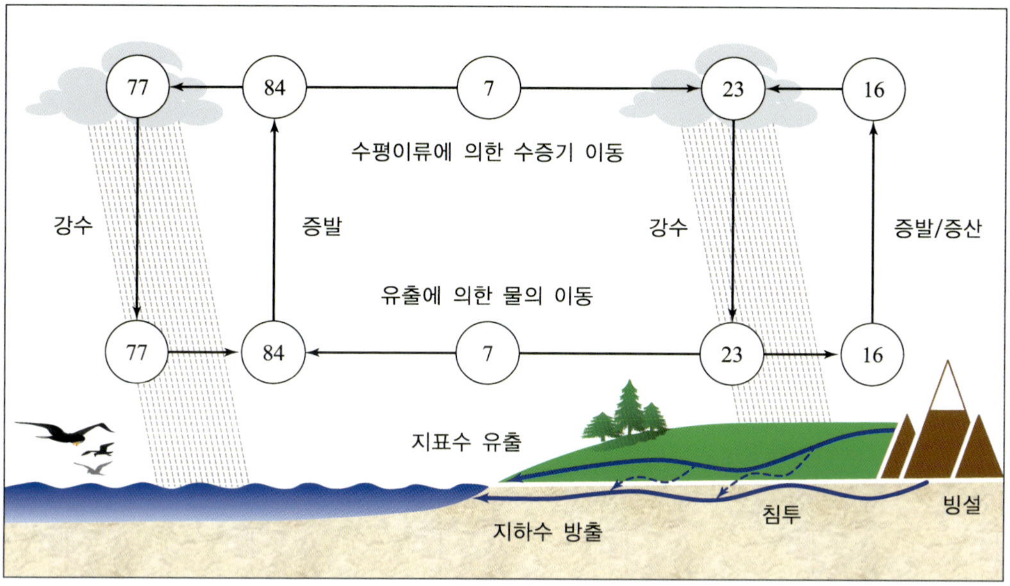

그림 12.13 물 순환 과정 (Bridgman et al., 2006). 대기 중에서 지표면으로 이동한 강수의 양과 지표면에서 대기 중으로 이동한 증발산의 양은 100으로 평형을 이룬다.

지구상의 물은 순환 과정을 거치면서 다양하게 분포된다 (표 12.3). 이 가운데 97% 이상은 해양에 포함되어 있고, 0.001%의 물이 대기 중에서 대부분 수증기의 형태로 존재한다.

표 12.3 지구상의 물 분포 (Battan, 1983).

위치	물의 양(단위: 10억 갤런)	비율(%)
해양	349,000,000,000	97.220
빙원과 빙하	7,700,000,000	2.145
강, 호수 및 토양	2,250,000,000	0.627
염호와 내해	27,000,000	0.007
대기	3.400,000	0.001
총량	358,980,400,000	

세계물평가프로그램(WWAP)에 의하면 지구상의 모든 물 가운데 97.5%는 염수(salt water)이고 2.5%가 식수로 사용할 수 있는 민물(fresh water)이다. 민물 가운데 약 70%는 산악지역의 얼음과 눈에 있고, 약 29.7%는 지하수이며, 약 0.3%가 호수와 강의 물이다. 전 세계 민물 자원의 양은 기후변동성에 따라서 시·공간적으로 매우 가변적이다. 기후변화가 강수패턴과 빙설권의 해빙에 영향을 주고, 이에 따라서 민물의 대부분을 차지하는 지표수의 유량이 결정되기 때문이다. 물 스트레스(water stress)는 물에 대한 수요가 사용 가능한 양을 초과하거나 수질이 나쁜 경우로, 한 사람당 연간 가용수량이 1,700m^3 이하일 때를 말한다. 한 사람당 연간 가용수량이 1,000m^3 이하로 떨어지면 물 부족(water scarcity)을 겪게 되고, 500m^3 이하이면 절대 부족(absolute scarcity)한 상태가 된다 (그림 12.14). 배출전망치에 의해 지구의 기온이 2℃ 정도 상승하는 21세기 중반 경에는 10억~20억 명이 물 부족을 겪게 된다. 3℃ 정도 상승하는 2080년경에는 전 세계 인구의 1/5 이상이 홍수의 영향을 받고, 11억~32억 명이 물 부족을 겪게 될 것으로 전망하고 있다.

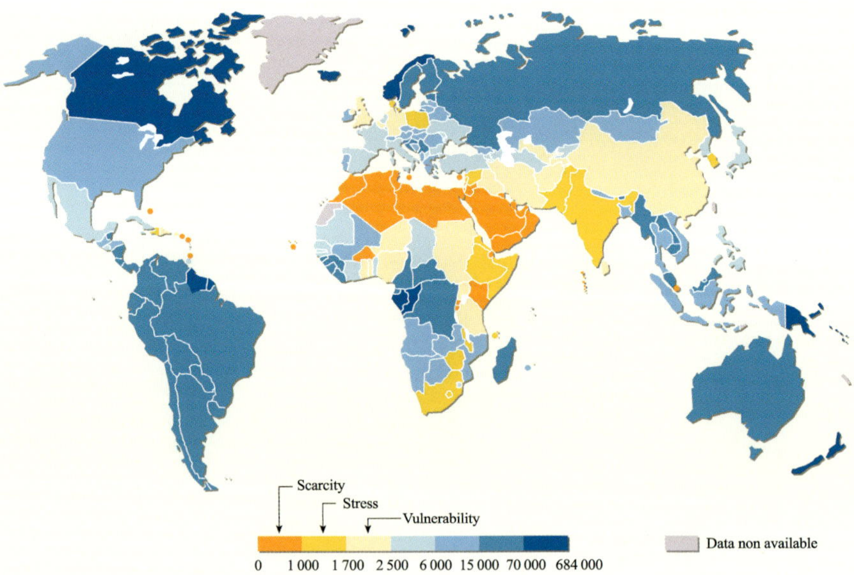

그림 12.14 전 세계의 민물 가용성 분포 (m^3/person/year, 2007) (WWAP, 2012).

12.4 빙설권의 변화

빙설권은 양 극을 중심으로 전 지구에 존재하는 액체와 고체 상태의 모든 물을 포함한다. 해상과 육상의 얼음, 동토 및 눈으로 구성되는 빙설권의 변화는 지구의 기후 변화를 보여주는 주요 지표 가운데 하나이다. 빙설권의 축소 현상은 기온의 변화에 주로 영향을 받기 때문에 21세기 동안에도 지속될 전망이다.

12.4.1 해빙면적의 감소

해빙(sea ice)은 계절의 변화와 함께 확장과 축소의 과정을 되풀이 한다. 봄철에 태양의 고도가 높아지면 녹기 시작해서 여름 동안 계속 축소된다. 가을이 되면 해빙의 범위가 최소가 된 후 태양 복사량이 감소하고 기온이 내려가면 또 다른 해빙이 형성되면서 면적이 확대된다. 북극 해빙의 면적은 3월에 최대가 되고 9월에 최소가 되는 반면, 남극의 해빙은 남반구에서 겨울철인 9월에 최대로 확장하고 여름철인 2월이나 3월에 최소 범위로 축소된다. 1979년 이후 북극 해빙은 여름에 소멸되는 면적이 겨울에 생성되는 면적보다 더 크다. 해빙의 10년 주기 변화경향에 따르면 최소로 축소되는 면적은 10~15%씩 증가하는데 반해, 최대로 확장되는 면적은 2~3%씩 감소한다. 이는 최근 들어 여름철에 소멸되는 범위가 급격하게 확대되고 있음을 말해준다. 해빙이 융해되고 바닷물의 면적이 넓어지면 해면에서 흡수하는 태양복사 에너지의 양이 증가한다. 이에 따라 수온이 상승하고 해빙의 면적이 더욱 감소하는 선순환 효과가 나타난다.

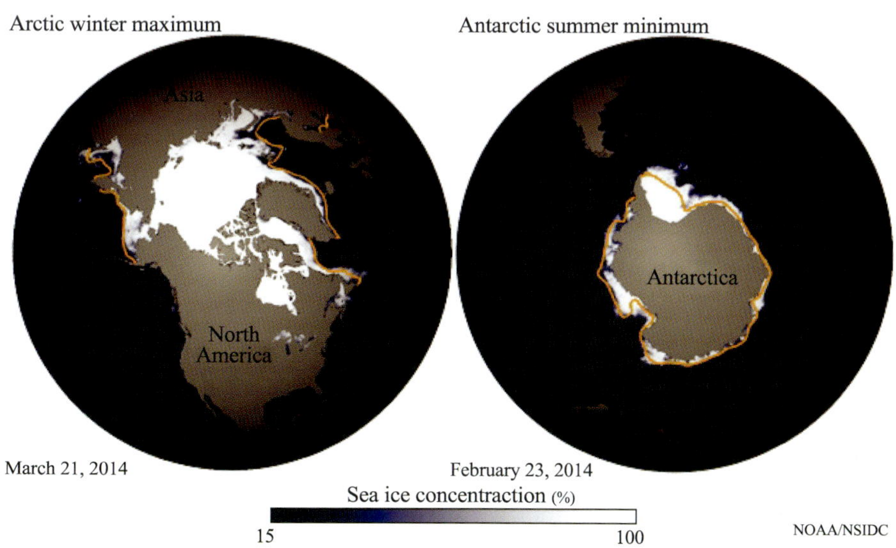

그림 12.15 2014년 북극해빙의 겨울철 최대면적(왼쪽)과 남극해빙의 여름철 최소면적(오른쪽). 황색 선은 1979년 이후 해빙면적 변화의 중간위치이다 (NOAA/climate.gov, 2014).

북극과 남극을 중심으로 하는 해빙면적의 변화는 공히 온실가스의 농도 증가에 기인하지만 다른 양상으로 나타나고 있다. 2014년 겨울철 북극의 해빙은 1979년 이후 다섯 번째로 작은 면적을 보였으며, 거의 모든 지역과 계절에 걸쳐 축소되고 있다. 반면에, 여름철 남극의 해빙은 1979년 이후 네 번째로 큰 면적을 보였으며, 매년 미소 규모로 확장되고 있다 (그림 12.15).

12.4.2 적설면적의 감소

눈은 지구의 기후시스템에 있어서 하나의 중요한 부분이며, 적설면적(snow cover)은 빙설권의 가장 큰 요소로 지역적인 기상패턴에 많은 영향을 미친다. 눈은 0.4~0.95의 알베도를 갖고 입사 태양복사의 절반 이상을 반사시키기 때문에, 지구의 에너지 수지에 영향을 미치고 음의 복사강제력으로 작용한다. 눈은 절연담요(insulating blanket) 역할을 하는 열적 특성을 갖고 있기 때문에, 눈을 경계로 아래에 놓여있는 지표면과 대기 사이에 이루어지는 열의 순환을 억제하기도 한다.

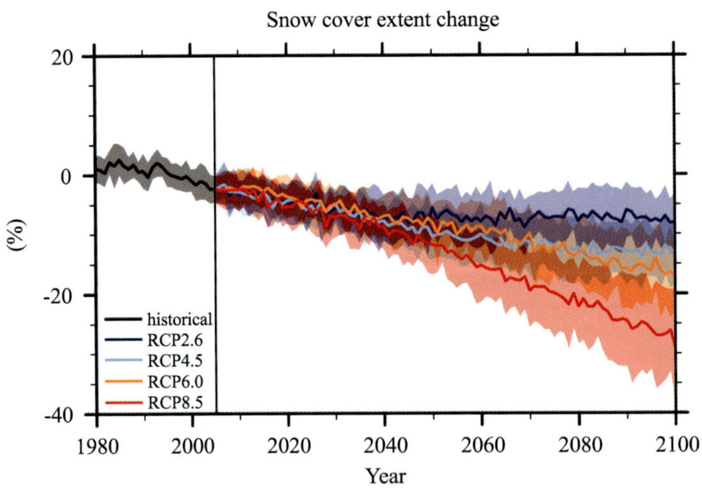

그림 12.16 북반구 봄철 적설면적의 변화, 굵은 색선은 모델결과의 평균, 음영구역은 변화범위이다. 1986~2005년 동안 관측된 3~4월의 평균 적설면적은 $32.6 \times 10^6 km^2$이다 (Collins et al., 2013).

눈 덮인 대륙의 면적은 지구 온난화의 영향으로 매년 감소하고 있다. 이는 봄철 눈이 녹는 시기가 빨라지고 겨울철 눈이 내리는 시기가 늦어지는 동시에 적설량이 적어지기 때문이다. 적설면적은 11~12월을 제외한 모든 달에 감소하지만 봄과 여름에 그 정도가 심하다. 1967년부터 2012년까지 관측한 북반구 봄철(3~4월)의 평균 적설면적은 1.6%/10년, 6월의 평균 적설면적은 11.7%/10년 정도로 감소한다. 그림 12.16의 모델예측에서, 21세기말 북반구 봄철의 평균 적설면적은 1986~2005년 동안의 평균 적설면적 대비, 7%(RCP2.6)로부터 13%(RCP4.5), 15%(RCP6.0) 및 25%(RCP8.5)까지 감소할 것으로 전망된다. 그림 12.17은 북반구 적설면적의 변화로 겨울철에 최대이고 여름철에 최소임을 보여준다.

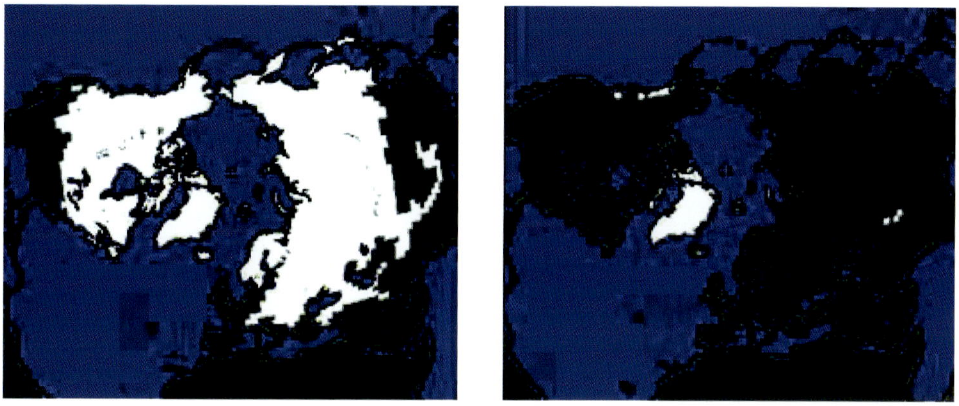

그림 12.17 북반구의 적설면적은 1월에 최대(왼쪽), 8월에 최소(오른쪽)를 보인다. 흰색은 눈, 청색은 바다와 물, 회색은 육지를 나타낸다 (NSIDC, 2013).

12.4.3 동토면적의 감소

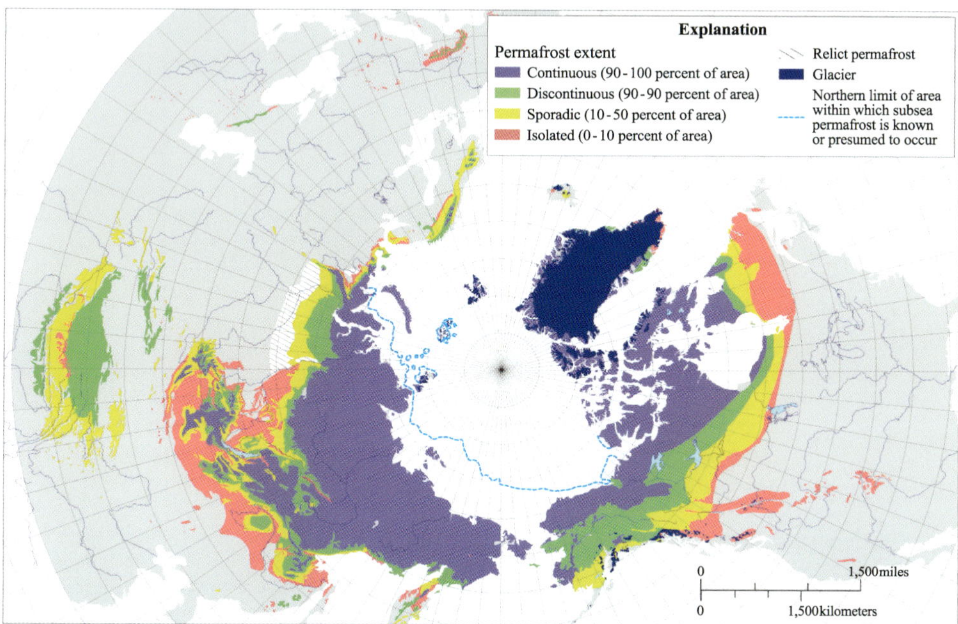

그림 12.18 북반구의 영구동토 분포도 (U.S. Geological Survey, 2013).

동토(frozen land)는 암반이나 토양 또는 자갈 사이의 물이 어는 현상으로, 이 때 형성되는 공극빙(pore ice)은 과거의 기후변화를 간접적으로 추정할 수 있는 고온도계(paleo-thermometer)로 사용될 수 있다. 동토에는 영구적으로 얼어있는 영구동토(permafrost)와 계절적으로 변화하는 계절동토(seasonally frozen ground)가 있다. 영구동토는 근지표면의 토양이나 암석층이 적어도 2년 이상 0℃ 이하의 온도를 유지하면서 여름철의 가열현상이 동토의 맨 하부에 도달하지 않는 땅을 말하고, 계절동토는 겨울철에 연간 15일 이상 어는 땅으로 결빙과 해빙을 반복한다. 현존하는 영구동토의 대부분은 마지막 빙하기(Last Ice Age)에 형성되어 홀로세 기후최적기(Holocene max)와 중세 온난기(Medieval Warm Period)를 버텨온 것들과 17세기 중반이 절정이었던 소빙하기(Little Ice Age)에 생성된 것으로 보고 있다.

일반적으로 영구동토는 지리적 연속성에 의해 연속대(continuous permafrost), 불연속대(discontinuous permafrost), 산발대(sporadic permafrost) 및 격리대(isolated permafrost)로 분류된다. 연속대는 대상 지역의 90~100%, 불연속대는 50~90%, 산발대는 10~50% 그리고 격리대는 10% 미만이 동토로 구성되어 있는 경우를 말한다 (그림 12.18). 북극 영구동토의 표층온도는 1980년대 이후 3℃까지 상승하였다. 알래스카 영구동토의 기반부는 1992년 이후 4cm/년, 티베트 고원의 경우는 1960년대 이후 2cm/년 정도 녹고 있다. 1901년부터 2002년까지 북반구 계절동토의 면적 감소폭은 월간 약 7%이었고, 봄철에는 15%에 달했다.

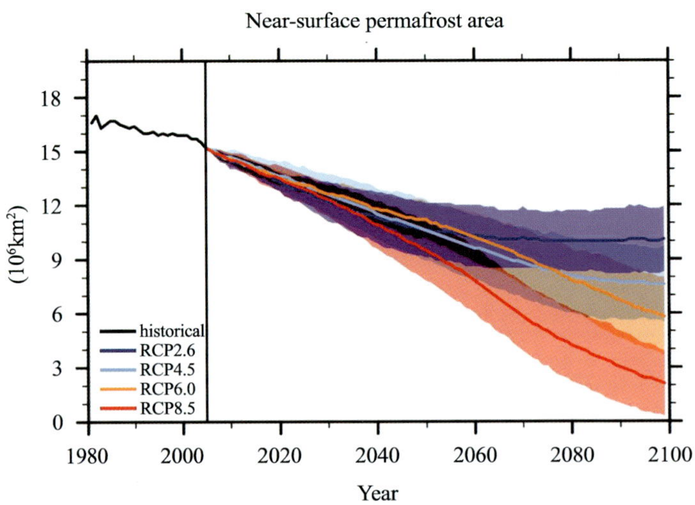

그림 12.19 북반구 근지표면 동토면적의 변화. 굵은 색선은 모델결과의 평균, 음영구역은 변화범위이다. 흑색 선은 1986년부터 2005년까지의 변화이다. 현재의 동토면적은 $12 \sim 17 \times 10^6 km^2$이다 (Collins et al., 2013).

그림 12.19의 모델예측에 따르면, 21세기말의 근지표면 영구동토층(연속대와 불연속대)은 1986~2005년 동안의 평균 동토면적 대비, 37%(RCP2.6)로부터 51%(RCP4.5), 58%(RCP6.0) 및 81%(RCP8.5)까지 감소할 것으로 전망된다.

12.5 지권의 변화

12.5.1 연안 저지대의 침수

그림 12.20 해수면 상승에 의한 연안 삼각주의 피해 예상 (Parry et al., 2007).

기후변화가 해양환경에 미치는 영향은 바닷물의 온도 상승과 열팽창, 해수면 상승, 해양의 산성화, 영구동토와 극지방의 해빙 소실, 열대성저기압 및 폭풍의 강화 등 다양하다. 이러한 영향 하에 놓여있는 연안의 인구 밀집 지역, 저지대와 삼각주, 군소도서 및 산호초는 특히 취약하다. 대도시들의 대부분은 연안에 근접해 있고 인구밀도가 높은 농업지역은 큰 강의 삼각주에 형성돼 있다. 지구 온난화의 가장 확실한 효과 가운데 하나인 해수면 상승이 향후 수세기 동안에도 지속될 것으로 보고 있기 때문에, 연안의 저지대와 삼각주는 해수의 범람과 홍수의 위험 및 강풍을 동반한 폭풍의 악영향 등에 노출된 가능성이 높다. 배출전망치상 지구의 기온이 3℃ 정도 상승하는 2080년경에는 전 세계 인구의 1,500만 명 이상이 홍수의 위협에 처하고 연안의 30% 이상은 유실될 가능성이 있다. 그림 12.20은 2050년에 해수면 상승으로 인해 연안 삼각주에서 발생 가능한 패해 예상인구를 보여준 것이다. 극심(extreme)한 경우는 인구 백만 명 이상, 높은(high) 경우는 백만에서 50,000명 그리고 보통(medium)인 경우는 50,000

에서 5,000명이 피해를 입을 것으로 예상된다. 가장 많은 인구가 거주하고 있는 방글라데시의 갠지스-브라마푸트라 삼각주, 베트남의 메콩 삼각주 그리고 이집트의 나일 삼각주는 극심한 경우이다.

12.5.2 육상의 사막화

사막화(desertification)는 기후변화와 인간의 활동 등 다양한 요인에 의해 건조지역의 토지가 황폐화되는 과정이며, 최종적으로 사막상태를 초래한다. 토지의 황폐화는 인간의 활동과 주거패턴 및 토지이용의 결과로 나타나며, 천수답과 관개농지, 산림 및 목초지 등의 생물학적 과정들이 단순해지면서 경제적 생산성이 감소되는 현상을 의미한다. 사막화 현상은 미국의 남서부, 멕시코 동부, 북아프리카, 아프리카 사하라 사막 남부 및 오스트레일리아 등 전 세계적으로 매우 광범위하게 진행되고 있다. 중국 서북부를 포함한 중앙아시아 지역에서도 이러한 현상이 확산되고 있다.

물이 부족한 건조지역에서는 1차 생산과 영양분 순환이라는 두 가지의 상호 연결된 주요 서비스가 제대로 이루어지지 않는다. 장기적으로 보면 지표면에서 증발한 수증기와 식물에 의한 증발산량의 합은 강수량과 평형을 이룬다. 건조지역은 건조도에 따라 초건조(hyper-arid), 건조(arid), 반건조(semi-arid) 및 건조저습(dry sub-humid) 지역으로 분류된다 (표 12.4). 건조도는 연평균 강수량 대비 잠재 증발산량으로 표현된 연평균 증발수요의 비율이다. 건조지수(AI)는 건조도의 장기간 평균으로, 1 이하이면 증발산량이 강수량보다 많음을 의미한다. 건조지수가 0.65 이하인 건조지역에서는 연평균 증발산량이 연평균 강수량보다 최소 1.5배 이상이 된다.

표 12.4 전 지구의 건조지역 통계 (Millennium Ecosystem Assessment, 2005).

분류	건조지수	지배 생물군계	대륙 구성비(%)
초건조(Hyper-arid)	<0.05	사막	6.6
건조(Arid)	0.05~0.20	사막	10.6
반건조(Semi-arid)	0.20~0.50	초원	15.2
건조저습(Dry sub-humid)	0.50~0.65	숲	8.7
계			41.3

건조지역의 4가지 분류에 속하는 면적은 전 지구 대륙의 41.3%이고, 위도 상으로 63°N와 55°S 사이에 위치해 있다 (그림 12.21). 건조지역의 72%는 개도국이, 나머지 28%는 선진국이 위치해 있다. 세계 인구의 34.7%인 약 20억 명이 건조지역에 살고 있으며, 그들 가운데 약 90%가 개발도상국가의 사람들이다. 건조지역의 사막

화가 인류에 주는 피해에는 황사, 식량 감소 및 경제적 손실 등이 있으며, 지구환경에 대한 피해로는 지구 온난화, 생물종의 다양성 감소 및 염류화 등이 있다. 황사에 의한 미세먼지 농도 증가는 인간의 호흡기 질환, 안질, 심혈관계 질환 등을 유발시킬 수 있다. 황사의 간접적인 피해로는 가시거리 제한에 의한 교통 및 물류에 대한 피해, 일사량 감소에 의한 경작물의 피해 및 중금속과 오염물질에 의한 육상과 해상의 생태계 파괴 등을 들 수 있다. 사막화가 확산되면 식량의 생산량이 감소하고 식량안보가 위협을 받는다. 사막화가 발생하는 국가의 대부분이 개발도상국으로 사막화의 확산과 식량 부족 간의 악순환은 가속화 될 가능성이 높다. 아프리카와 아시아에 집중되어 있는 개발도상국의 인구증가율을 고려하면 식량문제는 더 심각해질 수 있다.

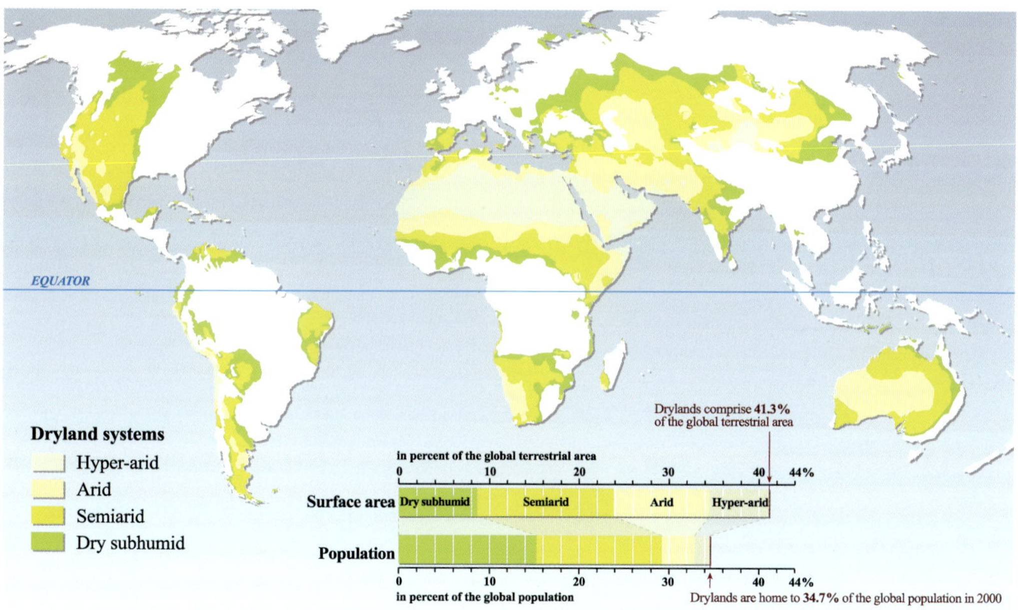

그림 12.21 세계의 건조지역 분포 (Millennium Ecosystem Assessment, 2005).

사막이 발생된 토양은 지력과 식생의 능력이 감소하고 방목과 개간이 추가로 진행되면 사막화가 더욱 확산되는 악순환의 고리로 작용할 수 있다. 사막화가 진행될수록 경제적 손실이 증가하고 지속적인 발전이 저해되기 때문에 기아와 빈곤 등이 수반될 수밖에 없다. 산림 1ha에서 연간 흡수하는 이산화탄소의 양은 일반 자동차 1대가 연간 배출하는 양과 비슷한 것으로 알려져 있다. 이와 같이 숲이 사라지면 이산화탄소의 흡수원이 배출원으로 바뀌어 온실가스의 배출이 증가하기 때문에, 지구의 사막화와 온난화는 상관관계를 갖고 악순환을 증폭시킬 수 있다.

12.6 생물권의 변화

12.6.1 기후변화와 생태계

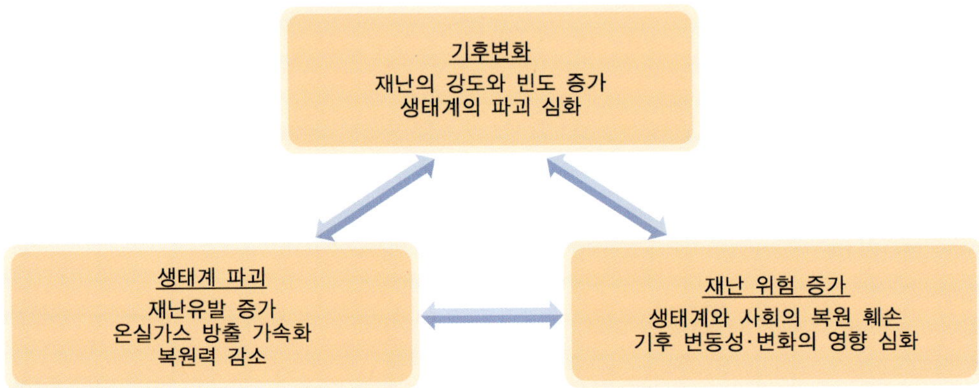

그림 12.22 기후변화와 생태계 파괴 및 재난위험의 증가 (UNEP, 2009).

생태계(ecosystem)는 동물, 식물 및 미생물 등 생물체간 또는 생물체와 환경 사이의 상호작용이 지속적으로 유지되는 시스템을 말한다. 기후변화에 의한 서식지 파괴, 침입종 출현 및 환경오염 등 다양한 스트레스가 복합적으로 나타나면 많은 생태계가 파괴되면서 복원능력이 감소될 것이다. 생태계 파괴는 홍수, 산사태 및 폭풍해일과 같은 재난의 강도와 빈도를 증가시키는 동시에, 자연시스템의 탄소제거능력을 훼손시켜 온실가스가 증가하는 결과를 가져올 수 있다. 기후변화에 의한 자연 재난은 20세기 후반으로 갈수록 급격하게 증가하여 왔으며, 기후시스템의 관성에 의해 21세기에도 지속될 전망이다 (그림 12.22).

기후변화는 동물과 식물의 생태계에 존재하는 정상적인 분포를 변화시키는 동시에, 농업과 임업 및 어업의 생산성을 크게 감소시킬 것으로 예상된다. 이미 많은 종류의 생물이 고위도와 고산지대로 이동했으며 현재도 진행 중이다. 이러한 생태계의 급속한 변화는 먹이사슬 전반에 오랜 기간 정착돼있는 시·공간적 패턴을 바꾸어 심각한 혼란을 야기하는 동시에, 향후 수십 년이 지나면 복원력의 한계를 넘을 수도 있다.

12.6.2 기후학적 계절 변화

계절은 태양의 천문학적 위치와 기후학적 요소 및 생물의 생태변화 등에 의해 구분이 가능하다. 천문학적 계절은 태양의 천구 상 위치에 따른 것으로, 춘분점에서 하지점까지의 봄, 하지점에서 추분점까지의 여름, 추분점에서 동지점까지의 가을 및 동지점에서 이듬해 춘분점까지의 겨울이 있다. 기후학적 계절은 바람, 기온, 기압, 일사 및 강수량 등의 기후요소에 의해 구분한다. 이 가운데 기온과 강수량이 계절의 연 변화를 잘 보여주며 기압배치의 출현빈도에 의해 계절을 구분하기도 한다.

표 12.5 중위도에 속해있는 한반도의 4계절에 대한 구분 (이병설, 1979).

구 분	일 평균기온	일 최저기온
봄	T ≥ 5℃	T ≥ 0℃
여름	T ≥ 20℃	T ≥ 25℃
가을	T < 20℃	T < 25℃
겨울	T < 5℃	T < 0℃

연중 저온으로 기온변화가 거의 없는 고위도의 한대지방은 낮이 긴 여름과 밤이 긴 겨울로 대분되는 반면, 연중 고온으로 적도에 가까운 저위도 열대지방은 강우량에 따라 건기와 우기로 구분된다. 기온의 연변화가 큰 중위도의 온대지방은 봄, 여름, 가을 및 겨울의 4계절로 구분된다. 지구온난화에 의한 한반도의 연평균기온이 상승한 탓에, 여름철의 경우에 개시일은 빨라지고 종료일은 늦어져 지속기간이 길어지는 반면, 겨울철의 경우에 개시일은 늦어지고 종료일은 빨라져 지속기간이 짧아지는 것을 알 수 있다 (그림 12.23). 이는 봄과 여름의 시작일이 빨라지는데 반해 가을과 겨울의 시작일이 늦어지는 이유이기도 하다. 서울의 계절별 시작일자와 지속일수는 표 12.5에 근거하였다.

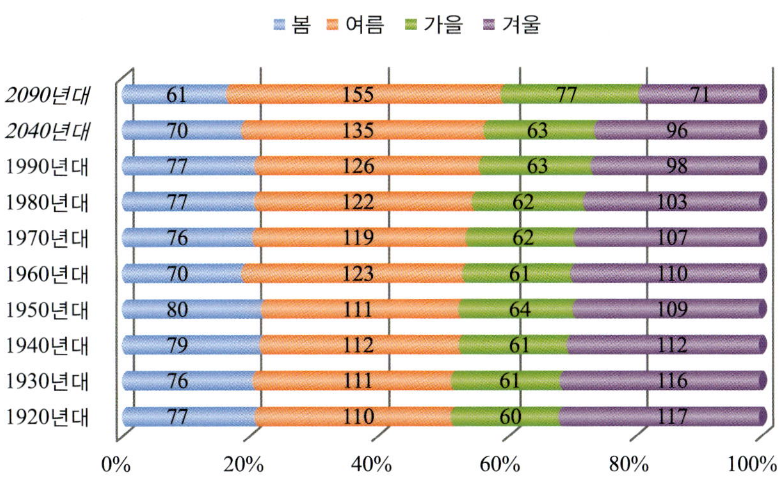

그림 12.23 서울의 계절별 지속일수 변화 (권영아 외, 2007).

12.6.3 생물학적 계절의 변화

생물학적 계절(phenology)에는 (ⅰ) 동물의 이동, 번식, 변태 및 겨울잠 등의 생태 변화와 관련된 동물계절, (ⅱ) 식물의 발아, 개엽, 개화, 만발, 신록, 열매성숙 및 낙엽 등과 관련된 식물계절 그리고 (ⅲ) 인간의 의복, 난방, 냉방 및 음식 등과 관련된 생활계절이 있다.

표 12.6 생물계절 변화.

<table>
<tr><td colspan="2">기후변화</td></tr>
<tr><td colspan="2">⇓</td></tr>
<tr><td>동물계절 변화
(개체의 수 및 분포 변화)</td><td>식물계절 변화
(생장기의 장기화)</td></tr>
<tr><td>출현 ⇒ 활동 ⇒ 산란 ⇒ 이주
(조기 개시 또는 지연)</td><td>개화 ⇒ 개엽 ⇒ 열매숙성 ⇒ 낙엽
(조기 개시 또는 지연)</td></tr>
<tr><td colspan="2">⇓</td></tr>
<tr><td colspan="2">동조행동의 변화</td></tr>
<tr><td colspan="2">⇓</td></tr>
<tr><td colspan="2">생태계의 구조 및 기능 변화</td></tr>
</table>

생물계절의 변화는 가장 관측하기 쉬운 기후변화의 영향 가운데 하나이다. 생물은 기후의 변화에 적응하는 능력이 탁월하기 때문이다. 중위도 기후대는 평균기온이 1℃ 상승하면 고위도 쪽으로 약 150km, 고지대를 향해 150m 이동하는 것으로 알려져 있다. 기후가 변화한 탓에 지난 10년 동안 많은 생물종이 고위도로 평균 6km, 고산지대로 6m 정도 이미 이동한 것으로 알려져 있다. 이동이 용이한 동물은 기후변화 패턴에 반응하여 빠른 속도로 이주를 할 수 있지만, 식생의 많은 구성 요소들은 아주 느린 속도로 이주할 수밖에 없다. 기후변화를 극복하고 환경에 적응하기 위한 동물과 식물의 이주능력이 변화의 폭을 극복하지 못하면 감소하거나 소멸할 수밖에 없다. 표 12.6에서 보는 바와 같이, 기후변화는 동물의 개체 수와 분포에 영향을 주고, 식물의 생장기를 변화시킴으로서 동·식물의 동조행동과 생태계를 교란시킨다. 그림 12.24는 동물과 식물의 생물계절 변화를 보여준다. 각 색줄은 북반구의 온대성 생물종에 대한 최근 10년 평균 봄철현상의 변화로, 평균 이상(+)은 지연 그리고 평균 이하(-)는 조기 개시를 나타낸다. 나비는 -3.72일, 풀은 -1.05일, 나무는 -2.66일이었으며, 전반적으로는 평균 2.8일 일찍 나타났다.

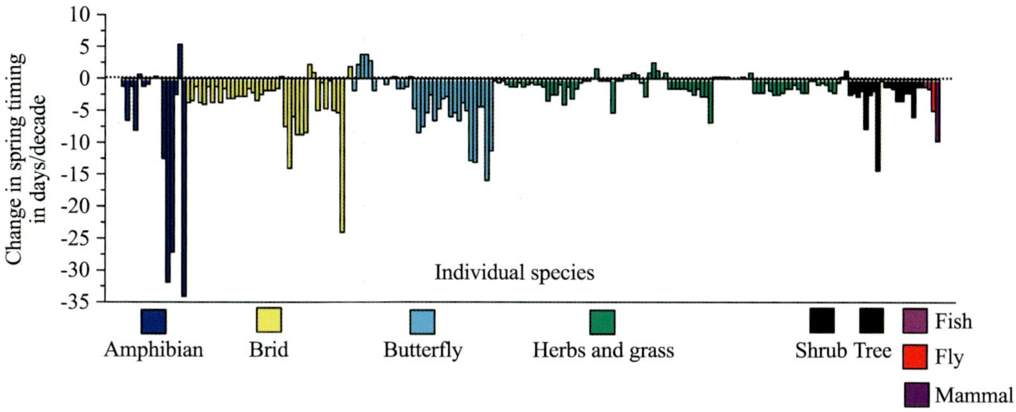

그림 12.24 최근 생물계절 변화의 다양성 (Parmesan, 2007).

20세기 후반의 지구 온난화로 북반구 중위도와 고위도 지역에서 나타난 생장기의 길이는 10년 동안 약 2일 정도 연장되었다 (표 12.7). 이러한 현상은 봄철의 조기 개시가 주요 원인이지만 그 중 일부는 가을이 늦어진 이유도 있다.

표 12.7 생장기 길이의 변화 (Rosenzweig et al., 2007).

위치	관찰	종/징후	연장(일/10년)
독일	1951~2000	낙엽수(4) (LU/LC)	1.1~2.3
스위스	1951~1998	봄(9), 가을(6)	2.7
유럽(IPG)	1959~1996 1969~1998	여러 봄/가을 (LU/LC/LF)	3.5
일본	1953~2000	은행나무 (LU/LF)	2.6
북반구	1981~1999	생장기(NDVI)	0.7~1.0

* LU: 개엽, LC: 잎의 색변화, LF: 낙엽, IPG: 국제생물원, NDVI: 정규식생지수

12.6.4 생물종의 다양성 변화

지구상 생물의 종류는 1,400만종으로 추정되고 있다. 생물의 멸종에 대한 과거 기록은 화석증거에 의한 평균자료이며, 천년마다 1,000개의 생물종에 대하여 평균 0.1~1개의 종이 소멸되었다. 지난 100년 동안에 멸종된 생물종은 과거 기록보다 개략 50~500배 더 많고, 멸종 가능성을 포함하면 그 비율은 1,000배까지 달한다. 미래 생물의 멸종 전망은 개략 1970년부터 2050년까지 발생 가능한 멸종 위협의 증가 정도와 서

식지 소실 등을 포함하는 모델예측으로, 지난 100년의 10배 정도이다 (그림 12.25).

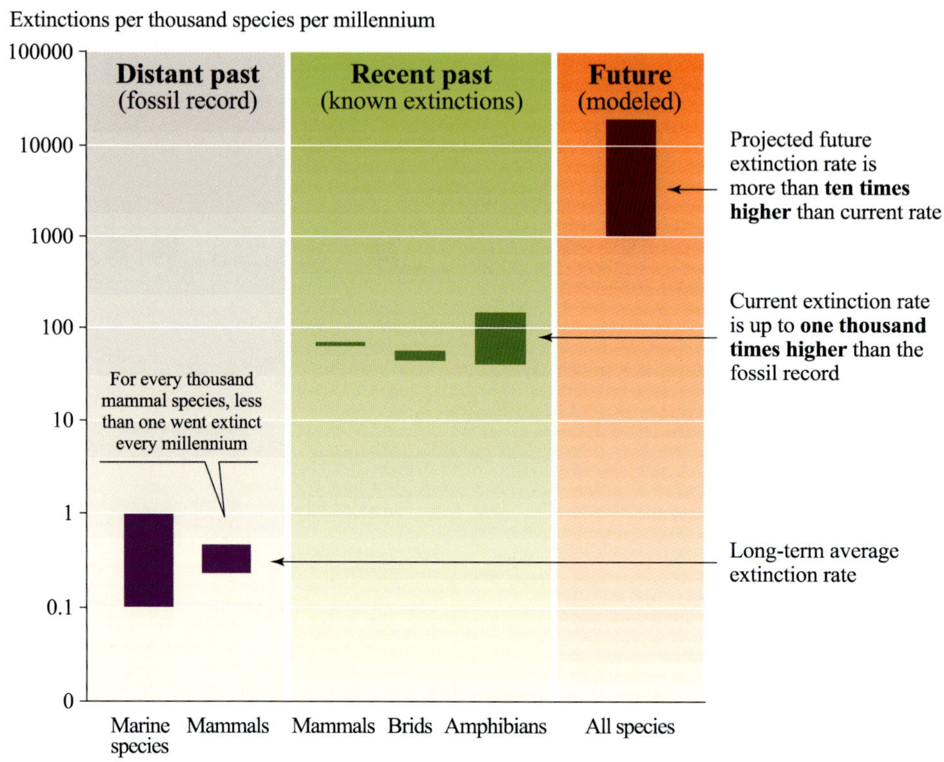

그림 12.25 지구 생물에 대한 멸종 비율의 변화. 최근의 생물에 대한 멸종 비율은 과거의 1,000배 정도이고, 포유류와 조류 및 양서류의 10~30%는 멸종의 위협을 받고 있다 (Millenium Ecosystem Assessment, 2005).

기후변화의 영향으로 육상 생태계에 있어온 여러 동물과 식물의 공간분포 및 생물계절에 대한 변화가 해양 생태계에서도 발생하고 있다. 기후변화는 해양생태계의 안정성을 해치고 생물종의 다양성을 변화시키는 결과를 가져온다. 유럽의 북해에서는 1960년 이후에 해양 생물종의 실질적인 분포 변화가 시작되었고, 동물성 플랑크톤은 과거 30여년에 걸쳐 1,000km 정도 고위도 쪽으로 이동하였다. 그림 12.26은 지난 10여 년 동안 냉온대성 플랑크톤이 급격하게 감소하는 만큼 난온대성 플랑크톤이 빠른 속도로 증가하고 있음을 보여주고 있다. 대부분의 난온대성과 온대성 해양 생물종은 10년에 약 250km씩 북상해왔는데, 이는 육상 생태계의 북상 속도보다 훨씬 빠른 것이다. 지구의 온난화가 가속화되는 21세기에는 해양 생태계와 생물종의 다양성 및 공간 분포에 대한 구조적인 변화가 심화될 것이고, 수온의 변화가 심한 고위도와 해양의 상층부에서는 더더욱 그러할 것으로 전망된다.

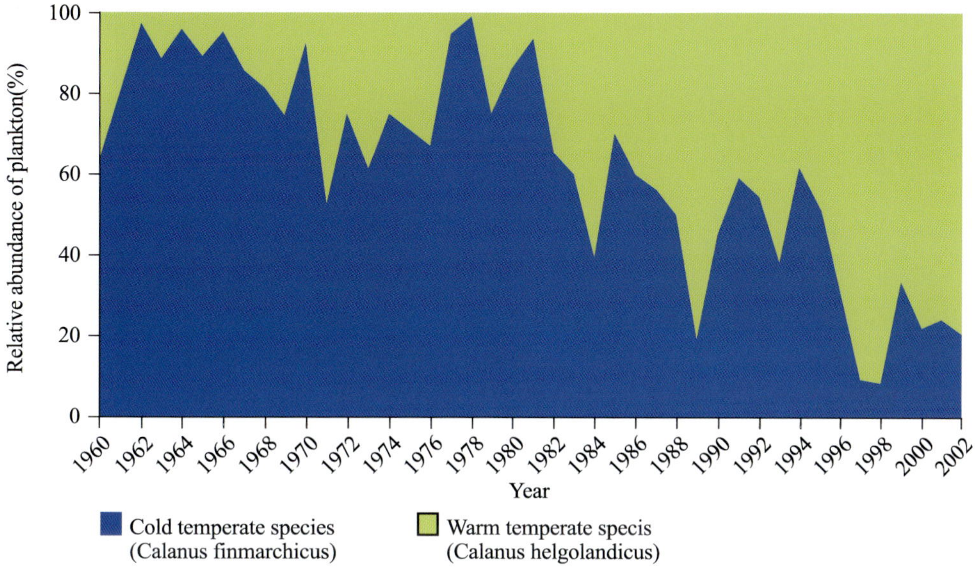

그림 12.26 북해에 존재하는 요각류 플랑크톤의 구성비 변화 (EEA, 2004).

12.6.5 곡물 수확량의 감소

농업은 기후 의존도가 가장 높은 경제활동이다. 기후에 따라 변화하는 온도와 강수는 작물의 수확량에 심각한 영향을 주기 때문이다. 기후의 패턴이 바뀌면 식물의 질병과 병충해의 분포가 변화하여 농업에 악영향을 준다. 동시에 농업은 변화된 기후에 가장 잘 적응하는 인간의 활동 가운데 하나이기도 하다. 새로운 기후환경에 적합한 품종을 상대적으로 짧은 기간에 재배할 수 있기 때문이다. 농업은 관개용수와 같은 응용분야에서도 유연성을 갖는다. 이러한 이유로, 기후변화에 대한 농업의 적응은 급격한 변동이 없다면 2.5℃ 정도의 지구온난화 수준까지 가능할 것으로 보고 있다. 기후변화에 대한 적응은 지역적으로 상당한 차이를 가질 수 있다. 저위도에서는 내열성의 한계를 보일 수 있는 반면에, 고위도에서는 작물의 성장이 향상되어 경쟁력을 가질 수 있는 여지가 있다. IPCC 제4차 평가보고서에 의하면, 배출전망치에 따라 지구의 기온이 2℃ 정도 상승하는 21세기 중반까지는 전 지구적으로 곡물의 수확량이 증가할 가능성이 있지만, 1천만~3천만 명이 기근의 위협에 시달릴 것으로 보인다. 기온이 3℃ 정도 상승하는 2080년경이 되면 곡물의 생산성은 감소하고 3천만~1억2천만 명이 기근의 위협에 직면할 것으로 전망된다.

그림 12.27의 색은 1996~2005년 대비 2046~2055년에 수확될 11개 주요 농작물(밀, 쌀, 옥수수, 수수, 완두, 사탕무, 고구마, 콩, 땅콩, 해바라기 및 평지)의 수확량 변화를 보여준다. 수확량의 변화는 이산화탄소에 의한 식물의 성장촉진과 물의 효율적 사용

이 없다는 가정 아래 계산되었다. 각 지역의 숫자는 국내총생산 가운데 농업에서 파생된 몫이 차지하는 부분이다. 농업 의존도가 높은 지역일수록 기후변화로 인한 수확량의 감소가 많아지고 이에 따른 영향도 커짐을 알 수 있다.

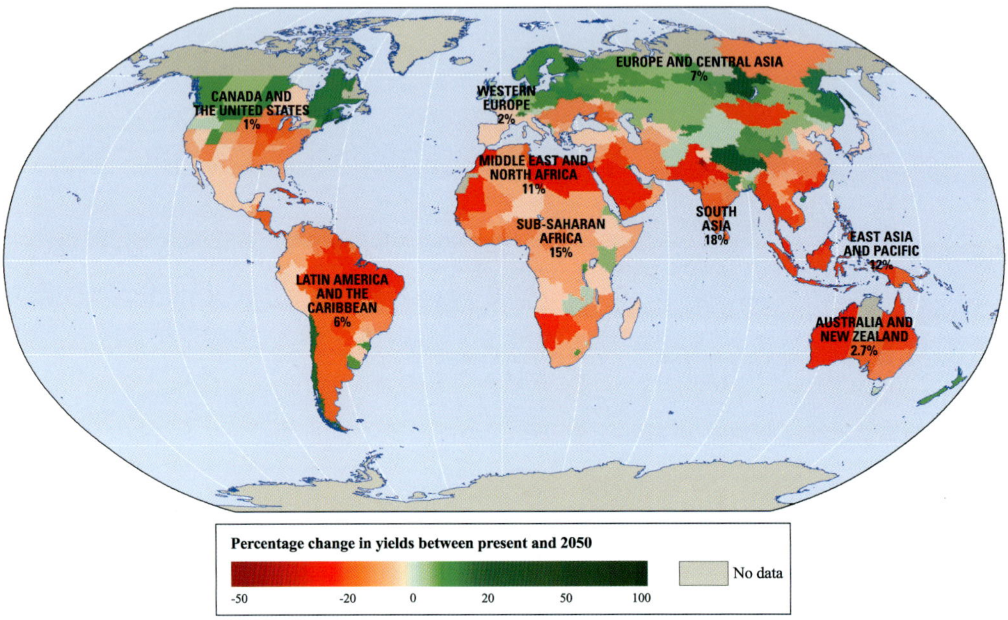

그림 12.27 전 세계 주요 농작물의 수확량 변화. 기후변화에 의한 2050년의 농업 수확량은 대부분의 나라에서 현재보다 감소할 것이다 (World Bank, 2010).

12.6.6 질병의 확산

기후변화가 인간의 건강에 미치는 영향은 다음의 네 경우로 구분할 수 있다. 첫째, 기온상승에 의한 질병과 사망의 증가이다. 지구의 온난화로 전 세계의 평균기온은 저위도보다 고위도 지역에서 크게 상승하고, 여름철에 보다 강한 열파를 발생시키는 반면에 겨울철에는 한파를 약화시킨다. 평균기온이 약간만 상승해도 극한 기온의 지역적인 출현빈도가 크게 증가하여 인간의 건강에 직접적인 영향을 미칠 수 있다. 둘째, 극한 기상현상에 의한 건강 악화이다. 기후변화의 정도는 극한 기상현상의 빈도와 강도에 영향을 미친다. 기후변화와 함께 빈번하게 발생하는 강한 열대성폭풍이나 집중호우 및 가뭄 등의 극한 기상현상은 인간의 건강에 파괴적일 수 있다. 셋째, 매개숙주에 의한 감염성 질환의 증가이다. 기후변화는 매개곤충과 매개동물에 의한 전염병의 발생률을 증가시킨다. 일반적으로 온난 다습한 지역에서 전염이 잘되는 질병은 기온이 낮아지고 비가 적게 오면 전염정도가 약화될 수 있다. 넷째, 대기질의 악화에 의한 건강 악화이다. 오염물질에 의한 대기질의 악화는 호흡기와 심장 질환 및 알레르기성 환경질환을 증가시킨다. 배출전망치에 따라 지구의 평균기온이 1℃ 정도 상승하는 2020년경에는 전염병과 알레르기가 확산되고, 3℃ 정도 상승하는 2080년경에는 열파, 가뭄 및 홍수 등에 의한 사망자가 급증할 것으로 전망된다. 기후변화에 의한 극한기상현상의 빈번한 출현은 수많은 인류를 질병의 확산위험에 놓이게 할 수 있으며, 기후변화에 대한 적응력이 상대적으로 취약한 저개발국가의 어린이나 노약자의 경우는 대기오염과 영양실조 및 중대질환의 위험에 노출될 가능성이 더 높다.

인간의 건강을 위협하는 전 지구적인 환경변화에는 기후변화, 성층권의 오존 감소, 생태계와 생물종의 다양성 변화, 물 순환과 관련된 담수의 공급 부족, 그리고 토양의 황폐화에 따른 곡물 수확량의 감소 등을 들 수 있다 (그림 12.28). 인간의 건강을 보호하고 관리하기 위해서는 전 지구적인 변화들 사이의 관련성과 이들이 인간의 건강에 미치는 복합적인 영향을 충분히 고려하여 한다.

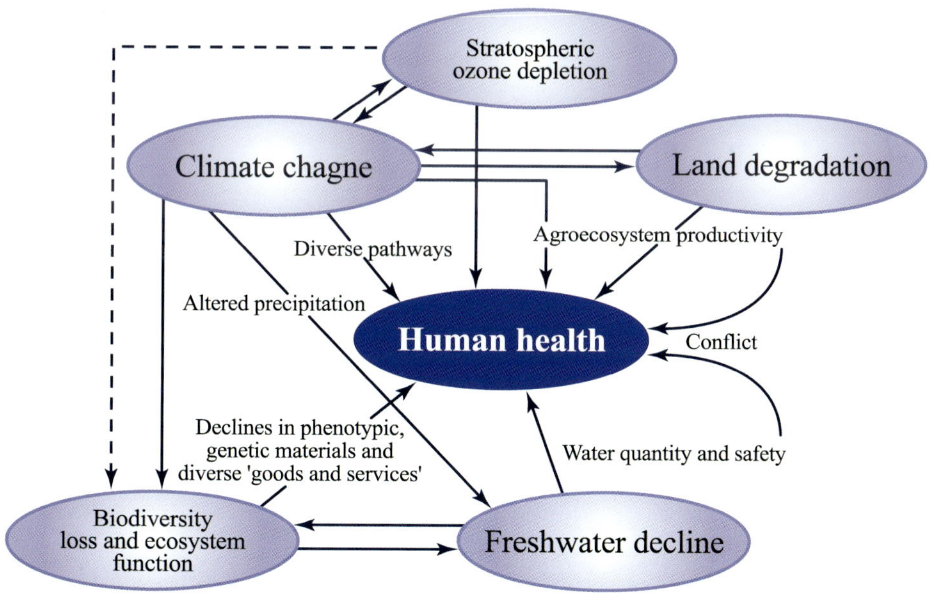

그림 12.28 인간의 건강과 전 지구적인 환경변화의 상관성. 환경변화의 모든 요소들은 상호 작용하며 인간의 건강에 영향을 준다 (McMichael, 2003).

기후변화의 대표적 현상인 엘니뇨-남방진동은 지구상의 여러 지역에서 홍수와 가뭄 등의 극한현상을 발생시킨다. 그림 12.29는 기후변화의 결과로 나타나는 극한현상들이 인간의 건강과 사회·경제적 요소 및 생태학적 환경들과 연관되어 있음을 보여준다. 홍수와 가뭄으로 인해 인간이 거주지를 옮기는 것과 같은 사회적 메커니즘은 계량화하기 어려운 측면이 있다. 난민이 밀집되어 있는 경우에는 식수 문제와 함께 공중보건의 기반이 취약하기 때문에 전염병이 빈번하게 출현한다. 홍수로 인해 물이 오염되면 콜레라, 장티푸스 및 설사와 같은 질병이 발생할 수 있는 반면에, 가뭄이 지속되면 세척이나 공중위생에 소요되는 물이 부족해지기 때문에 질병의 위험이 증가하게 된다. 기후와 생태계 및 인간사회는 상호작용을 하면서 질병발생에 영향을 미친다. 인구의 성장, 도시화, 토지이용의 변화, 경작 활동 및 산림 개간 등의 사회·경제적 환경의 변화는 과거에 있었던 전염병을 재발시키는 요인으로 작용할 수 있다. 정반대의 관점에서 보면 말라리아와 같이 주요 전염병은 사회개발을 심각하게 제한시킬 수 있다.

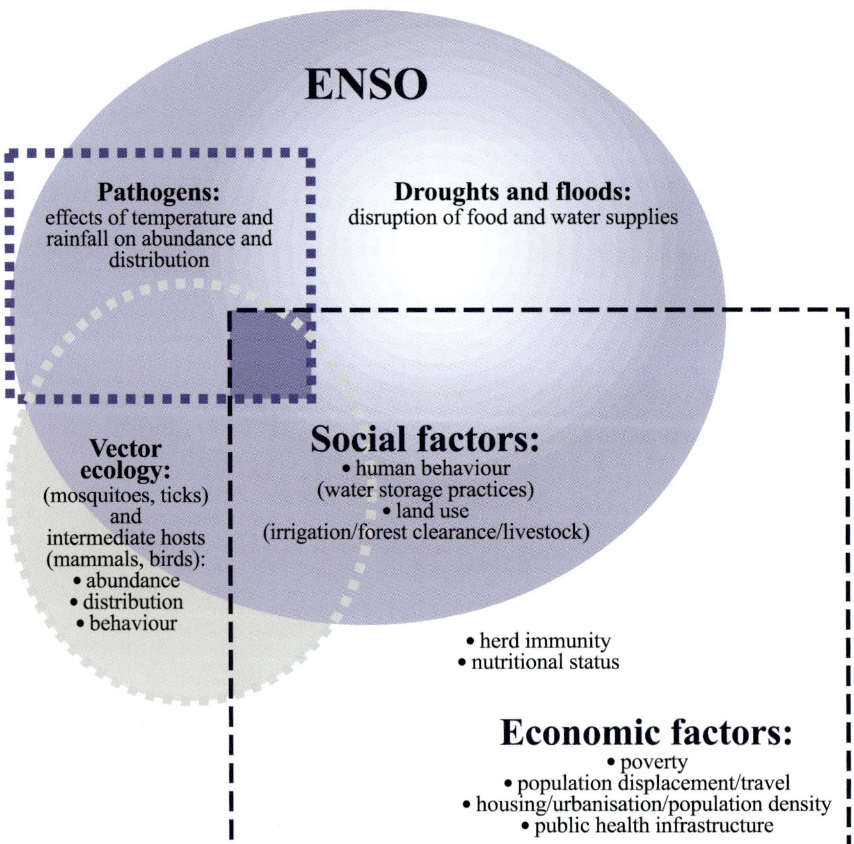

그림 12.29 엘니뇨-남방진동(ENSO)과 질병. 엘니뇨-남방진동은 건강에 영향을 미치는 가뭄과 홍수 등을 발생시킨다(푸른색 원). 이러한 현상은 생태학적 및 사회경제적인 상황들(점선 영역)과 맞물려 상호작용하며 질병의 확산(짙은 음영구역)을 야기할 수 있다 (Hales et al., 2003).

12.7 참고문헌

권영아, 권원태, 부경온, 2007: A1B 시나리오 자료를 이용한 우리나라 자연 계절 시작일 및 지속 시간 변화 전망. 대한지리학회지, **42**(6), 835-850.

이병설, 1979: 우리나라의 자연계절에 관한 연구. 지리학, **14**(2), 1-11.

이수광, 2009: 사막화의 피해, 사막화 방지 프로젝트 9, 월간환경 9월호. pp. 60-65.

Battan, L.J., 1983: *Weather in your life.* W. H. Freeman and Company. 45 pp.

Bindoff, N.L., J. Willebrand, V. Artale, A, Cazenave, J. Gregory, S. Gulev, K. Hanawa, C. Le Quéré, S. Levitus, Y. Nojiri, C.K. Shum, L.D. Talley and A. Unnikrishnan, 2007: Observations: Oceanic Climate Change and Sea Level. In: *Climate Change 2007: The Physical Science Basis . Contribution of Working Group I to the Fourth Assessment Report of the Intergovernmental Panel on Climate Change* [Solomon, S., D. Qin, M. Manning, Z. Chen, M. Marquis, K.B. Averyt, M. Tignor and H.L. Miller(eds.)]. Cambridge University Press, Cambridge, United Kingdom and New York, NY, USA. pp. 420-421.

Bridgman, H.A., and J.E. Oliver, 2006: *The Global Climate System: Pattern, Process, and Teleconnections.* Cambridge University Press. 6 pp.

Collins, M., R. Knutti, J. Arblaster, J.-L. Dufresne, T. Fichefet, P. Friedlingstein, X. Gao, W.J. Gutowski, T. Johns, G. Krinner, M. Shongwe, C. Tebaldi, A.J. Weaver and M. Wehner, 2013: Long-term Climate Change: Projections, Commitments and Irreversibility. In: Climate Change 2013: The Physical Science Basis. Contribution of Working Group I to the Fifth Assessment Report of the Intergovernmental Panel on Climate Change [Stocker, T.F., D. Qin, G.-K. Plattner, M. Tignor, S.K. Allen, J. Boschung, A. Nauels, Y. Xia, V. Bex and P.M. Midgley (eds.)]. Cambridge University Press, Cambridge, United Kingdom and New York, NY, USA. 1092 pp.

EEA, 2004: *Impacts of Europe's changing climate, An indicator-based assessment.* EEA Report No 2/2004. pp. 43-49. http://www.eea.eu.int

Hales, S., S.J. Edwards, and R.S. Kovats, 2003: *Climate change and human health, Risk and responses.* WHO. pp. 79-81. http://www.who.int/globalchange/publications/climchange.pdf

IPCC, 2013: Summary for Policymakers. In: *Climate Change 2013: The Physical Science Basis. Contribution of Working Group I to the Fifth Assessment Report of the Intergovernmental Panel on Climate Change* [Stocker, T.F., D. Qin, G.-K. Plattner, M. Tignor, S. K. Allen, J. Boschung, A. Nauels, Y. Xia, V. Bex and P.M. Midgley (eds.)]. Cambridge University Press, Cambridge, United Kingdom and New York, NY, USA. 10 pp.

Lemke, P., J. Ren, R.B. Alley, I. Allison, J. Carrasco, G. Flato, Y. Fujii, G. Kaser, P. Mote, R.H. Thomas and T. Zhang, 2007: Observations: Changes in Snow, Ice and Frozen Ground. In: *Climate Change 2007: The Physical Science Basis. Contribution of Working Group I to the Fourth Assessment Report of the Intergovernmental Panel on Climate Change* [Solomon, S., D. Qin, M. Manning, Z. Chen, M. Marquis, K.B. Averyt, M. Tignor and H.L. Miller(eds.)]. Cambridge University Press, Cambridge, United Kingdom and New

York, NY, USA. pp. 344, 374.

McMichael, A.J., 2003: *Climate change and human health, Risk and responses.* WHO, pp. 7-10. http://www.who.int/globalchange/publications/climchange.pdf

Meehl, G.A., T.F. Stocker, W.D. Collins, P. Friedlingstein, A.T. Gaye, J.M. Gregory, A. Kitoh, R. Knutti, J.M. Murphy, A. Noda, S.C.B. Raper, I.G. Watterson, A.J. Weaver and Z.-C. Zhao, 2007: Global Climate Projections. In: *Climate Change 2007: The Physical Science Basis. Contribution of Working Group I to the Fourth Assessment Report of the Intergovernmental Panel on Climate Change* [Solomon, S., D. Qin, M. Manning, Z. Chen, M. Marquis, K.B. Averyt, M. Tignor and H.L. Miller (eds.)]. Cambridge University Press, Cambridge, United Kingdom and New York, NY, USA. pp. 785-787.

Millennium Ecosystem Assessment, 2005: *Ecosystems and Human Well-being, Biodiversity Synthesis.* World Resources Institute, Washington, DC. pp. 2-5.

Millennium Ecosystem Assessment, 2005: *Ecosystems and Human Well-being, Desertification Synthesis.* World Resources Institute, Washington, DC. pp. 19-23.

Millennium Ecosystem Assessment, 2005: *Ecosystems and Human Well-being, Synthesis.* Island Press. Washington, DC. pp. 5-8.

NOAA, 2010: 2009 The state of the climate highlights. 4 pp. http://www.ncdc.noaa.gov/bams-state-of-the-climate/

Parmesan, C., 2007: Influences of species, latitudes and methodologies on estimates of phenological response to global warming. Global Change Biology, **13**, 1860-1872.

Parry, M.L., O.F. Canziani, J.P. Palutikof and Co-authors 2007: Technical Summary. *Climate Change 2007: Impacts, Adaptation and Vulnerability. Contribution of Working Group II to the Fourth Assessment Report of the Intergovernmental Panel on Climate Change,* M.L. Parry, O.F. Canziani, J.P. Palutikof, P.J. van der Linden and C.E. Hanson, Eds., Cambridge University Press, Cambridge, UK. pp. 40-41.

Rosenzweig, C., G. Casassa, D.J. Karoly, A. Imeson, C. Liu, A. Menzel, S. Rawlins, T.L. Root, B. Seguin, P. Tryjanowski, 2007: Assessment of observed changes and responses in natural and managed systems. *Climate Change 2007: Impacts, Adaptation and Vulnerability. Contribution of Working Group II to the Fourth Assessment Report of the Intergovernmental Panel on Climate Change,* M.L. Parry, O.F. Canziani, J.P. Palutikof, P.J. van der Linden and C.E. Hanson, Eds., Cambridge University Press, Cambridge, UK, pp. 99-101.

Trenberth, K.E., P.D. Jones, P. Ambenje, R. Bojariu, D. Easterling, A. Klein Tank, D. Parker, F. Rahimzadeh, J.A. Renwick, M. Rusticucci, B. Soden and P. Zhai, 2007: Observations: Surface and Atmospheric Climate Change. In: *Climate Change 2007: The Physical Science Basis.* Contribution of Working Group I to the Fourth Assessment Report of the Intergovernmental Panel on Climate Change [Solomon, S., D. Qin, M. Manning, Z. Chen, M. Marquis, K.B. Averyt, M. Tignor and H.L. Miller (eds.)]. Cambridge University Press, Cambridge, United Kingdom and New York, NY, USA. 309 pp.

UNEP, 2009: *The Role of Ecosystem Management in Climate Change Adaptation and Disaster Risk Reduction.* Copenhagen Discussion Series, 5 pp.

WMO, 2013: *The Global Climate 2001-2010, A Decade of Climate Extremes.* WMO-No. 1103. pp. 91-93.

WMO, 2013: *WMO statement on the status of the global climate in 2012.* WMO-No. 1108. 9 pp.

World Bank, 2010: *World development report 2010, Development and Climate Change.* Washington. DC. pp. 4-6. http://www.worldbank.org/wdr

WWAP(World Water Assessment Programme), 2012: *The United Nations World Water Development Report 4: Managing Water under Uncertainty and Risk.* Paris, France: UNESCO. pp. 124-126.

웹사이트

NOAA/climate.gov:
http://www.climate.gov/news-features/featured-images/sea-ice-update-2014-arctic-winter-maximum-antarctic-summer-minimum

NOAA/National Climatic Data Center:
http://www.ncdc.noaa.gov/

NSIDC:
http://nsidc.org/arcticseaicenews/
http://nsidc.org/cryosphere/snow/climate.html

US EPA:
http://www.epa.gov/climatechange/science/indicators/oceans/ocean-heat.html

U.S. Geological Survey:
http://pubs.usgs.gov/pp/p1386a/gallery5-fig03.html

WMO GCW/Global Cryosphere Watch:
http://globalcryospherewatch.org/about/cryosphere.html

| Chapter |

13 기후변화 대응

13.1 개요

산업혁명 이전 280ppm 이었던 이산화탄소의 농도는 화석연료의 사용 급증 등에 의해 2011년에 약 390ppm으로 140% 증가하였다. IPCC의 기후변화 시나리오는 이산화탄소의 농도가 계속 증가하여 2100년경에는 600~950ppm에 이르고, 기온은 1.1~6.4℃ 상승할 것으로 전망한다. IPCC의 2007년 기후변화보고서에서 의하면, 지표면의 온도는 1906년부터 2005년까지의 지난 100년간 0.74℃ 상승하였고, 해수면은 1961년부터 2003년까지 연평균 1.8mm씩 높아졌으며, 북극의 빙하면적은 1978년 이후 매 10년마다 약 2.7%씩 감소하고 있다.

스턴보고서가 2007년에 전망한 미래의 기후변화는 다음과 같다. 화석연료에 의한 온실가스의 농도가 지속적으로 증가하여 지구의 기온이 산업화 이전 대비 1.5℃ 이상 상승하면 그린란드의 빙상이 회복할 수 없을 정도로 융해되고 생태계의 많은 부분은 현재의 상태를 유지할 수 없게 된다. 2℃ 이상 상승하면 십억 명 이상의 인구가 물 부족으로 심각한 고통을 겪고, 2.5℃ 이상 상승하면 지구 생물종의 20~50%가 멸종위기에 처할 수 있다. 3℃ 이상 상승하면 식량난의 위험에 처하는 인구수가 25~60% 증가하는 한편, 대서양 자오면순환의 붕괴와 같은 대규모 변화가 발생할 수 있다. 온실가스의 농도가 높고 지구 온난화가 심할수록 기후시스템의 시·공간적인 변화는 관성에 의해 다양하게 나타나고 오래 지속될 것이다.

IPCC는 기후변화로 인해 파괴되는 생태계를 복원하고 인간이 겪는 피해를 최소화 시키기 위해 지구의 평균기온 상승을 2℃ 이내로 유지할 것을 요구하고 있다. 이를 달성하려면 이산화탄소의 농도가 450ppm 이하로 안정화되어야 하고, 1990년의 배출량에 대비하여 2020년까지 20%, 2050년까지 45~60%를 감축해야만 한다. 그림 13.1의 위 밴드는 온실가스의 저감을 위한 특별조치가 없는 경우로, 배출전망치에 따른 예상 배출범위이다. 아래 밴드는 지구의 온난화가 2℃를 넘지 않기 위해 CO_2 상당의 농도가 450ppm을 유지할 수 있는 추세이다. 이는 대기 중으로 배출되는 온실가스의 양이 해·육상에 흡수 및 저장되는 양보다 적음을 의미하고, 배출 온실가스에는 이산화탄소, 메탄가스 및 아산화질소가 포함된다.

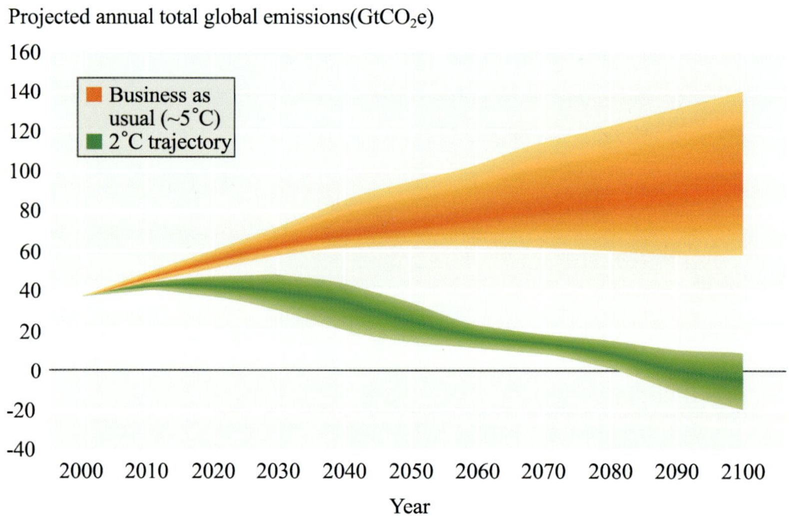

그림 13.1 21세기 온실가스 배출 예상. 배출전망치(BAU) 또는 공격적 완화 (World Bank, 2010).

기후변화에 대응하기 위한 전략은 크게 완화(mitigation)와 적응(adaptation)으로 구분되며 국제적 협력이 동반되어야 한다. 이를 위한 핵심기술에는 대체에너지 기술, 에너지 고효율화 기술 및 환경친화 기술이 있다 (그림 13.2). 대체에너지 기술은 수소에너지, 연료전지 및 석탄 액화·가스화에 관련된 신에너지 기술과 태양에너지, 풍력에너지, 바이오에너지, 지열에너지 및 해양에너지 등의 재생에너지 기술을 포함한다. 에너지 고 효율화 기술은 전력, 수송, 건설 및 공정·소재 부문 등으로 구별할 수 있다. 전력부문에는 LED기술, 초전도 및 에너지 저장 등에 관련된 기술이 있다. 수송부문은 지상, 해상, 항공 및 우주의 교통과 물류 등에 관련된 기술이다. 건설부문은 가정과 빌딩 및 도시 등의 건설과 관련된 기술이다. 공정·소재 부문은 제조 공정과 소재의 효율성 향상에 관련된 기술이다. 환경친화 기술은 친환경 제품의 제조 및 공정과 관련된 청정생산 기술, 폐기물의 처리 및 자원화와 관련된 폐기물 활용 기술, 대기와 수질 및 토양의 오염방지 등에 관련된 환경오염 방지 기술, 생태계를 복원하고 보전하기 위한 환경복원 기술 등이 있다.

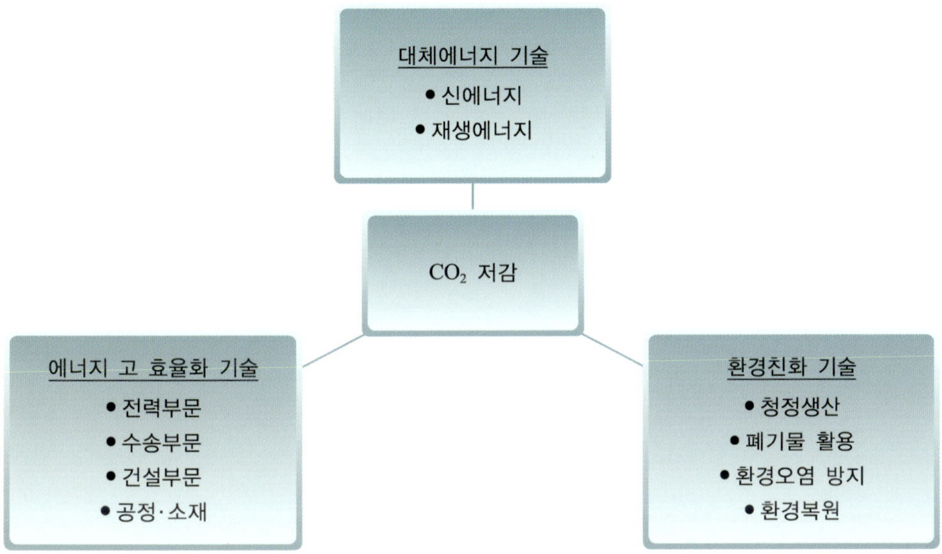

그림 13.2 기후변화 대응기술 (이해춘, 2008).

13.2 기후변화 완화

기후변화의 완화(mitigation)는 인간의 활동에 의해 배출된 온실가스를 기후변화의 주원인으로 보고, 온실가스의 배출을 줄이거나 흡수원을 늘리어 대기 중 농도를 안정화시키고 지구온난화의 정도를 낮추는 행위로, 온실가스의 저감기술과 처리기술을 포함한다. 저감기술에는 에너지의 효율을 향상시키는 기술과 신재생 에너지 기술이 있으며, 처리기술은 배출된 온실가스를 포집하여 저장하는 기술을 말한다.

13.2.1 온실가스 처리

이산화탄소 포집 및 저장기술(CCS)은 이산화탄소를 발생원에서 분리, 포집 및 수송하여 저장용량이 큰 지중이나 해양의 유·가스전, 대수층, 석탄층 또는 심해에 장기간

안정적으로 격리시키는 기술이다 (그림 13.3).

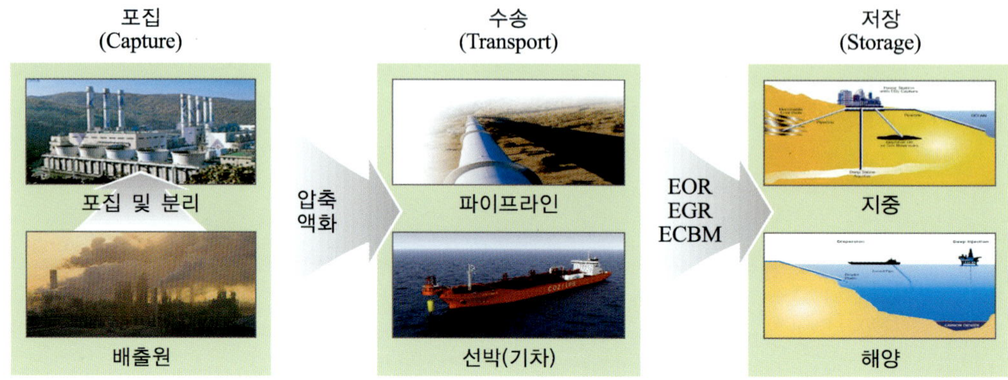

그림 13.3 이산화탄소 포집 및 저장 단계.

이산화탄소 포집 및 저장 기술의 첫 번째 포집단계는 다량의 이산화탄소를 배출하는 발전소나 제철소 등의 발생원에서 가스 혼합물로부터 CO_2를 분리하여 축적하는 과정이다. 이산화탄소 포집 방법에는 화석연료나 바이오매스 연소 후 발생되는 질소, 산소, 수증기, 이산화탄소 등의 혼합연소가스로부터 이산화탄소를 분리하는 연소 후 포집(post-combustion capture)기술, 연소 전에 화석연료나 바이오매스에 대한 가스화 공정, 부분산화 반응 등을 통해 이산화탄소를 분리하는 연소 전 포집(pre-combustion capture)기술 및 공기 대신 산소를 산화제로 사용하여 이산화탄소를 분리하는 순 산소 연소(oxy-fuel combustion)기술이 있다 (그림 13.4).

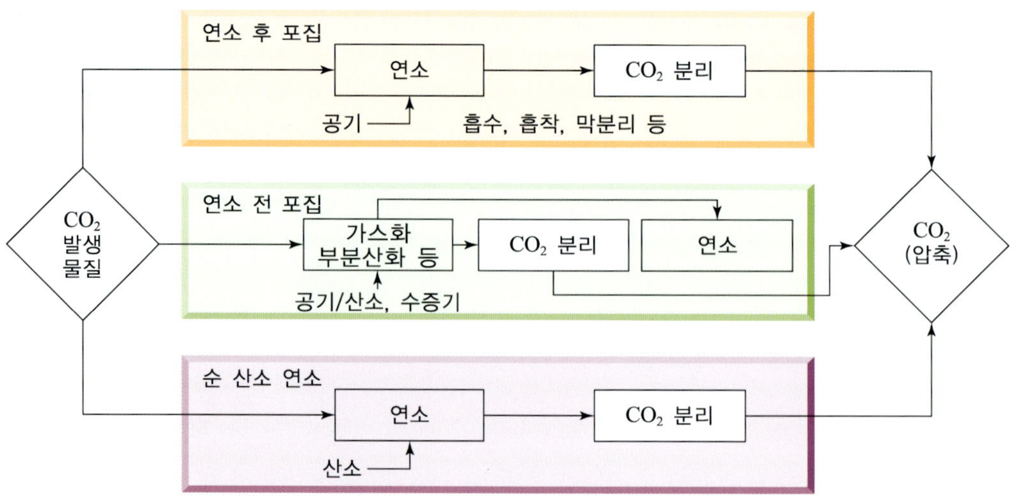

그림 13.4 이산화탄소의 포집 방법 및 절차 (IPCC, 2005).

이산화탄소 포집 및 저장 기술의 두 번째 수송단계는 배출원에서 포집된 대용량의 CO_2를 압축 또는 액화상태로 운송수단을 이용하여 지중이나 해양 저장소까지 운반하는 과정이다. 지중저장의 경우 저장소의 거리가 짧을 경우에는 파이프라인으로 보내고, 장거리이면 기차나 운송수단을 이용한다. 해양저장의 경우는 해안에서 가까운 곳이면 파이프라인으로 운송하지만, 해안에서 멀리 떨어진 경우에는 선박을 이용하는 것이 경제적이다.

이산화탄소 포집 및 저장 기술의 세 번째 저장단계는 표 13.1에서 보는 바와 같이, 수송된 CO_2를 지표와 지중 및 해양에 장기간 안정적으로 주입하는 과정이다. 지표저장과 해양저장은 생태계에 악영향을 미칠 수 있기 때문에 내륙과 해저의 깊은 지중에 저장하는 기술이 많이 개발되고 있다. 지중저장은 특정 지질구조를 갖는 지중에 이산화탄소를 주입하는 방법으로 지하자원의 회수효율을 높일 수 있는 이점이 있다. 이산화탄소를 저장하기에 용이한 곳으로는 고갈된 유전과 가스전, 석탄층 및 대수층 등을 들 수 있다. 원유회수 증진 저장 방법(EOR)과 가스회수 증진 저장 방법(EGR)은 지중 광구의 공동에 이산화탄소를 분사해서 형성되는 압력과 밀도차를 활용하여 원유나 천연가스와 같은 화석연료를 채굴하고, 공간에 이산화탄소를 저장하는 기술이다. 석탄층 메탄회수 증진 저장 방법(ECBM)은 메탄을 함유한 석탄층에 이산화탄소를 주입하여 석탄의 표면에 흡착되어 있는 메탄가스를 회수하는 기술로 널리 사용되고 있다. 해양 저장 방법에는 해양분사(dissolution type)와 해양저류(lake type) 기술이 있다. 해양분사는 포집한 이산화탄소를 액화시킨 후 해양의 중간층에 직접 분사하고 용해시킴으로써 해양과 대기 간 이산화탄소 순환을 가속화시키는 것이다. 해양저류는 파이프를 통해 이송된 이산화탄소를 영하 수십 도로 냉각시킨 후 일정 크기의 액포로 만들어 심해의 해저계곡 등에 방출 및 저장하는 것이다.

표 13.1 CO_2의 지중 및 해양 저장 방법.

구분	저장 방법
지중	■ 유전 및 가스전(oil and gas reservoirs) – 원유회수 증진법(EOR) – 가스회수 증진법(EGR)
	■ 석탄층(coal seams) – 석탄층 메탄회수 증진법(ECBM)
	■ 대수층(deep aquifer)
	■ 암염층(salt cavern)
	■ 탄산염 광물화(mineral carbonation)
해양	■ 해양 분사(dissolution type)
	■ 해양 저류(lake type)

13.2.2 신재생에너지 개발

신재생에너지란 청정에너지로서의 재생에너지와 고부가가치의 신에너지를 통합해 지칭하는 용어이며, 석탄과 석유 등 화석연료에 대한 대체에너지를 의미하기도 한다. 재생에너지(renewable energy)는 한번 사용 후 없어지는 석탄, 석유 및 가스 등의 화석에너지와 달리, 자연에서 얻을 수 있는 에너지원을 재활용할 수 있는 태양열, 태양광, 풍력, 소수력, 바이오에너지, 지열, 해양에너지, 폐기물에너지 등을 말한다. 신에너지(new energy)에는 에너지원의 부가가치를 높인 새로운 에너지로 연료전지, 가스화 복합발전 및 수소에너지가 있다 (그림 13.5).

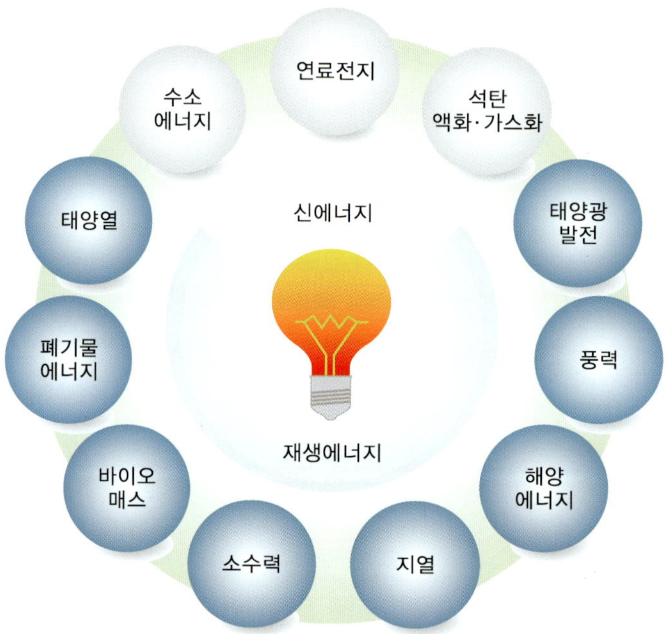

그림 13.5 신재생에너지의 종류.

신재생에너지의 개발 및 확대에 대한 필요성은 석유와 석탄 및 천연가스 등의 화석연료가 장차 고갈되면서 발생하는 에너지 수급의 불안정을 해소하는 동시에, 기후변화협약 등의 환경규제에 효율적으로 대응하는데 있다. IPCC의 2011년 자료에 의하면, 2008년 기준 전 세계의 총 에너지 공급량은 492EJ이다. 총 에너지 가운데 오일에너지가 34.6%, 석탄에너지가 28.4%, 가스에너지가 22.1%, 핵에너지가 2.0%, 그리고 신재생에너지가 12.9%를 차지했다. 신재생에너지의 종류별 비율은 바이오매스가 10.2%로 가장 크고, 수력이 2.3%, 풍력이 0.2%, 지열과 태양에너지가 각각 0.1%, 그리고 해양에너지가 0.002%이다.

13.2.2.1 태양에너지

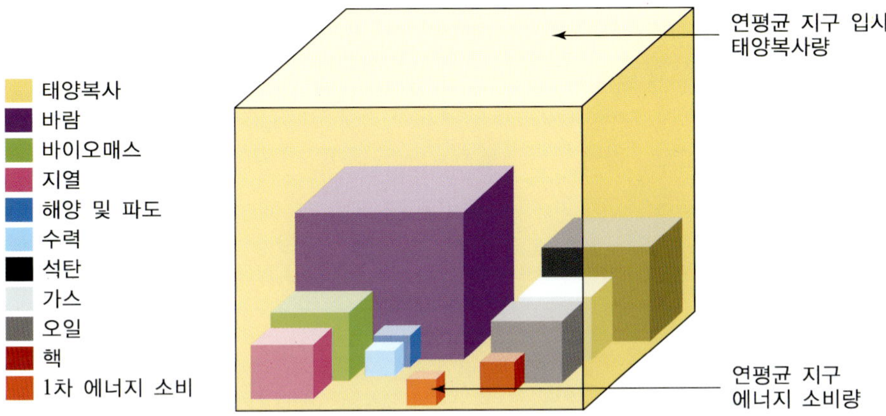

그림 13.6 태양복사량 대비 지구에너지 자원 (EPIA, 2011).

태양에너지(solar energy)는 지구에서 가장 풍부한 에너지원으로 무공해의 무한한 재생에너지이다. 태양열 시스템과 태양광 시스템을 활용하여 전력을 생산하는 산업분야로 재생에너지 가운데 가장 빠르게 성장하고 있다. 태양에서 방출되어 지표면에 도달하는 복사에너지는 지역과 계절 및 시간에 따라 변화가 있지만, 연평균으로 볼 때 전 세계가 필요로 하는 에너지의 10,000배 이상이 된다. 그림 13.6은 태양복사 에너지의 양에 대한 지구에너지 자원의 종류별 상대적 비율을 보여준다. 평균적으로, 단위 면적의 지표면에 입사되는 태양복사 에너지는 현재의 기술로 시간당 약 1,700kW의 전력생산이 가능하다.

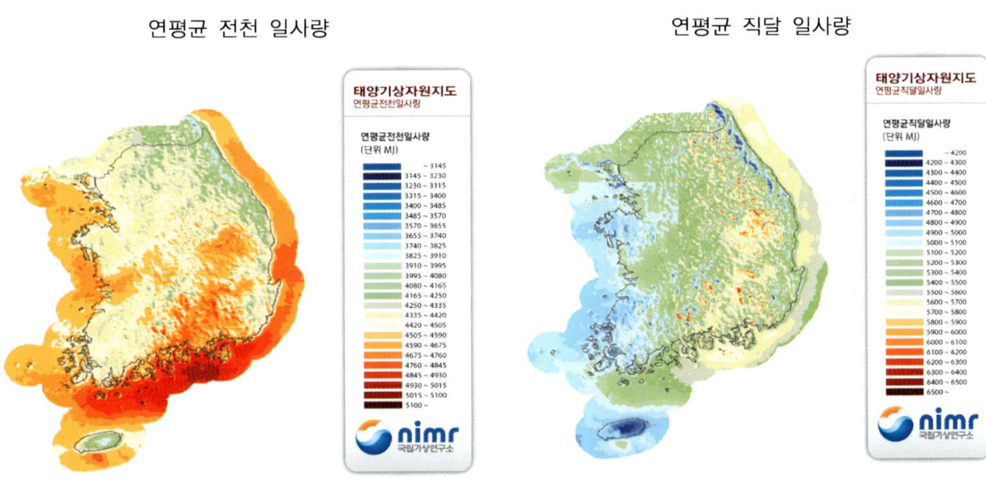

그림 13.7 한국의 태양복사 에너지 자원지도 (국립기상연구소, 2009).

태양에서 방출된 복사광선은 지구 대기권을 통과하면서 대기의 구성 물질에 의해서 반사, 흡수 또는 산란된 후 지표면에 도달하게 된다. 이 가운데 산란되지 않고 지표면에 직접 도달되는 일사광선을 직달일사(direct radiation)라 하고, 산란되어 지표면에 도달하는 일사광선을 산란일사(diffuse radiation)라 한다. 이들 두 가지 일사를 합쳐 지표면에서의 전일사(total radiation)라 한다. 한국에서 일사량이 풍부한 지역은 경상도 내륙 및 남동 해안이고, 월별로는 5월이 가장 많고 12월이 가장 적다 (그림 13.7).

가. 태양열시스템

태양에너지를 활용하여 전력 생산이 가능한 지역은 40°N과 40°S 사이에 위치해 있으며, 이 지역은 태양의 일조시간이 길고 복사강도가 강하여 선벨트(sun belt)라 한다. 전 세계적으로 태양에너지를 이용하여 전기를 생산하는데 최적의 조건을 갖춘 곳은 아열대 지역이다. 특히, 사막지역은 비가 적게 내려 건조하고 주변의 장애물이 거의 없기 때문에 태양빛을 거의 무한하게 활용할 수 있다. 그림 13.8은 전 세계의 연평균 태양복사량에 대한 분포도로 태양열 발전이 적합한 지역을 보여준다. 태양열시스템(solar thermal system)은 태양복사열을 집중시켜 유체의 온도를 높이고 발생된 증기로 터빈을 작동시켜 전기를 생산하기 때문에, 직달일사량과 터빈을 냉각시키기 위한 물이 부족한 지역은 제한적일 수밖에 없다.

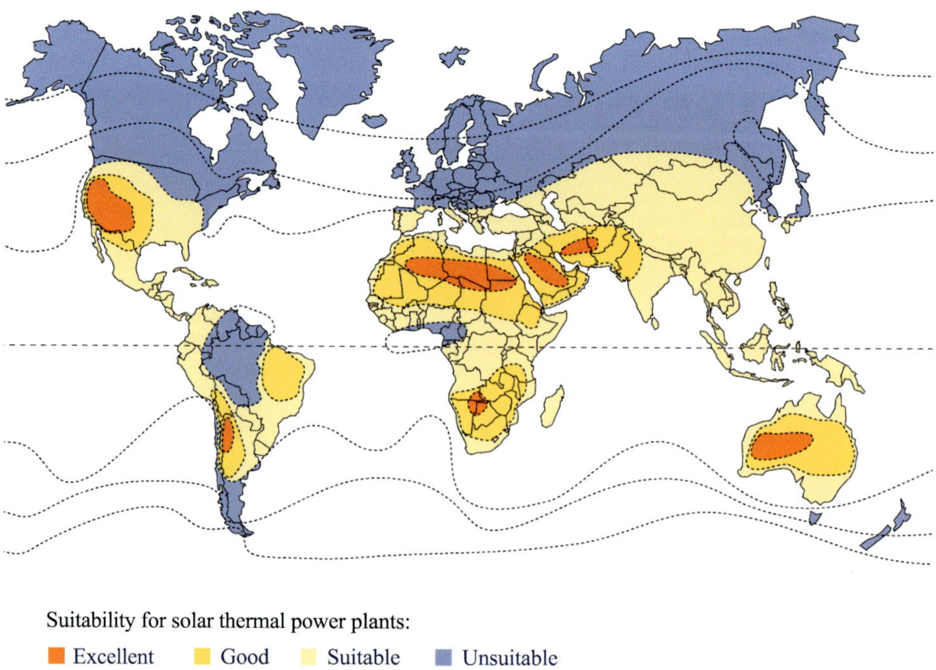

그림 13.8 태양열 발전의 적지 분포 (SCHOTT AG, 2006).

태양열시스템은 태양으로부터 지구에 입사되는 빛을 흡수, 저장 및 열 변환의 과정을 통하여 일상생활에 활용하는 장치로, 집열부와 축열부 및 이용부로 구성된다. 집열부는 태양에너지를 한 곳에 모아 저온으로부터 고온까지의 열로 변환하는 부분으로 다양한 형태가 있다. 축열부는 집열부에서 열교환 과정으로 뜨거워진 온수 등의 열을 저장하는 부분이다 (그림 13.9). 이러한 열은 냉·난방 및 발전 등 다양한 분야에 이용된다.

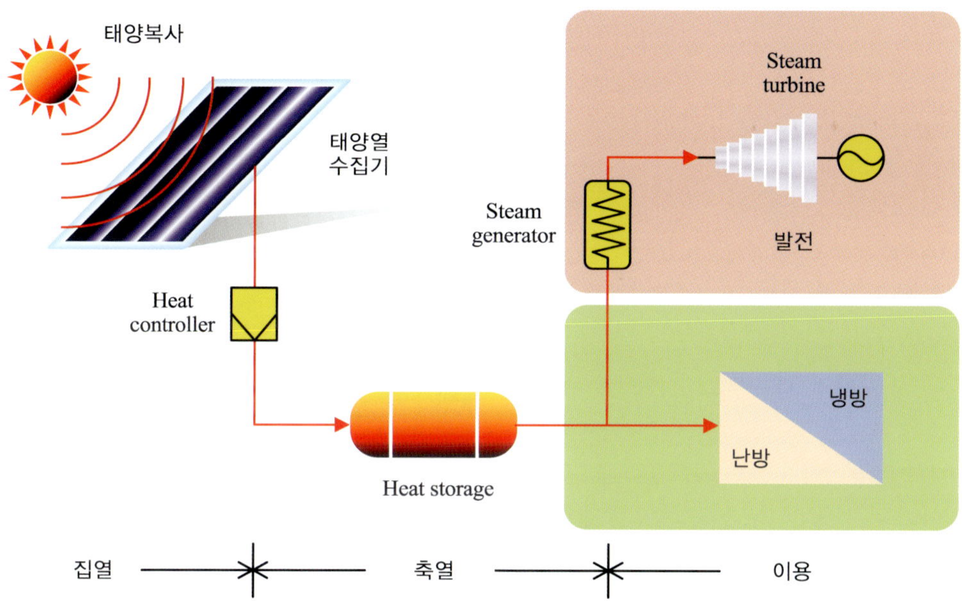

그림 13.9 태양열시스템 구성.

태양열시스템은 열매체의 구동장치 유무에 따라 자연형 태양열시스템(passive solar system)과 설비형 태양열시스템(active solar system)으로 구분된다. 자연형 태양열시스템은 축열벽이나 온수기 등과 같이 태양열을 집열 및 축열해서 직접 이용하는 시스템이다. 설비형 태양열시스템은 태양열 집열기를 이용해서 태양복사에너지를 열에너지로 변환시킨 후 직접 이용하거나 별도의 축열장치에 저장하였다가 태양열 발전 등 필요한 곳에 사용하는 시스템이다.

태양의 방위와 고도에 따라 복사에너지를 집중시키고 활용하는 태양에너지 집열 기술은 집열온도와 활용분야에 따라 저온형, 중온형 및 고온형 시스템으로 구분할 수 있다 (표 13.2). 100℃ 이하의 저온용은 냉·난방, 100~300℃의 중온용은 주로 산업분야, 300℃ 이상의 고온용은 열발전에 주로 활용된다.

표 13.2 태양열 집열기의 온도 및 활용분야.

분류				집열온도	활용
자연형 (Passive)	저온용	트롬월, 온수기		60℃ 이하	난방
설비형 (Active)	저온용	평판형		100℃ 이하	냉·난방
	중온용	진공관형		300℃ 이하	냉·난방 산업 열발전
		복합포물형			
		포물곡면형			
	고온용	접시형		300℃ 이상	산업 열발전 우주용
		타워형			

(i) 평판형 집열기(flat plate)의 상단부는 일사광선을 투과시키고 열손실을 줄일 수 있는 투과체(transparent cover)가 있으며, 단열재로 되어 있는 하단부에는 투과된 일사광선을 흡수해서 열에너지로 변환시켜주는 흡수판(absorber plate)이 있다. 흡수판에는 집열 순환매체가 흐를 수 있는 액체식 또는 공기식 관이 부착되어 있다. 이 관을 통해 흡수판에 집열된 열에너지가 열매체로 전달되어 이용부나 축열조로 이송된다. 이 집열기는 직달 및 산란 일사 모두를 집열할 수 있으며, 온수나 난방 등에 주로 사용된다. (ii) 진공관형 집열기(tube)는 열손실을 방지하기 위해 보온병 원리의 진공유리관 내부에 흡수판을 고정시켰다. 평판형 집열기에 비해 고온에서 집열 효율이 높기 때문에 난방 뿐 아니라 냉방 등에도 활용된다. (iii) 복합포물형 집열기(CPC)는 포물선 형태의 반사판과 중앙의 집열부 및 외곽의 유리관 등으로 구성되어 있다. 반사판은 일사광선을 흡수관으로 집광할 수 있도록 설계되어 있고, 태양 추적 장치가 없다. 집광비가 낮아 200℃ 이하의 온도를 집열하는데 사용된다. (iv) 포물곡면형 집열기(PTC)는 평행하게 입사한 일사광선의 초점을 포물곡면형 반사경의 포물선 축에 맞추고, 초점들의 연장선에 흡수관을 위치시킨 선집광형 집열기이다. 태양의 움직임에 따

라 상하로 추적하기 때문에 직달 일사에 대해서만 집열이 가능하다. 집열관 내에서 300℃ 정도로 뜨거워진 고온의 유체는 배관을 통해 열교환기로 수송되고, 여기서 발생된 수증기는 터빈을 작동시켜 전기를 생산한다. (v) 접시형 집열기(dish system)는 접시형상의 포물면에서 반사된 일사광선을 한 점의 집열기로 모으는 점집광형 집열기이다. 집열기는 태양에너지를 흡수하고 열로 변환시켜 직접 사용하거나, 스털링엔진(stirling engine)으로 전달하여 전기를 생산하는데 활용된다. (vi) 타워형 중앙집열기(solar power tower)는 타워의 상단에 위치한 집열기 주위에 수많은 일광반사장치(heliostat)가 설치되어 있다. 일광반사장치는 햇빛의 초점을 집열기에 맞추기 위하여 태양의 움직임에 따라 조절된다. 일광반사장치의 수는 그 디자인과 집열기의 온도 순환에 따라 결정된다. 집열기의 고온 유체는 주로 태양열 발전에 활용된다.

나. 태양광시스템

태양광시스템(photovoltaic system)은 태양전지의 광전효과를 이용하여 빛에너지를 전기에너지로 직접 변환하는 것으로 태양전지 셀이 핵심부품이다. 태양전지의 발전은 금속과 반도체의 접촉면을 이용하거나 전기적 성질이 다른 P(positive)형의 반도체와 N(negative)형의 반도체를 접합시킨 PN접합에 의해 이루어진다. 태양광에 노출된 태양전지 셀의 표면에 전위를 발생시켜 전류를 흐르게 하는데, 태양전지 셀에서 발생하는 작은 전기량을 일정 수준 이상으로 늘리기 위하여 여러 개의 셀을 직렬 또는 병렬로 연결한 것이 태양전지 모듈이다.

태양광 발전시스템은 태양전지 모듈과 배터리 및 전력변환장치로 구성되며, 독립형과 계통 연계형으로 구분할 수 있다 (그림 13.10). 독립형 시스템(stand-alone photovoltaic system)은 전력조절기와 전력변환장치인 인버터 및 배터리로 구성되며, 일조시간에 생성한 전력을 배터리에 저장했다가 일몰 후나 우천 시 등 전력이 필요한 때 충당하는 시스템이다. 기존의 전력계통과 연계가 불가능하거나 자가발전에 의존해야 하는 무인도, 사막, 고산지대, 군사시설, 무선통신기지국 및 인공위성 등에 활용된다. 계통 연계형 시스템(grid-connection photovoltaic system)은 태양광 발전으로 얻어진 전력을 기존의 배전선로 계통과 연계하여 전력 수요처에 공급하는 시스템으로, 배터리를 사용하지 않는다. 핵심장비는 전력 계통과 연계가 가능한 인버터이다. 일조시간에는 생산된 전기를 사용하고 여유분을 전력계통에 송전한 후 야간이나 발전량이 모자랄 때 전력계통으로부터 전기를 공급받는 방식입니다. 태양광발전의 특징은 친환경적으로 환경오염과 소음이 없으며, 수십 년간 에너지 창출이 가능하고, 발전시설을 단기간에 건설할 수 있기 때문에 긴급수요에 대한 지원이 가능하다. 또한 무인 자동화운용 및 유지보수가 용이하다. 반면에 일사량에 의존하기 때문에 야간과 우천 시에는 발전이 불가능하고, 급격한 전력 추가소요에 대한 대응이 어렵다.

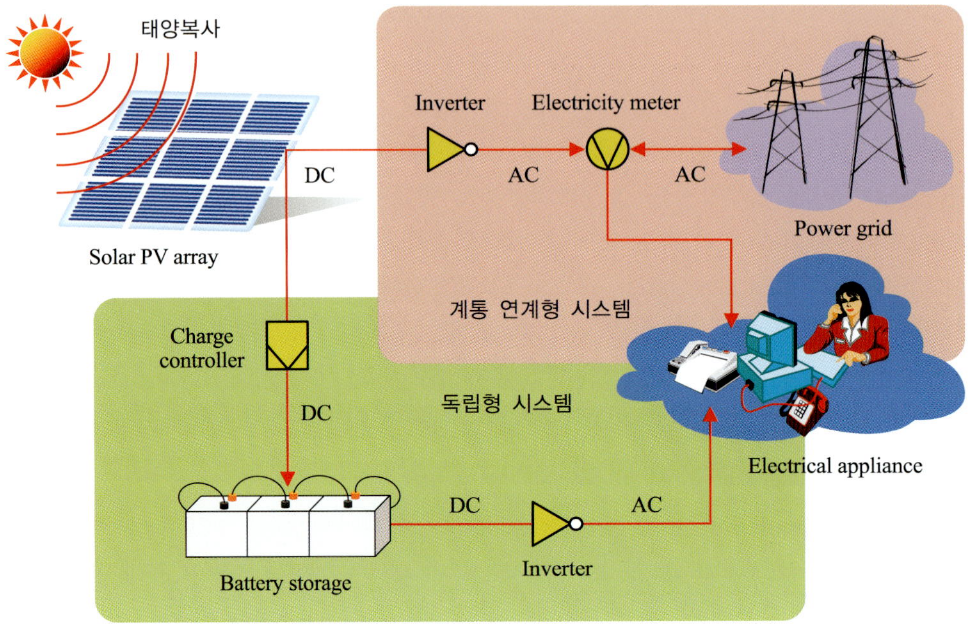

그림 13.10 태양광시스템 구성.

13.2.2.2. 풍력에너지

풍력에너지(wind power energy)는 지구상에서 태양에너지 다음으로 가장 풍부한 재생에너지이며, 유럽의 풍차는 전기가 생산되기 오래 전부터 농업활동에 필요한 에너지를 제공하기 위해 만들어졌다. 풍력 발전량의 대부분은 유럽과 미국 등의 선진국에 의해 생산되고 있지만, 최근에는 인도와 중국 등 아시아 국가들의 비중이 점점 증가하고 있는 추세이다. 풍력자원이 풍부한 지역은 대양과 연안지역 또는 내륙의 평원지대와 산악지역이다. 연안지역은 인구가 밀집되어 있어 전력수요가 많은 동시에 일반적으로 강풍이 존재한다. 이러한 지역의 대규모 풍력단지는 핵 발전이나 화력발전 시설과 비교해 경쟁력을 가질 수 있다.

풍력발전의 성장은 풍력기술의 발달과 함께 풍력자원 정보지도와 같은 의사결정 수단이 동반될 때 가속화 될 수 있다. 풍력 발전량은 계절과 주·야간의 시간대별 풍향에 따라 크게 좌우된다. 풍력발전이 경제적 가치를 갖기 위한 풍속은 내륙의 경우 6m/s 정도이고, 고비용이 소요되는 해상의 경우 7m/s 이상이면 가능하다. 한국에서 풍력발전이 적합한 계절은 북서계절풍이 강한 겨울철로 여타 계절보다 탁월하다. 지역적으로는 내륙보다 해상이 유망하고, 제주도 부근과 남동해안 및 백두대간이 적합한 것으로 나타난다 (그림 13.11).

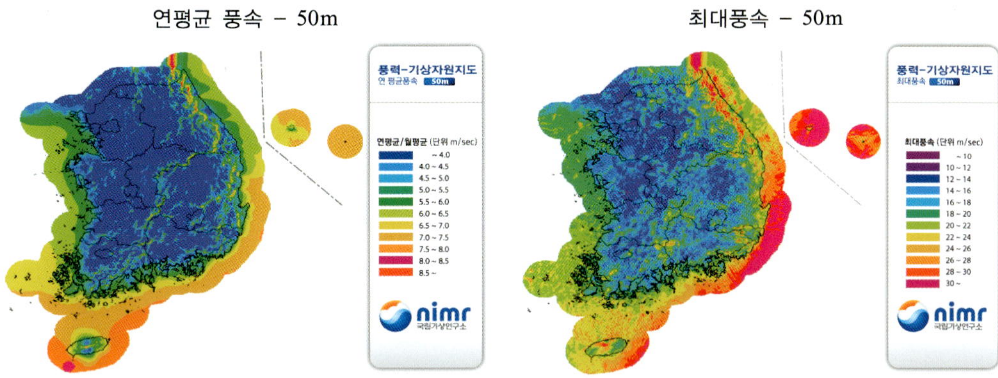

그림 13.11 한국의 풍력에너지 자원지도. 50m 고도에서의 바람자료 (국립기상연구소, 2009).

풍력발전은 지표면의 차등가열에 의해 발생하는 바람으로 블레이드를 회전시켜 기계적 에너지로 변환시킨 후 발전기를 이용해 전기에너지를 생산하는 기술이다 (그림 13.12). 풍력발전의 기본원리는 다음과 같다. 바람은 공기의 밀도 차이에 기인하며, 질량을 가진 공기 분자의 흐름이다. 질량을 갖고 이동하는 물체는 운동에너지를 수반하기 때문에, 바람의 운동에너지(KE_{air})는 다음과 같이 표현된다.

$$KE_{air} = \frac{1}{2} m_{air} v^2 \tag{13.1}$$

식 (13.1)에서, m_{air}는 공기의 질량, v는 풍속이다. 블레이드에서의 풍력(P_{wind})은 시간의 변화에 따른 바람 운동에너지의 변화량이다.

$$P_{wind} = \frac{d}{dt}(KE_{air}) = \frac{1}{2} v^2 \frac{dm}{dt} \tag{13.2}$$

식 (13.2)에서, 공기의 밀도(ρ_{air})와 블레이드의 회전면적(A)이 동일한 경우, 질량의 변화율은 거리의 변화율로 표현된다.

$$\frac{dm}{dt} = \rho_{air} A \frac{dx}{dt} = \rho_{air} A v \tag{13.3}$$

식 (13.2) 및 (13.3)에서, 거리의 변화율은 풍속으로, 풍력은 다음과 같다.

$$P_{wind} = \frac{1}{2} \rho_{air} A v^3 \tag{13.4}$$

풍력 발전량(P_{out})은 실제풍력으로, 블레이드 풍력(P_{wind})에 기계적 에너지에서 전기에너지로의 변환효율인 풍력발전 출력계수(C_p)를 곱한 값이다.

$$P_{out} = C_p P_{wind} \tag{13.5}$$

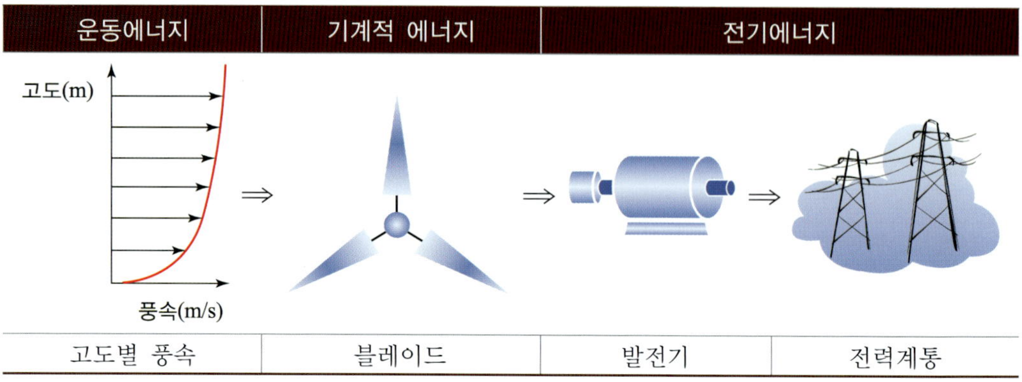

그림 13.12 풍력발전의 단계.

풍력발전에서 풍속과 출력의 관계는 그림 13.13에서 보는 바와 같다. 풍력이 풍력 터빈의 동력전달계통에서 발생하는 마찰력보다 크면 회전자를 움직여 발전이 시작된다. 이때의 풍속이 시동풍속(cut-in wind speed)이며 4m/s 정도의 산들바람(gentle breeze)에 해당한다. 풍속이 빨라지면 출력은 급속하게 증가한다. 설계상 최대연속 출력인 정격출력이 얻어질 때의 정격풍속(rated wind speed)은 약 15m/s의 강풍에 해당한다. 정격풍속 이상으로 시스템에 무리가 가는 것을 방지하기 위해 발전을 정지하는 종단풍속(cut-out wind speed)은 보통 25m/s 정도이다.

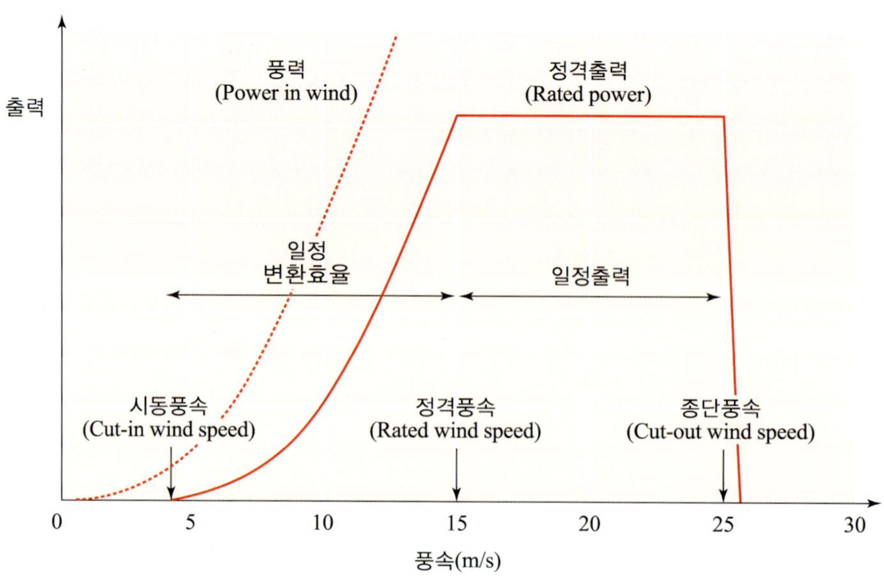

그림 13.13 풍속과 출력의 관계 (Thresher et al., 2008).

풍력발전시스템은 풍력발전기와 풍력발전을 무인으로 운전하고 조정하는 제어시스템으로 구성된다. 풍력발전기는 (i) 풍력을 회전력으로 변환시켜 주는 회전자, (ii) 회전축의 속도를 발전에 적합하도록 맞추어주는 변속장치, (iii) 강풍과 혹한으로부터 회전자를 지지해주는 탑과 풍력터빈을 보호해주는 견고한 지지대로 구성된다. 풍력발전기는 회전자의 축이 놓인 방향에 따라 수직축 풍력발전기(VAWT)와 수평축 풍력발전기(HAWT)로 구별된다. 수직축 풍력발전기는 회전축이 지면에 대해 수직으로 설치되어 있어 풍향에 관계없이 운전이 가능하지만 효율이 비교적 낮다. 수평축 풍력 발전기는 회전축이 지면과 수평하게 설치되어 있어 효율이 높고 안정적이지만 바람의 방향을 추적해야 하는 단점이 있다.

풍력발전시스템은 용도에 따라 독립형(off-grid applications)과 계통연계형(on-grid applications)으로 구분된다. 전력 계통과 거리가 먼 경우에는 독립형, 전력수요가 많을 경우에는 계통연계형을 적용한다. 독립형 시스템은 전력계통과 멀리 떨어져 있고 10kW 미만의 적은 전력을 필요로 하는 곳에서 적용되는 방식이다. 생산되는 전력을 충전용 배터리에 저장시켜 놓고 필요시에 사용한다. 계통연계형 시스템은 발전량이 소요량을 초과할 경우 남은 양을 전력계통에 공급하고, 바람이 적어 전력 생산이 저조할 경우에는 전력계통으로부터 공급받는 방식이다. 계통연계형에는 고립형(isolated-grid)과 중앙연계형(central-grid)이 있다. 고립형은 발전량이 10~200kW 정도로, 지역적으로 풍력자원은 풍부하지만 발전에 소요되는 연료유를 수송하고 공급하는데 고비용이 드는 경우가 있다. 풍력디젤복합발전시스템의 경우 풍력발전은 연료유의 소비를 감소시키는 것이 주요한 역할이다. 중앙연계형은 200kW~2MW의 전력을 생산한다. 비교적 강풍이 부는 지역에 대규모 발전시스템들로 구성된 대량 발전용 풍력단지를 말한다. 생산된 전력은 농업, 산림과 같은 용도로 흔히 사용되기도 한다.

13.2.2.3 바이오에너지

바이오에너지(bioenergy)는 바이오매스(biomass)를 물리, 화학적으로 변환시켜 얻어지는 재생가능 에너지이다. 바이오에너지는 열, 화학물질, 전기 및 연료의 형태를 갖는다. 바이오매스는 태양에너지에 의해 생성되는 식물과 미생물 및 이를 먹고 살아가는 동물을 포함하여 자연 순환과정의 모든 유기성 생물체를 말한다. 바이오매스에는 산림과 농업의 잔류물, 곡물(옥수수와 콩 등), 도시 쓰레기(폐기물과 나무 및 요리기름 등) 및 에너지 작물(나무, 풀) 등의 자원이 있다. 바이오매스는 지구의 표면에 아주 고르게 분포되어 있기 때문에 고갈될 가능성이 적으며, 소규모로부터 대규모 지역에 이르는 전 지구적인 에너지 수요를 충족시켜 줄 수 있는 에너지 자원이다.

바이오에너지를 사용할 때 발생하는 악영향은 비 재생에너지원을 사용하는 경우에 비해 극히 적다. 바이오매스를 연소시킬 때 방출되는 이산화탄소의 양은 화석연료를 사용할 때보다 적을 뿐 아니라, 식물의 흡수 능력이 커서 배출효과가 감소된다. 이러한 바이오에너지는 적은 자본과 다양한 기술로 개발이 가능하고 화석연료를 대체하여 기후변화를 완화시킬 수 있는 장점이 있다. 바이오에너지 변환기술은 바이오매스를 바이오에너지로 변환시키기 위해 사용하는 기술로, 크게 열화학적 기술과 생화학적 기술 및 물리적 기술로 구분된다. 그림 13.14는 바이오매스의 변환기술을 적용하여 중간산물과 최종적으로 사용가능한 에너지를 추출하는 과정이다.

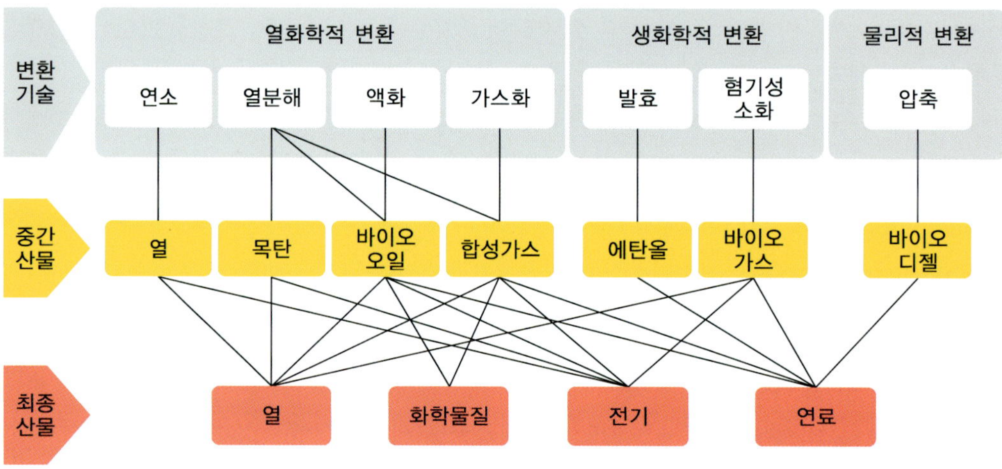

그림 13.14 주요 바이오매스의 에너지 변환과정 (Dalili, 2009).

열화학적 변환기술은 산물을 추출할 때 적용하는 방법에 따라 분류된다. 산소가 충분하게 공급되는 연소기술은 열이나 전기의 생산이 가능하고, 불충분하게 공급되는 열분해, 액화 및 가스화 기술로는 액체연료 등을 생산할 수 있다. 바이오매스를 활용하여 석유 자원을 대체하는 바이오정제(bio-refinery) 기술의 핵심은 열분해와 가스화 변환기술이다. 바이오매스를 액체연료로 변환하는 과정은 바이오매스를 직접 액화시키고, 급속한 열분해와 가스화 과정을 통해 중간 생산물인 합성가스를 만든 이후에, 촉매를 사용하여 최종적으로 액체연료를 생산하는 것이다.

생화학적 변환기술 가운데, 섬유질 바이오매스를 에탄올로 변환하는 발효기술은 곡물을 사용하는 방법과 달리 대규모의 에탄올 생산이 가능한 동시에 환경을 파괴하지 않고 지속될 수 있는 유일한 방안이 될 수 있다. 바이오가스를 생산하는 혐기성 소화는 비용이 적게 들고 간단한 기술이지만 과정이 느리고 섬유질 바이오매스에는 적절하지 못한 측면이 있다. 평지와 자트로파 같은 유질 식물의 씨를 압축해서 바이오디젤유를 생산하는 물리적 변화기술은 대규모일 경우 환경과 경제적인 측면이 고려되어야 한다.

13.2.2.4 지열에너지

행성규모의 지질학적 현상인 지열에너지(geothermal energy)는 지구 내부로부터 지표면으로 발산되는 재생 가능한 청정에너지원으로 전기의 생산과 냉·난방 및 산업활동 등에 사용될 수 있다. 지열의 분포는 지각의 판구조와 연관되어 있다, 지각 판끼리 충돌하는 가장자리의 약한 경계면에는 고온의 지열 흐름이 존재하기 때문에, 거대 압력이 가해지면 균열이 발생하고 강한 지진과 화산활동을 흔히 동반한다. 지열에너지의 주요 근원인 대류성 열수자원은 물과 수증기로 100~300℃ 정도의 온도를 갖는다. (그림 13.15)

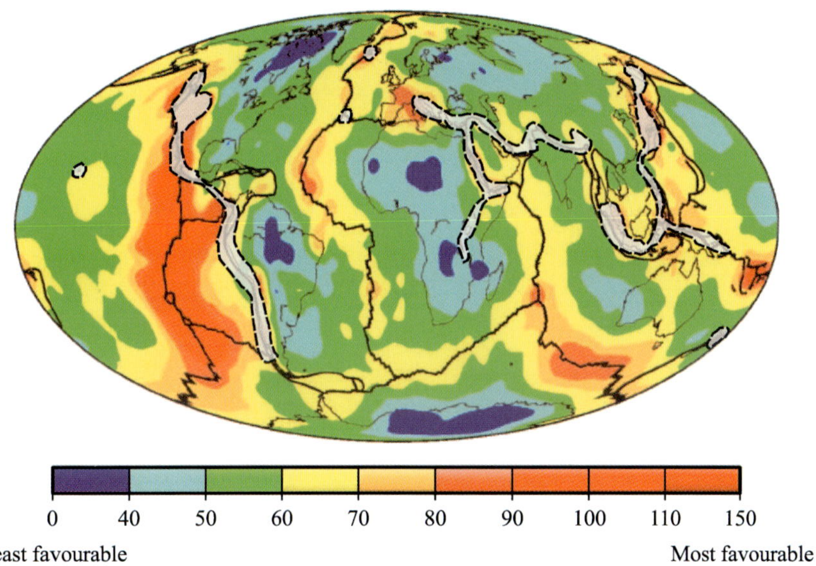

그림 13.15 전 세계의 대류성 열수자원 분포. 열수는 지열에너지로 지각 판의 경계에 위치해 있으며 연한 회색의 영역이다. 그림의 색은 ℃를 나타낸다 (IEA, 2011).

지열구배(geothermal gradient)는 지표면에서 지하로 내려갈 때 온도가 상승하는 비율을 말한다. 그림 13.16에서 보는 바와 같이, 지각에서의 지열구배는 평균 2.5~3.0℃/100m이다. 지표면의 평균온도를 15℃라고 가정하면, 지하 1km에서는 약 40°~45℃, 지하 2km에서는 약 65°~75℃, 지하 3km에서는 약 90°~105℃ 등과 같이, 깊이 증가에 따른 지온의 상승폭이 커져서 지각과 맨틀의 경계에서 약 1000℃의 온도를 보인다. 그러나 핵에 가까워질수록 지온의 상승폭이 완만해져 지구 중심의 핵은 5000℃ 정도의 온도를 유지하는 것으로 알려져 있다.

지열시스템은 일반적으로 지각 판의 가장자리나 지열구배가 평균값보다 아주 높은 지역에 존재한다. 지열시스템은 열원과 지열의 저장고인 대수층 및 열을 전달하는 유체의 3가지 요소로 구성된다. 열원은 지열구배가 평균보다 높은 지역이나 고온의 마그마가 지표면 가까이 있는 경우를 말한다. 대수층은 비 투과성 암반 아래에 위치한 투수성 또는 다공성 암석의 공간을 말하는데, 일반적으로 지열에 의해 가열된 열탕이나 증기가 들어가 있을 수 있는 곳이다. 지열유체는 액체나 기체 상태의 물을 말한다. 지열시스템에서 지열을 추출하는 방법은 크게 다음 3가지로 구분할 수 있다. 첫째는 지하 50~200m까지의 지열원에 갖추어진 천공 및 열펌프기를 통해 지열을 간접 이용하는 지중 열교환기(borehole heat exchanger) 방법이다. 둘째는 지하 3km까지로, 100℃ 이상의 지열원을 천공하여 열펌프기 없이 지열을 직접 이용하는 고온열수 시스템(hydrothermal system) 방법이다. 셋째는 수 km 이상의 깊이에서 지열을 추출하는 고온암체(hot dry rock) 지열시스템 방법으로, 고온의 암반에 굴삭한 주입정(injection well)을 통해 상온의 물을 주입하면 암반의 균열부를 통과하면서 고온으로 변한 열수나 수증기가 기 설치된 생산정(production well)을 통해 지상으로 올라오게 되며, 지상에서 발전에 쓰인 저온의 물은 재순환 과정을 밟게 된다. 이 때 지하 1~5km에 위치한 건조한 암반의 온도는 200~300℃에 달하고, 지상으로 올라온 물의 온도는 140℃ 이상이 되어야 경제적이다.

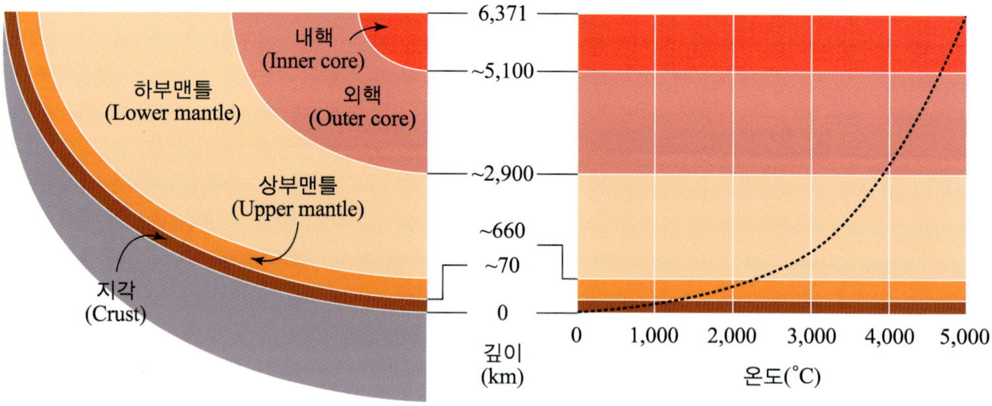

그림 13.16 지구 내부 온도의 개략 구조.

13.2.2.5 해양에너지

해양에너지(ocean energy)는 조력, 조류, 파력, 수온차, 염도차 등의 해양재생자원을 활용하기 때문에 이산화탄소 배출이 거의 없는 청정에너지이다 (그림 13.17). 해양에너지는 규칙적인 천체운동을 따르기 때문에 예측이 가능하고 넓은 공간을 활용해도 부지비용이 들지 않는 장점이 있다. 반면에 적지를 선정하고 에너지를 생산하기 위해서는 해역별로 다양한 해양환경 특성과 악조건을 고려해야 한다.

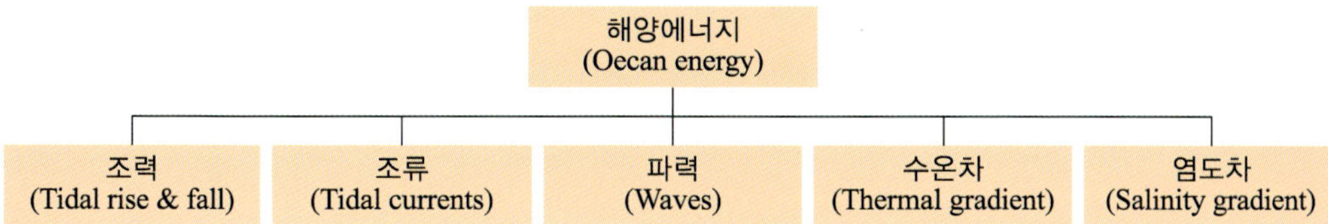

그림 13.17 해양재생자원의 형태.

가. 조력발전

조력발전은 조석간만의 차로 전기를 생산하는 방식이다. 조력발전의 에너지는 해면의 높이 변화에 기인하는 위치에너지로, 달과 태양 및 천체의 만유인력이 해양에 작용하면서 발생한다. 조력발전은 물의 위치에너지를 이용한다는 점에서 수력발전과 유사하지만, 수력발전의 낙차가 수십m에 달하는데 비해 조력발전의 낙차는 보통 10m 이하로 작다.

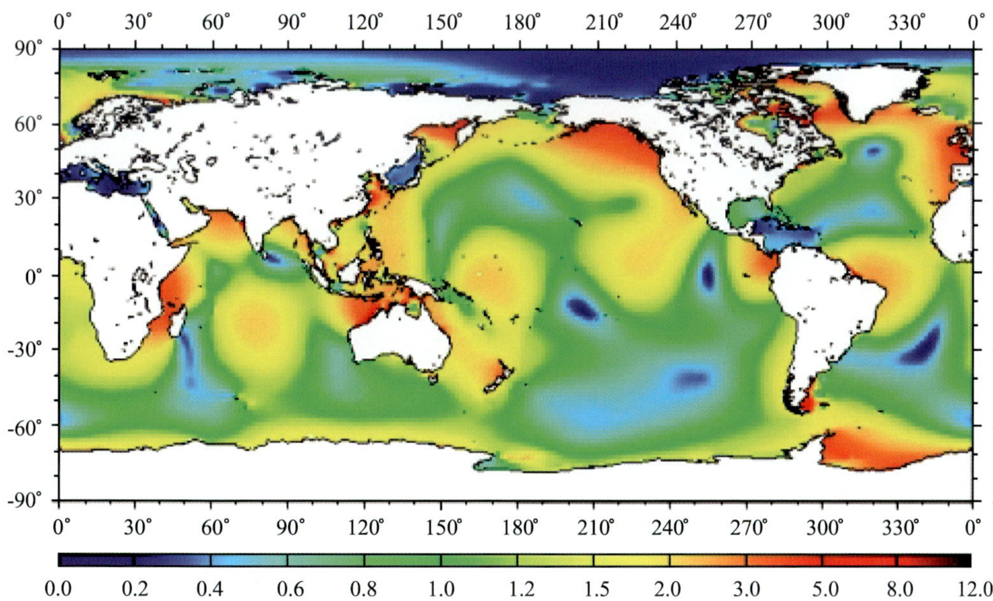

그림 13.18 세계의 일일평균 조차 분포 (MetEd, 2014). 척도의 단위는 미터임.

세계의 평균조차는 일반적으로 남반구에 비해 대륙의 분포가 많은 북반구에서 크게 나타난다. 지역적으로는 캐나다 서북부해안, 남아메리카 북동부 해안과 파나마만, 유럽 연안, 스칸디나비아반도 연안, 아프리카 동부해안, 호주 북동부해안 및 우리나라

서해안 등 대륙과 인접해있는 연안에서 크게 나타난다 (그림 13.18). 조력발전에는 부력을 이용한 부체식과 조위에 따라 공기를 압축시키는 압축공기식 및 조지를 만들어 발전하는 조지식이 있다. 조지식 가운데 단조지 단류식이 가장 보편적으로 이용되고 있다 (표 13.3).

표 13.3 조지식 조력발전의 종류.

구분		내용
단조식	단조지 단류식	• 밀물을 이용하는 창조식: 창조 시 수문을 개방하고 만조까지 해수를 채운 후 수위차를 이용해 발전 • 썰물을 이용하는 낙조식: 낙조 시 수문을 개방하고 간조까지 해수를 비운 후 수위차를 이용해 발전
	단조지 복류식	• 창조와 낙조 시 모두 발전
복조식	복조지 연결식	• 낙차가 있는 고조지와 저조지를 만들어 두 조지 간의 수위차를 이용해 발전
	복조지 분리식	• 두 단조지를 창조 및 낙조 시 독립적으로 발전

나. 조류발전

조류발전은 조류의 흐름에 의한 운동에너지로 수차발전기를 가동하여 전기를 생산하는 방식이다. 일반적으로 유속이 2m/s 이상이어야 경제성이 있다. 조류발전의 방식은 터빈의 회전방향에 따라 수평축과 수직축으로 구분된다. 수평축은 조류 흐름의 방향이 일정한 곳에 쓰이고, 수직축은 조류 흐름의 방향이 유동적인 곳에 유리한 발전 방식이다.

다. 파력발전

파력발전은 파도의 상하운동에 의해 발생하는 파력에너지, 즉 위치에너지와 운동에너지를 기계적 에너지로 변환한 다음에 발전기를 회전시켜 전기에너지를 생산하는 방식이다. 파력에너지는 온대에 위치한 대륙의 서해상에서 가장 풍부하게 존재하는데, 이는 온대성폭풍에 의한 강풍과 취송거리가 길게 존재하기 때문이다. 그림 13.19는 전 세계의 연안과 외해에 분포되어 있는 연평균 파력에너지이다. 남반구에서 파력이 풍부하게 존재하는 곳은 고위도인 40°S와 60°S 사이로, 남인도양을 비롯해 호주, 뉴질랜드, 남아프리카 및 칠레의 남부 연안 부근 해역이다. 북대서양에서 파력이 풍부하게 존재하는 곳은 그린란드와 아이슬란드 남쪽 해역, 그리고 영국과 아일랜드의 서쪽 해역이다. 북태평양에서는 알류샨 열도의 남쪽 해역, 캐나다와 미국 서북부의 서해안에 풍부하게 존재한다. 남반구의 연평균 최대파력은 48°S-94°E 부근의 호주 남서부 해역에서 ~125kW/m로 나타난다. 북반구 북대서양에서의 연평균 최대파력은 56°N-

19°W 인근 해역에서 80kW/m 이상을 보이고, 북태평양에서는 41°N-174°W 인근 해역에서 ~75 kW/m로 나타난다.

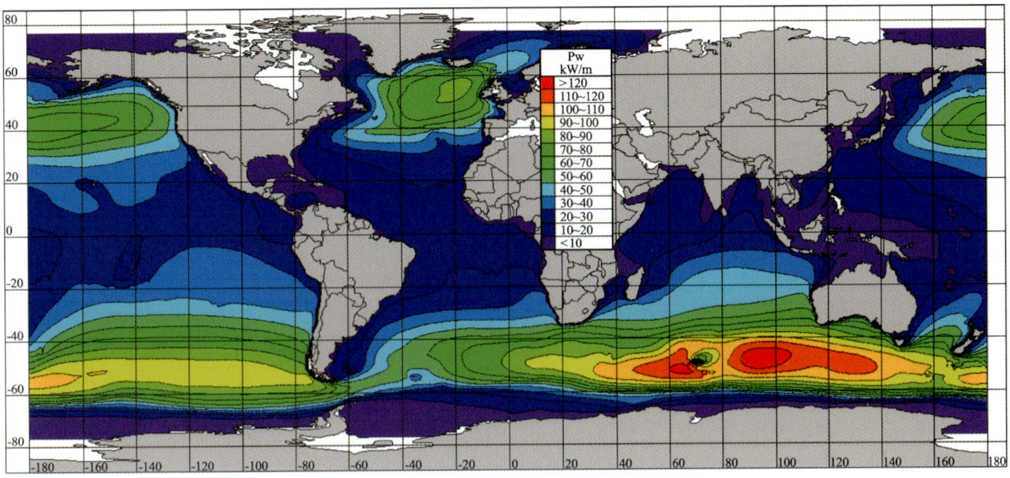

그림 13.19 연평균 파력에너지의 전구 분포 (Cornett, 2008).

파력발전의 적지는 파고가 높고 파의 주기가 긴 해역 가운데, 연안으로부터 30km 이내이고 수심이 300m 미만인 해상으로 평가된다. 파력발전은 설치위치에 따라 착저식과 부유식으로 나눠고, 작동원리에 따라 가동물체형과 진동수주형 및 월파형으로 구분된다. 파력발전 가운데 가장 널리 쓰이고 있는 가동물체형은 수면의 움직임에 따라 민감하게 반응하는 물체의 움직임을 전기에너지로 변환하는 방식이다. 진동수주형은 파력에너지를 공기의 흐름으로 변환한 후, 이를 전기에너지로 변환하는 방식이고, 월파형은 파력의 진행방향 전면에 사면을 두어 파랑에너지를 위치에너지로 변환하는 방식이다.

라. 해수온도차발전

해수온도차발전(OTEC)은 열원인 표층의 온수와 심해의 냉수 사이에 엔진가동용 온도차가 크게 발생하는 해역에서 열에너지를 전기에너지로 변환시키는 기술이다. 해수온도차발전에 소요되는 해양열자원은 태양복사열을 흡수하는 표층 온수와 열염순환으로 형성되는 심해 냉수가 늘 존재하기 때문에 반영구적인 재생에너지이다. 해수온도차발전 방식에는 표층 온수로 암모니아나 프로필렌 같은 저온비등의 작동유체를 증발시켜 터빈발전기를 작동하고, 터빈에서 나오는 증기는 심층 냉수로 냉각시킨 후 재순환하는 폐순환시스템(CC-OTEC)과 표층 온수를 작동유체로 직접 사용하는 개방순환시스템(OC-OTEC) 및 위 두 방식을 조합한 하이브리드 순환시스템(hybrid cycle system)

이 있다.

계절과 해역 및 수심에 따라 변화하는 수온의 수직구조는 온도가 급변하는 수온약층(thermocline)을 경계로 크게 표층과 심층으로 구분할 수 있다. 수심 약 100m까지의 표층은 태양의 복사에너지가 축적되는 층으로, 바람에 의한 파동에 의해 거의 일정한 온도분포를 형성하기 때문에 혼합층(mixed layer)이라고도 한다. 수온은 수심이 깊어질수록 낮아지며 수온약층 아래에서는 변화가 완만하게 이루어진다. 수심 1,000m 정도의 심층은 열염순환의 과정에 의해 고위도로부터 순환되는 냉수로 구성되며 4~5℃로 거의 일정하게 유지된다.

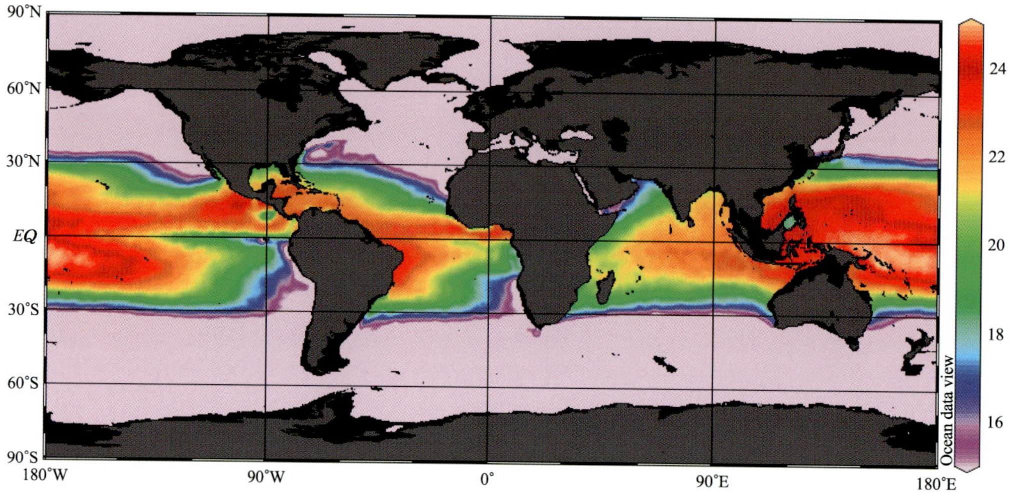

그림 13.20 수심 20m와 1,000m 사이의 온도차(℃) (Vega, 2012).

해양의 열자원은 수심 20m와 1,000m 사이의 수온차로 정의된다. 그림 13.20은 적도를 중심으로 30°N와 30°S 사이의 열대해양을 가로질러 존재하는 열 재생에너지로, 장기간에 걸친 표층수과 심층수 사이의 연평균 온도차이다. 오른쪽 그림은 색상별 수온의 차이를 보여준다. 해수온도차발전에 필요한 해양열자원은 표층의 수온이 25℃ 정도이어야 하고, 심층과의 수온 차이가 20℃이면 좋은 조건이다. 해수온도차발전의 최적지는 20°N와 20°S 사이의 적도대 해역이다.

마. 해수염도차발전

해수염도차발전은 저염도의 담수와 고염도의 해수가 만날 때 삼투압 작용에 의해 담수가 해수 쪽으로 흡수될 때 발생하는 압력을 이용하여 전기를 생산하는 방식이다. 강물과 바닷물 사이에는 약 24기압의 압력차이가 있는데, 이는 약 100m 높이의 수력발전소 댐에서 떨어지는 낙차와 같은 힘이다.

13.3 기후변화 적응

13.3.1 개요

기후변화의 영향으로 극한 기상현상이 빈번하게 출현하고 있으며, 생태계를 비롯한 지구의 자연환경이 변화하고 있다. 이러한 기후시스템의 환경변화를 극복하거나 환경변화와 조화를 이루기 위해 스스로를 변화시키는 활동을 적응(adaptation)이라 한다.

적응의 유형은 행동의 의도와 시점 및 시·공간적 범위 등의 특성에 따라 다양하게 구분된다. 적응은 개인과 지역공동체 또는 정부의 의도에 따라 능동적(active) 또는 수동적(passive)으로 이루어지기도 하고, 기후변화의 영향이 미치는 시점을 기준으로 사전적(ex ante) 또는 사후적(ex post) 적응으로 나뉠 수 있다. 사전적 적응은 앞으로의 기후변화를 예측하여 미리 행동을 취하는 능동적 적응에 해당하고, 사후적 적응은 기후변화의 영향을 관측한 다음에 반응하는 수동적 적응으로 볼 수 있다 (표 13.4). 예를 들어, 홍수로부터 피해를 받기 쉬운 지역의 개발을 유보함으로서 미래의 위험 노출을 감소시키는 것은 사전적 적응이고, 일단 발생한 홍수피해 지역을 응급조치하여 악영향을 완화시키는 것은 사후적 적응이다. 기후변화에 대한 적응은 빠르면 빠를수록 좋다. 인간을 포함한 생물종은 변화하는 기후시스템 내에서 삶을 지속할 수밖에 없고, 기후변화의 영향이 심각해지기 이전에 적응을 실행하는 것이 이후에 실행하는 것보다 적은 비용으로 보다 많은 효과를 기대할 수 있기 때문이다.

표 13.4 기후변화에 대한 적응의 유형 (Klein, 2001).

<table>
<tr><th colspan="2">구분</th><th>선행적(Anticipatory) 적응</th><th>반응적(Reactive) 적응</th></tr>
<tr><td colspan="2" rowspan="3">자연
시스템</td><td rowspan="3"></td><td>• 생장기의 변화</td></tr>
<tr><td>• 생태계 구성의 변화</td></tr>
<tr><td>• 습지 이동</td></tr>
<tr><td rowspan="6">인간
시스템</td><td rowspan="3">개인</td><td>• 보험 구매</td><td>• 경작방식의 변화</td></tr>
<tr><td>• 지주 위 가옥 건설</td><td>• 보험 프리미엄의 변화</td></tr>
<tr><td>• 유정설비의 재설계</td><td>• 냉난방기 구입</td></tr>
<tr><td rowspan="3">공공</td><td>• 조기경보시스템</td><td>• 보상금, 보조금</td></tr>
<tr><td>• 신규 건축법, 설계기준</td><td>• 건축법규 강화</td></tr>
<tr><td>• 이주 장려</td><td>• 해빈 조성</td></tr>
</table>

13.3.2 완화와 적응의 관계

완화는 기후변화를 근원적으로 해결하기 위한 인간의 활동으로, 인위적 온실가스의 공급원을 줄이고 흡수원을 늘리는 데 초점을 맞추고 있다. 한편, 적응은 기후변화에 대한 대처능력을 향상시키는 노력으로, 기후변화로 발생하는 부정적 영향을 감소시키고 긍정적 영향을 극대화하는 것을 목표로 한다. 기후변화의 부정적 영향을 최소화하기 위해서는 가능한 완화정책이 조기에 수행되어야 하지만, 향후 수십 년 동안은 기후시스템의 관성에 의해 지구의 온난화와 함께 기후변화의 피해가 지속될 것으로 예측되기 때문에 다양한 수준의 적응정책이 수반되어야 한다.

기후변화에 대한 대응정책으로서의 완화와 적응은 시간과 공간의 규모를 달리한다. 완화는 장기간이 지난 후에야 반응이 나타날 수 있고 전구 차원의 국제협력이 필요한 반면에, 적응은 단기간에 결과를 확인할 수 있으며 주로 지역적 차원에서 이루어지는 특성이 있다. 그림 13.21에서 적응능력은 기후변화로 인해 이익을 창출할 수 있는 기회를 최대한 활용하고, 불이익을 가져올 수 있는 위협요소를 찾아 제거함으로서 기후시스템의 환경변화에 적절하게 대처하는 능력을 말한다.

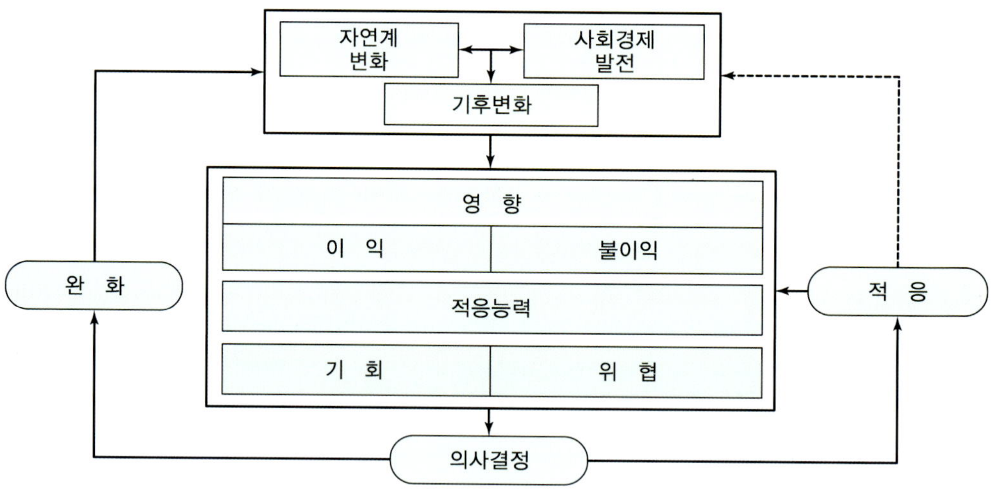

그림 13.21 기후변화에 대한 적응전략의 개념 (Ministry of Agriculture and Forestry of Finland, 2005).

완화와 적응 사이의 상호관계는 서로 독립적이거나 상충적일 수 있고 상호 보완작용도 가능하다. 예를 들어, 수목 관리, 녹색지붕과 같은 정책들은 완화와 적응의 두 가지의 목적을 동시에 충족시킨다. 반면, 폭염을 피하기 위한 에어컨의 사용은 적응전략일 수 있지만, 완화의 측면에서 부정적인 영향을 초래한다 (그림 13.22). 따라서 이들 전략을 추구할 때 어느 하나에 치중할 것인지 동시에 추구할 것이지를 결정하여야 한다.

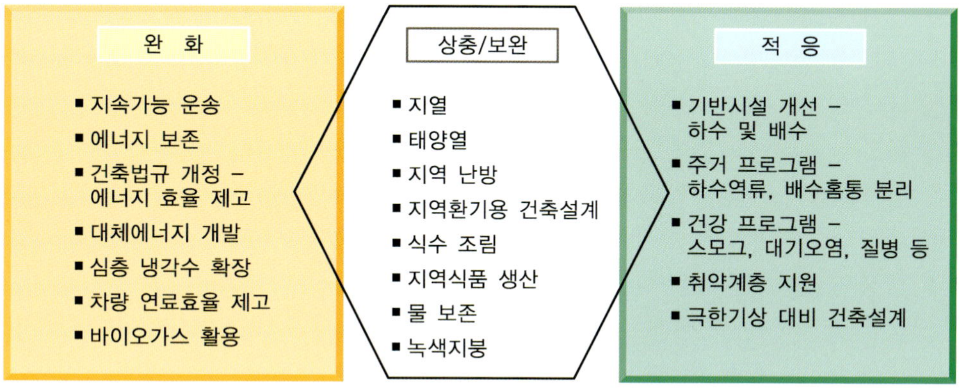

그림 13.22 기후변화에 대한 완화와 적응정책 (Toronto Environmental Office, 2008).

13.4 국제기후정책

산업혁명 이후의 지구 온난화 추세가 주로 인위적인 온실가스 배출 증가에 기인하는 것으로 밝혀짐에 따라, 온실가스의 배출을 저감시키고 기후변화에 대응하기 위한 국제적 노력의 일환으로, 1992년의 유엔기후변화협약과 1997년의 교토의정서가 채택되어 오늘에 이르고 있다.

13.4.1 유엔기후변화협약

표 13.5 유엔기후변화협약 채택 과정.

년도	내용
1972	스톡홀름 유엔환경회의(UN Conference on Human Environment)
1979	제1차 세계기후회의
1985	온실가스의 기후변화에 대한 영향평가회의
1987	세계 환경개발위원회의 「Our Common Future」 발간
1988	기후변화에 관한 정부간협의체(IPCC) 설립
1990	정부 간 협상위원회(INC) 구성
1992	리우 유엔환경개발회의(UN Conference on Environment and Development) 개최 (의제 21 : 기후변화협약, 생물다양성협약 채택)

기후는 과거로부터 인간이 삶을 영위하는데 있어 결정적으로 영향을 미치는 관심사

가운데 하나였다. 1873년에 설립된 국제기상기구(IMO)는 1951년에 유엔의 전문기관인 세계기상기구(WMO)로 탈바꿈하여 기상, 기후, 수문 및 지구물리과학 분야를 책임지고 있다. 지구온난화로 인한 기후변화의 가능성과 부정적 영향을 방지하기 위한 최초의 국제적 논의는 1979년에 열린 세계기후회의(WCC)였다. 전 세계적으로 지구온난화에 관한 과학적 근거가 필요하다는 인식이 확산되면서 1988년 유엔환경계획(UNEP)과 세계기상기구 주관으로 기후변화에 관한 정부 간 패널(IPCC)을 설립하였다. IPCC 설립의 목적은 기후변화에 관한 최신의 과학적 지식을 종합평가하여 각국 정부에 다양한 자문을 제공하는 것이다. 1990년 제네바에서 열린 2차 세계기후회의는 기후변화협약 제정을 위한 정부 간 협상위원회(INC)를 구성하였다. 정부 간 협상위원회는 이산화탄소 등 온실가스 배출량을 줄이기 위한 범지구적 공동 노력의 필요성을 인식하여 1992년 5월 유엔기후변화협약(UNFCCC)을 채택하였다. 유엔기후변화협약은 브라질 리우 유엔환경개발회의(UNCED)에서 각국의 서명이 시작되어 1994년 3월 공식 발효되었다. 기후변화협약이 체결되기까지 지구환경문제에 관한 국제적 논의는 표 13.5에서 보는 바와 같다.

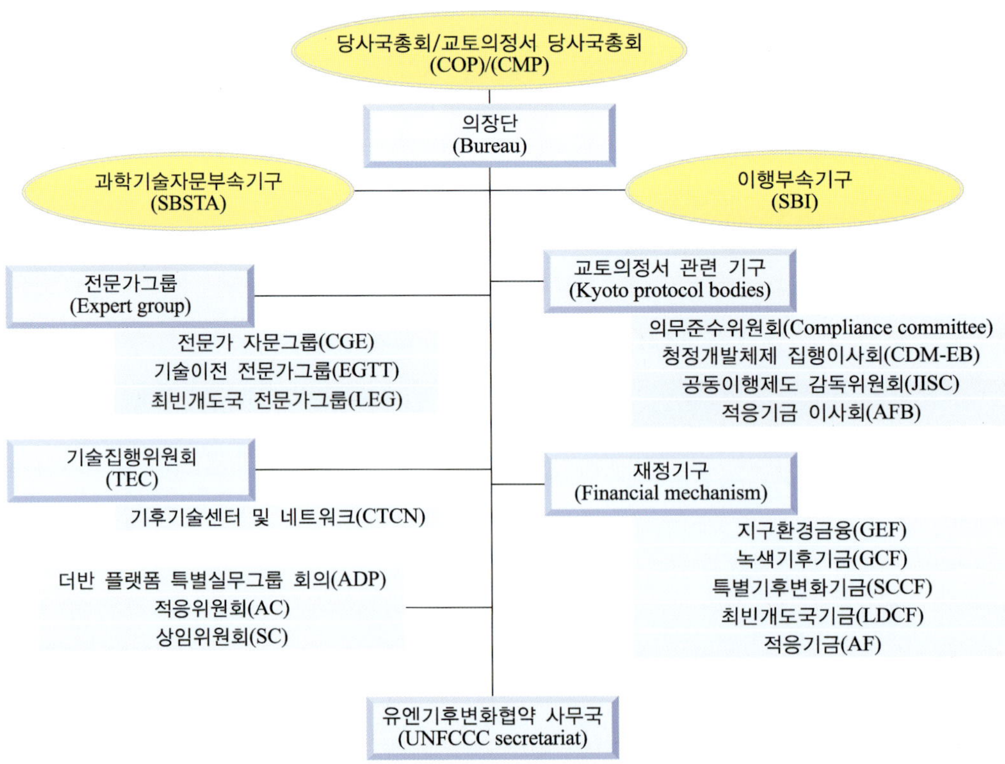

그림 13.23 유엔기후변화협약 관련 기구 및 조직 (UNFCCC, 2013).

유엔기후변화협약은 3개의 전문조직인 당사국총회(COP)와 과학기술자문 부속기구(SBSTA) 및 이행부속기구(SBI)를 운영하고 있다. 당사국총회는 최고의사결정기구로 협약의 이행과 변경에 관련된 사항을 당사국 합의로 결정한다. 당사국총회의 의장단은 의장과 부의장 및 부속기구의 장으로 구성된다. 과학기술자문 부속기구와 이행부속기구는 당사국총회의 의사결정을 지원하기 위한 상설기구이다. 과학기술자문 부속기구는 과학적, 기술적 및 방법론적 문제와 연관된 주제에 관해 당사국총회에 조언하고, 당사국총회의 정책수요와 과학적 전문지식 사이의 중재자 역할을 한다. 이행부속기구는 협약의 이행과 예산 및 행정적인 문제에 관해 당사국총회에 조언한다. 유엔기후변화협약 예하의 조직으로는 전문가그룹과 재정기구 이외에, 교토의정서 관련 기구 등을 두고 있다 (그림 13.23).

유엔기후변화협약의 내용은 대기 중 온실가스의 농도를 안정화시키는 것을 궁극적인 목적으로 하고 있으며, 기후변화에 대한 예방적 조치를 시행하고 모든 국가가 지속가능한 성장을 할 수 있도록 보장하는 것 등을 기본원칙으로 하고 있다. 유엔기후변화협약은 선진국과 개발도상국에 대한 차별화 원칙을 따라 협약 당사국 중 부속서I(산업화 국가)와 부속서Ⅱ(선진국) 및 비부속서 국가로 구분하여 각기 다른 의무를 부담토록 규정하고 있다. 부속서Ⅰ국가는 협약체결 당시 OECD, 동구권 및 EU 국가로 구성되어 있고, 부속서Ⅱ국가는 부속서Ⅰ국가에서 동구권 국가가 제외된 OECD와 EU로 구성되어 있다 (그림 13.24).

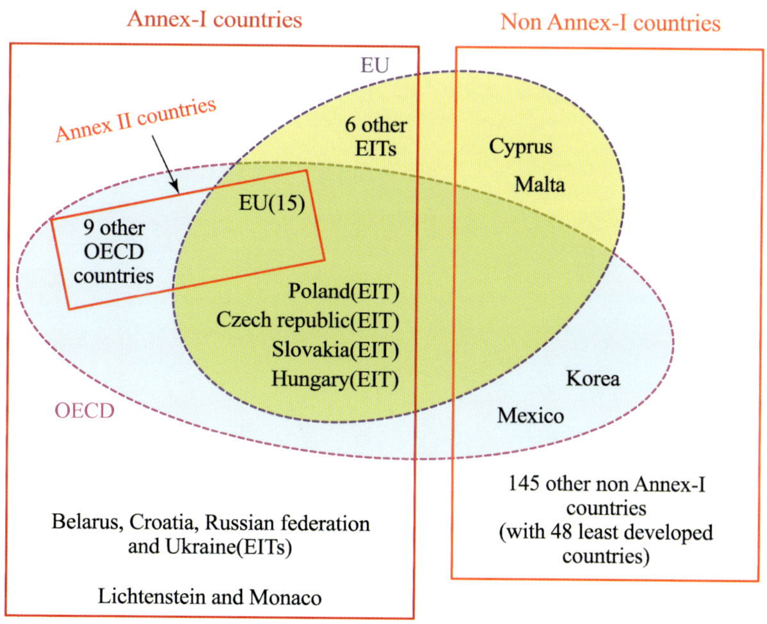

그림 13.24 UNFCCC 부속서 국가 분류 (Belgian Science Policy Office, 2008).

13.4.2 당사국총회

당사국총회는 유엔기후변화협약의 전반적인 이행상황을 검토하고 진행방법 및 관련 안건 등을 결정하기 위하여 별다른 사안이 없는 한 매년 개최된다. 1997년 12월에 개최된 제3차 당사국총회는 온실가스 감축에 대한 선언적인 기후변화협약만으로는 지구온난화를 완화시키기에 충분하지 않다는 인식하에 교토의정서(Kyoto protocol)를 채택하였다 (부록 4. 참조).

교토의정서의 주요 내용은 6대 온실가스(CO_2, CH_4, N_2O, HFCs, PFCs, SF_6)를 정의하였고, 부속서 I 국가에 대하여 온실가스의 차별적인 저감목표를 설정하였다. 1차 의무이행기간인 2008년부터 2012년까지 1990년 대비 평균 5.2% 감축하기로 하였으며 온실가스 저감의무 이행 시 흡수원을 인정하였다. 교토의정서의 기본원칙에 근거하여 온실가스 감축의무를 지닌 국가가 목표를 달성하는데 소요되는 비용을 최소화하기 위해 도입된 보조적 수단이 교토메커니즘(Kyoto mechanism)이다. 교토메커니즘은 온실가스를 상품으로 거래하기 위해 청정개발체제(CDM)와 배출권거래제(ET) 및 공동이행제도(JI)를 도입하였다 (그림 13.25).

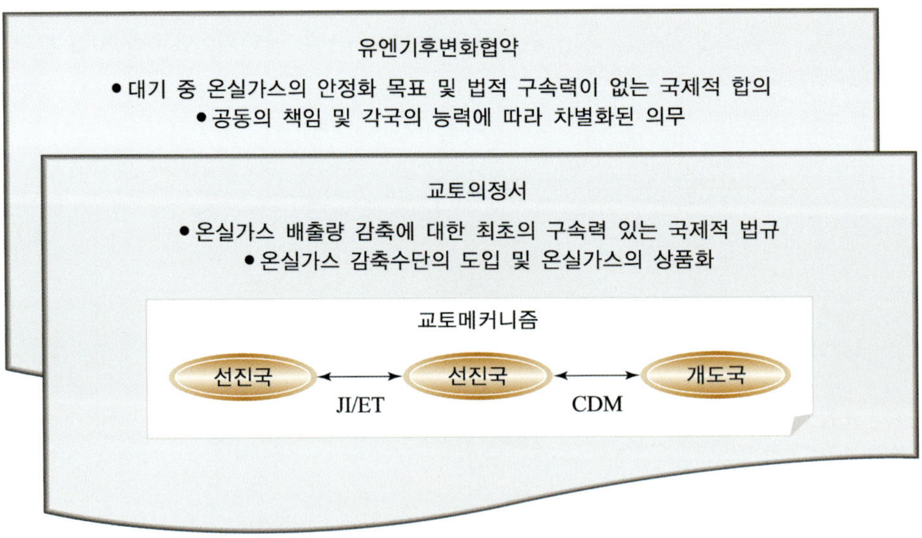

그림 13.25 유엔기후변화협약의 발전과정.

청정개발체제는 선진국이 개발도상국에서 온실가스 감축사업을 수행하여 달성한 실적의 일부를 선진국의 감축량으로 허용하는 체제이다. 이를 통해 선진국은 온실가스 감축량을 얻고 개발도상국은 선진국으로부터 기술과 재정지원을 얻을 수 있다. 공동이행제도는 선진국들 사이에서 온실가스 감축 사업을 공동으로 수행하는 것으로, 한

국가가 다른 국가에 투자하여 감축한 온실가스 감축량의 일부분을 투자국의 감축 실적으로 인정하는 체제이다. 배출권거래제는 온실가스 의무감축 목표가 설정된 선진국들 사이에 목표량을 초과 달성한 경우 이 초과분을 다른 국가와 거래할 수 있고, 이와 반대로 의무 감축량을 달성하지 못한 국가는 부족분을 다른 국가로부터 구입할 수 있는 체제이다. 이는 온실가스 감축량을 일반 상품처럼 매매가 가능케 하는 것이다.

13.5 참고문헌

국립기상연구소, 2009: 태양광-기상자원지도. http://www.greenmap.go.kr/

국립기상연구소, 2009: 풍력-기상자원지도. http://www.greenmap.go.kr/

이해춘, 2008: 저탄소 녹색성장을 위한 기술, 산업 및 노동. *직업과 인력개발 2008 가을.* pp. 14-22.

Belgian Science Policy Office, 2008: *Aviation and the Belgian Climate Policy: Integration Options and Impacts, International climate policy agreements.*, 22 pp. http://dev.ulb.ac.be/ceese/ABC_Impacts/glossary/sheet_climate_policy_history.php

Cornett, A.M., 2008: *A global wave energy resource assessment*, Paper No. ISOPE-2008- 579. Canadian Hydraulics Centre, National Research Council, 6 pp. https://www.u-cursos.cl/ingenieria/2009/1/CI61U/1/material_docente/bajar?id_material=221532

Dalili, S., 2009, Bio-carbon opportunities in eastern & southern africa, Harnessing carbon finance to promote sustainable forestry, agro-forestry and bio-energy. UNDP, 238 pp. http://www.compete-bioafrica.net/financing/D5-7/Bio-Carbon%20opportunities%20in%20Africa.pdf

EPIA, 2011: *Solar Generation 6, Solar photovoltaic electricity empowering the world.* 14 pp. www.epia.org

IEA (International Energy Agency), 2011, *Technology Roadmap: Geothermal Heat and Power.* OECD/IEA. 10 pp. www.iea.org

IPCC, 2005: *IPCC Special Report, Carbon Dioxide Capture and Storage, Technical Summary.* 26 pp.

IPCC, 2011: Summary for Policymakers. In: *IPCC Special Report on Renewable Energy Sources and Climate Change Mitigation.* Cambridge University Press, Cambridge, United Kingdom and New York, NY, USA. pp. 3-26.

IPCC, 2011: Technical summary. In: *IPCC Special Report on Renewable Energy Sources and Climate Change Mitigation.* Cambridge University Press, Cambridge, United Kingdom and New York, NY, USA. pp. 27-158.

Klein, R.J.T., 2001: *Adaptation to Climate Change in German Official Development Assistance, An Inventory of Activities and Opportunities, with a Special Focus on Africa.* Deutsche Gesellschaft für Technische Zusammenarbeit, Eschborn, Germany, 16 pp.

Klein, R.J.T., S. Huq, F. Denton, T.E. Downing, R.G. Richels, J.B. Robinson, F.L. Toth, 2007: Inter-relationships between adaptation and mitigation. *Climate Change 2007: Impacts,*

Adaptation and Vulnerability. Contribution of Working Group II to the Fourth Assessment Report of the Intergovernmental Panel on Climate Change, M.L. Parry, O.F. Canziani, J.P. Palutikof, P.J. van der Linden and C.E. Hanson, Eds., Cambridge University Press, Cambridge, UK, 745-777.

Ministry of Agriculture and Forestry of Finland, 2005, *Finland's National Strategy for Adaptation to Climate Change*. 11 pp. www.mmm.fi/sopeutumisstrategia

SCHOTT AG, 2006, *SCHOTT Memorandum on Solar Thermal Power Plant Technology*. 13 pp. www.schott.com

Thresher, R., M. Robinson, and P. Veers, 2008: *Wind Energy Technology, Current Status and R&D Future*. NREL/CP-500-43374, National Renewable Energy Laboratory, 10 pp.

Toronto Environmental Office, 2008: *Ahead of the storm, Preparing Toronto for climate change-highlights*. 3 pp. http://www.toronto.ca/teo/pdf/ahead_of_the_storm.pdf

US DOE, 2009: *Ocean Energy Technology Overview*. 16 pp. www.femp.energy.gov

Vega, L.A., 2012: *Encyclopedia of Sustainability Science and Technology*. Springer, 7300 pp. http://hinmrec.hnei.hawaii.edu/wp-content/uploads/2010/01/OTEC-Summary-Aug-2012.pdf

World Bank, 2010: *World development report 2010, Development and Climate Change*. Washington, D.C. 10 pp. http://www.worldbank.org/wdr

웹사이트

An International Vision for Ocean Energy, Ocean Energy System: http://www.ocean-energy-systems.org/

Hawaii National Marine Renewable Energy Center: http://hinmrec.hnei.hawaii.edu/ongoing-projects/otec-thermal-resource

MetEd/Introduction to Ocean Tides: http://www.meted.ucar.edu/oceans/tides_intro/print.htm

UNFCCC: http://unfccc.int/files/inc/graphics/image/gif/2013_bodies_large.gif

University of Delaware: www.ceoe.udel.edu/WindPower/ResourceMap/

부 록

부록 1. 구름의 종류

상층운(High clouds)

권층운(Cirrostratus: Cs)

권적운(Cirrocumulus: Cc)

권운(Cirrus: Ci)

중층운(Middle clouds)

고층운(Altostratus: As)

고적운(Altocumulus: Ac)

난층운(Nimbostratus: Ns)

하층운(Low Clouds)

층적운(Stratocumulus: Sc)

층운(Stratus: St)

수직 발달운(Clouds of vertical development)

적운(Cumulus: Cu)

적란운(Cumulonimbus: Cb)

부록 2. 기상예보별 시간 범위

종류	시간 범위
Nowcasting (실황예보)	현재의 기상요소와 기 예보된 기상요소에 대한 현재부터 2시간까지의 서술
Very short-range weather forecasting (초단기기상예보)	현재부터 12시간까지의 기상요소에 대한 서술
Short-range weather forecasting (단기기상예보)	향후 12시간부터 72시간(3일)까지의 기상요소에 대한 서술
Medium-range weather forecasting (중기기상예보)	72시간(3일) 이후부터 240시간(10일)까지의 기상요소에 대한 서술
Extended-range weather forecasting (연장기상예보)	10일 이후부터 30일(1달)까지의 기상요소에 대한 서술, 보통 평균치이고 그 기간에 대한 기후 값과의 차이로 표현된다.
Long-range forecasting (장기예보)	30일(1달) 이후부터 2년까지의 예보
Monthly outlook (월간 전망)	임의 달에 대한 평균 기상요소를 그 달의 기후 값과의 차이로 서술
Seasonal outlook (계절 전망)	계절의 평균 기상요소를 그 계절의 기후 값과의 차이로 서술
Climate forecasting (기후예보)	2년 이후부터의 예보
Climate prediction (기후예측)	자연적 및 인위적 영향 효과를 포함하는 미래 예상 기후의 서술

부록 3. 기온 및 강수량의 극값

부록 3.1 최고기온의 극값.

지역	기온 (℃/℉)	장소	고도 (m/ft)	일자
아프리카	57.8/136	El Azizia, Libya	112/367	1922. 9. 13
북아메리카	56.7/134	Death Valley, CA	-54/-178	1913. 7. 10
아시아	53.9/129	Tirat Tsvi, Israel	-220/-722	1942. 6. 22
호주	53.3/128	Cloncurry, Queensland	190/622	1889. 1. 16
유럽	50/122	Seville, Spain	8/26	1881. 8. 4
남아메리카	48.9/120	Rivadavia, Argentina	206/676	1905. 12. 11
오세아니아	42.2/108	Tuguegarao, Philippines	22/72	1912. 4. 29
남극	15/59	Vanda Station, Scott Coast	15/49	1974. 1. 5

부록 3.2 최저기온의 극값.

지역	기온 (℃/℉)	장소	고도 (m/ft)	일자
남극	-89.2/-129	Vostok	3,420/11,220	1983. 7. 21
아시아	-67.8/-90	Oimekon, Russia	800/2,625	1933. 2. 6
그린란드	-66.1/-87	Northice	2,343/7,687	1954. 1. 9
북아메리카	-63/-81.4	Snag, Yukon, Canada	646/2,120	1947. 2. 3
남아메리카	-32.8/-27	Sarmiento, Argentina	268/879	1907. 6. 1
아프리카	-23.9/-11	Ifrane, Morocco	1,635/5,364	1935. 2. 11
호주	-23/-9.4	Charlotte Pass, NSW	1,755/5,758	1994. 6. 29
오세아니아	-11.1/12	Mauna Kea Observatory, HI	4,198/13,773	1979. 5. 17

부록 3.3 연평균 최고 강수량의 극값.

지역	강수량 (mm/inches)	장소	고도 (m/ft)	기록 년수
남아메리카	13,299.4/523.6	Lloro, Colombia	158/520	29
아시아	11,872.0/467.4	Mawsynram, India	1,401/4,597	38
오세아니아	11,684.0/460.0	Mt. Waialeale, Kauai, HI	1,569/5,148	30
아프리카	10,287.0/405.0	Debundscha, Cameroon	9/30	32
호주	8,636/340	Bellenden Ker, Queensland	1,555/5,102	9
북아메리카	6,502.4/256.0	Henderson Lake, British Colombia	4/12	14
유럽	4,648.2/183.0	Crkvica, Bosnia-Hercegovina	1,017/3337	22

부록 3.4 연평균 최저 강수량의 극값.

지역	강수량 (mm/inches)	장소	고도 (m/ft)	기록 년수
남아메리카	0.76/0.03	Africa, Chile	29/95	59
아프리카	2.54/0.1	Wadi Halfa, Sudan	125/410	39
남극	20.32/0.8	Amundsen-Scott South Pole Station	2,800/9,186	10
북아메리카	30.48/1.2	Batagues, Mexico	5/16	14
아시아	45.72/1.8	Aden, Yemen	7/22	50
호주	102.87/4.05	Mulka, South Australia	49/160	42
유럽	162.56/6.4	Astrakhan, Russia	14/45	25
오세아니아	226.82/8.93	Puako, Hawaii, HI	2/5	13

부록 4. 유엔기후변화협약과 당사국총회

구분	합의 결과
기후변화협약: 1992. 6 (브라질 리우)	• 2000년까지 1990년 수준으로 온실가스 감축 • 개도국은 감축의무 부담 없음
제1차: 1995. 3 (독일 베를린)	• 2000년 이후의 온실가스 감축을 위한 협상그룹(Ad hoc Group on Berlin Mandate)을 설치, 논의결과를 제3차 당사국 총회에 보고하도록 하는 베를린 위임(Berlin Mandate) 사항 결정
제2차: 1996. 7 (스위스 제네바)	• 미국과 EU, 감축목표에 대해 법적 구속력을 부여하기로 합의 • 기후변화에 관한 IPCC의 2차 평가보고서 중 "인간의 활동이 지구의 기후에 명백한 영향을 미치고 있다"는 주장을 과학적 사실로 공식 인정
제3차: 1997. 12 (일본 교토)	• 교토의정서(Kyoto Protocol) 채택 • 부속서1국가들의 온실가스 배출량 감축 의무화 • 공동이행 제도, 청정개발체제, 배출권 거래제 등 시장원리에 입각한 새로운 온실가스 감축수단의 도입
제4차: 1998. 11 (아르헨티나 부에노스아이레스)	• 교토의정서의 세부이행절차 마련을 위한 행동계획(Buenos Aires Plan of Action)을 수립
제5차: 1999. 11 (독일 본)	• 아르헨티나가 자국의 감축 의무부담 방안으로 경제성장에 연동된 온실가스 배출목표를 제시함에 따라 개발도상국의 온실가스 감축 의무부담 문제가 부각
제6차: 2000. 11 (네덜란드 헤이그)	• 2002년에 교토의정서를 발효하기 위하여 교토의정서의 상세 운영규정을 확정할 예정이었으나 미국, 일본, 호주 등 Umbrella 그룹과 유럽연합(EU)간의 입장차이로 협상이 결렬
제6차: 2001. 7 (독일 본 / 속개회의)	• 교토메커니즘, 흡수원 등에서 EU와 개발도상국의 양보로 캐나다, 일본이 참여하면서 협상이 극적으로 타결되어 미국을 배제한 채 교토의정서 체제에 대한 합의
제7차: 2001. 11 (모로코 마라케시)	• 제6차 당사국총회 속개회의에서 해결되지 않았던 교토 의정서 이행방안 합의 • 마라케쉬 합의문: 교토메커니즘, 의무준수체제, 흡수원 등 최종합의
제8차: 2002. 10 (인도 뉴델리)	• 뉴델리 각료선언(The Delhi Ministerial Declaration)을 채택; 통계작성·보고, Mechanism, 기후변화협약 및 교토의정서 향후 방향등을 논의, 당사국들에게 기후변화에의 적응, 지속가능발전 및 온실가스 감축노력 촉구 • 미국을 배제한 교토의정서 발효를 시도하였으나 러시아의 비준 유보로 실패
제9차: 2003. 12 (이탈리아 밀라노)	• 교토의정서의 발효를 전제로 이행체제 보완에 대한 논의 진행
제 10차: 2004. 12 (아르헨티나 부에노스아이레스)	• 과학기술자문 부속기구(SBSTA)가 기후변화의 영향, 취약성 평가, 적응수단 등에 관한 5년 활동계획을 수립 • 1차 공약기간 (2008~2012)이후의 의무부담에 대한 비공식적 논의 시작

제 11차: 2005. 11 (캐나다 몬트리올)	• 2005년 2월 발표한 교토의정서 이행절차보고 방안을 담은 19개의 마라케쉬 결정문을 제1차 교토의정서 당사국회의에서 승인 • 2012년 이후 기후변화체제 협의회 구성 합의
제 12차: 2006. 11 (케냐 나이로비)	• 선진국들은 2000년 배출량의 절반 이하 수준으로 온실가스를 줄이도록 노력한다는 데 합의 • 저감 잠재량과 감축 범위 분석은 2007년 5월과 9~10월 두 차례에 걸쳐 특별작업반회의(AWG)를 열어 논의 • 개도국의 의무감축문제가 논의 되었으나 결론을 내지 못하고, 2007년부터 당사국들이 워크숍을 열어 각국의 감축문제 입장 제시, 2008년에 온실가스 감축문제 본격 논의
제 13차: 2007. 12 (인도네시아 발리)	• 2012년 이후 선진국/개도국의 의무부담에 대한 논의 • 선진국 및 개발도상국 등 모든 국가들은 측정·기록·검증 가능한 방법으로 온실가스 감축을 수행토록 하는 Bali Road Map 채택
제 14차: 2008. 12 (폴란드 포즈난)	• 2009년에 본격적인 협상체제로 전환 및 협상일정 합의 • 전 세계 온실가스 21세기 중반까지 2000년 수준의 절반이하로 감소 필요 • 부속서1 국가는 2020년까지 1990년 대비 25~40% 감축필요
제 15차: 2009. 12 (덴마크 코펜하겐)	• 산업화 이전 대비 2℃ 이내 기온상승 억제 목표를 설정 • 2050년까지의 전 지구적 장기감축목표 합의는 실패 • 선진국은 21010. 1. 31일까지 중기감축목표를 제출 • 개도국은 21010. 1. 31일까지 자발적 감축행동을 제출
제 16차: 2010. 11 (멕시코 칸쿤)	• 1990년 대비 2020년까지의 온실가스 감축 목표치; 미국은 -4%, 유럽연합은 -20%, 일본은 -25% • 2005년 대비 2020년까지의 온실가스 배출집약도(carbon intensity: 단위 GDP당 탄소배출량) 감축 목표치; 중국은 -40~45%, 인도는 -20~25% • 한국은 배출전망치(BAU) 대비 2020년까지 -30% 감축
제 17차: 2011. 12 (남아공 더반)	• 2012년 만료되는 교토의정서의 2차 공약기간 설정 합의; 5년(2013~2017) 또는 8년(2013~2020) 연장 • 더반 플랫폼(Durban Platform) 채택; 2020년 이후 모든 당사국이 참여하는 새로운 기후변화체계 설립 • 녹색기후기금(Green Climate Fund) 설계위원회 채택; 2020년까지 연간 1,000억불 마련
제 18차: 2012. 11 (카타르 도하)	• 교토의정서 2차 공약기간 합의: 2013~2020년 • 발리로드맵 / 장기협력 기후체제 협상트랙 종료 • 2020 이후 신 기후체제 출범을 위한 더반 플랫폼; 2013~2015년간 작업
제 19차: 2013. 11 (폴란드 바르샤바)	• 2020 이후 신기후체제 형성을 위한 로드맵 2015년까지 도출 • 2020년 연간 1천억불 재정지원 추진 • 손실과 피해 대응을 위한 바르샤바 메커니즘 설립 • COP20까지 GCF의 초기재원 조성을 위한 준비작업 완료

약 어

A

AAO	Antarctic Oscillation
AAOI	Antarctic Oscillation Index
AC	Adaptation Committee
ADP	Ad Hoc Working Group on the Durban Platform for Enhanced Action
AF	Adaptation Fund
AFB	Adaptation Fund Board
AI	Aridity Index
AMO	Atlantic Multidecadal Oscillation
AMOC	Atlantic Meridional Overturning Circulation
AO	Arctic Oscillation
AOI	Arctic Oscillation Index
AU	Astronomical Unit
AUHI	Atmospheric Urban Heat Island
AUM	Australian Monsoon

B

BLUHI	Boundary Layer Urban Heat Island
BOM	Australian Bureau of Meteorology

C

CCL	Convective Condensation Level
CCN	Cloud Condensation Nuclei
CC-OTEC	Closed-Cycle Ocean Thermal Energy Conversion
CCS	Carbon dioxide Capture and Storage
CDM	Clean Development Mechanism
CDM-EB	Executive Board of the Clean Development Mechanism
CF	Coriolis force
CFF	Centrifugal force
CGE	Consultative Group of Experts
CLUHI	Canopy Layer Urban Heat Island
CMIP5	Coupled Model Intercomparison Project Phase 5
CMP	COP serving as the Meeting of the Parties to Kyoto Protocol
COP	Conference of Party
CPC	Compound Parabolic Concentrator
CPHC	Central Pacific Hurricane Center
CS	Cyclonic Storm
CSIRO	Australia's Commonwealth Scientific and Industrial Research Organization
CTCN	Climate Technology Center and Network

D

DDP	Deep Depression
DP	Depression

E

EAM	East Asian Monsoon
ECBM	Enhanced Coal Bed Methane Recovery
ECMWF	European Centre for Medium Range Weather Forecasts
EGR	Enhanced Gas Recovery
EGTT	Expert Group on Technology Transfer
EITs	Economies in Transition
ENSO	El-Nino Southern Oscillation
EOR	Enhanced Oil Recovery
EPA	Environmental Protection Agency
ERA	ECMWF Re-Analysis
ERA40	40-year ECMWF Re-Analysis
ET	Emission Trading
EU	European Union

F

FAR	First Assessment Report

G

GCF	Green Climate Fund
GCW	Global Cryosphere Watch
GEF	Global Environment Facility
GISS	Goddard Institute for Space Studies
GWP	Global Warming Potential

H

HadAT2	Hadley Centre Atmospheric Temperature Data Set Version 2
HadCRUT	Hadley Centre and Climatic Research Unit Temperature
HAWT	Horizontal-Axis Wind Turbine
HFCs	Hydrofluorocarbons
HU	Hurricane

I

ICAO	International Civil Aviation Organization
ICS	International Commission on Stratigraphy
IHDP	International Human Dimensions Programme
IM	Indian Monsoon
IMD	India Meteorological Department
IMO	International Meteorological Organization

IN	Ice-forming Nuclei
INC	Intergovernmental Negotiating Committee
IPCC	Intergovernmental Panel on Climate Change
IPG	International Phenological Garden
ISA	International Standard Atmosphere
ISO	International Organization for Standardization
ITC	Intense Tropical Cyclone
ITCZ	Intertropical Convergence Zone
IUK	Iterative Universal Kriging

J

JI	Joint Implementation
JISC	Joint Implementation Supervisory Committee
JMA	Japan Meteorological Agency
JTWC	United States' Joint Typhoon Warning Center

K

KMA	Korea Meteorological Agency

L

LC	Leaf Colouring
LCL	Lifting Condensation Level
LDC	Least Developed Countries
LDCF	Least Developed Countries Fund
LED	Light Emitting Diode
LEG	Least Developed Countries Expert Group
LF	Leaf Fall
LFC	Level of Free Convection
LU	Leaf Unfolding

M

MA	Millennium Ecosystem Assessment
MF	Météo-France
MJO	Madden Julian Oscillation
MHU	Major Hurricane
MOP	Meeting of Parties
MRI	Japan Meteorological Agency's Meteorological Research Institute
MSLP	Mean Sea Level Pressure
MSU	Microwave Sounding Unit
MTS	Moderate Tropical Storm

N

NAM	Northern Annular Mode
NAMS	North American Monsoon System

NAO	North Atlantic Oscillation
NAOI	North Atlantic Oscillation Index
NASA	National Aeronautics and Space Administration
NCDC	National Climatic Data Center
NDVI	Normalized Difference Vegetation Index
NHC	National Hurricane Center
NMVOC	Non-Methane Volatile Organic Compounds
NOAA	National Oceanic and Atmospheric Administration
NPI	North Pacific Index
NRC	National Research Council
NSIDC	National Snow and Ice Data Center
NWS	National Weather Service

O

OC-OTEC	Open-Cycle Ocean Thermal Energy Conversion
OECD	Organization for Economic Cooperation and Development
OI	Oscillation Index
OPEC	Organization of the Petroleum Exporting Countries
OTEC	Ocean Thermal Energy Conversion

P

PBL	Planetary Boundary Layer
PDO	Pacific Decadal Oscillation
PDOI	Pacific Decadal Oscillation Index
PFCs	Perfluorocarbons
PGF	Pressure Gradient Force
PNA	Pacific North America
PTC	Prabolic Trough Concentrator

R

RAOBCORE	RAdiosonde OBservation COrrection using REanalyses
RATPAC	Radiosonde Atmospheric Temperature Products for Assessing Climate
RCP	Representative Concentration Pathways
RF	Radiative Forcing
RICH	Radiosonde Innovation Composite Homogenization
RSS	Remote Sensing System

S

SACZ	South Atlantic Convergence Zone
SAM	Southern Annular Mode
SAMS	South American Monsoon System
SAR	Second Assessment Report
SBI	Subsidiary Body for Implementation

SBSTA	Subsidiary Body for Scientific and Technological Advice
SC	Standing Committee
SCCF	Special Climate Change Fund
SCS	Severe Cyclonic Storm
SF6	Sulfur-hexafluoride
SLP	Sea Level Pressure
SO	Southern Oscillation
SOI	Southern Oscillation Index
SPCZ	South Pacific Convergence Zone
SRES	Special Report on Emissions Scenarios
SST	Sea Surface Temperature
STAR	Center for Satellite Applications and Research
STC	Severe Tropical Cyclone
STS	Severe Tropical Storm
SUCS	Super Cyclonic Storm
SUHI	Surface Urban Heat Island
SUTY	Super Typhoon

T

TAR	Third Assessment Report
TC	Tropical Cyclone
TD	Tropical Depression
TDI	Tropical Disturbance
TEC	Technology Executive Committee
TS	Tropical Storm
TY	Typhoon

U

UAH	University of Alabama in Huntsville
UCL	Urban Canopy Layer
UHI	Urban Heat Island
UNCED	United Nations Conference on Environment and Development
UNEP	United Nations Environment Programme
UNFCCC	United Nations Framework Convention on Climate Change
USGS	U.S. Geological Survey

V

VAWT	Vertical-Axis Wind Turbine
VITC	Very Intense Tropical Cyclone
VSCS	Very Severe Cyclonic Storm

W

WAM	West African Monsoon

WCC	World Climate Conference
WHO	World Health Organization
WMO	World Meteorological Organization

찾아보기

ㅇ

■ 저자 소개

김 범영 (金 凡永)

□ 청주고등학교 졸업 (1973)
□ 해군사관학교 제32기 졸업 (1978)
□ 연세대학교 대기과학 석사 (1986)
□ 미 미주리대학교 대기과학 박사 (1994)
□ 해군사관학교, 세종대학교 강사 (1987~1988, 2002~2007)
□ 한국국방연구원 현역연구위원 (2002~2006)

저서 및 연구

□ 『혹한의 기상환경에서 수상함 운용절차』 (2005, 역서)
□ 『수상함 생존 지침서』 (2006, 역서)
□ "한국군 기상정보 운영체계 발전방향 연구" (2006) 등

지구의 대기와 기후변화

검 인

저 자 / 김 범 영
발행인 / 한 민 희

- 발행처 / 학진북스 HAKJIN BOOKS
- 주소 / ㉾ 02454 서울특별시 동대문구 경희대로1길 35
- 전화 / 966-0845
- 팩스 / 966-6280
- E-mail : sspub@daum.net
- http://www.hjbooks.co.kr
- 등록 / 1979년 8월 4일 제6-0024호

2023년 1월 30일 초판 5쇄 인쇄
2023년 2월 10일 초판 5쇄 발행

정가 38,000원

ISBN 978-89-6878-014-1